珠江河口治理丛书

珠江河口水沙治理应用研究

王现方 谢宇峰 黄胜伟 著

ZHUJIANG HEKOU SHUISHA ZHILI YINGYONG YANJIU

长 江 出 版 社

图书在版编目(CIP)数据

珠江河口水沙治理应用研究/王现方,谢宇峰,黄胜伟著.
—武汉:长江出版社,2006.12
ISBN 978-7-80708-250-7

Ⅰ.珠… Ⅱ.①王…②谢…③黄… Ⅲ.珠江—河口—含沙水流—治理—研究
Ⅳ.TV882.4

中国版本图书馆 CIP 数据核字(2006)第 160704 号

珠江河口水沙治理应用研究　　王现方　谢宇峰　黄胜伟 著

责任编辑: 吴曙霞
装帧设计: 刘斯佳
出版发行: 长江出版社
地　　址: 武汉市汉口解放大道 1863 号　　**邮　　编:** 430010
E-mail:cjpub@vip.sina.com
电　　话: (027)82927763(总编室)
(027)82926806(市场营销部)
经　　销: 各地新华书店
印　　刷: 通山县九宫印务有限公司
规　　格: 787mm×1092mm　1/16　14.25 印张　1.5 印张彩插　320 千字
版　　次: 2006 年 12 月第 1 版　　2006 年 12 月第 1 次印刷
ISBN 978-7-80708-250-7/TV.50
定　　价: 32.00 元

序

珠江河口区网河密布，三江汇流，八口出海，水流泥沙运动十分复杂，在我国的大江大河中是十分独特的，也是世界上最复杂的河口之一。珠江河口地区是我国改革开放的前沿阵地，也是我国涉水工程建设项目较多的河口。随着珠江三角洲地区经济的快速发展，迫切需要对河口资源进行开发和利用，而剧烈的人类活动和自然变化(包括河道变迁、口门淤积等)，使珠江河口地区水沙动力条件发生变化，严重影响着珠江河口地区泥沙的输移及河床的演变，使珠江三角洲地区的经济发展与水环境保护的矛盾日益突出。因此，开展珠江河口河床演变分析和水沙环境问题的研究，总结珠江河口治理方面的成功经验，对开创我国河口治理的特色，丰富我国河口动力学的研究内容有着重要的学术意义。

本书作者长期从事珠江河口治理研究工作，积累了珠江河口地区大量的原型实测资料和工程实践经验，已开发和应用了珠江河口波浪、潮流、泥沙和水质模型，在径流、潮流、波浪、泥沙、盐等动力要素的耦合求解，以及模型复杂边界的自动控制技术方面有所突破。这些模拟技术的发展为珠江河口治理及其资源的开发利用提供了廉价、方便、快速的研究手段，解决了珠江河口治理实践中出现的一些问题，成为河口研究的主要技术手段之一。

可以预期，本书的出版将会进一步推动珠江河口动力学和水环境的治理研究，对涉水工程中的水环境模拟分析和有关应用研究工作起到促进和指导作用。

中国工程院院士 韩其为

2006 年 11 月

前　言

珠江河口地区位于广东省中南部，面向南中国海，毗邻港澳，包括香港、澳门、广州、深圳、珠海、佛山、东莞、中山等重要城市，是我国重要的政治、经济区。经过 20 多年的发展和积累，珠江河口地区已经成为我国经济发展的龙头，其地位是不可替代的。

珠江河口有着“三江汇流、八口入海、河网密布、整体互动”的特点，是我国水动力和水环境条件最复杂的河口之一。珠江入海水量丰沛，河口岛丘错综排列，这使洪、潮造成的河口汊道能长期稳定，形成了网河密布的三角洲。珠江水资源丰富，年内分配不均匀，过境水量大，河网区的分流比随着上游来水量、潮流条件以及不同时期河道水力条件的变化而变化，互动影响极大。受潮流顶托影响，潮流区水流往复运动复杂，特别是上游来水量小、径流作用减弱时，极易发生咸潮上溯现象，影响供水水源的水质。

随着珠江三角洲河口经济持续 20 多年的高速发展，河口地区岸线、滩涂、水沙等资源开发与利用的需求与日俱增，随之带来的珠江河口地区的洪涝、咸潮和风暴潮灾害等问题已经引起社会各界的关注；跨河桥梁、临河码头的建设、非法采砂和污染水体等人类活动改变了珠江河口水沙运动规律，使得水环境急剧恶化，已经直接威胁到该地区的社会稳定和经济的可持续发展。发挥珠江河口的地理优势和资源优势，保护珠江河口地区水环境，减少各种灾害的损失，已成为珠江河口地区经济社会继续向前发展必须且急需解决的问题。

洪涝灾害和咸潮入侵是珠江流域目前急需解决的主要问题，彻底根治珠江流域的水患，必须开展大规模的珠江河口水沙运动规律及应用治理研究，深入研究各种水灾和海洋问题的形成机理和相互关系以及解决这些问题的办法和措施。同时，珠江河口区的各种工程项目的建设与管理，如涉海建设工程、河口区的综合治理工程和防洪工程、航道的疏浚与建设、各种取水工程等，需要充分的模拟计算分析和严谨的科学论证，为有关部门进行科学决策提供基础数据和强有力的科研支撑。

本书系作者20多年来对珠江河口波浪、潮流、泥沙、咸潮运动规律分析及治理应用研究的成果。作者在全面掌握珠江河口水沙运动特性的基础上，系统总结了珠江河口涉水工程对珠江防洪、纳潮和水环境的影响。珠江河口水沙治理应用研究大致有资料整理分析、遥感信息技术、数学模拟、物理模型试验等多种手段，限于篇幅，本书主要总结资料整理分析和数值模拟方法的应用研究部分成果。

全书共分10章，第1、2、4章由王现方执笔，第3、5、6章由谢宇峰执笔，第7、8、9、10章由黄胜伟执笔，全书由黄胜伟构思、编写大纲，由谢宇峰统稿，王现方定稿。本书撰写过程中，曾得到珠江水利科学研究院徐峰俊教授、韩涛博士、高龙华博士、李杰硕士、王崇贤硕士等人的关心和帮助，在本书的出版过程中还得到了珠江水利委员会领导的关心和帮助，特别应指出的是中国工程院韩其为院士还为本书作序，在此一并表示衷心感谢。

由于作者水平有限，书中定有不足之处，恳请读者批评指正。

作者

2006年10月

目　录

第1章 绪 论

1.1 珠江河口水沙治理研究目的和意义

珠江三角洲河网交错密布，潮流泥沙运动复杂，再加上人为因素影响，如行洪河道人为设障，盲目围垦以及这些年来三角洲网河区公路桥梁建设(据遥感技术分析，西北江地区的桥梁有一百多座)，导致口门淤积、航道淤浅、口门延伸、滩槽不稳定，泄流能力下降，水位抬高，对泄洪、排灌及航运造成不利的影响，洪灾频频发生，如20世纪90年代以来接连发生的“94.6”、“94.7”、“96.6”、“97.7”、“98.6”等多场洪水。据1988—1997年统计，10年间，珠江三角洲洪灾损失达1800多亿元，平均每年损失达187亿元。

珠江三角洲网河及八大出海口门是一个密不可分的系统，其水动力特性与本系统自然条件密切相关。伴随着三角洲网河及口门的自然演变，三角洲水沙动力特性一直处于“不平衡—平衡—不平衡”的变化过程中。特别是20世纪80年代中期以来，三角洲地区滩涂围垦、修筑桥梁、河道采砂等无序人类活动的影响，大大改变了河道及口门的水沙输运和水沙分配关系。为正确认识和了解20多年来三角洲网河及口门在来水分配、河床形态、洪水及水位过程等方面的急剧改变情况，有必要对其自然条件的整体变化进行分析。

盐水入侵是珠江河口区水文现象之一。珠江三角洲河口区咸潮所含盐类主要以氯化钠为主，其次是氯化镁、氯化钙、硫酸盐等。珠江河口区受上游径流及下游海洋潮汐等因素的不同影响，水体含盐度因时因地不断发生变化，即使在同一水道或同一断面，水体含盐度也会因季节、潮型、潮别(涨潮或落潮)、时程(潮涨潮落过程)、位置、水深及风向风力等因素而有不同程度的差异。盐水入侵不仅给河口区工农业和人民生活用水带来不利影响，而且盐水楔的上溯对河口区水文情势和河槽演变也有重要影响。因此，河口区围垦、航道疏浚、整治工程、引水工程方案的评价及可行性研究，都需要对潮流含盐度进行分析预测；工业、城市生活及农业用水要求对河口区的潮流含盐度进行短期及长期的预报，确保饮用水含盐度不超过允许最大值；河口的潮流结构、泥沙运动、浅滩的形成均与含盐度的纵向分布有关，都要求开展盐水入侵的分析研究，因此研究盐水入侵问题对珠江河口的开发整治和河口区工农业生产有着重要的现实意义。

当前，珠江三角洲地区存在的上述问题都与三角洲—珠江口的整体布局有关，有必要从三角洲—珠江口整体的角度对各个问题进行深入的研究，使之与防洪规划的要求相适应，以有利于潮排、潮灌和航运，使之与经济和社会的发展相适应。水利部珠江水利委员会（以下简称珠江委）自1980年开始对珠江八大口门及其浅海区进行治理规划研究，取得了一定的成效，并积累了宝贵的经验，部分浅海区的治理对口门水域、三角洲网河区的发展演变也起到了一定的抑弊扬利作用。然而由于受各种条件的局限，以往对于珠江水系的水沙运动规律的研究尚不够充分，例如对河口区近期冲淤演变及防洪情势变化，包括三角洲局部河段异常水位壅高，各个口门分期治理对三角洲网河区分流比及河口区的防洪形势等方面的影响，以及伶仃洋出海航道稳定性问题等都还需要进行更深入的研究。

随着各种自然、社会经济条件的发展变化，政府部门对八大口门的治理越来越重视。建立珠江三角洲网河区及八大口门区整体潮流、泥沙、含盐度数学模型和物理模型，便于全面了解三角洲网河区及八大口门潮流、泥沙、含盐度的运动规律，以便更好地分析滩槽的演变趋势、河口区的防洪形势、出海航道稳定性的影响、泄洪纳潮功能的变化、口门延伸的发展趋势、了解各口门水环境(整治工程悬浮物、盐度扩散、有机污染物浓度)条件，这对伶仃洋近、远期治理策略的研究等都有着重要的意义。

珠江河口水沙治理研究手段有实地勘查和测量、资料整理分析、遥感技术应用、物理模型试验和数学模型计算等。限于篇幅，本书着重介绍数学模型计算成果。数值模拟由于投资少、运行周期短和效率高，具有通用性，重复模拟时具有理想的抗干扰性，可严格控制并可方便修改边界条件及其他条件，因而日益成为研究潮流、泥沙及含盐度运动规律的强有力的手段。特别是对珠江河口及伶仃洋等浅海区这样一个大范围的复杂区域的模拟，更显示出其优越性。

1.2 珠江河口水沙运动模拟研究现状

在河口水流动力学研究方面，早期有关河口研究的著作(如 Ippen，1966；Dyer，1973)，对河口的宏观物理特征与过程进行过系统的总结。20 世纪 60 年代，河口科学家(Bowden，1963；Hansen，1965)为了计算入海物质通量，引进了所谓机制分解法将余流分解为 Stokes 余流和 Euler 余流，得到 Lagrange 平均输移。此后，Fischer、Uncle 和 Dyer 又对此进行了深入研究，促进了河口复杂水流动力学的发展。然而，机制分解法也有明显不足之处，因为从本质上讲，该方法仍然是水文意义上的统计方法，不是真正意义上的物理机制法，无法从内在机理上研究河口流动复杂动力特性。近 20 多年来，对环流与余流、风暴潮、河口锋等问题国内外也做了很多探索和研究，然而不少成果仅局限于单个动力作用下运动机理和规律研究。

珠江水利科学研究院针对珠江网河河口的特点，结合珠江河口治导线规划，提出了珠江河口泥沙不淤的流场条件和水流挟沙能力，建立了珠江河口大型潮汐物理模型，开发出水流、泥沙和盐度耦合的一、二维联解珠江河口整体水沙数学模型、水质数值模型和水生态数学模型，遥感信息技术在珠江河口水域水体悬浮泥沙量级的平面分布的应用，在一定程度上弥补了河口地区实测资料的不足。

近 20 年来，国内不少学者和单位针对不同需要对珠江三角洲网河及河口区进行了研究。如叶锦培、何焯霞(1986)以珠江磨刀门水道为模拟河段，以圣维南不稳定流方程组和平衡输沙方程为基础建立珠江河口潮流输沙计算；罗肇森、辛文杰(2000)用 ADI 法建立珠江磨刀门口二维潮流数学模型，初步计算了磨刀门口门整治对灯笼山水位及近海区流场的影响；李毓湘、逢勇(2001)对珠江三角洲局部河网区河道进行了概化，利用一维非恒定流基本方程组、河网节点联结方程及边点方程建立了珠江三角洲局部网河区水动力学模型，研究珠江三角洲污染物对东四口门通量的影响；陈晓宏、陈永勤等(2003)建立了珠江口海域三维悬浮泥沙的非饱和输沙数学模型，并与珠江口三维水动力斜压模型耦合，对悬沙迁移分布进行了模拟，模型对四个点的逐时实测含沙量过程进行了验证。珠江委设计院与天津水运科研院(2002)建立了珠江三角洲河网及河口水沙整体模型，河网区采用一维有限元水沙模型，河口区采用拟合坐标系下平面二维水沙模型，该模型采用“半耦合”技术，一维出口固定为水位边界，一维计算结果为二维提供流量边界条件；二维进口固定为流量边界，二维计算结果为一维提供水位边界条件。该模型着重对伶仃洋海区进行了验证。河海大学与广东省航道局(2001)建立了珠江三角洲航道网水沙数学模型，其模型主要以一维航道网线为主，二维计算区域内网格嵌套。根据一、二维联网的需要，一维网河采用隐格式计算，而二维河口海域采用隐格式(DSI)模拟，模型验证仅涉及局部河口。中国水利水电科学研究院针对珠江河口整治近期水沙动力特性影响进行了研究，建立了网河区的一维概化、门口外的二维概化模型，通过求解 9 个连接断面的一、二维特征方程实现耦合；珠江委科研所(2003)建立了珠江三角洲河口区潮流泥沙及含盐度耦合联解数学模型，该模型上游网河区采用三级联解法，下游用曲线网格模拟河口计算区域，采用显隐交替的 ADI 法离散求解曲线坐标系下的基本方程，设置交界面连接一、二维模型。

表 1-1 是近年来在珠江河口地区应用过的水动力学模型。

表 1-1　珠江河口地区代表性水动力模型

成果名称	模型范围	模型方法（特色）	验证资料	验证站位/项目	说明
网河区一维水动力模型	东江及北江三角洲河网区（天河分界）	有限差 河段、微段、汊点三级联解	1968 年 6 月 27 日（丰水） 1978 年 7 月 6 日（平水） 1982 年 3 月 25 日（枯水）	河网 4 个测站 口门 4 个测站 （仅 1978 年水期）	香港理工大学，2001 年
一维网河非恒定流及悬沙数学模型	西北江三角洲河网及东四口门海区	有限差 河汊分流分沙的节点控制法	1998 年 7 月 18 日（洪水）	河网 6 个测站	河海大学海岸及海洋工程研究所，2001 年
河网及口门一、二维水沙连接模型	东江及西北江整个三角洲及八大口门海区	正交曲线网格 有限体积法 河网四点隐格式法 一、二维联解	1991 年 12 月 19—21 日 1992 年 7 月 2—4 日 1992 年 7 月 15—17 日	河区 11 个测站 水位、流量、含沙量	天津水运工程科研所、珠江委勘测设计研究院，2002 年
河口一、二维泥沙模型	东片河网及伶仃洋海湾	有限差 有限元	1988 年.6 月 23 日	伶仃洋 6 个站位 水位、流量、含沙量	天津大学建筑工程学院，2002 年
河口推移质水道冲淤计算	横门出海水道	公式算法，冲刷与水流及泥沙特性建立关系	物理模型验证	河道冲深随时间的变化过程	河海大学交通与海洋工程学院，2002 年
河网及八大口门一、二维连接计算水、沙模型	东、西、北江三角洲及八大口门外海域	有限差 河网四点隐格式 特征线法 一、二维联解	（1999 年地形 1999 年 7 月 15—24 日（平水） 1998 年 6 月 15—27 日（洪水） 1998 年 2 月（枯水）	河网区 54 个测站 海域区 5 个测站	中国水利水电科学研究院，2002 年
河口二维潮流模型	黄茅海河口水域（崖门以南至荷包岛）	正交曲线坐标 有限体积法	1992 年 7 月 16 日（洪水） 1992 年 11 月 16 日（枯水） 1989 年实测地形图	3 个水位测站 10 个流速流向测站	河海大学水文水资源及环境学院，2003 年
河口区水环境整体数学模型	东、西、北江三角洲及八大口门外海域	有限差 河网四点隐格式 海区贴体坐标 一、二维联解 水流、泥沙、盐度整体模型	（1999 年地形） 1999 年 7 月（平水） 2001 年 2 月（枯水）	河网区 54 个测站	珠江委科研所，2003 年
河网及口门外一、三维水沙联解模型	东江、北江三角洲河网（以天河为界）及伶仃洋海域	有限差 河段、微段、汊点三级联解 时段交替法通过互提边界条件的方式 一、三维联解	1968 年 6 月 21 日（丰水） 1982 年 3 月 25 日（枯水）	河网区 4 个测站（水位流量） 海区 10 个测站（流速流向）	河海大学环境工程学院，2003 年

上述研究，为解决珠江河口问题发挥了一定的作用。但由于珠江三角洲网河道纵横交错，八大入海口门形状各异，复杂程度举世罕见，各家模型的侧重点也不相同，因此上述数学模型的应用均有一定的局限性。

1.3 河口水动力模拟研究概况

人类对海岸河口地区的水流运动规律早在100多年前就有了基本的认识，Navier(1822)，Poisson(1829)，Saint-Venant(1843)和Stokes(1885)等卓有成就的研究，奠定了流体运动一般规律的理论基础，Reynolds在1885年首次用潮汐河口模型研究英国Mersy河口的潮汐水流，而19世纪的Saint-Venant方程则开启了水流数值模拟理论研究的大门。20世纪初，Sterneck(1920，1921)和Defant就已给出了一维潮流方程的数值解法，并且对一些狭长海域进行了计算，取得了相当好的成果。不过真正意义上的数值模拟则是计算机诞生后才开始的，随着计算机技术的迅速发展，水动力数值模拟在研究与应用中都有了长足的发展，可以从二维水动力数值模拟、三维水动力数值模拟和复合水动力数值模拟三方面加以概述。

1.3.1 一维水动力数值模拟

一维数值模拟的是变量沿河长方向的平均值，基本上能够满足实际工程的需要，它是至今使用最广泛的一种模型。该模型引进一些假定后，沿断面积分三维N－S方程便可得到一维潮流运动方程和连续方程，辅之以泥沙连续方程、河床变形方程和挟沙力公式即可进行一维潮流泥沙计算。一维潮流泥沙数学模型一般采用有限差分法和特征线法进行数值计算。其基本思路是：将计算河段划分成若干小河段，计算各断面的平均水力、泥沙因素以及上下两断面之间的平均冲淤厚度的沿程变化及因时变化情况。一维潮流计算中的关键之一是糙率的确定，大多通过反求水面线的方法加以确定。

一维数模在理论及实践上都比较成熟，模型计算省时，可快速方便地进行长河段、长时间的洪水和河床演变预报，因而国内外使用已很普遍。但是，一维数模无法给出各物理量在平面范围的分布，因而在模拟河床细部变形、河口和港湾等水域的流动和冲淤问题时，显得无能为力，必须用平面二维甚至三维数模才能得到解决。

1.3.2 二维水动力数值模拟

水平面二维水动力数值模拟技术在海岸河口地区应用极广。在平面二维水动力数值模拟系统中，按差分网格的形状分，有正方形、矩形、四边形、三角形、曲线坐标网格以及多种形状网格的组合等；按计算方法分，有显式法、隐式法、显隐式混合法等；按模拟格式分，有ADI法、破开算子法、有限体积法、有限元法、准分析法、贴体坐标法等。

二维水动力数值模拟研究历史可追溯到20世纪50—60年代，该时期在大量一维数值模拟的基础上，出现了一些较简单的二维模型，主要用以研究水流运动规律。1952年至1954年，Lasacson，Stoker和Twesch首次建立了Mississippi河和Ohio河部分河段的水流模型。1952年Hansen利用潮汐运动的周期性，简化基本方程，提出了二维潮流数值计算的边值方法，并用计算机成功地对北海潮流场进行了模拟。Pritchard等将热扩散的研究方法移植并应用于感潮河流的盐淡水混合过程。1965年两位著名的力学家Ziekiemlcz和Cheung提出用有限元法解决势流问题，使基于经典变分原理的 Reyleigh(1877)，Ritz(1909)和 Galerkin(1915)方法在水流数值计算中得以直接应用。70 年代，2D 模型得到深入的研究和广泛的应用，许多学者在河口、近岸海域潮流模拟中应用包括有限差分法、有限单元法、特征线法等模型数值解法，并在这些方面进行了探索，如 Leendertse(1970)发展了有限差分法的半隐差分格式；Yanenko(1971)提出了著名的分裂算子法，解决了许多实际问题。80 年代至今，2D 模型的研究和应用已日渐完善，不仅经典的数值方法得以改进和提高，而且不断有新的内容丰富该研究领域。

在河口或海岸工程的潮流数值模拟中有限差分法(FDM)应用较为广泛。为了很好地拟合复杂的固岸边界和底床地形，并可随意布置和加密网格，不少学者研究出了三角形或多边形网格差分法，形成显式、隐式或半隐半显式的 FDM 法，如二维不规则三角网格的潮流数学模拟；四边形等参单元法数学模型；边界拟合坐标法及 FDM 的结合应用等。Grotkop(1973)，Chung(1978)应用有限单元法对潮流进行了成功的模拟，这一方法在流体力学中的应用还有河口浅水方程的隐式和显式有限元解法、求解浅水流动的分步有限元法及具有潮滩边界的浅海环流有限元模型等。Partankar(1984)提出的有限体积法((FVM)也开始出现在河口潮流的数值模拟中，朱良生(1995)就将有限体积法应用于琼州海峡近岸二维海流数值计算方法中。考虑到复杂的边界形状，Thompson(1974)提出了边界拟合坐标法形成曲线网格体系来划分模拟区域，随后 Wang Jiahe 等(1994)，Wei Wenli 等(1995)的边界拟合正交曲线网格坐标系下利用有限体积法对河口及港口等潮流场进行了模拟计算，郭庆超等推广为控制体积法并应用于二维潮流计算中。美籍华人陈景仁(1984)提出了有限分析法(FAM)，由于该方法有多方面的优越性而被工程界和数学界重视，杨屹松(1988)又进一步发展为混合有限分析法及混合有限分析多重网格法，具有较好的模拟效果。分裂算子解法早在 20 世纪 50 年代就由 Yanenko 提出，但当时未引起学术界重视，计算机的发展使之得到广泛应用。20 世纪 80 年代中期，张二骏等人以分步法概念为基础，以分步子方程的解析解为依据提出了准分析法，还有潮波能谱法，ADI-QUICK 格式等解法出现，均在流场模拟方面取得一定效果。同时作为动边界处理技术，何少苓等提出了窄缝法并在边界变动潮流模拟中应用，曹祖德等提出了水位变化和漫滩流速的井点法，而干湿网格判别法近来应用较多。

然而，由于二维数值模拟多基于垂向深度平均方程，地形影响和垂向流分布并不能完全被反映出来，因此三维问题研究逐渐发展起来。

1.3.3 三维水动力数值模拟

海岸河口海域水流运动具有明显的三维特性，精细的模拟应建立三维水动力学数学模型。随着计算科学的发展，三维数值计算方法业已取得巨大的进展，在空间离散上，有差分法、有限元法和有限体积法；在适应物理域的复杂几何形状上，有贴体坐标变换及 δ 坐标变换；在时间计算方法上，有显式、隐式、半隐式以及时间分步法；在模拟格式上有 ADI 法、迭代法、多重网格法以及并行技术；在动边界处理上有固定网格和动态网格技术，等等。

三维水动力学数值模拟研究在 20 世纪 70 年代二维模型得到了深入研究和广泛应用的同时也初见端倪。最早的三维环流模型出现在 20 世纪 60 年代，应用于海洋和湖泊。此时期的模型建立在刚盖假定的基础上，没有考虑表面的重力波(包括潮汐和湖面波动)，认为自由水面是固定不变的，其法向速度为零。在稀疏的网格上大尺度的海洋环流研究中，刚盖假定是适用的，至今也还在发展应用。不过要正确地模拟特定水域的瞬时变化，需要一个能直接求解自由表面的模型。早期的自由表面模型求解原始方程用一种显式时间前进格式，尽管数值算法简单直接，但计算时间步长受表面重力波在两个相邻水平网格点之间传播时间的严格限制，即所谓的库朗—弗里德里克斯—莱维(CFL 或 Courant)稳定条件。兰德模式考虑了多种影响因素，包括非线性摩擦项和对流项，地球自转作用、水平剪切力、复杂地形，与水动力耦合的盐度传输模型、密度梯度和垂向紊动参数化过程。随着 Slgma-δ 垂向坐标变换分层方法在 3D 分层处理上的改进，其良好的拟合复杂地形的效果及在模拟精度上的提高，使其在三维水流的模拟中迅速发展。

在潮流模型方面，Leendertse 在 1973 年的工作具有开创性，他在垂直方向采用固定分层法，即计算域划分固定分层法建立了海湾三维潮流和盐度模型，之后 Blumberg & Mellor 在 1987 年，Casulli & Cheng(1992)分别提出了三维斜压模型；朱耀华等应用陆架和浅海环流的三维正压模式进行了渤、黄、东海的潮流模拟；Wang(1994)将三维水动力学模型的控制方程用普遍张量的形式表示，并反演了美国 Galveston 海湾的三维流动和盐度分布；张存智基于湍流闭合的三维斜压流体力学方程组，建立了河口环流的三维斜压模式，将模型分裂法和 ADI 差分方法结合，并采用总变差格式(TVD)来求解平流过程，提高了模拟精度；李褆来等建立了边界拟合坐标的三维潮流模型并应用于长江口潮流数值模拟。还有其他学者也先后建立了近海陆架潮波或海洋环流的三维数值模式。

在三维模拟数值解法方面，Heaps(1972)提出了一种谱模式，把水平流速展开成以本征函数为基函数的级数形式，从而将三维问题简化为一组二维问题求解。Leendertse 等(1973)提出了一个分层的三维数值模式，这种模式直接在三维空间中对原始方程求解，其计算量要比谱模式大，但它具有较高的灵活性；赵士清(1985)应用垂向二维分层法，将水体划分为若干层，在每层上将三维问题转化为二维问题求解，在长江口三维潮流模拟中取得较好效果。随着 Slgina-δ 垂向坐标变换分层方法在 3D 分层处理上的改进，其良好的拟合复杂海底地形的效果及在模拟精度上的提高，使其在潮流的模拟中迅速发展。近年来，结合其他数值处理方法，产生了一些新的三维模式，如 HH-SIMPLE 求解格式、动水压力校正模型、流速分解模式、分步杂交模式、过程分裂模型、有限元模型等，均取得了较为理想的效果。

浅水流动和输运三维数学模型比较有代表性的、应用较多的包括：美国普林斯顿大学的 POM 模型；美国陆军工程兵团的 CH3D 系列模型；意大利的 TRIM3D 模型；荷兰 Delft 水力学实验室的 TRISUM 模型以及德国汉堡大学海洋研究所的 HAMSON 陆架海模型。尽管大部分研究采用有限差分法对方程进行离散，然而三维浅水方程的其他离散方法也得到了迅速的发展，如有限元法、谱方法等。有限元法的优点是网格剖分灵活，处理复杂边界方便。不过其计算代价较高。King 建立的模型使用全隐式格式离散非线性方程组，为了减少计算负担，计算域可以使用 1D、2D 或 3D 单元离散，3D 方程仅在需要的地方求解。Lynch 和 Werner 于 1991 年在他们的非线性有限元模型中使用了过程分裂技术。Davie 的综述对其他有限元模型进行了介绍。国内一些学者在这方面也做了大量的工作，但同国外相比，国内模型则存在研究分散、集成水平与系统化程度差、缺少权威等缺点。

1.3.4 复合水动力数值模拟

近年来大型三维综合数值模拟系统的研究和应用愈来愈广泛，这些综合数值模拟系统包括有不同维数模型的复合研究应用、物理模型与数值模型的复合研究应用以及数字信息技术与数值模拟技术的复合研究应用等。

不同维数模型的综合开发如1D和2D联网计算，2D和3D的嵌套模拟甚至三种模型的联合模拟等。

近年来国外学者重视的物理模型与数学模型相结合而产生的复合模型，成为20世纪70年代新兴的模拟技术。数学模型为物理模型提供合理的边界条件以及更确定的模拟范围，而物理模型为数学模型提供了任意时刻的水流条件以及模型参数等。徐金环，Xiong等(1999)就分别应用物理模型与数学模型相结合的手段对灌河口外水域旋转流流场特性河杭州湾水动力进行研究。物理模型与数学模型相结合方面的研究还很多，但真正意义上的物模、数模复合模型应是通过计算机将两者有机结合起来形成的一个整体。这类复合模型大致可分为三类，即耦合运转型、综合模拟型和混合计算型。

信息技术的快速发展，也推动了数值模型与信息技术的复合，如将GIS技术应用于数值模型中，可通过数字海图较准确获取数值模拟所需的地形数据，方便地生成模型的数字地形。江毓武等在厦门港三维潮流数值模拟中应用GIS技术取得了较好的效果。作为数值模拟的末端输出，GIS也将为数据的输出提供了一个友好的界面。车进胜介绍的将四维同化技术与数值模型结合而构成数字河口动力模型的新动向，是依据地形资料寻求物理基础的一种现代技术途径。

随着对复杂水流现象认识的不断深入以及研究手段的不断更新，人们对自然界的现象模拟的要求会更高，数值模拟研究与应用也必然会步入更加成熟的阶段。

1.4 技术难点及发展趋势

1.4.1 技术难点

在数值模拟的研究进程中，有几个方面的技术难点已经有所突破，分析如下。

(1)在水动力模拟中，外海开边界条件的确定。对于由径流和潮流共同驱动的河口水域，外海开边界潮位条件是一个关键的控制条件，其准确界定一直是一个难题。困难源自两个方面：一是海洋水面开阔，潮位测站很少，不能满足模型边界控制要求；二是海洋大规模的旋流常使开边界进出流断面的流态复杂，潮位变化呈非线性。早期的做法是将开边界位置定在几个有限测站控制的断面上，以有限测站潮位的线性插值作为控制边界，难以正确反映外海潮汐动力。目前，珠江口已经采用大尺度海洋模型计算和预报天文潮，并作为水动力模型的控制条件，既提高了水动力模型的潮位精度，又可以根据需要任意选择边界控制点的数量。这一技术已趋成熟，在我国其他河口水域如长江口也普遍采用。

河网区动边界处理：径流来沙和海向来沙在滞流区内沉积，形成沙坎，随着潮位的涨落，沙坎时隐时显，形成动边界。动边界模拟涉及沙坎的变形计算，并对整个河网区水沙运动的模拟产生影响。在一维河网计算中若沙坎露出水面则该河段不过流，因而需要改变节点数目和删减河段，势必要改变河网结构，数值处理相当复杂。

(2)多要素耦合模拟。目前在河口水流动力学方面已有不少研究，但是多限于较理想、较简单及单一流动的成果。为适应珠江河口独特的水文和地形条件，应研究多种介质(淡、咸水)、多相(挟沙水流)、多层次(咸淡分层流)、多方向(径流与潮流)的河口水流动力学的一些问题。主要内容包括：不同密度的分层流动、掺混过程及相对平衡条件，风成波紊动结构及衰减，浮泥异重流运动的条件及沉积机理，咸潮形成机理及运动规律，径、潮、波共同作用条件下的水力学特性(包括流场、含沙量场、盐度场、温度场)，河口环流与余流运动机理，河口锋的形成机理，风暴潮的水力学特性。

(3)物质输移模拟的适应性和精度有较大提高。在潮汐的往复动力驱动下，河口分汊三角洲水系的泥沙、污染物、盐度模拟十分复杂，精度远不及水动力模型。不过最近的研究还是取得了令人鼓舞的成果。其中，珠江水利科学研究院的研究具有代表性，建立了整个珠江河网及八大口门外海域的整体水动力、泥沙和含氯度三场耦合的一、二维联结计算模型，对悬沙的模拟考虑了泥沙级配的影响，挟沙力、启动流速等参数选取比较充分地考虑了在珠江河口水域的适应性。水流、泥沙和含氯度方程在贴体曲线坐标系统中，用隐格式整体求解，模拟的潮位、流速、含沙量和含氯度过程线，在诸多分布站位与实测过程进行了多潮周期的比较，取得了令人满意的结果，这在如此复杂的珠江三角洲水系是相当不易的，它反映了我国数值模拟技术在河口水域中较高的应用水平。

(4)潮流挟沙力公式的选用。对于感潮河口区，潮流界上下河段具有不同的水沙输运特征，因此需要解决不同潮流挟沙力公式的分区选用以及切换的问题，同时还须考虑挟沙力公式中参数随洪潮动力因素的变化。

缺乏含沙量边界资料时的恰当处理。在河道入海口处，往往缺乏满足模型计算要求的含沙量边界资料，需要建模者根据实际情况采用经验关系或有一定理论依据的技术处理。

(5)自然条件的变化。珠江三角洲网河及八大出海口门作为一个整体系统，其水动力特性与本系统的自然条件密切相关。伴随着三角洲网河及口门的自然演变，自20世纪80年代中期以来，大规模无序的人类活动影响已使三角洲网河河道及口门的水沙运动规律和分配关系发生了很大的改变。以往的研究成果大多是针对20世纪80年代的自然条件进行的，与现有自然条件下的水沙动力关系不甚相符。如马口—三水、天河—南华、岛洲水道—蕉门水道、横门南—横门北等重要汊口的分流关系与20世纪80年代相比已经发生明显变化，三角洲腹地河道洪水的水位和流量频率也与20世纪80年代有了较大的差异。因此，必须对新的自然条件下的三角洲及口门的水动力特性重新进行系统深入的研究，才能真正反映新条件下整治工程的实际影响，为工程整治方案的论证、优选提供科学依据。

此外，近年来三角洲网河地区和口门外水域在地形水文及人类活动等方面有了许多显著的变化，由此引起的水动力特性的改变也亟待深入研究。

1.4.2　发展趋势

综合已有模拟研究成果，从模型模拟范围、验证资料、模型方法和高新技术应用等方面分析，可以总结出模型研究进程中的如下趋势。

(1)地形及水文资料决定了数值模型的规模和应用可靠性。在数值模型技术、特别是水动力数值模型技术已经比较成熟的条件下，建立模型首先取决于是否拥有区域地形和同步水文资料。在早期的研究中，模型研究的范围都不大，一般限于局部水域，用于模型验证的站位也不多，原因之一，就是受限于地形水文等基础资料。对于珠江河口这样大范围的水域，有限的水文站点资料，时间上不同步的分片地形资料，影响了模型的率定和验证计算，难以保证模型应用的可靠性。1999年，珠江委和广东省水利厅联合测量了三角洲地形和水文，首次获得了三角洲包括东江、西江和北江河网在内的完整地形资料，为之后建立整个河网及海区的水动力模型奠定了坚实基础。

(2)模型的空间研究范围逐渐扩大，以正确反映三角洲水系网之间敏感的水动力和物质输移交互影响。珠江河口三角洲水流的重要特点之一，是其纵横交错的河网之间、河网与八大口门之间相互贯通，交叉影响；同时，在上游径流和海向潮汐动力的共同作用下，上下游往复流动，在各河道和河口内变化非常复杂。从数值模拟的角度，对这样一个交互影响并动态变化的系统，边界条件的选取十分重要。原则上，应合理控制边界，使之不受计算域内水流变化的影响，即数值模拟须有足够的范围。对三角洲而言，应将入流边界控制在三角洲入口，海向边界控制在外海区不受陆地影响的位置。纵观水动力数值模型的发展过程，恰好反映了模型范围在空间上由小到大的趋势。从东江三角洲、西江三角洲、北江三角洲的分片模拟，到以东江、北江三角洲和伶仃洋为对象水域，最后到东、西、北江三角洲与八大口门外海域的整体模型，研究的范围逐渐扩大，目前已发展成为对整个三角洲包括河网及八大口门水域的整合模拟。

系统整体模拟是珠江河口数值模拟的必然趋势。河口是一个系统，河口动力及物质输移等各种特性在空间和时间上相互影响，并具陆域和海洋交汇地带的特殊性质。随着计算技术规模化的发展，以及信息监测能力的提高，可以支撑数值模型在较大范围内的系统整体模拟，以全面反映系统内的变化及相互之间的影响。

(3)从一维、二维、三维的分维计算到多维连接计算，特别是一、二维连接计算模式，适应三角洲河网和河口外不同水域不同的代表性水动力特征。珠江河口三角洲是一个非常典型的复合水域，河网区以一维流动为特征，河口区以一、二维过渡流动为特征，口门外则是典型的二维和三维流动特征。随着模型研究范围的整合，模型也从一维、二维、三维的分维计算模式向不同维之间连接计算的模式发展。最有代表性的是三角洲河网与口门外海域的一、二维联结计算模型，成功解决了不同区域水动力特征的分区模拟和整合分析这一技术难题，成为模拟复杂网状三角洲及河口区动力及物质输移的有效、实用方法。

(4)数值方法上，从直线坐标发展到更多地采用曲线坐标，以反映复杂岸线变化和浅滩潮水涨落的动态变化。受周期性潮汐动力变化的影响，加之河口区复杂的岸线形态和浅滩地形，口门区域浅滩潮位涨落，以往较多采用的直线坐标方式，不能精确模拟岸线及滩槽的变化。而曲线贴体坐标，则更方便边界的概化，提高了模式适应边界变化的能力，也提高了计算精度。

(5)模拟要素上，逐渐从水动力单要素向水动力、泥沙、盐度、污染物多要素综合模拟发展。珠江三角洲河口区域是多种动力和物质输移共同作用的一个水域，在水动力场的基础上，对泥沙、盐度、污染物和波浪等各场的认知，对于河口冲淤演变、淡水水源、水环境质量控制等，都十分必要。由于上述各场之间相互有联系，因此，多场综合模拟是河口数值模拟的发展方向，同时也是一个极大的挑战。目前，水动力模型比较成熟，已有许多成功应用，实际指导河口规划及治理工作，泥沙模型相对误差大，系列资料难以满足建模需要，对地形的冲淤演变预报还有待大量深入的工作；污染物输移模型由于污染源条件难以控制，主要用在分析规划条件下污染物通量的宏观变化，盐度模型的应用范围一般在海区，研究海区咸潮的二维及三维特性。珠江河口区整体数学模型研究已经取得的成果，对河口区包括河网及八大口门水域的多场混合模拟进行了十分有效的尝试。进一步推进该整体模型的实际应用，并通过实践检验和完善模型，将会更好地发挥数值模拟技术在指导河口综合规划及管理决策中的作用。

(6)高新技术如GIS、RS等开始应用到数值模拟中。基于GIS的信息提取和管理方式，为数值模拟技术提供了高效应用的平台。在珠江河口，高新技术的不断应用，一方面使数值模型的信息处理更加迅捷、直观、高效；另一方面通过遥感信息解析，直接用于分析河道岸线的长期变迁态势、河口悬浮沙及污染带的分布，与数值模拟结果相互印证，提高了对河口进行综合分析的能力。

(7)仿真研究平台建设。信息技术、遥感监测、地形水文水环境等立体同步测量等，提高了信息丰度和信息管理效率，使数值模拟技术的应用平台上了一个台阶。建设河口数值化仿真研究平台，融入更多的管理需求信息，可推进模拟技术以更直观、形象、动态、高效的方式，在河口管理的更多领域中得到实际应用，进而促进技术向生产力的转化。可以预见，数值模型将越来越成为一种强大的技术手段，为河口、海湾及整个流域的综合管理提供多元化的信息和决策技术支持。

参考文献

1 Leendertse J. J. A water quality simulation model for well-mixed estuaries and coastal sea. Principle of computation, CA. Rand Corp. RM-6230, 1970, 1: 15～37

2 Yaneko N. N. The method of fractional steps [M]. Springer-Verleg, Berlin& NewYork, 1971

3 Casulli V. & Notamicola F., An Eulerian-Lagrangian method for tidal current computation [M]. In: Computer Modelling in Ocean Engineering (Schrefler & Zienkiewicz, eds), Balkema, Rotterdam, 1988. 237～244

4 Casulli V. Semi-implicit finite difference methods for the two dimcnsional Shallow water equations [J]. J. Comput. Phys., 1990, 86: 56～74

5 王长海，李蓓．二维不规则三角形网格的潮流数学模型［J］．水道港口，1988，(2)：10～15

6 窦希萍，李禔来．二维潮流数学模型的四边形等参单元法［J］．海岸工程，1995，13(1)：47～53

7 张廷芳，段小宁．二维潮流数值计算的一种显式模式．大连理工大学学报，1992，32(6)：702～706

8 潘海，方国洪．海洋流体动力学的一种交替方向隐式二维数值模式［J］．海洋

学报，1995，17(5)：21～31

9 汪德灌，杨艳艳．边界拟合坐标法的应用 [J]．河海大学学报，1989，17(1)：50～57

10 Grotkop G. Finite element analysis of long period water waves [J]. Comp. Meth. In Appl. Mech. And Eng., 1973 (2)：147～160

11 Chung, T. J. Finite element analysis in fluid dynamics [M]. McGraw-Hill, Inter. Book Company, 1978

12 李浩麟，易家豪．河口浅水方程的隐式和显式有限元解法 [J]．水利水运科学研究，1983(10)：15～26

13 江春波，梁东方等．求解浅水流动的分步有限元方法 [J]．水动力学研究与进展．Ser. A，2004，19(4)：475～483

14 张存智，杨连武．具有潮滩移动边界的浅海环流有限元模型 [J]．海洋学报，1990，12(1)：1～13

15 娄安刚，李风岐等．胶州湾红岛码头疏浚物质输移扩散数值预测 [J]．海洋科学，2003，27(12)：45～49

16 李世森，时钟等．河口潮流垂向二维有限元数学模型 [J]．海洋科学，2001，25(9)：39～44

17 Partankar, S. V. Numerical heat transfer and fluid flow [M]. McGraw-Hill, 1984

18 朱良生．近岸二维海流数值计算方法若干问题的研究和应用 [J]．热带海洋，1995，14(1)：30～37

19 Thompson J. F. et al., Automatic numerical generation of body-fitted curvelinear coordinate systems for fields containing any number of arbitrary two-dimension bodies [J]. J. of Comput. Phys., 1974, 15：299～311

20 Wang Jiahe, etal. Numerical simulation of 2D tidal flow and water quality under the curvelinear coordinates [J]. J. of Hydrodynamics, 1994, B(3)：78～84

21 Wei Wenli, Jin Zhongqing. Numerical solution for unsteady 2-D flow using to the transformed shallow water equations [J]. J. of Hydrodynamics. Ser. B, 1995, 7(3)：65～71

22 郭庆超，何明民等．控制体积法在二维潮流计算中的应用 [J]．水动力学研究与进展 [A]，1995，10(6)：602～609

23 陈景仁．流体力学及传热学 [J]．北京：国防工业出版社，1984

24 杨屹松．混合有限分析法及其在流体力学中的应用 [D]．武汉水利电力学院博士学位论文，1988

25 Wei Heping, Rong Mei. Study of flowfield and concentration field of Changzhou outfall engineering [M]. Balkema, Rotterdam

26 何少苓，林秉南．破开算子法在二维潮流中的应用 [J]．海洋学报，1984，6(2)：260～271

27 张二骏，张东生等．一种新的数值方法——准分析法在二维非恒定流场中的

应用［J］．海洋学报，1986，8(5)：636～643

28 李家星，张镜湖．用潮波能谱法计算二维非恒定流的数学模型［J］．海洋工程，1988，6(2)：45～55

29 华秀菁，吕玉麟．二维浅水域潮流数值模拟的 ADI-QUICK 格式［J］．水动力学研究与进展［A］，1996，11(1)：72～92

30 何少苓，王连祥．窄缝法在二维边界变动水域计算中的应用［J］．水利学报．1986，(12)：11～19

31 曹祖德，王运洪．水动力泥沙数值模拟［M］．天津：天津大学出版社，1994

32 吴巍，孙文心．渤海局部海域风基潮漫滩计算模式-ADI 干湿网格模式在渤海局部海域风暴潮漫滩计算中的应用［J］．青岛海洋大学学报，1996，25(2)：146～152

33 Cheong，H. F.，Shankar，N. J.，Chan，C. T Numerical modelling of tidal motion in southern waters of Singapore［C］．In：Partridge，P. R. Ed.，Proceedings of the International Conference on Computer Modelling for Seas and Coastal Regions. Elsevier Applied Science，UK，1992

34 Shankar，N. J.，Cheong，H. F.，Chan，C. T. Boundary fitted grid models for tidal motions in：Singapore coastal waters［J］．Journal of Hydraulic Research，1997，35(1)：3～19

35 张修忠，王光谦．浅水流动及输运三维数学模型研究进展［J］．水利学报，2002，7：1～7

36 Leendertse J. J.，Alexander R. C.，S. L. Liu A three dimensional model for estuaries and coastal sea［J］．Vol. 1，Principles of computations，R-1471-Owrt.，CA. Rend Corp.，Santa Monica California，1973. 78～86

37 Leendense J. J.，Liu S. K. A three-dimensional model for estuaries and coastal seas-Volume II，aspects of computation［R］．Rand Corp. R-1764-OWRR，1975

38 Blumberg A. F.，Mellor C. L. A description of a three-dimensional coastal ocean circulation model. Three-Dimensional Coastal Ocean Models［M］．Heaps S.，ed.，American Geophysical Union，Washington，D. C.，1～16

39 Uittenbogaard R. E. et al. Implementation or three turbulence models in TRISULA for rectangular. horizontal grids［K］．Delft Hydraulics. Delft. Neherlands

40 Blumberg A. F. & Melior C. L. A description of a three-dimensional coastal ocean circulation model，Three-Dimensional coastal ocean models［M］．Henps S. ed.，American Geophysical Union，Washington D. C.，1987，1～16

41 Mollor G. L.，Ezer T & Oey L. Y. The pressure gradient conudrum of sigma coordinate ocean models［J］．J. Atmos Oceanic. Technol.，1994，(11)：1126～1134

42 Mollor G. L. &Blumberg A. F. Modeling vertical and horizontal diffusivities wlih the sigma coordinate system［J］．Mon. Wen. Rev.，1985(113)：1380～1383

43 Mollor G. L. &Yamada T. Development of a turbulence closure model for geophysical fluid problems［J］．Rev. Geophys. SpacePhys.，1982(20)

44 Casulli V. &Cheng R Semi-implicit finite difference methods for three-

dimensional shallow water flow [J]. Inter. J. for Nttm. Methnds in Fliuds, 1992, 15: 629～648

45 Cheng R. &Casulli V On Lagrangian residual current with applications in South San Francisco Bay. California [J]. Water Res. Res., 1982, 18(6): 1652～1662

46 朱耀华，方国洪．陆架和浅海环流的一个三维正压模式及其在渤、黄、东海的应用［J］．海洋学报，1994，16(6)：11～20

47 Wang K. H.. Characterization on circulation and salinity change in Galveston Bay [J]. J. Engrg. Mech., 1994. Vol. 120(3), 557～579

48 张存智．黄海北部海域三维潮流数值模型［J］．海洋预报，2000，17(1)：1～120

49 李褆来，窦希萍等．长江口边界拟合坐标的三维潮流数学模型［J］．水利水运科学研究，2000，9(3)：1～6

50 孙英兰，陈时俊，赵可胜．沿岸海域三维斜压场的数值模拟，I：渤海潮流数值计算［J］．海洋大学学报，1990，20(3)：11～24

51 朱建荣，沈焕庭等．三维陆架模式及其应用［J］．青岛海洋大学学报，1997，27(2)：145～156

52 赵士清．长江口三维潮流数值模拟［J］．水利水运研究，1985，1：8～20

53 Heaps N. S. On the numerical solution of the three-dimensional equations for tides and storm surges [J]. Mem. Soc. R. Sci. Liege., 1972, 6(2): 143～180

54 韩国其，汪德灌等．潮汐河口三维水流数值模拟［J］，水利学报，1989，12：54～60

55 周思平．3D含自由水面紊流流动的数值模拟-HH-SIMPLE方法［D］．河海大学博士学位论文，1988

56 徐贵泉．河口分层特征及其3D数值模拟［D］．［河海大学硕士学位论文］，1992

57 孙文心．三维浅海流体动力学的一种数值方法　流速分解法［J］．物理海洋数值计算，郑州：河南科技出版社，1992

58 石磊．一个关于河口及浅海的三维分步杂交模型［J］．青岛海洋大学学报，1996，26(4)：396～404

59 诸裕良，严以新等．大江河口三维非线性斜压水流盐度数学模型［J］．水利水运科学研究，1998(2)：129～138

60 张涤明，乔林等．近海环流三维样条分层有限元模式［J］．水动力学研究与进展，A辑．1988，3(2)：83～93

61 窦振兴，杨连武等．渤海三维潮流数值模拟［J］．海洋学报，1993，15(5)：1～15

62 陈祖军，韦鹤平等．长江口水域三维水动力数值模拟研究［J］．海洋预报，2004.21(3)：37～44

63 张二骏，顾再仁等．不恒定一、二维联解潮流计算(上、下)［J］．人民珠江，1986，(5，6)：5～13，13～16

64 严以新，诸裕良．黄茅海域及上游河网地区一、二维联网整体数学模型[C]．第七届全国海岸工程学术论文集，青岛：海洋出版社，1993：75～83

65 王玲玲，金忠青．利用二、三维嵌套技术数值模拟复杂边界下的流场明 [J]．南京航空航天大学学报，1999，31(2)：133～138

66 徐金环，李国臣．一种新型潮流模型试验方法的研究 [J]．泥沙研究，1992(1)：36～42

67 曹祖德，孔令双等．海岸河口水动力数值模拟的研究方向 [J]．中国港湾建设，2002，4：15～18

68 江毓武，陈宗团．厦门港三维潮流数值模拟 [J]．海洋工程，1998，16(4)：66～72

69 车进胜，周作付等．河口海岸水动力模拟技术研究的进展 [J]．台湾海峡，2003，22(1)：125～129

70 彭静，何少苓等．珠江三角洲大系统洪水模拟分析及防洪对策探讨 [J]．水利学报，2003，11：78～84

71 管卫兵，王丽娅等．珠江河口氮和磷循环及溶解氧的数值模拟 II. 模拟结果 [J]．海洋学报，2003，25(1)：61～68

72 管卫兵，王丽娅等．珠江河口氮和磷循环及溶解氧的数值模拟 I. 模拟建立 [J]．海洋学报，2003，25(1)：52～60

73 包芸，任杰．伶仃洋盐度高度层化现象及盐度锋面的研究 [J]．水动力学研究与进展，2005，11(20)：689～693

74 彭静，彭期冬．珠江河口三角洲数值模拟技术研究进展 [J]．水利水电技术，2005(10)：78～82

75 包芸，任杰．珠江河口西南风强迫下潮流场的数值模拟 [J]．海洋通报，2003，22(8)：8～14

76 包芸，来志刚等．珠江河口一维河网、三维河口湾水动力连接计算 [J]．热带海洋学报，2005(24)：67～72

77 熊德琪，杨建立等．珠江口区域海上溢油应急预报信息系统的开发研究 [J]．海洋环境科学，2005(24)：63～66

78 包芸，姚冬静．珠江网河二维水动力数值计算研究 [J]．水动力学研究与进展，2006，20：881～886

79 曹祖德等．水动力泥沙数值模拟．天津：天津大学出版社，1994

80 珠江三角洲河口区潮流泥沙及含盐度耦合联解数学模型报告，水利部珠江水利委员会科学研究所，2003(9)

第2章 珠江河口区自然条件分析

2.1 珠江三角洲概况

2.1.1 网河区概况

珠江流域是西江、北江、东江和珠江三角洲诸河四个水系的总称，流域面积 453690km²，其中我国境内 442100km²。珠江的主流西江，发源于云南省曲靖市的马雄山东麓，自源头至思贤滘全长 2075km，平均坡降 0.58‰，集水面积 353120km²，占珠江流域面积的 77.83%。北江发源于江西省信丰县石碣，上游称浈江，至广东省韶关市与武江汇合后始称北江。干流思贤滘以上河长 468km，平均坡降 0.26‰，集水面积 46710km²，占珠江流域面积的 10.30%。东江发源于江西省寻乌县的椏髻钵，上游称寻乌水，至广东省龙川县会贝岭水后称东江，干流石龙以上河道长 520km，平均坡降 0.39‰，集水面积 27040km²，占珠江流域面积的 5.96%。

西江、北江在广东三水思贤滘处汇合后汇入珠江三角洲，东江在广东东莞石龙汇入珠江三角洲。

珠江三角洲是复合三角洲，由西江、北江思贤滘以下，东江石龙以下河网水系和入注三角洲诸河组成，集水面积 26820km²，占珠江流域面积的 5.91%，其中河网区面积 9750km²。入注三角洲的中小河流主要有潭江、流溪河、增江、沙河、高明河、深圳河等。

珠江三角洲网河区内河道纵横交错，融会贯通，主干宽阔多汊，其中西江、北江水道互相贯通，形成西北江三角洲，集水面积 8370km²，占三角洲河网区面积的 85.8%，主要水道近百条，总长约 1600km，东江三角洲隔狮子洋与西北江三角洲相望，基本上自成一体，集水面积 1380km²，仅占三角洲河网区面积的 14.2%，主要水道 5 条，总长约 138km。

珠江三角洲水系大体可分为以下几个水系。

(1)西江水系。西江的主流从思贤滘西滘口起，向南偏东流至新会县天河，称西江干流水道，长 57.5km；天河至新会县百顷头，称西海水道，长 27.5km；从百顷头至珠海市洪湾企人石流入南海，称磨刀门水道，长 54km。主流在甘竹滩附近向北分汊经甘竹溪与顺德水道贯通；在天河附近向东南分出东海水道，东海水道在海尾附近又分出容桂水道和小榄水道，分别流向洪奇门和横门出海；主流西海水道在太平墟附近分出古镇水道，至古镇附近又流回西海水道；在北街附近向西南分出江门水道流向银洲湖；在百顷头分出石板沙水道，该水道又分出荷麻溪、劳劳溪与虎跳门水道、鸡啼门水道连通；至竹洲头又分出螺洲溪流向坭湾门水道，并经鸡啼门水道出海。

(2)北江水系。北江主流自思贤滘北滘口至南海紫洞，河长 25km，称北江干流水道；紫洞至顺德张松上河，长 48km，称顺德水道；从张松上河至番禺小虎山淹尾，长 32km，称沙湾水道，然后入狮子洋经虎门出海。北江主流分汊很多：在三水市西南分出西南涌与芦苞涌汇合后再与溪流河汇合流入广州水道，至白鹅潭又分为南北两支，北支为前航道，南支为后航道，后航道与佛山水道、陈村水道等互相贯通，前后航道在剑草围附近汇合后向东注入狮子洋；在南海紫洞向东分出潭洲水道，该水道又于南海沙口分出佛山水道，在顺德登洲分出平洲水道，并在顺德沙亭又汇入顺德水道；顺德水道在顺德勒流分出顺德支流水道，与甘竹溪连通，在容奇与容桂水道相汇后入洪奇门出海；在顺德水道下段分出李家沙水道和沙湾水道，李家沙水道在顺德板沙尾与容桂水道汇合后进入洪奇门出海；沙湾水道在番禺磨碟头分出榄核涌、西樵分出西樵水道、基石分出骝岗涌，均汇入蕉门水道。

(3)东江水系。东江流至石龙以下分为两支，主流东江北干经石龙北向西流至新家埔接纳增江，至白鹤洲转向西南，最后在增城番禺东联围流入狮子洋，全长 42km；另一支为东江南支流，从石龙以南向西南流经石碣、东莞，在大王洲接东莞水道，最后在东莞洲仔围流入狮子洋。东江北干流在东莞乌草墩分出潢涌，在东莞斗朗又分出倒运海水道，在东莞湛沙围分出麻涌河；倒运海水道在大王洲横向分出中堂水道，此水道在芦村汇潢涌，在四围汇东江南支流；中堂水道又分出纵向的大汾北水道和洪屋涡水道，这些纵向水道均流入狮子洋经虎门出海。

此外，流溪河流经广州白鹅潭后分为前航道和后航道汇入狮子洋，由虎门出海；潭江从银洲湖汇入崖门水道，由崖门出海。

珠江三角洲网河区及八大口门区地理位置见图 2-1。

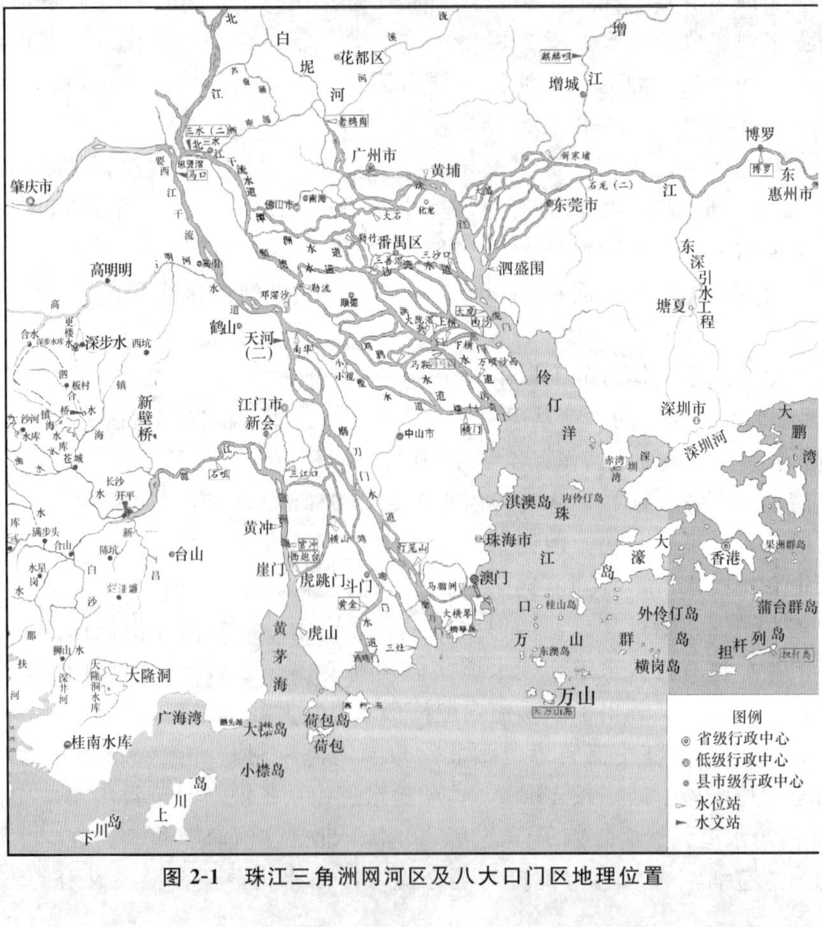

图 2-1 珠江三角洲网河区及八大口门区地理位置

2.1.2 河口区概况

珠江河口前缘东起九龙半岛九龙城，西到赤溪半岛鹅头颈，大陆岸线长450多km。河口由八大入海口门组成，东面四口门是虎门、蕉门、洪奇门和横门，同注入伶仃洋；西四口门自东而西为磨刀门、鸡啼门、虎跳门和崖门，其中磨刀门直接入注南海，鸡啼门注入三灶岛与高栏岛之间的海域，虎跳门和崖门注入黄茅海河口湾。八大口门动力特性不尽相同，泄洪纳潮情况不一，中部的磨刀门为西江的主要入海口门，泄洪输沙量最大，而东部虎门的潮汐吞吐量则占首位。两侧的虎门和崖门以潮汐作用为主，其他口门径流动力较强。

(1)虎门。虎门是虎门水道的出口，虎门水道纳东江、流溪河全部来水来沙和北江部分水沙后，从虎门入注伶仃洋河口湾。虎门的水流含沙量低，水深河宽，河床较稳定，出虎门向南是伶仃洋河口湾，东、西两条深槽将伶仃洋浅滩分隔为东滩、中滩和西滩三部分。虎门潮流动力较强，纳潮量居八大口门之首，伶仃洋—虎门—狮子洋是重要的纳潮、泄洪通道，也是广州主要的远洋航道。

(2)蕉门。蕉门是蕉门水道的出口，地处内伶仃洋西侧，承泄西江、北江的水沙。蕉门水道上游有沙湾水道分出的榄核涌、西樵涌和骝岗涌三条水道在亭角汇入，下游有洪奇门水道分出的上横沥、下横沥汇入，蕉门口外分汊为两条水道与伶仃洋相通，主干为东西向的凫洲水道，支汊蕉门延伸段沿万顷沙垦区向东南向延伸。

(3)洪奇门。洪奇门位于内伶仃洋的西北角，是洪奇门水道的出口，承泄西江、北江的水沙，上游由李家沙水道、容桂水道在板沙尾汇流而成，西侧有桂洲水道、黄圃沥、黄沙沥汇入，至大陇滘向蕉门分出上横沥、下横沥。自下横沥分水口向东南延伸至万顷沙垦区十七涌与横门北汊相汇后，其汇合延伸段进一步向东南向延伸。

(4)横门。横门是横门水道的出口，承泄西江的水沙。横门水道上游由西江的支流小榄水道和鸡鸦水道汇合而成，鸡鸦水道通过黄沙沥、黄圃沥与洪奇门水道相通。横门水道出横门后分为南、北两汊，北汊为主干，与洪奇门水道相汇后，经汇合延伸段入伶仃洋，南汊经芙蓉山峡口后，向南流入伶仃洋。

(5)磨刀门。磨刀门是西江主要的泄洪输沙出口，径流作用较强。磨刀门上游是西江干流水道，向东分出甘竹溪、东海水道后向东南向延伸，至北街、百顷头向西又分出江门水道和石板沙水道、螺洲溪。磨刀门浅海湾的一主一支洪水通道格局已基本形成，主干为磨刀门水道，于横洲口入南海，支流洪湾水道向东延伸至马骝洲，经澳门水道入伶仃洋。

(6)鸡啼门。鸡啼门是西江分支鸡啼门水道的出口，鸡啼门外是三灶岛与高栏岛之间的浅海区，海床呈浅碟形式，明显的深槽仅局限于小木乃附近，小木乃—草鞋排的深槽高程只有−3m，深槽宽500～700m，草鞋排—三牙石之间东西横卧着拦门沙，坎顶只有−2.6m。南水—高栏岛连岛堤建成后，阻挡了沿岸流的通道，加快了淤积速度，也减小了浅海区的潮汐动力。

(7)虎跳门。虎跳门是虎跳门水道的入海口，西侧紧临崖门，与崖门水道出流相汇后入黄茅海。虎跳门水道上游荷麻溪是西江石板沙水道的分支水道，向东分出赤粉水道与鸡啼门水道相通，虎跳门口门附近与崖门汇流处较宽浅。虎跳门水道属西江出海航道的出口段，水道内设有众多航道整治工程，如丁坝群、锁坝等。

(8)崖门。崖门是珠江河口八大入海口门中位于最西部的口门，崖门接纳上游潭江和西江分流经江门水道、虎坑水道汇入的水沙，与虎跳门出流汇合后注入黄茅海。崖门水道(又称银洲湖)以潮流动力为主，水深河宽、河床比较稳定，黄茅海—崖门—银洲湖是珠江河口西侧重要的纳潮、排洪、航运通道，也是近期正在开发的5000t级出海航道。

(9)伶仃洋。伶仃洋水域面积约2110km^2，是个喇叭形河口湾。湾顶即虎门口，宽约4km，自湾顶至湾口纵向长65km，湾口从左岸(香港)至右岸(澳门)，宽约80km。由于其上游支流众多，河口区水网发育，各江汊道相互贯通，加上潮汐的往复流动，使伶仃洋成为世界上少有的复杂而又特殊的河口湾。伶仃洋东岸属东莞、深圳等地范围，地形上为平原与丘陵山地相间；伶仃洋西岸及磨刀门、黄茅海口段属番禺、中山、珠海、斗门、新会、台山等县(市)范围。

(10)黄茅海。黄茅海是珠江口门中崖门和虎跳门汇合口外的喇叭形海湾，北起湾顶崖门、虎跳门口，宽约1.8km，下延30多公里至大襟岛、大芒岛、三角山岛、南水尾的湾口，宽20多km，浅海区水面积约403km^2，鸡啼门浅海区上起大霖码头，宽0.6km，下延9.06km至青州，远景下延至高栏岛东面的蚊洲、园洲，该范围内海区面积约70km^2。上述的浅海区范围外，已是宽阔的南海。

2.2 珠江河口水文、气象特征

2.2.1 气象特征

珠江河口南临南海，处于亚热带季风气候区，暖湿多雨，气候宜人。根据新会、斗门、珠海、中山、广州、东莞、深圳等市气象台(站)的观测资料统计分析，(统计年限为各台(站)建立至1998年)，其气象特征如下。

(1)降水。多年平均降水量为1400～2500mm；最大年降水量为4555mm(大坑站，1973年)，最小年降水量为721.3mm(铁岗水库站，1963年)。降水量不但年际变化较大，年内分配也不均匀，通常是汛期4—9月的降水量占年总量的80%以上，枯水期1—3月、10—12月的降水量不足年总量的20%，而汛期降水主要集中在5—8月，约占年总量的60%，故夏秋易涝，冬春易旱。最大24小时点暴雨出现在珠海市的香洲站和三灶站，香洲站为643.5mm(2000年4月13日)，三灶站为613.8mm(1982年5月29日)。东部最大24小时点暴雨出现于泗盛围站，为580.6mm(1993年6月28日)，中部天河站的最大24小时点暴雨量为266.1mm(1981年6月30日)。点暴雨量的空间分布由沿海向内陆递减变化。

(2)气温、日照。多年平均气温一般在22℃左右，年平均气温的年际变化不大，变幅为1℃左右，历年最高气温在35℃以上，极端最高气温为38.7℃(广州1953年8月12日，深圳1980年7月10日)；年最低气温一般出现在1月、2月及12月，其中1月份最低，平均为13～14℃，历年最低气温一般都在0℃以上，极端最低气温为－1.3℃(中山站1955年1月12日)。多年平均日照时数为1600～2100h，年最长日照时数为2449.5h(番禺1963年)，年最短日照时数为1507.0h(新会1973年)。日照时数的年内分配，一般是7月份较长，平均为230～250h，最短为2月、3月，平均为90～125h。

(3)风向、风速。冬季盛行北风，夏季偏南风、东南风，春秋转换季节风向极不稳定。累年最大风速为东风31.4m/s(珠海站)，其次为西北风和北风，均为30m/s(斗门、深圳站)。

每年的7—9月为本区热带气旋盛行期。据1949—2000年资料统计，风力在8级以上，直接在珠江口(深圳以西—台山以东)登陆的热带气旋约有35次。近20年来对珠江河口影响较大的有8309号、8908号、9316号等3次台风。

(4)蒸发与湿度。多年平均蒸发量(水面蒸发，以下同)为1100～1300mm；最大年蒸发量深圳为1570.5mm(1963年)，番禺1396.8mm(1977年)；最小年蒸发量东莞为1127.4mm(1963年)，中山为972.7mm(1965年)。蒸发量的年际变化不大，但其年内变化相对较大，7月、8月蒸发量最大，约占年总量的23%，1—3月蒸发量较小，约占年总量的17%。平均相对湿度约为80%，春、夏最大相对湿度在95%以上，秋、冬最小相对湿度不足10%。

2.2.2 径流特征

珠江流域地处热带、亚热带气候区，光照条件好，水资源相对丰富，按照《珠江流域水资源调查评价》统计成果(1956—2000年资料统计)，水资源总量3385亿m^3，居我国七大江河的第二位，仅次于长江流域，是我国天然的富水区之一，其中珠江三角洲水资源总量299亿m^3。珠江流域多年平均径流量为3381亿m^3，其中西江2301亿m^3,东江274亿m^3，北江510亿m^3，珠江三角洲295亿m^3，分别占珠江流域径流总量的68.1%、8.1%、15.1%、8.7%；珠江河口入海径流量为3264亿m^3。

根据水文站实测水文资料统计(1956—2000年资料系列)，西江马口站多年平均径流量为2322亿m^3，北江三水站为451亿m^3，东江博罗站为235亿m^3。详见表2-1。

表2-1 珠江三角洲主要控制站实测径流特征值表

站名	最大年径流量(亿m^3)	发生年份	最小年径流量(亿m^3)	发生年份	多年平均径流量(亿m^3)	最大年平均流量(m^3/s)	发生年份	最小年平均流量(m^3/s)	发生年份
马口	3154	1973	1210	1963	2322	10000	1973	3840	1963
三水	932.7	1997	94.7	1963	450.8	2960	1997	300	1963
马口十三水	3916	1994	1305	1963	2773	12400	1994	4140	1963
博罗	413	1983	89.37	1963	234.6	1310	1983	283	1963
麒麟咀	66	1983	11.81	1963	38.14	209	1983	37.4	1963

(1)径流年际变化。受气候变化影响，流域内降雨有丰年、枯年之分。各江最大年水量出现的时间不一，而最小年水量同时于1963年出现，最大径流量约为最小年径流量的2.6～9.8倍，其中北江最大，西江最小。据1959—2000年资料分析，进入西北江三角洲的水量出现了两个枯水年组和两个丰水年组，20世纪60年代、80年代为枯水年组，20世纪70年代和90年代为丰水年组。

(2)径流年内变化。珠江流域的降水受季风气候控制，径流年内分配不均，每年4—9月为洪季，马口、三水、博罗站径流量分别占年总量的76.9%、84.8%和71.7%左右；1—3月及10—12月为枯水期，马口、三水、博罗站径流量分别占总量的23.1%、15.2%和28.3%左右。

(3)口门分流比。珠江三角洲河网区，河道纵横交错，水沙互相灌注，流域来水来沙最后由八大口门渲泄入海。按照本次规划分析成果，近年来各口门的径流量分配比发生了较大的变化，与20世纪80年代以前系列相比，1985—2000年系列注入伶仃洋的东四口门的分流比有所加大，占珠江河口年径流量的61.0%，其中虎门占24.5%，增加最多，蕉门占16.8%，有所减小，洪奇门占7.2%，有所增加，横门占12.5%，有所增加；西四门占珠江河口年径流量的39%，有所减小，其中磨刀门占26.6%，鸡啼门占4.0%，虎跳门占3.9%，崖门占4.5%，各口门近年来都有所减小。磨刀门分泄径流量为八口之冠，其他口门按大小排列分别是虎门、蕉门，横门、洪奇门、崖门、鸡啼门及虎跳门，其中崖门、鸡啼门及虎跳门的分泄量减小较多，详见表2-2。

表 2-2　　珠江河口八大口门径流分配表(1985—2000年)

口门	多年平均净泄量(m^3)	占八大口门%	山潮比
虎门	803	24.5	0.38
蕉门	551	16.8	1.79
洪奇门	238	7.2	2.51
横门	411	12.5	3.68
磨刀门	872	26.6	6.22
鸡啼门	130	4.0	1.72
虎跳门	128	3.9	3.43
崖门	147	4.5	0.24
合计	3280		

2.2.3　潮汐特征

(1)潮位。珠江河口的潮汐为不正规半日混合潮型，一天中有两涨两落，半个月中有大潮汛和小潮汛，历时各3天。在一年中夏潮大于冬潮，最高、最低潮位分别出现在春分和秋分前后，且潮差最大，夏至、冬至潮差最小。因受汛期洪水和风暴潮的影响，最高潮位一般出现在6—9月，最低潮位一般出现在12—2月。详见表2-3。

表 2-3　　珠江三角洲主要潮位站潮位特征值统计表

站名	高潮位(m)		低潮位(m)		涨潮差(m)		落潮差(m)		涨潮历时		落潮历时		资料年份
	多年平均	历年最高 出现年月	多年平均	历年最低 出现年月	多年平均	历年最大 出现年月	多年平均	历年最大 出现年月	多年平均	历年最大 出现年月	多年平均	历年最大 出现年月	
西炮台	0.53	2.39	−0.67	−1.57	1.2	3.08	1.19	2.7	5：07	17：10	7：22	14：40	1957—
		1965.7.15		1991.12.28		1993.9.17		1989.7.18		1985.3.15		1993.6.27	2000
黄金	0.44	2.28	−0.6	−1.57	1.03	2.9	1.03	2.71	5：48	18：20	6：44	15：45	1965—
		1993.9.17		1979.1.31		1993.9.17		1976.12.22		1996.2.28		1990.7.31	2000
灯笼山	0.44	2.65	−0.41	−1.12	0.85	2.98	0.85	2.74	5：22	17：40	7：15	13：25	1959—
		1993.9.17		1956.3.16		1993.9.17		1993.9.17		1996.2.28		1989.1.31	2000
三灶	0.36	2.58	−0.74	−1.97	1.1	3.26	1.1	3.18	6：14	18：30(2)	6：24	18：30	1965—
		1989.7.18		1968.12.22		1993.9.17		1968.12.21		1986.11.26		1993.1.1	2000
横门	0.61	2.62	−0.47	−1.25	1.12	2.97	1.12	2.75	5：17	16：50	7：14	13：30	1953—
		1993.9.17		1955.2.20		1993.9.17		1983.9.9		1989.10.9		1987.9.17	2000
南沙	0.63	2.68	−0.69	−1.6	1.32	3.27	1.32	3.15	5：18	17：40	7：14	12：40	1953—
		1993.9.17		1971.3.23		1993.9.17		1983.9.9		1960.4.5		1998.1.22	2000
万顷	0.64	2.58	−0.56	−1.39	1.2	2.94	1.2	2.84	5：14	17：35	7：17	13：15	1953—
沙西		1993.9.17		1962.12.30		1993.9.17		1983.9.9		1960.4.5		1987.9.17	2000
赤湾	0.42	2.23	−0.95	−2.13	1.38	3.27	1.38	3.47	6：21	18：30	6：15	11：15	1964—
(小布)		1993.9.17		1968.12.22		1993.9.17		1989.7.18		1986.11.26		1987.9.17	2000
黄埔	0.74	2.38	−0.88	−1.93	1.62	3.38	1.62	3.18	5：26	17：15	7：02	12：39	1957—
(三)		1993.9.17		1968.8.21		1968.8.22		1986.8.21		1985.3.15		1996.7.14	2000

受人类活动和水文环境变化的影响，近20年口门站高低潮位都有抬高的趋势，高潮位以横门站抬高较大，低潮位则以南沙抬高较多。

(2)潮差。珠江八大口门平均潮差在0.85～1.62m之间，属于弱潮河口，其中以虎门的潮差最大，黄埔最大涨潮差达到3.38m。磨刀门、横门、洪奇门、蕉门等径流较强的河道型河口，潮差自口门向上游呈递减趋势，而伶仃洋、黄茅海河口湾，自湾口向内至湾顶潮差沿程增加，赤湾多年平均涨潮差为1.38m，到黄埔达到1.62m。

(3)潮历时。口门外的赤湾、三灶、荷苞岛涨落潮历时几乎相等，潮水过程呈对称型。口门以内，无论洪季还是枯季，落潮历时均大于涨潮历时，越往上游此现象越明显，南华多年平均涨潮历时只有4小时46分，而落潮历时达到8小时18分。枯季涨潮历时较洪季长，而落潮历时则相反。口门多年平均落潮历时与涨潮历时的比值以鸡啼门黄金最小，以虎跳门西炮台最大。

(4)山潮比。多年平均山潮比以崖门最小，其他口门由小到大依次为虎门、鸡啼门、蕉门、洪奇门、虎跳门、横门和磨刀门，其中鸡啼门、虎跳门和崖门的山潮比呈减小趋势。丰水年山潮比值大，枯水年山潮比值小。虎门和崖门的山潮比为0.38、0.24，属径流弱潮流强的潮流型口门，但近年来崖门的潮势相对增强，虎门的径流相对增强，磨刀门是西江主要泄洪口门，年径流量及分流比最大，属径流型河口，其山潮比值达6.22，其他五个口门的山潮比值也大于1，属于径流型河口。近年来洪奇门、横门和蕉门的山潮比值还有所增加。

2.2.4 泥沙特征

珠江三角洲河流输沙以悬移质为主，含沙量较小，各主要控制站多年平均值为0.11～0.31kg/m^3，西江马口站最大为0.31kg/m^3。河流含沙量虽然较小，但因径流量大，输沙量也较大，据1959—2000年资料统计，马口站年均输沙量7280万t，三水站年均输沙量932万t，博罗站年均输沙量257万t。详见表2-4。

表2-4　　珠江三角洲上边界控制水文站泥沙特征值统计表

站名	多年平均含沙量(kg/m^3)	最大年平均含沙量(kg/m^3)	发生年份	最小年平均含沙量(kg/m^3)	发生年份	多年平均输沙量(万t)	最大年输沙量(万t)	发生年份	最小年输沙量(万t)	发生年份
马口	0.308	0.48	1991	0.134	1963	7280	13200	1968	1620	1963
三水	0.208	0.32	1988	0.061	1963	932	1830	1994	57.5	1963
博罗	0.104	0.17	1957	0.013	1987	257	580	1959	32.5	1963
高要	0.32	0.53	1991	0.156	1963	7160	13100	1983	1670	1963
石角	0.134	0.31	1982	0.056	1963	566	1400	1982	91.2	1963

20世纪90年代后，受河网区河道分流变化的影响，三水、马口两控制断面的分沙关系也发生了较大变化，三水断面年均输沙量占西江、北江来沙量的比例由20世纪80年代的9.8%提高到90年代的19.6%，马口断面的输沙量比例相应减小。

输沙量的年内分配，洪、枯季比例悬殊，汛期河流含沙量较大，导致输沙量集中，如马口站汛期的输沙量占全年输沙量的94.7%，三水站占94.5%，博罗站占89.1%；枯季的输沙量很少，仅占5.3%～10.9%。

口门分沙比，根据珠江河口1999年7月同步实测输沙量成果分析，与20世纪90

年代以前相比，东四口门输沙量有所增加，西四口门输沙量则有所减少。东四口门输沙共占八大口门的54.1%，其中虎门占4.7%、蕉门占24.4%、洪奇门占10.7%、横门占14.2%，与20世纪80年代的成果相比增加6.4%；西四口门输沙共占八大口门的45.9%，其中磨刀门占36.8%，比例有所增加，为八口之冠，鸡啼门占4.1%，虎跳门占3.3%，崖门占1.8%，都有所减小。

2.3　波浪特征

伶仃洋属南亚热带海洋性季风地区，全年盛吹偏东风，根据赤湾站1967—1985年观测资料统计，E向风频率为23.4%，SE向风为14.2%，实测最大风速为30m/s。

天津水运工程科学研究所曾短期观测了大万山岛(1991年10月—1992年9月)、桂山岛(1992年4—6月)、内伶仃岛(1992年7—9月)的风和波浪，获得的情况如下：

大万山岛位于伶仃洋外海，在观测期间出现较多的风向为N、E、SE向，其频率分别为14.96%、17.01%、20.83%，最大风速发生在冬季12月份的N向，风速为27.0m/s；月平均波高为1.2m，月最大波高为4.1m，极值波高为6.7m，波浪方向频率最高为SE向，频率为39.9%，其次为ESE向，频率为30.3%。

桂山岛位于外伶仃洋伶仃水道的出口，观测期间较多的风向为E、ESE向，其频率分别为34.55%和16.57%，最大风速为E向7级风，风速为13.9～17.1m/s；波浪方向频率最高为SE向，频率为58.5%，最大波高为3.0m。

内伶仃岛位于内、外伶仃洋的分界，观测期间较多的风向为SSW向，其频率为17.7%，其次为E、ENE向，频率同为9.54%，最大风速为SSW向，风速大于7级以上(大于17.1m/s)；波浪方向最高为SE向，频率为20.6%，其次为NE向，频率为18.8%，最大波高为2.0m。

伶仃洋的台风暴潮增水与台风登陆的路线有关。台风在深圳至台山之间登陆时均能引起海区较大的增水，一般强台风增水1m以上，小台风增水0.8m以下。台风在雷州半岛至海南岛北部之间登陆时，只有强台风和中台风有增水影响。台风在大亚湾以东登陆时，只有强台风有小增水影响。伶仃洋的喇叭形口门形态对风暴潮增水有一定的影响，当风暴潮波向里传入时，波能逐渐集中，波高相对增大，其最大相对增水值由外向里逐渐递增，如赤湾为1.50m，横门为1.68m。此外，洪水径流和潮流对台风暴潮的增水亦有一定作用，当台风暴潮遇上洪峰到来时，往往导致潮位猛升。根据有关资料，舢舨洲台风引起的最大增水为2.3～2.4m。

珠江河口水域波浪观测站东有大万山、西有荷包岛，但实测波浪的年限只有1年或2年，大万山站有2001年4月—2002年3月一年的波浪实测资料，荷包岛只有1981年10月—1982年9月一年的波浪实测资料。根据大万山站波浪实测资料进行统计分析，表明该海区的波浪以涌浪为主，或以涌浪为主的混合浪，其余为风浪和涌浪并存且相差不大。以SE浪向为主，占70.62%，S浪向为次，占14.45%，平均波高为1.20m，平均周期5.49s。荷包岛的实测波浪资料表明海区波浪以3～4级为主，占75%，强浪向也以SE为主。由于珠江口外有一系列星罗棋布的岛屿掩护，波浪传入口门区水域时波高会显著减小。

荷包—高栏峡口外海域的常波向是SE，占50.78%，强浪向为SE，次强浪向为S。年平均波高$H(4\%)$或$H_{4\%}$=1.12m，年平均周期5.1s。月平均波高冬季最大，春季最小，11月$H_{4\%}$平均=1.43m，5月$H_{4\%}$平均=0.89m。全年涌浪占69.1%，风浪只占30.9%，冬季涌浪约占80%。

磨刀门河口的波能较高，以涌浪为主，主浪向为SE，冬季盛于夏季。磨刀门河口海区全年均有SE向浪的发生，除6月、7月外，其余10个月均是SE向浪占优势，其中又以冬半年(9月至次年2月)为高(频率均在80%以上)；夏季则以S向浪为主，发生频率大于40%，其中6月、7月两个月份，S向浪出现频率超过了SE向浪。就全年情况来说，以SE向浪出现频率最高，占70.62%，其次为S向浪，占14.45%，而其余浪向均不及10%。全年各月平均波高为1.01～1.32m，平均周期则为5.15～5.70s，波高和周期的变化范围均较小。

2.4 咸潮特征

2.4.1 网河区咸潮活动

咸潮活动是入注海洋河流的河口特有的自然现象，咸潮上溯将会对城镇正常供水、农田灌溉造成影响。按珠江三角洲网河区和浅海区分述咸潮活动。

因受涨落潮流和径流大小的影响，珠江河口区盐度具有明显的日、半月、季节周期性变化。珠江河口存在显著的日潮不等现象，一日内两次高潮对应两次最大含盐度、两次低潮对应两次最小含盐度。一般含盐度的最大值出现在涨憩附近，最小值出现在落憩附近；含盐度一般朔望大潮较大，上下弦潮较小；汛期4—9月雨量增多，上游来水量大，咸界下移，大部分水道由淡水控制。

珠江三角洲的咸潮一般出现在10月至次年4月。

一般年份，南海大陆架高盐水团侵至伶仃洋内伶仃岛附近，磨刀门及鸡啼门外海区，黄茅海湾口。盐度2‰咸水入侵至虎门大虎，蕉门南沙，洪奇门及横门口，磨刀门大涌口，鸡啼门黄金，虎跳门及崖门口。盐度0.5‰(相当于含氯度为250mg/L)咸潮线在虎门东江北干流出口，磨刀门水道灯笼山，横门水道小隐涌口。

大旱年份盐度2‰的咸水入侵到虎门黄埔以上，沙湾水道下段，小榄水道，磨刀门水道大鳌岛，崖门水道。盐度0.5‰咸潮线可达西航道、东江北干流的新塘、东江南支流的东莞、沙湾水道的三善滘、鸡鸦水道及小榄水道中上部、西江干流的西海水道、潭江石咀等地。其等盐度线大致为东北—西南走向。

新中国成立以来，珠江三角洲咸潮较严重的年份是1955、1960、1963、1970、1977、1993、1999、2004年。其中1960、1963年的咸潮灾害给三角洲的农业带来巨大损失，番禺受咸面积160km^2，新会受咸面积100km^2；1999年初咸潮较强，虎门水道上溯至老鸦岗，沿岸农作物受灾严重，咸潮上溯也使得部分水厂的取水口被迫上移，广州市的石溪、白鹤洞、西洲三水厂曾被迫间歇性停产，西洲水厂的取水口因此也上移至浏渥洲；2004年春，广州沙湾水厂取水点的咸潮强度及持续时间更是远远超过历年同期水平，东江北干流，咸潮线已靠近新建的浏渥洲取水口，2004年10月浏渥洲盐度已超过0.5‰。

网河区越近下游，咸潮影响越强。从近几年情况来看，咸潮影响强度越来越大，影响时段越来越长，其中对珠海市的影响最为严重，2003—2004年枯水期珠海挂定角、广昌、平岗泵站含氯度超标天数分别为176天、169天和61天，咸潮对这些临海城市供水已构成了严重的威胁。

2.4.2 浅海区咸潮活动

河口区是河流与海洋的交汇地带，又是盐、淡水混合与扩散地带，上游河道入海径流量大小及时间过程、口外海域潮汐强弱和河口区地形特征等制约着河口区内的盐度时空过程及活动。本书采用三维斜压数学模型研究珠江河口浅海区咸潮活动规律(咸潮标准：符合供水标准的0.5‰盐度和符合农业灌溉用水要求的2‰盐度)。

盐度分布是径流、重力环流(交换流)、扩散流相互作用平衡的结果。重力环流源于高盐水自底部向河口上游深入过程，从而使得等盐度线分布展平而形成分层反向流动，而扩散流则是潮汐抽吸、剪切扩散及其他过程的结果。河口地区，各种动力因素和地形的相互耦合作用，常常使混合过程变得非常复杂，从而控制了盐度分布的时空变化。潮汐潮流是盐淡水混合物的“动力源”，潮流对盐水的对流输运，潮汐引起的紊动混合，潮汐与地形共同作用引起的“潮汐捕集”和“潮汐抽送”，使珠江河口盐度受潮汐涨落的日变化和大小潮变化的控制。

由于珠江河口洪、枯季节入海径流量的巨大差异，导致河口盐度在其分布与混合程度上也存在着很大的不同，因此，洪水期和枯水期河口盐水扩散运动规律也不同。

受伶仃洋河口湾呈宽而浅的喇叭状、两槽三滩、西滩大而浅的地形分布格局对潮流运动的影响，伶仃河口湾的含盐度分布为东高西低，呈“S”形北东—南西走向。一般情况下，枯期、高潮时，30‰的等含盐度线可伸入到内伶仃岛以北的东槽，2‰的等含盐度线则几乎上溯至各东口门，尤其是潮势较强的虎门水道，可上溯至大虎以上，黄埔最大含盐度曾达9‰；汛期、高潮时，海区的含盐度小于20‰，2‰的等含盐度线下移至深圳福永—淇澳岛一线。

蕉门作为北江入伶仃河口湾的主要水道出口，由于径流量大，一般情况下，枯水期咸潮上溯影响有限。横门水道也由于是西江出海的主要通道，径流量大，受盐水入侵影响不大，最大月平均氯度只有0.64‰。洪奇沥水道入海径流量明显小于以上两个水道，口门万顷沙西站最大月平均氯度约1.25‰。

磨刀门是西江干流出口，径流量是八大口门之冠。无论枯、汛期，咸淡水高度分层，盐水楔活动明显。枯期、高潮时，20‰的等含盐度线在横洲口(大横琴)附近；2‰的等含盐度线有时越过灯笼山断面。1965年2月灯笼山断面最大含盐度达17‰。汛期、涨潮时除西侧龙屎窟口门处含盐度接近5‰外，内海区基本上被淡水径流控制。

鸡啼门面临南海，口门处含盐度较高。黄金站多年涨潮平均含盐度为3‰左右，最大年平均含盐度为12‰，1966年3月最大含盐度超过30‰。

黄茅海是崖门和虎跳门的河口湾，枯季时，崖门水道和虎跳门水道入海径流量锐减，黄茅海河口湾由高盐水团占据，湾内盐度值普遍升高，水体平均盐度大于20‰，其分布趋势自湾顶向湾口递增；洪季时，因受径流增大的影响，冲淡水充填了河口湾，盐度为0.5‰的等直线向海后退，表、底层盐度分布趋势自湾顶向湾口呈舌状递增，到达三角山岛附近海区后往东南偏南延伸，前峰已接近大杧岛一带。海区内盐度横向变化是主槽高于两滩。汛期涨潮时，潮水沿深槽上溯，故底部等盐线向上游突出，主槽高于两滩；落潮时，径流从表层下泄入海，等盐线沿主槽偏东南方向突向下游。枯季，径流骤减，潮流沿主槽上溯很快，而两侧浅滩阻滞咸潮上溯，故主槽盐度高于两滩情况更突出。

2.5 存在的问题

珠江三角洲八大入海口门形态各异，入海水沙与海域潮汐的不同组合造成了该区域特有的极为复杂和敏感的交互影响的水沙动力关系，加剧了该区域河道、口门形态的演变。加之近年来大规模开发、围垦等控制性工程或非工程性人类活动的影响，更加剧了这些变化，给该区域的防洪、航运、水环境和水资源保护，以及区域对各类风险的承载力等带来了一系列重大和深远的影响，随之也引发了一系列直接与珠江口区域安全和可持续发展息息相关的亟待解决的问题。

当前珠江三角洲及河口开发治理中主要矛盾体现在以防洪、航运和水环境保护为主的一些方面。

2.5.1 网河内存在的问题

(1)网河内复杂多变的潮流形态及支汊的发展对排洪排沙带来的不利影响。珠江三角洲网河区内潮流形态复杂多变，河道及口门淤积日趋严重。从自然条件来看，由于区内河道交错密布，加之潮汐的作用，各河道的流态复杂多变，相互影响十分敏感。另外，因潮汐的顶托作用，汇潮点多，河道与口门处容易发生淤积，造成河口的不断淤积延伸，潮流界不断下移。由于未能对原有的纳潮河段及时加以有效的人工控制，使得原河道主流分汊、弯曲，流程加长，阻力增加，降低了原河道的输水输沙能力，使泄洪与排涝受阻，水位相对壅高，对防洪十分不利。另外，支汊的新生与发育也在不断地改变网河的水动力特性，对保持水网的相对稳定性和区内防洪带来新的压力。

由于网河区各主要入海通道上游来水、来沙条件不同，与口门外潮汐的相互作用关系各异，形成沿两江干流，磨刀门水道一线的“高水位带”，而分布在东、西两侧的伶仃洋和黄茅海为相对低水位区。上游西江、北江的来流均会增加向东、西两侧低水位区的分流，其中尤以东四口门附近向东分流的支汊发育最为迅速，均有强支弱干之势。加之近年来人类活动的不合理干预，支汊分流的来沙量大大超过了南流的主干，使支汊河道不断地被冲深拓宽，南流主干就不断淤积。而主干淤积的反馈作用又使其水位抬高，进而加大了干支流间的水位差，使支汊河道的分流不断增加。另外，很多支汊与其他相邻口门的南流主干呈正交，造成水位顶托，主干尾闾不畅，淤积严重，河道逐年萎缩，大大影响了口门的水沙宣泄，加大了区内的防洪压力。河口地区的防洪问题，必将随着河口的不断延伸和相伴而来的滩涂围垦而日趋严重。

(2)网河水沙动力特征变化造成局部河段水位大幅增加。随着珠江各入海口门和伶仃洋两岸变为“黄金大道”、“黄金海岸”，各行业各部门竞相在主要通航河道沿岸和沿海岸线占地设厂、发展城镇、开发航道与港口等，其结果有悖于河口整治的要求。近年来主干河道上新建的许多桥梁，总体上增加了沿河道的行洪阻力，改变了水沙输运关系。但由于沿岸城镇开发区对建筑用沙需求量的增加，导致在河道中无序采砂，造成局部河床下切，一方面威胁堤防安全，造成险工，另一方面使得河道断面加大。上述种种因素的影响造成了网河内的水沙分流比和河道的行洪能力等均发生了较大变化。

河道地形和断面形态的改变加之河口的淤积使得三角洲内局部河段严重壅水，进而增大了防洪的压力。如1998年6月大洪水期间，顺德水道、小榄水道和容桂水道等局部河段均出现水位异常超高现象，引起了社会各界的强烈关注。

2.5.2 珠江口门及浅海区存在的问题

(1)河口淤积严重。珠江河口口门动力条件基本为以径流动力为主的特征，上游泥沙出口门后形成自然淤积和延伸态势。珠江口年输沙量约为8872万t，其中80%左右的泥沙随潮流输送到口门外，造成河口的淤积和延伸年均100m左右。目前滨岸浅海区－3.0m高程以上的滩涂面积共约260km^2，并仍处于不断的抬高过程中。这种自然规律性的延伸加之随经济发展的一系列人类活动，如滩涂围垦、采砂、兴建控水工程、河道整治等的影响，使得各河口口门，尤其是磨刀门、蕉门和洪奇门，逐年淤积，造成尾闾不畅，严重影响了河口泄洪能力，加大了三角洲地区的防洪压力。

(2)拦门沙发育和延伸。在径流、潮汐及海岸沿岸流的共同作用下，珠江口八大口门外在不同程度上都形成了各自的拦门沙，且呈逐年增长的趋势。尤其值得重视的是，网河区东向支汊的迅速发展导致西江、北江的大量泥沙通过支汊进入伶仃洋，加快了伶仃洋航道的淤积和浅滩发育，严重影响了广州出海航道的畅通，给每年的疏浚工作带来了很大的压力。

拦门沙的迅速发育，对出海航道带来不利影响，表现在目前主要航道的水深已经不能满足要求，主槽出海的有利条件因河口淤积也受到潜在威胁。随着三角洲地区经济的迅速发展，对航运的发展有进一步的需求，虎门口外的伶仃洋国际航道、横门口的西江与香港航线、磨刀门的西江干流主要出海通道等，都对三角洲地区及相关内地的经济发展有重要的支撑作用。近年来三角洲地区已出现了建港热潮，高速船舶也随之迅速发展，但现有航道的船舶通过能力已不能适应航运发展的进一步需要。随着口门拦门沙的继续发育和延伸，这一矛盾将更加突出。

(3)浅海区存在的问题。伶仃水道是广州黄埔港出海航道，担负着对外贸易和运输的重要任务。伶仃洋西部的蕉门、洪奇门和横门，由于原干流尾闾淤浅萎缩，水道内沙洲发育、泄洪不畅，迫使干流改道，最终导致西三口门输入伶仃洋的水沙分配发生变化，口门淤积加剧，航道淤浅，不能适应经济发展的需要。伶仃洋西部河口滩涂发育，除平面有不断向东扩展之势外，滩面高程也迅速淤长，一般已达－4～－3m。个别部位甚至更高。出于局部利益考虑的争相围垦，造成口门延伸段水系紊乱，影响河口的泄洪排沙。若不加以控制，将对口门区的防洪、排涝和航运产生严重的影响。

黄茅海毗邻西江磨刀门出海水道，磨刀门输出的泥沙，部分随向西的沿岸流进入黄茅海，加之近年来两岸无序围垦造成潮流条件恶化，已影响海湾潮汐的吞吐和泄洪。崖门宣泄的径流量较小，银洲湖水道宽深航道的保持得益于潮汐的作用。由于黄茅海滩涂的发育，湾内纳潮功能逐年减弱，直接影响到银洲湖水道的航道维持。洪(潮)、涝、旱、咸、风暴潮等自然灾害仍然是黄茅海及鸡啼门规划范围的主要威胁，特别是鸡啼门水道两岸地势低洼，以低沙田占多，洪涝灾害威胁大，枯季径流来量小，咸潮上涌，咸害严重。

磨刀门口门治理开发工程1989年开始实施，至今口门已延伸15km，近年来横洲外深槽有所冲深，深槽轴向有所摆动，新口门附近水域沙洲淤涨，潮流散乱，拦门沙仍然是磨刀门口门出海航道的主要障碍，随着口门的延伸，潮流运动特性必须作进一步的研究。磨刀门支流洪湾水道与澳门水道相衔接。由于水道衔接处几股潮流相汇，造成汇流区流速小，淤积严重，影响澳门水道的航运及上游泄洪。

2.5.3 大规模人类活动与生态环境协调发展的矛盾

珠江三角洲地理位置优越，自然资源丰富，具有水、滩涂、航运、水产等多种特殊的资源优势，是广东省经济最发达、发展最快的地区，其生产总值约占全省的70%，在全省的经济发展中占有举足轻重的地位，同时也是备受国际关注的经济发展最活跃的地区之一。但是，伴随着经济的高速发展，区域内的水污染日趋严重的现状也是众所周知的。珠江河口的延伸，伶仃洋水域的围垦，减少了珠江口的纳潮量，改变了相应的水动力特性，河道和河口水域的环境容量和自净能力的相应减少，破坏了一些水生生物的栖息地，使河口地区生态环境发生改变。同时围垦区的开发利用带来了新的污染，引起水质恶化，对整个水系的自然生态环境产生多方面的影响。规模及力度愈来愈大的人类开发活动，包括河口整治在内的各种工程措施，都会对网河及河口水系的环境及生态条件产生深远的影响。如何协调区域经济发展与生态环境保护的矛盾，是区域社会经济可持续发展的根本前提。

综上所述，珠江三角洲地区经济的迅猛发展对区域的防洪、航运和环境保护已经提出了更新、更高的要求。然而，多年来的河道与河口演变以及一些无序的人类开发活动等都对三角洲地区的防洪、航运和水生态环境等产生了严重影响，直接威胁到该地区的社会和谐和经济的可持续发展。珠江三角洲地区这些日益突出的矛盾迫切要求对三角洲口门及河道进行系统的整治改造，以适应新时期发展的要求。

珠江八大口门的治理和开发存在的问题较为复杂，许多问题与珠江口的整体布局有关，所以有必要进行深入的研究，从整体的角度考虑使之有利于防洪、潮排、潮灌和航运，与经济和社会的发展相适应。

参考文献

1 沈汉笙，陈丽棠等．伶仃洋潮流动力与湾口形态关系研究［J］．人民珠江，2005，24～28

2 包芸，任杰．伶仃洋盐度高度层化现象及盐度锋面的研究［J］．水动力学研究与进展，2005，11(20)：689～693

3 熊德琪，杨建立等．珠江口区域海上溢油应急预报信息系统的开发研究［J］．海洋环境科学，2005(24)：63～66

4 彭静，何少苓等．珠江三角洲大系统洪水模拟分析及防洪对策探讨［J］．水利学报，2003(11)：78～84

5 吴超羽，包芸等．珠江三角洲及河网形成演变的数值模拟和地貌动力学分析：距今6000～2500a［J］．海洋学报，2006，28(4)：64～81

6 李静．珠江三角洲网河近20年河床演变特征分析［J］．水利水电科技进展，2006，26(3)：15～20

7 珠江水利委员会．珠江河口综合治理规划报告［M］，2003

8　珠江水利委员会规划处．珠江磨刀门口门治理开发工程规划专题报告之一．水文特性及潮汐要素分析报告，1985(10)

9　珠江水利委员会．珠江三角洲基本资料，1988(1)

10　莫如筠，阎连河．伶仃洋的水文特性．珠江口海岸带和海涂资源综合调查研究文集(四)．广州：广东科技出版社，1986

11　李素琼．珠江口滨海区水文调查报告．珠江口海岸带和海涂资源综合调查研究文集(四)．广州：广东科技出版社，1986

12　徐君亮．伶仃洋的盐水入侵．珠江口海岸带和海涂资源综合调查研究文集．(四)．广州：广东科技出版社，1986

13　陈水森等．20年来珠江口伶仃洋滩槽变化及演变分析［J］．海洋科学，2001，(25)6：52～54

第 3 章 珠江河口演变分析

珠江三角洲网河密布，河道纵横交错，有八大入海口门，珠江河口常分为广州—虎门出海水道(狮子洋水道)、内伶仃洋浅海区、外伶仃洋海区、磨刀门浅海区、鸡啼门口外浅海区和黄茅海浅海区。受水下地形资料和本书篇幅限制，本章的珠江河口冲淤演变分析研究范围仅限于狮子洋河道、内伶仃洋浅海区和外伶仃洋海区以及磨刀门浅海区。

3.1 狮子洋河道演变

3.1.1 历史演变

现今的狮子洋附近水域在距今 5000～6000 年前还是一片汪洋大海。狮子洋逐渐缩窄变成狮子洋河道，是全新世海侵结束后，在海平面基本稳定的情况下，西江、北江、东江及海域泥沙充填古海湾而形成的。至约公元 14 世纪，西江北江三角洲向东南推进到古井、西安、港口及黄阁以南等地，东江三角洲向西南发展至麻涌附近，狮子洋及虎门的轮廓才基本形成。但狮子洋的形成，并非珠江正干本身携带泥沙在河口沉积使三角洲发展和河口伸长所致，主要是由北江三角洲向东南发展和东江三角洲向西南推进使古狮子洋淤积变小所造成的。河道发育的主要动力不是河流动力，而是潮汐动力。

(1)河宽普遍缩窄。历史上，狮子洋平面上呈现河湾、汊道甚多，江面宽窄差异很大，断面很不规则，水流分散，流态紊乱，在河道不同的部位出现许多环流、回流、副流和漩涡流。在径流与潮流长期交替作用下，有大量淤泥在此处沉积，河道边滩迅速发育，滩面淤高、低潮位有些沙滩已露出水面，因此，河宽缩窄为其演变的自然规律。但是围垦造田，城市和码头建设等人为活动，也使河宽发生较大的变化。数十年来，狮子洋河段一般缩窄了 100～300m，例如：沙鹭边滩已自然缩窄 200～250m，黄埔新港建码头河宽缩窄 200～300m，新沙建港河宽缩窄 600m。

(2)水下地貌不断发育。狮子洋河床变迁典型段是莲花山水道，此段河道放宽率较大，河宽由 1000m 展宽到 2700m，浅滩主要由中、细颗粒($d_{50}=0.1\sim0.5$mm)泥沙组成。在浅滩的上游顶冲点段，分布一定数量粗颗粒泥沙($d_{50}=0.5\sim1.0$mm)和砾石($d_{50}>1.0$mm)。西浅滩尾部和麻涌边滩下游段主要由粉沙、淤泥组成。

根据 1857 年海图资料和有关文献记载，100 多年前莲花山水道主槽居河中央，中槽水深 8～9m，东槽自然水深优良，船舶从东槽出入，当时新沙边滩(麻涌边滩)仍是一个面积甚小的块体。由 5m 等深线可明显地勾勒出西部边滩、西槽、西浅滩、中槽、东浅滩、东槽、麻涌边滩等 7 个单元体的轮廓。至今经 100 多年的演变，河口不断向外海延伸，拦门沙迅速发育，河床淤积，水面比降减小，口门进潮量相应减弱，潮流造床力降低，因此，径流挟带大量较粗颗粒的泥沙和潮流推进来的较细颗粒的泥沙在此沉积。当时河床演变按其自然规律变化。据调查东边河床和西边河床泥沙淤积大致相对平衡。

1937 年以前，船舶还是从东槽出入，由于日寇入侵华南时，于 1938 年初，当局用

100多艘木驳船载满石块，在东槽及中槽排列沉没，作为水路封锁线，此后船舶经西槽(西航道)出入。1954—1973年间，对西航道进行8次疏浚，水深达到7.2m，航道宽120m。1979年又对西航道进行人工疏浚，水深已达9m以上，航道宽140m。据说历次疏浚西航道时，将淤泥抛入东槽和中槽下游段深槽的现象屡次发生，由于这种人为作用的结果，西行道疏浚后过水断面大了，将水流引向西槽，东边河床水流相应减少，东槽和中槽逐渐堵塞，增加了东槽及东浅滩、麻涌浅滩的淤积速度。

根据历年(1955、1964、1965、1971、1975、1977、1981)海图资料对比，莲花山浅滩淤积的趋势是东边河床淤积速度比西边河床快，东槽严重淤积，中槽淤浅衰亡，东浅滩与西浅滩连接，浅滩淤高，浅滩面积逐渐扩大，浅滩尾部每年以5～20m的进度向下游延伸。新沙浅滩(麻涌浅滩)每年平均以13.5万m^3的淤积量堆积，年最大淤积量为53.0万m^3，东江口四海码头港池一般回淤5万～6万m^3/a。东江口沙咀已处于相对稳定状态。新沙浅滩各时期淤积量计算成果如表3-1所示。

(3)岸线的变化。从1955年和1982年水下地形资料对比来看，狮子洋及虎门水道等河段主要呈淤积趋势，年平均淤厚介于0.01～0.02m。狮子洋河段，自20世纪80年代以前有逐年缩减之势，1955—1982年间，珠基2.0m以下平均过水面积由19545m^2减至16351m^2，平均水深由6.99m减至6.41m。1982年以后，由于取沙和广州港出海航道开挖工程等人为作用的原因，全段河床平均过水断面基本处于相对平衡状态。

利用1978年、1988年、1995年和1999年的卫星影像信息，以1∶10000比例尺为依据进行几何校正，提取不同年代遥感影像的岸线平面形态，以此制作的岸线变化图见附图1。由附图1可见，自1970年以来，西大坦岸线的上、中段基本稳定，而下段的岛尾浅滩，至80年代末已淤高成陆地被围垦。目前，西大坦南段外侧水域尚有水下浅滩发育，而西大坦的北面(东江南支流的出口)的洲仔围自70年代后，围外的浅滩淤高，岸线外移，至90年代被围垦，形成现今的岸线。

表3-1　新沙浅滩各时期淤积计算成果表

年份	浅滩体积(万m^3)	各时期淤积量(万m^3)	各时期年平均淤积量(万m^3/a)	年最大淤积量(万m^3/a)
1857	174.4	—	—	—
1928	225.7	513	7.2	11.6
1949	295.2	695	33.1	53.0
1955	306.2	110	18.3	29.4
1965	312.1	58	5.9	9.4
1971	326.2	141	23.5	37.6
1973	329.4	32	16.0	25.6
1977	336.2	68	17.1	27.4

3.1.2　河道近期演变

根据1989年、1997年和2004年实测水下地形资料分析近期狮子洋附近河道的演变规律和演变特征。狮子洋附近河道按其河床走势划分为($H1$～$H16$)断面(见图3-1)，分别对各断面制作1989年、1997年和2004年水下地形特征等深线对比图(见附图2、附图 3、附图 4)，以及这两个年代的河道断面对比图(见附图 5)，据此分析各河段或区域的滩槽格局变化、河床形态及滩槽冲淤变化。本次计算中，水下地形图不同基面按沿用最广泛的关系式统一换算到珠江基面。

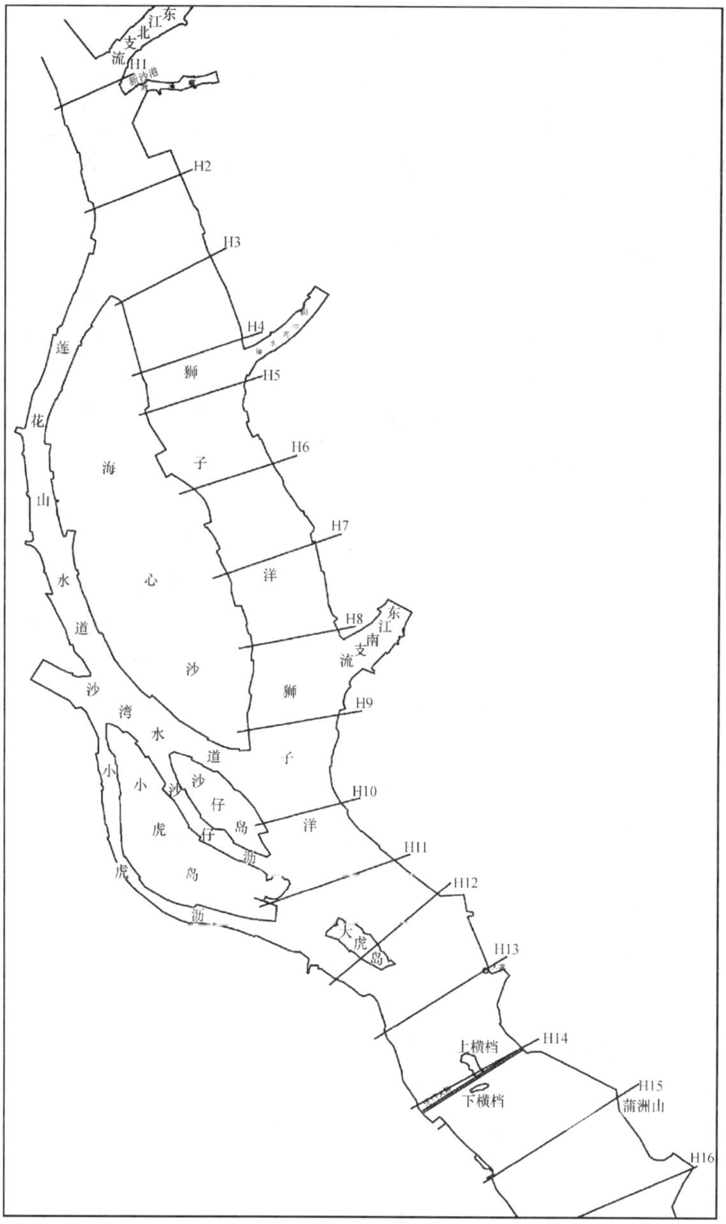

图 3-1 狮子洋河道冲淤分析断面位置图

3.1.2.1 滩槽平面变化

根据 1989 年、1997 年、2004 年－2m、－5m、－10m 等深线(珠江基面，以下同)平面变化图分析可知，狮子洋在 1989—2004 年的 15 年间，总体表现为深槽加深扩宽，槽道变得顺畅；局部浅滩淤积发展减缓甚至退缩。具体表现为：

(1)1989—1997年。－2m等深线向东西两岸扩展，平均外扩约40m，说明－2m以下近岸浅槽向岸冲刷。这导致东、西岸－2m以浅浅滩面积明显缩小，加之一些洲滩合并和人为围垦，浅滩数量有所减少。1997—2004年，－2m等深线基本保持稳定，上段新沙港以下有向槽道发展的趋势，而坭洲头、威远围附近－2m则向岸有所发展。这说明狮子洋东岸－2m以下浅岸滩有局部淤积，但总体岸滩呈冲淤动态平衡状态。

(2)1989—1997年。－5m等深线分别向两岸扩展，说明－5m以深槽道进一步扩宽，主槽道变得更加平顺；河道中心－5m以浅的浅滩数量略有减少，浅滩面积亦相应减少；1997年与1989年相比，槽的西侧略有扩宽，大约平均向外扩宽80m。1997—2004年，除新沙港下游、海心沙洲尾等岸段有所向江心发展外，－5m等深线向东、西两岸扩展趋势基本停止，总体移动幅度较小。

局部河段，如东江北支流与淡水河之间岸段，－5m以深槽道冲刷明显，原来比较窄的河道被拓宽，但中间仍形成小浅滩，淡水河至沙湾水道之间的浅滩基本消失，该河段变得比较顺直；大虎岛左侧槽道亦以冲刷为主，－5m等深线向东岸扩展，由原来的顺直状态变为不规则的分杈形态，该段槽道变宽；沙湾水道北面的、上横档岛右边－5m以浅的浅滩因冲刷而消失，而下横档岛附近的－5m以浅浅滩也因河道冲刷影响面积缩小。

(3)1989—1997年。狮子洋－10m以深深槽平均扩宽约100m，深槽顺直更加有利于潮流进出。东江北支流与淡水河之间槽道，呈现左右两个新的深槽，东边深槽受建港人为开挖影响而发展，西边深槽由原来多个不连续小槽经冲深连通而成，且宽度增加；淡水河与东江南支流之间槽道宽度变化较大，槽道平均扩宽约2倍；东江南支流与虎门大桥之间的深槽，槽道宽度略有增加；上横档岛和下横档岛右边的槽道进一步冲深，左边槽道则变得更加平顺，宽度增加。河道深槽区以冲刷为主。

(4)1997—2004年。－10m等深线扩宽变深的趋势缓和，大部分－10m等深线没有明显向岸扩展迹象，但新沙港以下至坭洲头、东江南支流连接狮子洋至沙田港区的槽道，以及横档岛西侧深槽仍有明显冲深发展。

3.1.2.2 滩槽冲淤变化

根据1989、1997、2004年的水下地形资料对狮子洋河道断面进行冲淤计算，结果见表3-2、表3-3，以及附图5、附图6。由河道断面冲淤计算结果表和河道断面图分析，近期狮子洋河道段的冲淤表现如下特征：

(1)深槽冲刷，浅滩由冲转淤。1989年至1997年间，整个狮子洋河道段河床普遍下切，－2m以深槽道下切量为1996.63万m^3，平均下切强度为22.4cm/a；－2～－5m槽道下切量为192.58万m^3，下切强度为1.87cm/a；－5m以深槽道的下切量为1524.17万m^3，下切强度为22.53cm/a；－5～－10m槽道下切量为527.75万m^3，下切强度为7.87cm/a；－10m以深槽道的下切量为998.26万m^3，下切强度达28.40cm/a。

1997—2004年，深槽河床仍以下切为主，但下切幅度变小，其－10m以深深槽的下切量为456.13万m^3，下切强度为20.84m/a；主要浅滩(－2～－5m)下切量只有117.8万m^3，下切强度为1.28cm/a，在各支流与狮子洋河道交汇处出现了不同程度的淤积，此外，海心沙上段东侧浅滩也有明显淤积。

表 3-2　　1989—1997 年狮子洋河道年平均冲淤计算表(珠江基面)

断面编号	−2m 以下槽道		−2～−5m 之间槽道		−5m 以下槽道		−5～−10m 之间槽道		−10m 以下槽道	
	冲淤量(万 m^3)	冲淤厚度(cm)	冲淤量(万 m^3)	冲淤厚度(cm)	冲淤量(万 m^3)	冲淤厚度(cm)	冲淤量(万 m^3)	冲淤厚度(cm)	冲淤量(万 m^3)	冲淤厚度(cm)
H1～H2	−197.53	−37.38	58.52	10.20	−66.68	−17.25	−50.00	−12.93	−18.51	−17.08
H2～H3	−84.75	−19.26	32.67	6.81	−26.95	−11.31	−24.44	−7.18	−2.51	−9.89
H3～H4	−72.14	−10.24	−41.00	−5.45	−31.15	−10.00	−24.88	−5.47	−6.27	−16.27
H4～H5	−22.53	−8.45	−10.79	−4.05	−11.74	−8.64	−10.16	−7.68	−1.58	−7.73
H5～H6	−17.97	−3.56	−8.86	−1.74	−9.10	−2.74	−8.85	−2.48	−0.25	−0.35
H6～H7	−66.63	−15.56	−13.48	−3.12	−53.15	−14.52	−30.03	−7.70	−23.11	−21.88
H7～H8	−75.13	−19.18	−10.99	−2.81	−64.14	−17.95	−42.58	−11.91	−21.56	−25.18
H8～H9	−111.67	−22.80	−8.07	−1.65	−103.59	−25.58	−27.98	−6.91	−75.61	−50.51
H9～H10	−144.35	−31.17	−6.29	−1.36	−138.05	−37.21	−11.87	−3.20	−126.18	−53.45
H10～H11	−150.75	−37.23	−14.02	−3.46	−136.72	−40.30	−38.29	−11.29	−98.43	−44.76
H11～H12	−198.00	−24.09	−29.08	−4.08	−168.91	−35.39	−43.22	−7.20	−125.69	−38.43
H12～H13	−193.20	−22.11	−21.00	−2.74	−172.20	−32.24	−53.86	−8.14	−118.34	−34.07
H13～H14	−171.03	−29.90	−24.70	−4.20	−146.33	−29.63	−66.20	−13.10	−80.13	−30.30
H14～H15	−224.83	−29.22	−45.54	−5.75	−179.29	−27.51	−61.16	−8.78	−118.14	−39.67
H15～H16	−266.12	−25.87	−49.95	−4.75	−216.17	−27.75	−34.23	−4.15	−181.95	−36.49
合计	−1996.63	—	−192.58	—	−1524.17	—	−527.75	—	−998.26	—
平均	—	−22.40	—	−1.87	—	−22.53	—	−7.87	—	−28.40

注：表中数字前有“−”代表冲刷，否则表示淤积。

表 3-3　　1997—2004 年狮子洋河道年平均冲淤计算表(珠江基面)

断面编号	−2m 以下槽道		−2～−5m 之间槽道		−5m 以下槽道		−5～−10m 之间槽道		−10m 以下槽道	
	冲淤量(万 m^3)	冲淤厚度(cm)	冲淤量(万 m^3)	冲淤厚度(cm)	冲淤量(万 m^3)	冲淤厚度(cm)	冲淤量(万 m^3)	冲淤厚度(cm)	冲淤量(万 m^3)	冲淤厚度(cm)
H1～H2	34.69	6.09	−95.49	−16.75	−80.91	−17.51	−58.54	−12.67	22.37	12.15
H2～H3	−45.41	−9.26	−58.13	−11.68	−90.68	−30.51	−56.47	−17.41	−19.05	−26.95
H3～H4	−72.76	−9.39	27.18	3.46	−99.94	−24.28	−69.69	−15.40	−30.25	−39.35
H4～H5	−8.53	−2.92	11.50	3.91	−20.49	−13.21	−9.60	−6.19	−10.88	−32.79
H5～H6	−81.08	−14.50	4.98	0.88	−87.08	−25.78	−35.41	−10.15	−51.67	−42.21
H6～H7	−85.17	−17.85	−7.44	−1.56	−77.73	−20.41	−29.08	−7.42	−48.65	−27.52
H7～H8	−92.94	−21.64	1.25	0.29	−94.19	−26.28	11.44	3.19	−82.75	−50.91
H8～H9	−106.75	−21.64	13.49	2.74	−120.25	−29.95	−15.84	−3.94	−104.41	−49.61
H9～H10	−47.03	−10.03	−0.68	−0.15	−46.34	−12.24	−4.93	−1.30	−41.41	−16.68
H10～H11	−22.61	−5.45	−0.58	−0.14	−22.03	−5.96	−4.98	−1.35	−17.05	−6.40
H11～H12	−19.41	−2.16	−1.55	−0.21	−17.86	−3.40	−8.96	−1.48	−8.90	−2.34
H12～H13	−24.60	−2.55	−2.09	−0.26	−22.51	−4.05	−3.65	−0.58	−18.86	−4.94
H13～H14	10.72	1.74	8.92	1.42	1.80	0.31	7.67	1.48	−5.87	−2.00
H14～H15	17.35	2.12	10.17	1.22	7.18	0.91	4.73	0.66	2.46	0.60
H15～H16	−27.53	−2.32	−29.33	−2.47	1.79	0.22	−1.73	−0.21	3.53	0.56
合计	−571.06	—	−117.8	—	−769.24	—	−297.92	—	−456.13	—
平均	—	−7.32	—	−1.28	—	−14.14	—	−5.27	—	−20.84

注：表中数字前有“−”代表冲刷，否则表示淤积。

(2)槽道横向扩宽，纵向深切。上段槽道变化不定，下段槽道发展稳定。从1989年、1997年、2004年这三个年份的横向水深变化图中可知，自1989年以来狮子洋河段槽道横向扩宽，最大扩宽约200m，并向下深切1～10m，往纵深方向发展。

上段槽道，即从H1～H8段河道，滩槽变化不定，在1989—1997年间，深槽向西偏移，偏移距离在50～300m；1997—2004年，深槽转为往东偏移，偏移距离在50～500m。下段槽道，即H9～H16段河道，保持往深发展趋势，槽道发展稳定。

总的来说，自1989年以来狮子洋河道段处于不断下切状态，深槽横向扩宽，纵向深切，这为港口航道的建设和维护提供了有利的环境。

(3)滩槽冲淤变化原因分析。近几十年来，狮子洋水域受广州出海航道疏浚两岸浅滩围垦筑堤及口门包括蕉门的围垦整治、临岸建港工程等人为活动影响。网河区特别是东江河道挖沙，西江、北江以及东江南北干流等网河水沙分流比变化，其水动力及边界条件均有所改变，对狮子洋滩槽冲淤环境也产生了一定的影响。

据现场不完全统计，黄埔至虎门河段1998年8月和12月各有8条采砂船在作业，估计当年采砂量为163万m^3。珠江干流黄埔至虎门河段是黄埔出海航道，为提高通航标准，历年航道疏浚量较大。据资料统计，自1956—1977年的21年间，黄埔出海航道累积疏浚工程量1177万m^3(包括伶仃洋航道)，其中港区疏浚361万m^3，出海航道疏浚816万m^3。1978年疏浚大濠洲、赤沙、莲花山、泥洲头、伶仃水道等5处浅段，疏浚量1930万m^3。为使黄埔港出海航道尺度达到深11.5m，宽160m，3.5万t船可全天候通航，乘潮可进出5万t船，到2000年底，该航道工程将再疏浚泥沙4000万m^3。那么，自1956—2000年的44年间，累积泥沙疏浚量约有7107万m^3，其中在虎门以内约为2000万m^3。

对比珠江干流黄埔至虎门河段1964年与1996年航道地形图，长约43km河道在32年间，断面面积平均扩大了6.96%(见表3-2)，河槽容积(零米等深线以下)增加了5003.96万m^3，平均每年增加156.5万m^3，单位河长河槽容积平均增加了3.64万m^3/(a·km)。河床平均下切了1.17m，每年平均下切3.55m。

因此，珠江干流黄埔至虎门河段冲刷的主要原因是航道疏浚和河床采砂。

表3-4　　珠江干流黄埔—虎门冲淤计算表(1964—1996年)

项目	断面面积变化率(%)	平滩容积差(万m^3)	年均容积差(万m^3)	单位河长容积差(万m^3)	冲淤总厚度(m)	年均冲淤厚度(cm)	1998年采砂量(万m^3)
黄埔—虎门	−6.96	−5003.96	−156.5	−3.64	−1.17	−0.03	163

3.1.2.3　近期河道演变特征

根据前述狮子洋水道近期的河床演变分析计算成果，近代以来，该段河道河势演变呈现如下特征：

(1)1978—1989年。狮子洋潮流强劲，江阔水深，河势保持长期稳定，水域滩槽冲淤变化的总趋势是缓慢淤积。

(2)1989—1997年。狮子洋水域受人类活动的干扰影响较大，河道滩槽均以加深为主，局部河段变化较大。1980年代中期以来随着新沙建港，狮子洋水动力条件及岸线边界条件的变动，局部改变了水域浅滩区的冲淤环境，加上航道开挖，整个河段以加深为主，深槽向冲深和扩宽方向发展，主槽东移。－10m 以深深槽平均扩宽约 100m，深槽顺直更加有利于潮流进出。浅滩面积减小，加之一些洲滩合并和人为围垦，浅滩数量有所减少。

(3)1997—2005 年。狮子洋河道滩槽演变仍受人为因素干扰，深槽加深。但总的来说其变化幅度变小，除局部深槽仍有所扩展外，大部分近岸水域冲淤动态平衡。局部岸滩以微淤为主，这在坭洲头浅滩表现明显。－10m 等深线扩宽变深的趋势缓和，大部分－10m 等深线没有明显向岸扩展迹象，但东江南支流连接狮子洋至沙田港区的槽道仍有明显加深。

3.1.3 河道演变趋势分析

根据河床演变以及河道水沙变化分析，可以认为，在虎门潮汐通道体系基本保持稳定的控制性前提下，狮子洋水域滩槽演变与河势变化趋势，初步分析认为有如下几点：

(1)广州出海航道浚深，将有利于狮子洋潮流动力的保持和增强，提高北江下泄水沙的向外输移能力。广州出海航道从黄埔新沙港一直向外进入外伶仃洋，伶仃洋西槽水深从－9m 浚深到－11.5m，将再加深到－13m，加大了沿程的水沙输移能力。目前，西槽在涨、落潮往返作用下淤积有限，基本能保持稳定。凫洲水道进入虎门后，虎门落潮主流以西南方向进入西槽，进入虎门口内的数量不多。根据近期遥感流态特征的初步分析，发现从伶仃西槽上溯的涨潮主流从流路轴线上，比 1980 年更为顺直；虎门口涨潮流影响区可直达东江南支流出口附近，这固然一方面带来了咸潮上溯现象，但总的来讲，广州出海航道的浚深维护，对保持该段水道的水沙输移态势，促进滩槽长期不淤或少淤、滩槽冲淤平衡有利。

(2)虎门口两侧开发整治后潮流动力集中，对保持近期该段槽道稳定、局部扩展有直接影响，中长期深槽冲淤将保持基本平衡。1990 年后，受虎门口缩窄后通道涨落潮流流势集中影响，涨潮流循伶仃洋东、西槽进入狮子洋，因而有利于延接川鼻深槽的狮子洋中下段潮流通道。虎门潮汐通道体系的长期稳定，有利于狮子洋深槽长期保持平稳。

(3)狮子洋河道历年河床演变过程，反映了人为活动对本水域滩槽冲淤、河势变化有一定的影响，但程度有限。东江三角洲南北干流的挖沙、广州港出水航道疏浚以及狮子洋东岸港口码头的建设等一系列人为活动实施后，虽使得河段水流动力发生明显变化(如出现水流动力加强，导致狮子洋出现河床下切，深槽扩展，浅滩萎缩等现象)，但总体河道水流低含沙量，使得淤积作用不强，河床演变幅度较小，河势变化趋缓。

3.2 伶仃洋冲淤演变分析

3.2.1 历史演变分析

根据 1883 年由英国海军部监测的伶仃洋历史海图(比例尺为 1∶18600、1∶20000 等，不统一)、1964 年 6 月由南海舰队海道测量大队测量的 1∶25000 伶仃洋水下地形图、1974 年由交通部天津航道局测量队和广州航道局测量队联合测量的 1∶50000 伶仃洋水下地形图和 1984 年 6 月由水利部珠江委勘测设计研究院测量的 1∶10000 伶仃洋水下地形图(部分海区为1985年、1986年补测)等实测资料，对伶仃洋的历史演变进行分析，获得其基本特征如下：

(1)百年来伶仃洋水下地形的两槽三滩格局无大变化。对比伶仃洋1883年和1974年的水下地形如图3-2所示。

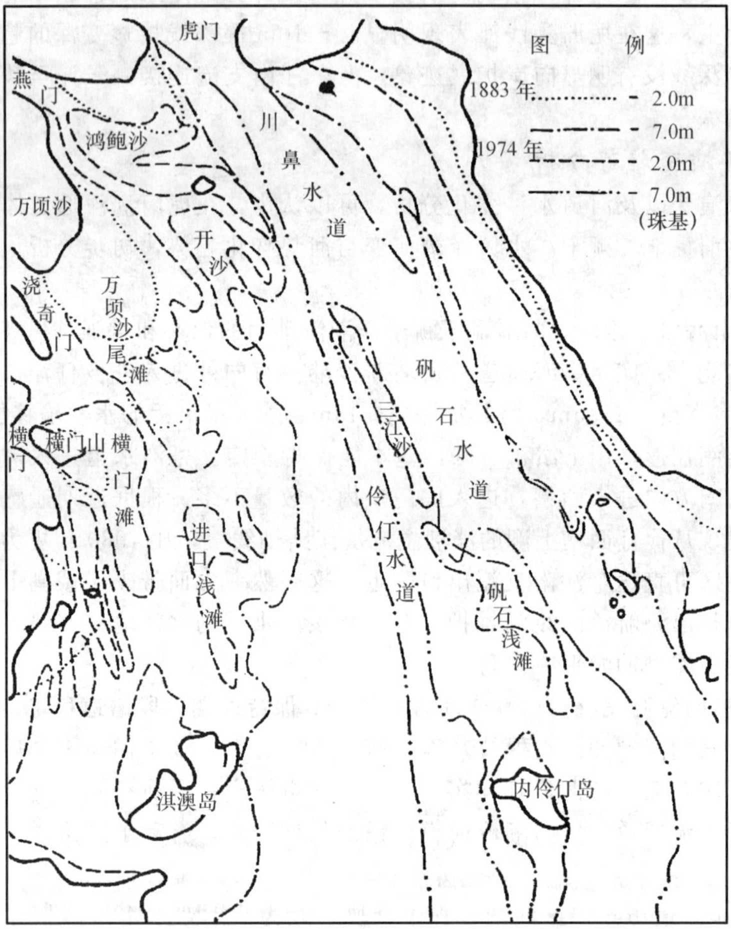

图3-2　伶仃洋滩槽演变图（1883—1974年）

由图可见，伶仃洋的滩槽分布在近百年来大同小异，基本上维持两槽三滩格局，无大的变化，唯深槽日渐淤浅，槽宽缩窄，浅滩明显扩大。

据中山大学河口研究所的研究，伶仃洋的两槽三滩格局是1901年以后才开始明显形成的。1907年以后，矾石浅滩迅速淤长，并向东、南方向扩大，逐渐发展成中滩，从而形成两槽三滩格局。

东滩百年来相对较稳定，浅滩向外扩展迟缓，尤其是沙井以下基本未变。东槽百年来亦变化不大，基本保持稳定状态。西槽有所变化，1883年西槽的西部－7.0m等深线从虎门西岸开始经龙穴岛东侧走向东南，至北纬22°37′后折向南下，于淇澳岛以东入外伶仃洋，以后受西滩东扩的挤压，西槽迅速东移，至1974年东移最多的部位在淇澳岛东部，达8km之多，与此同时，槽宽缩窄。

(2)伶仃洋滩、槽平面冲淤变化的总趋势是：西滩迅速向东南方向扩展，中滩明显向东扩展，东滩向西略有淤长，深槽向东日渐缩窄。

图 3-3 所示为伶仃洋 1964—1984 年滩槽的平面变化过程，由图可见上述滩槽的变化特征。表 3-5 统计了伶仃洋在 20 年中浅滩面积的变化。由图 3-3 和表 3-5 可知，浅滩面积增长最快的是西滩，其次是中滩，东滩最小。在西滩中尤以横门浅滩扩展最快，－2.0m 以上面积在 20 年中增长 68.1％，其次为进口浅滩，增长 52.2％。

由图 3-3 还可看到，伶仃洋深槽向东日渐缩窄。表 3-6 统计了伶仃洋深槽槽宽的历年变化，由表可见，在 1964—1984 年的 20 年中，川鼻深槽的 E—E 断面缩窄了 700m，年平均缩窄 35m；西槽除在靠近内伶仃岛附近有局部扩宽外(如 A-A 断面扩宽了 450m)，其余深槽均为缩窄，如 B-B 断面缩窄了 450m，年平均缩窄 22.5m；东槽的 C-C断面在 1964—1974 年因中滩东部有冲刷，因而扩宽了 250m，但 1974—1984 年由于中滩向东扩展显著，东槽亦相应缩窄了 700m，东槽的 D-D 断面则缩窄显著，20 年共缩窄 2400m，年平均缩窄 120m。

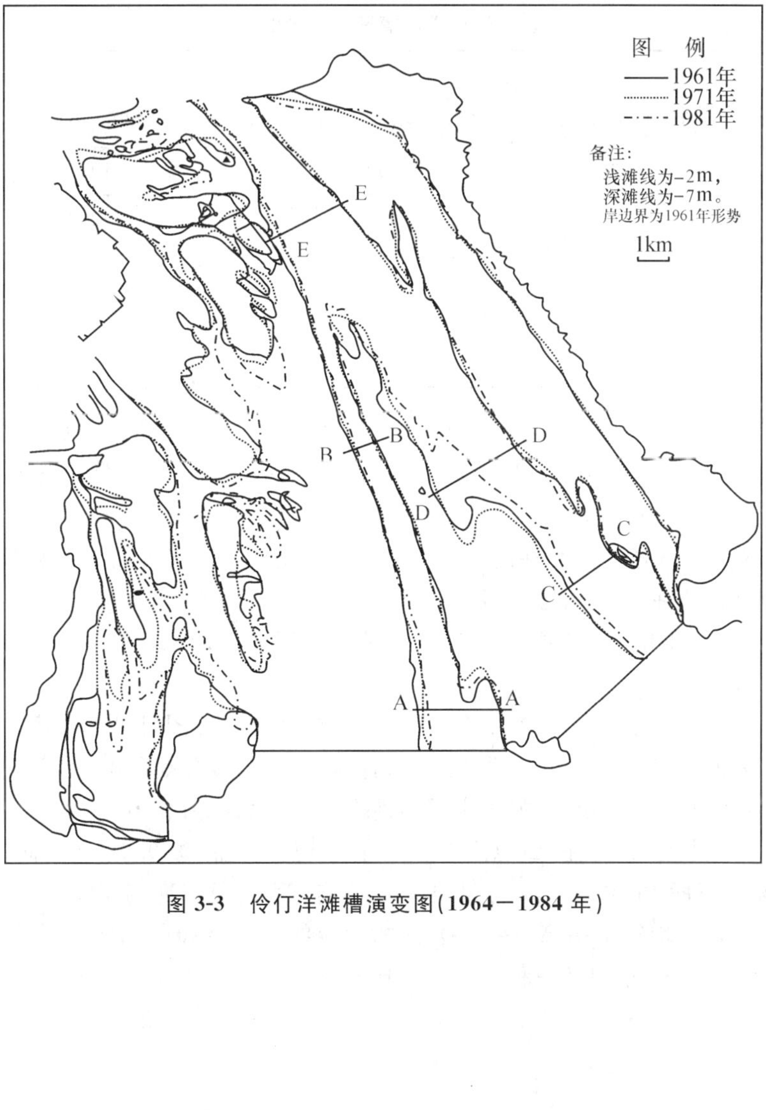

图 3-3 伶仃洋滩槽演变图(1964—1984 年)

表 3-5　　　　　　　　　　伶仃洋浅滩面积变化表

浅滩＼项目		−2.0m 以上面积			增长率		
		1964 年（万 m^2）	1974 年（万 m^2）	1984 年（万 m^2）	1964—1974 年（%）	1974—1984 年（%）	1964—1984 年（%）
西滩		19333.4	21435.2	26925.3	10.9	25.6	39.3
其中	鸡抱沙	4150.7	4495.4	5067.9	8.3	12.7	22.1
	万顷沙	5492.5	5593.2	6750.9	1.8	20.7	22.9
	进口浅滩	1281.1	1353.3	1950.2	5.3	44.1	52.2
	横门浅滩	4675.6	5567.5	7861.7	16.0	41.2	68.1
	横门西边滩	3733.5	4425.7	5294.5	18.5	19.6	41.8
东滩		7614.1	7850.8	7943.8	3.1	1.2	4.3
矾石浅滩		10149.0	9978.9	12164.1	−1.7	21.9	19.9

注：矾石浅滩按−7.0m 以上计面积。

表 3-6　　　　　　　　　　伶仃洋深槽槽宽变化表

深槽＼项目	断面	槽宽(m)			差值(m)		
		1964 年	1974 年	1984 年	1964—1974 年	1974—1984 年	1964—1984 年
西槽	A—A	3500	3850	3950	350	100	450
	B—B	1350	1100	900	−250	−200	−450
东槽	C—C	2950	3200	2500	250	−700	−450
	D—D	4650	4550	2250	−100	−2300	−2400
川鼻深槽	E—E	4050	3550	3350	−500	−200	−700

(3)伶仃洋横断面的变化是有冲有淤，淤积主要发生在西滩，冲刷主要发生在东槽，但仍以淤积为主，并有淤积下移的趋势；深槽深泓线的变化是局部有冲刷，但总趋势是淤积，深泓线逐年抬高。

表 3-7 统计了伶仃洋由北往南 3 个断面的冲淤变化，由表可知 3 个断面的淤积面积与冲刷面积之比值在 1964 年至 1974 年分别为 4.5、1.3 和 1.3，而 1974 年至 1984 年则分别为 2.3、3.2 和 4.1，说明各断面的淤积面积大于冲刷面积，总的趋势是淤积，并有淤积下移的趋势。

图 3-4 所示为伶仃洋东槽深泓线在不同年份的变化。由图可见，东槽的深泓线局部有冲刷，但总的趋势是淤积，深泓线逐年抬高，而且后十年(1974—1984 年)抬高速度大于前十年(1964—1974 年)。如川鼻深槽前十年平均每年抬高为 0.036m，而后十年则为 0.048m；东槽上段(小铲岛以北)前十年平均每年抬高 0.026m，而后十年则为 0.088m；东槽下段(小铲岛以南)前十年略有冲刷，平均每年冲刷下降 0.005m，但后十年则淤积抬高，平均每年抬高 0.04m。西槽深泓线由于受每年航道疏浚的影响，情况较复杂，1964—1984 年间其高程基本在−10～−11m(珠江基面)之间。

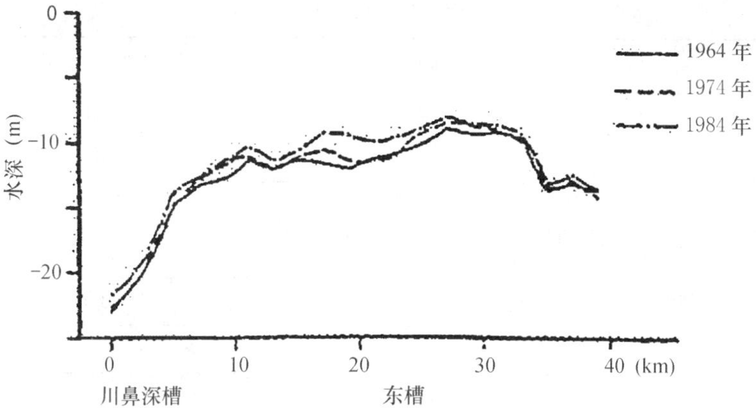

图 3-4 伶仃洋东槽深泓线变化图

表 3-7

伶仃洋横断面冲淤变化

项目 断面	断面长度(km)	1964—1974 年				1974—1984 年				1964—1984 年			
		淤积面积(m^2)	冲刷面积(m^2)	净淤面积(m^2)	淤积与冲刷面积之比(%)	淤积面积(m^2)	冲刷面积(m^2)	净淤面积(m^2)	淤积与冲刷面积之比(%)	淤积面积(m^2)	冲刷面积(m^2)	净淤面积(m^2)	淤积与冲刷面积之比(%)
1-1	21	10033	2238	7795	4.5	9083	4033	5050	2.3	17268	7710	9558	2.2
2-2	25	9232	7321	1911	1.3	12750	3966	8784	3.2	16612	7038	9574	2.4
3-3	28	8277	6278	1999	1.3	15531	3749	11782	4.1	19141	8036	11105	2.4

(4)过去近百年中，伶仃洋的淤积率约为每年平均 2.4cm，伶仃洋日益淤浅和缩小。根据徐君亮等人的研究，他们在伶仃洋近百年的历史海图中，依据测量精度较高、冲淤变化较明显、前后年代间隔较合理的原则，选择 1883、1898、1954、1974 年 4 个年份的海图进行冲淤变化量算，得到 1883—1974 年的 91 年间伶仃洋总淤积量为 173313.6 万 m^3，计算的理论基准面(相当于珠江基面高程 102.997m)以下的淤积面积为 79390 万 m^2，据此算得平均淤积速率为 2.4cm/a。伶仃洋各浅滩淤积速率如表 3-8 所示，由表可知，西部浅滩的淤积发展较快，除大茅滩外，其淤积速率均大于2.4cm/a，说明伶仃洋的沉积主要发生于西滩，其次为中滩，东滩则略有冲刷。

伶仃洋断面缩窄率如表 3-9 所示，可见伶仃洋日益淤浅和缩小，有些断面缩窄率竟达 29.7%。

表 3-8

伶仃洋各浅滩淤积速率(1898—1974 年)

项目		淤积面积(万 m^2)	淤积总量(万 m^3)	淤积速率(cm/a)
西部浅滩	鸡抱沙	5133.8	11580.0	3.0
	龙穴浅滩	8326.4	16611.3	2.6
	沙仙尾滩	13977.0	29432.8	2.7
	横门滩(包括进口浅滩)	8414.4	18171.0	2.8
	大茅滩	3928.5	6212.3	2.1
中部浅滩(矾石浅滩)		11637.0	12257.7	1.4
东部浅滩		16608.8	−324.2	−0.03

表 3-9　　伶仃洋断面缩窄率(1898—1974 年)

断面位置	1898 年断面宽度(km)	1974 年断面宽度(km)	1898—1974 年缩窄距离(km)		断面缩窄率(%)
			西岸	东岸	
N22°44′	23.5	21.0	2.5	0	10.6
N22°43′	20.7	19.8	0.9	0	4.3
N22°40′	23.9	16.8	4.5	2.6	29.7
N22°36′	28.5	27.5	0	13.5	3.5
N22°33′	26.4	25.7	0.7	0	2.6
N22°30′	31.8	29.8	1.2	0.8	6.3

注：断面宽度指东西岸中潮位之间的宽度。

3.2.2　近期演变分析

现以赤湾—内伶仃岛—淇澳岛一线为界，分别对内、外伶仃洋进行冲淤演变分析。对内伶仃洋而言，收集了 1984 年及 1999—2002 年内伶仃洋 1∶5000、1∶10000 水下地形图及部分 1∶2500 航道测图；对外伶仃洋，包括铜鼓海区，限于资料，只收集了部分海图。利用上述海图在冲淤计算过程中，将各种不同的基面统一换算到珠江基面。

3.2.2.1　内伶仃洋冲淤演变分析

(1)滩、槽冲淤变化。现以－5m 等深线以浅的水域作为浅滩的分界，以－10m 以深的水域作为深槽的分界，根据海图的水下地形，分别计算得到内伶仃洋主要浅滩 1984—1999 年、深槽 1984—2003 年的水下地形高程变化列于表 3-10 和表 3-11，主要滩、槽的冲淤变化列于表 3-12，其冲淤厚度等值线见附图 7 和附图 8。

由上述表和图可以得到近期伶仃洋冲淤变化具有如下特征：

①西槽 1984—1999 年是冲刷的，冲刷深度在 2m 以上，冲刷速率为 42.91cm/a；1999—2001 年略有淤积，淤积速率为 2.27cm/a；2001—2003 年又产生冲刷，速率为 23.95cm/a。总的来说，西槽处于冲刷加深状态，主要由航道疏浚使然。

②东槽中上段 1984—2001 年呈冲刷状态，冲刷深度在 1～2m 之间，局部大于 2m；中段略有淤积，淤积厚度为 0～0.5m；下段则为冲刷加深，冲深在 2m 以上。总的来说，东槽处于冲刷过程，1984—1999 年冲刷速率为 15.75cm/a，1999—2001 年为 48.75cm/a，这主要与近年来东部的航道、港口开发有关。

③川鼻深槽 1984—1999 年、1999—2001 年为冲刷，冲刷速率分别为 39.85cm/a 和 65.94cm/a，大部分冲深为 2m 以上；2001—2003 年为淤积，淤积速率为 13.03cm/a。

④西滩内部滩、槽分化极为复杂，次级槽道冲刷 1～2m，浅滩淤积 0～1m。

⑤中滩 1984—1999 年西北部位为冲刷，冲深 0～0.5m，东南部位为淤积，淤厚为 0～0.5m，总的来说是淤积，淤积速率为 1.36cm/a。

⑥东滩变化不大，基本稳定，局部略有淤积，淤积速率为 0.81cm/a。

表 3-10　　内伶仃洋主要浅滩 1984—1999 年水下地形高程变化表

年代	项目	西滩	中滩			东滩
			拦江沙	内伶仃岛北滩	矾石浅滩	
1984	高程(m)	−2.876	−4.645	−3.969	−3.989	−2.912
	面积(km^2)	129.05	2.78	6.3	8.82	68.06
1999	高程(m)	−2.871	−4.6	−4.021	−4.054	−2.9
	面积(km^2)	137.9	2.17	6.62	8.15	65.54

表 3-11　　内伶仃洋主要深槽 1984—2003 年水深变化表

年代	项目	川鼻深槽	西槽	东槽	
				东槽上段	东槽中段
1984	高程(m)	−13.52	−10.404	\	−12.091
	面积(km^2)	22.2	6.47	\	5.98
1999	高程(m)	−17.352	−11.767	−10.202	−12.731
	面积(km^2)	26.39	12.63	2.05	7.26
2001	高程(m)	−17.375	−11.832	−10.214	−12.731
	面积(km^2)	28.52	12.52	2.92	7.26
2003	高程(m)	−17.114	−12.315	\	\
	面积(km^2)	28.52	12.52	\	\

注：2001 年内伶仃洋地形北段为 2001 年所测，南段与 1999 年相同；2003 年资料基本与 2001 年相同，仅广州出海航道范围采用 2003 年航道资料。

表 3-12　　内伶仃洋主要滩、槽冲淤计算表

项目 / 年代	西滩		中滩		东滩		西槽		东槽		川鼻深槽	
	容积变化(万 m^3)	年淤积速率(cm/a)	容积变化(万 m^3)	年淤积速率(cm/a)	容积变化(万 m^3)	年淤积速率(cm/a)	容积变化(万 m^3)	年淤积速率(cm/a)	容积变化(万 m^3)	年淤积速率(cm/a)	容积变化(万 m^3)	年淤积速率(cm/a)
1984—1999	−2475	−1.24	345	1.36	812	0.81	−8130	−42.91	−4109	−15.75	−15775	−39.85
1999—2001	\	\	\	\	\	\	57	2.27	−887	−48.75	−3761	−65.94
2001—2003	\	\	\	\	\	\	−605	−23.95	\	\	743	13.03

注：“−”表示冲刷，“\”表示无值。

(2)滩、槽平面变化。根据 1984 年、1999 年、2001 年伶仃洋水下地形图，提取 −5m、−10m 等深线进行对比，分析其滩、槽平面变化(见附图 9、附图 10)，可以得到如下特征：

①西槽位置基本稳定，槽宽向两侧扩展，−10m 等深线全线贯通，形成顺畅的西航道，这与自 1984 年以来西航道的拓宽浚深有关。

②东槽平面上基本无大变化，其中下段靠近深圳西部港区赤湾及妈湾一带水深有所加大。

③川鼻深槽加深，在孖沙东南侧进入西槽的入口段，−10m 等深线有明显的扩大范围和大幅度下移。

④西滩上段 −5m 等深线向东扩展已基本停止，中下段东南部则有轻微的扩展；西

滩内部蕉门南支尾闾及洪奇门尾闾均出现东南向的次级冲刷槽，其原因是与西部口门延伸后加强了口门泄洪汊槽的冲刷力有关。

⑤中滩总体上继续向东南方向淤长，上段拦江沙向下游大幅度下移，矾石浅滩向东扩展。

⑥东滩－5m等深线平面上变化不大，其尾部向东冲刷后退，但到2001年已停止冲刷。

综上可见，近期伶仃洋的冲淤演变与历史的冲淤演变有共同之处，也有不同的差异。其共同点是伶仃洋的两槽三滩格局仍基本不变，差异之处是在总体格局不变的前提下，滩、槽的冲淤和平面上有不同程度的变化。历史上西滩的淤积扩展迅速，而近期已基本稳定，这与近期西滩的围垦整治有关；中滩过去和近期都有冲有淤，东北部冲、东南部淤，并下移扩展；由于不断疏浚拓宽，西槽处于不断冲刷加深，平面上基本稳定而向两侧扩宽；东槽及东滩平面上基本不变，东槽上下段冲刷，中段淤积，近期已停止。

3.2.2.2 外伶仃洋冲淤演变分析

由于实测资料所限，对外伶仃洋水域的冲淤演变情况，仅利用1954年以来的海图，对伶仃水道下段至大濠水道一线及铜鼓海区作了一些粗略的冲淤分析，获得如下基本特征：

(1)暗士顿水道处于淤积状态，1954—1998年的44年间年平均淤积量为46.36万m^3,年平均淤积厚度约为1.66cm。

(2)伶仃航道下段处于冲刷状态，实为浚深所致。1954—1998年的44年间年平均冲刷量为50.04万m^3，年平均冲刷厚度约为0.70cm。

(3)铜鼓海区沙洲滩处于淤积过程，在上述44年间年平均淤积量为36.27万m^3，年平均淤积厚度约为1.10cm。其中前期淤积较小，后期淤积较大，原因是1995年香港新机场兴建大范围的填海造陆工程，引起周边水域出现明显的淤积，并波及暗士顿水道附近水域的淤积。

(4)内伶仃岛以南、铜鼓岛以西的浅滩(合称南滩)处于淤积状态，在上述44年间年平均淤积量为217.83万m^3，年平均淤积厚度约为2.74cm。

由上可见，在外伶仃洋水域，其冲淤演变特征总体上是：靠近大濠水道北端的铜鼓深槽和西槽下段的深槽区，以冲刷和水深加大为主，而靠近岛屿的浅滩区则以淤积为主。

3.2.3 演变趋势分析

影响海床冲淤演变的因素十分复杂，诸如上游径流的水沙条件(特别是大洪水的影响)、由外海上溯的潮汐因素(特别是风暴潮的影响)、海床的地质组成、海床的地形、海域的风浪、海流、盐水楔异重流，以及人类活动的影响(如水土保持的破坏、围垦造陆、填海造地、海域的整治工程、航道的开挖、港口码头的兴建、桥梁的建筑、无序的采砂等)。这些因素往往错综复杂，难以预测。根据近期冲淤演变情况来看，由于人类活动的频繁和加剧，对伶仃洋的冲淤演变的影响是巨大的，不容忽视。近20年来，由于伶仃洋的口门整治、滩涂围垦、填海建港、航道疏浚、无序采砂等人为活动，导致内伶仃洋水域面积减小约22.0%，在较大程度上引起了水动力条件的变化，从而引起海床的冲淤变化。

随着经济建设的不断发展，今后相当一个时期内，在伶仃洋内人类的活动仍将频繁和加剧，如果自然条件下径流、潮流水沙情的变化不会超载近百年来的范围，则预测伶仃洋的冲淤演变将呈如下变化趋势：

(1)伶仃洋的两槽三滩格局仍将基本维持。自伶仃洋的两槽三滩格局形成以来，经历了近百年的过程，在各种径流、潮流水文条件下(包括发生的1915年的特大洪水，以及其后的多场大洪水)，以及各种大规模的人类活动的重大影响下，两槽三滩格局都未发生变化，由此可以预见，今后在人类活动受到一定限制的条件下，两槽三滩格局仍将基本维持。

(2)西部口门边界初步达到了规划治导线的大喇叭形态，西滩基本稳定下来，虎门潮汐通道动力下移，内伶仃洋的淤积趋于减少。随着伶仃洋口门整治工程的逐步实施，围垦工程的逐步完成，南沙港区一、二期建设及其他项目的逐步进行，加之西滩内部的滩槽分化，使伶仃洋边界条件发生了重大变化，由原来的漏斗形水域逐渐变成喇叭形河口形态，其上段虎门以下的川鼻水道宽度较窄，水流集中，挟沙力提高，大量泥沙下泄，导致经内伶仃岛——淇澳岛一线输入外海的泥沙增多，有利于减少内伶仃洋的淤积量。与其同时，西滩将相对稳定下来，限制了西滩向东及东南方向扩展。

(3)中滩向东南方向扩展，铜鼓浅滩趋于淤积发展。从历史及近期演变可知，中滩一直处于西北部冲刷下移、东南部淤积扩展的状态，随着内伶仃洋水沙的下泄和虎门口水动力的下移，在自然条件下中滩的冲淤演变仍将继续发展下去。与其同时，铜鼓浅滩将趋于淤积发展。

西槽的浚深，将使其维持稳定，并提高其输沙能力。

近期，西槽水深从−9.0m浚深到−11.5m，今后随着经济建设的发展，将再浚深到−13.0m。由于西槽的浚深和不断的维护，使其得以维持稳定，并加大其沿程的水沙输移能力，输出外海的泥沙数量将增多，这对于减轻西槽的淤积有利。与其同时，由于西槽浚深后，海床高程较低，涨潮流将得到加强，对维持西槽的稳定有利。

东槽趋于淤积，但人为活动频繁，仍能维持其基本稳定。

随着西槽下泄水沙的增大，以及其涨潮流的加强，将会对东槽的水动力条件产生一定的影响。近期，东槽中段略有淤积，而上、下段则为冲深，究其淤积原因是由于东槽水动力有所减弱的必然结果，而其冲深则是由于航道、港口的开挖所致。由此可以预见，在东槽人为活动频繁，航道、港口不断开发和浚深，远超过东槽的泥沙淤积量，因此，通过人为的活动将使东槽仍能维持基本稳定。

3.3 磨刀门浅海区河床演变分析

3.3.1 磨刀门口门的历史变迁

根据历史文献记载，大约在7世纪，西江河口在天河附近，宋初(公元960年)才发展到外海，明初(公元1368年)下沉到竹洲，17世纪到达大排沙，18世纪末发展到竹排沙附近，1900年灯笼沙出露。1913年灯笼沙发展到东三围，这期间河口相继形成了大排沙与竹排沙，并分出天生河汊道，1946年发展到东六围，1962年发展到东七围，20世纪中期才移到现今的磨刀门位置(见图3-5)。磨刀门水道在20年内由北向南延长约7.5km，平均每年107m，海湾向东成围约1.7km，平均每年85m，大约50年期间围田向西扩展约8km，平均每年近160m。

对比1938、1946、1964和1971年等深线的变化(见图3-6)，可见磨刀门海区整治前的演变基本趋势是：

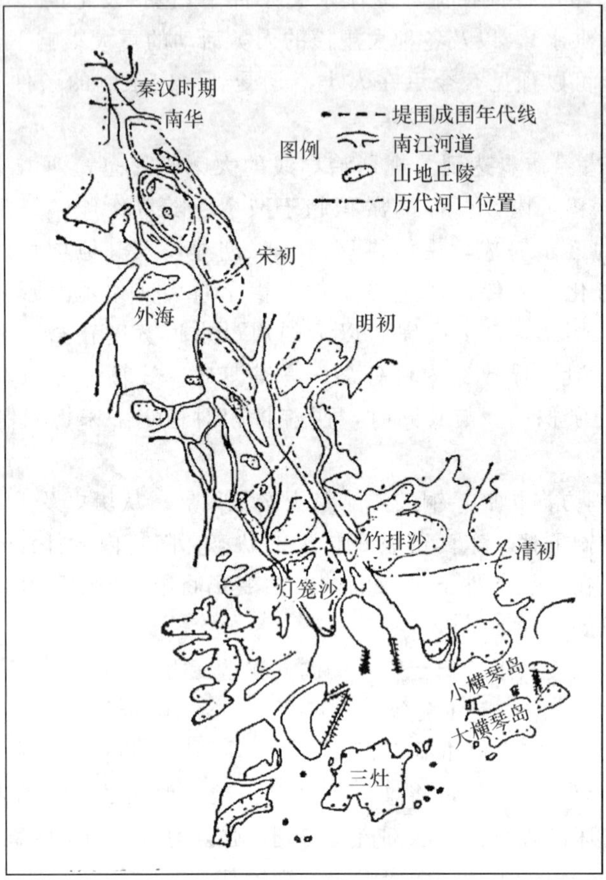

图3-5 西江河口历史变迁图

(1)海区浅滩面积不断扩展。在内海区，－2m等深线以浅的浅滩，1946年出露的只有灯沙尾和西后浅滩，到了20世纪60年代，浅滩面积扩展到约占内海区面积的72%，70年代约占83%，年淤厚为1～3cm。与此同时，外海区的淤积也不断增强：在－10m等深线范围内，1946年浅滩面积只占总面积的1.7%，1964年扩展至10%，1971年又发展到22.7%。

(2)内海区入海水道－5m等深线以深的深槽不断萎缩，横洲水道深槽在缩窄，其向外海方向的长度也在缩短，但始终保持一条较顺直的深槽；龙屎窟水道深槽不断萎缩，已接近衰亡；洪湾水道深槽在淤高变浅，其进、出口逐渐淤出两块心滩，前者使进口河道曲率增大，后者左侧有一条涨潮冲刷沟，右侧为落潮冲刷沟。

(3)拦门沙前缘不断向口外延伸。从－5m和－10m等深线变化可见，拦门沙外延速率1964—1971年比1946—1964年有明显的加快。

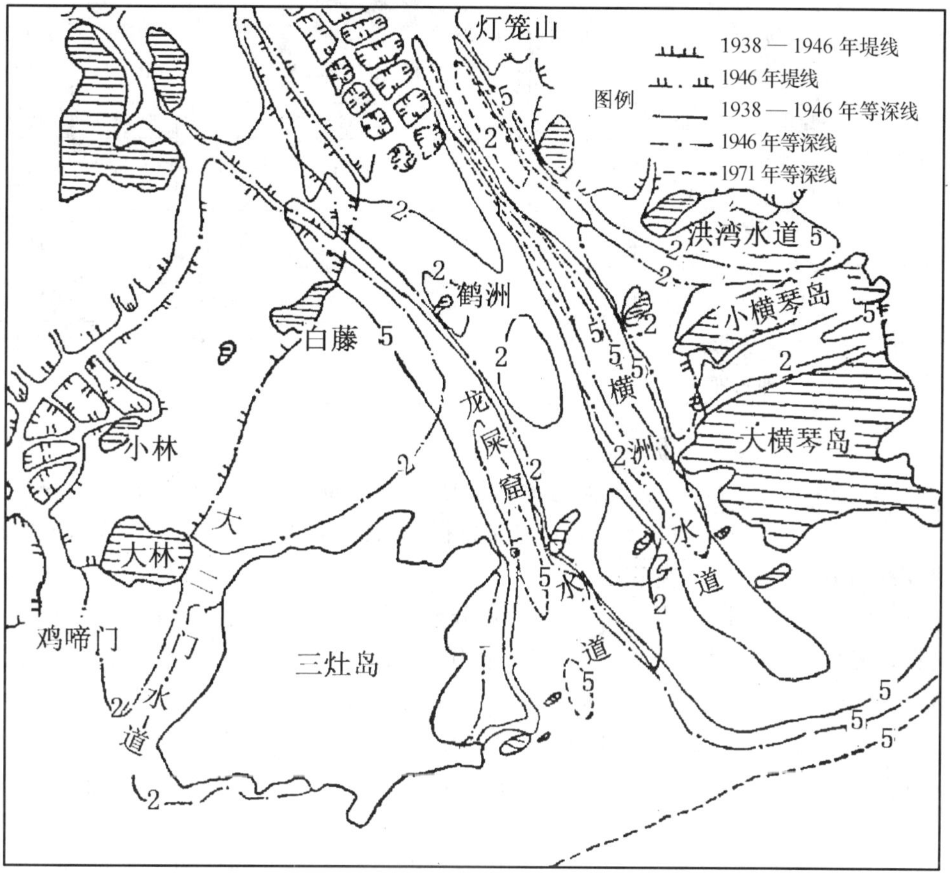

图 3-6　磨刀门口门等深线变化图

3.3.2　整治后近期冲淤演变分析

磨刀门内海区自1984年3月开始进行整治，至今除白龙河西片未成围外，已按工程的规划设计基本完成，但围内整治还未全部完成。整治后磨刀门内海区已不复存在，西江水流经灯笼山下泄后，分为磨刀门水道、洪湾水道和白龙河分流入海，其中磨刀门水道是泄洪纳潮的主干道，河道受东、西治导堤的约束，河宽为2200～2300m；洪湾水道受南、北治导堤约束，河宽为500m，成为一条规则的水道，分泄部分洪水和接纳经澳门水道上溯的潮流；白龙河则主要为排水通道，承泄白藤湖垦区及白蕉联围界河水闸的排水。

磨刀门内海区整治后的演变分析分述如下。

3.3.2.1　岸线变化分析

选取1978、1988、1992、1995、1999、2003年共6年的河道地形资料进行统计分析，其岸线变化见附图11，围垦的面积与岸线向外伸长的情况见表3-13。由图可见，磨刀门水道已形成一主一支格局。由表可知，从1978—2003年磨刀门河口向海延伸约16.5km，磨刀门附近水域围垦面积约150km^2。

表 3-13　　磨刀门近岸围垦面积与岸线向外伸长统计表

围垦面积和延伸长度＼年份	1978—1988 年	1988—1992 年	1992—1995 年	1995—1999 年	1999—2003 年	1978—2003 年
三灶岛及三灶湾片围垦面积(km^2)	38.420	2.904	2.642	2.525	0.000	46.492
鹤洲北垦区、鹤洲南片及交杯沙围垦面积(km^2)	17.875	0.835	30.511	2.298	2.847	54.366
鹤洲北垦区、鹤洲南片及交杯沙向外海延伸长度(km)	3.753 (A-B)	0.000	8.999 (B-C)	0.000	3.714 (C-D)	16.466
洪湾北片围垦面积(km^2)	2.886	10.646	0.48	0.000	0.000	14.012
横琴岛填海围垦面积(km^2)	2.887	3.129	27.270	1.905	0.000	35.191
横琴岛西岸向北延伸长度(km)	0.000	0.000	6.378(F-E)	0.000	0.000	6.378

3.3.2.2　滩槽冲淤变化分析

滩槽冲淤变化可由历年实测河道地形图或河道大断面图进行对比分析而获得，现以－2m 高程作为浅滩的冲淤变化，以 0m 高程作为深槽的冲淤变化，对各河段的冲淤变化分析如下。

(1)灯笼山—横洲口河段滩槽冲淤变化分析。根据资料的情况，将 1983 年及 2000 年河道地形资料进行对比分析，以 1983 年作为工程前的地形，分析其到 2000 年历经 17 年后冲淤变化情况。

①浅滩冲淤变化。由表 3-14 可见，1983—2000 年的 17 年间，在磨刀门海区整治工程后灯笼山—横洲口河段－2m 高程的滩面普遍发生了冲刷，年均冲刷量为 219.90 万 m^3，年均冲刷厚度为 11.1cm，其中灯笼山—洪湾口的上段年冲刷量为 105.09 万 m^3，年冲刷厚度为 10.5cm；洪湾口—横洲口的下段年均冲刷量为 114.81 万 m^3，年均冲刷厚度为 11.7cm，下段冲刷大于上段。由于整治后河道束窄，水流流速加大，浅滩发生冲刷是必然的。

②深槽冲淤变化。由表 3-14 可见，1983—2000 年的 17 年间，在整治工程后灯笼山—横洲口河段 0m 高程的深槽普遍发生了冲刷，年均冲刷量为 3836.16 万 m^3，年均冲刷厚度为 6.4cm，其中上段灯笼山—洪湾口的年均冲刷量为 103.04 万 m^3，年均冲刷厚度为 7.0cm；下段洪湾口—横洲口的年均冲刷量为 122.62 万 m^3，年均冲刷厚度为 6.0cm，上段冲深大于下段。整治工程后引起深槽的冲刷亦出自前述原因，也是必然的。

表 3-14　　灯笼山—横洲口 1983—2000 年河道冲淤变化表

河段	容积变化				年均冲淤厚度(cm)	
	冲淤总量(万 m^3)		年均冲淤量(万 m^3)			
	0m	－2m	0m	－2m	0m	－2m
灯笼山—洪湾口	－1751.69	－1786.52	－103.04	－105.09	－7.0	－10.5
洪湾口—横洲口	－2084.49	－1951.82	－122.62	－114.81	－6.0	－11.7
灯笼山—横洲口	－3836.16	－3738.33	－225.66	－219.9	－6.4	－11.1

注：表中＋为淤积，－为冲刷。

(2)洪湾水道—澳门附近水域滩槽冲淤变化分析。洪湾水道—澳门附近水域从同益围至澳门国际机场全长 16.58km，分为洪湾水道、汇流区、澳门水道三个河段进行分析。限于资料条件，洪湾水道采用1983年及1996年河道地形资料进行对比分析；汇流区采用1985年及1995年河道地形资料进行对比分析；澳门水道采用1982年及1995年河道地形资料进行对比分析。仍以−2m高程作为浅滩的冲淤变化，以0m高程作为深槽的冲淤变化，现对各河段的滩槽冲淤变化分析如下：

①洪湾水道滩槽冲淤变化。洪湾水道在磨刀门整治工程前是一条外形宽阔、不断淤积的水道，整治后成为一条宽500m的规则水道。对比1983年与1997年实测河道地形图，工程前6年间0m高程以下总淤积量为640万m^3，年均淤积107万m^3，年均淤积厚度为3.9cm。工程后采用1996年与1993年实测河道地形图对比，3年间0m高程以下容积共增加62万m^3，年均增加20.5万m^3，年均冲刷4.2cm。其中，上段由整治前的淤积变为冲刷，年均冲深24.5cm；而下段由于马骝洲以下河道展宽，水流突然扩散而产生河床淤积，年均淤厚15.0cm。−2m高程的浅滩3年间容积增加91万m^3，年均为30.3万m^3，年均冲刷厚度为6.16cm。由此可见，整治后除马骝洲以下河段为淤积外，洪湾水道的其他河段，其滩槽均处于冲刷状态。

②汇流区滩槽冲淤变化。汇流区由于河道宽阔，水流分散，径潮流相互作用，人为围垦造地，以及挖沙筑堤和航道浚深等影响，形成滩槽冲淤的演变特点。−3m高程以上滩面1985—1993年年均淤积9.4万m^3，年均淤厚2.0cm；1993—1995年年均淤积23.5万m^3，年均淤厚4.9cm，有逐年淤积加快的趋势。−3m高程以下深槽1985—1993年年均增加容积13.3万m^3，年均冲深10.6cm；1993—1995年年均增加容积54.5万m^3，年均冲深36.5cm，有逐年冲深加大的趋势，但不是天然冲刷造成的，主要与航道浚深有关。

③澳门水道滩槽冲淤变化。澳门水道水面宽阔，上游洪湾水道整治后水沙下泄，又受伶仃洋和磨刀门东西两面来水来沙的影响，水道内泥沙淤积强烈，海滩发展迅速，加上人类活动频繁，航道浚深，使其冲淤变化一般是滩地淤积，深槽则是洪湾水道整治前为冲深、整治后为淤积的演变特点。−3m高程以上滩面1982—1991年年均淤积4.0万m^3，年均淤厚0.8m；1991—1995年年均淤积61.9万m^3，年均淤厚10.1cm，有逐年淤积加快的趋势。−3m高程以下深槽1982 1991年年均增加容积4.5万m^3，年均冲深1.4cm；1991—1995年由于洪湾水道整治后泥沙向下游河口输移，使澳门水道的深槽产生淤积，年均淤积10.0万m^3，年均淤厚4.5cm，但最终是否淤积，还要取决于航道的疏浚量，如果疏浚量大于淤积量，则深槽将处于冲深状态。

(3)横洲口外海区滩槽冲淤变化。横洲口外海区范围广阔，仅限于分析横洲口以南、大横琴与三灶岛之间、口外海区−5m等高线以北的海域，面积约90km^2。

①横洲口外排洪主通道(深槽)冲淤变化。横洲口外排洪主通道从横洲口(大井角)—交杯四沙东全长8.98km，其中大井角—石栏洲为上段长4.42km，石栏洲—交杯四沙东为下段长4.57km。整治工程前处于淤积状态，对比1983年与1977年海区水下地形资料，0m高程以下的深槽在大井角—石栏洲河段年均淤积106.38万m^3，年均淤厚8.8cm；工程后采用2000年与1994年海区水下地形资料对比，全河段年均容积增加31.11万m^3，年均冲深4.8cm。其中上段年均增加容积102.31万m^3，年均冲深8.8cm；下段年均增加容积28.80万m^3，年均冲深1.8cm。整治工程后全河段已转为冲刷状态，上段冲刷大于下段，其冲刷与受“94.6”、“98.6”大洪水的影响有关。

②拦门沙的冲淤变化。磨刀门的拦门沙位于横洲口外的交杯沙浅滩，处于磨刀门深槽与龙屎窟深槽之间。根据历年实测水下地形资料分析，在20世纪初期，拦门沙下移到达横洲—大井角峡口，30年代移至峡口外的小香洲附近，年均向外海推移约99.1m；拦门沙推出峡口后，由于受外海波浪及沿岸流的作用有所加强，使拦门沙推移速度有所减缓，直至60年代每年只推移约53.5m；70年代由于磨刀门口门浅海区淤积加快，浅滩出露，使水流集中，加快拦门沙向外海推移的速度，年均向外海推移约69.2cm；80年代中期至90年代磨刀门口门整治工程逐步实施后，由于东、西双治导堤逐步延伸，浅海区缩窄为规则河道，水流集中，流速加大，拦门沙推移速度加快，年均向外海推移约91cm。

拦门沙的沙体历年来有冲有淤，其顶部高程则不断淤长。图3-7为拦门沙纵剖面的历年变化，由图可见，1977—1983年整个拦门沙处于淤长状态，上游坡最大淤积厚度约1.0m，顶部淤积厚度约0.3m，上游坡降有所减缓，由0.87‰减为0.60‰，下游坡降基本不变；1983—1994年上游坡发生较大冲刷，最大冲刷厚度约1.0m，而顶部及下游坡则发生淤积，顶部淤积厚度约0.1m，下游坡最大淤积厚度约1.0m，上、下游坡降变化不大；1994—2000年上、下游坡都发生冲刷，上游坡最大冲刷厚度约1.4m，下游坡最大冲刷厚度约0.8m，顶部则出现淤积，最大淤积厚度约0.8m，但顶坎高程变化不大，仅略淤0.1m，上游坡降大为增大，约为1.20‰，下游坡降则基本不变。

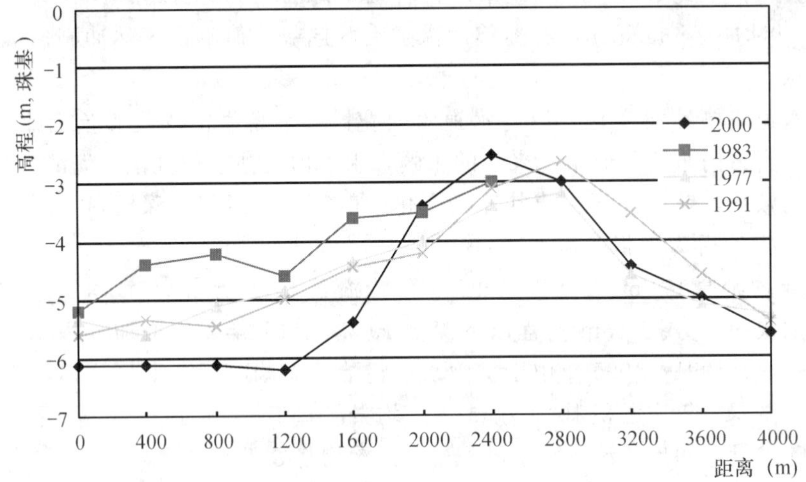

图3-7　磨刀门拦门沙历年纵剖面变化图

由此可见，20多年来磨刀门拦门沙的顶部高程是逐渐淤积抬升的，但随着整治工程完成后已基本趋于稳定；拦门沙的上游坡在未整治前处于淤积发展，整治后则处于不断冲刷，其坡降不断增大；下游坡在整治后有冲有淤，坡降基本不变。

(4)磨刀门水道边滩的冲淤变化。磨刀门口门整治后，在磨刀门水道右岸出现了两个边滩，其中位于上游的边滩长约5.2km，最大宽度约1.2km；位于下游的边滩长约2.5km，最大宽度约0.45km，见附图12所示。该图为卫星遥感影像分析所得，由图可见，磨刀门水道两处边滩自1987年有实测资料以来始终存在，其面积是时大时小，时进时退，近年来有减小的趋势。边滩形成的原因，与洪湾水道的分流有关。由于分流后，使从灯笼山下泄的水流从磨刀门水道分泄入外海的径流量减少，径流动力减弱，挟沙能力减低，因而泥沙淤积形成边滩。要消除边滩的存在，必须对该段水道加以束窄，以加大流速，增大水流挟沙能力。

参考文献

1 窦国仁．潮汐水流中的悬沙运动和冲淤计算．水利学报，1963(4)

2 李素琼．珠江口粘性细颗粒泥沙在盐水环境中絮凝问题探讨，人民珠江，1991

3 赵龙保．流动盐水中细颗粒粘性泥沙的沉降速度．全国泥沙基本理论研究学术讨论会论文集(第一卷)，1992(11)

4 武汉水利电力学院．河流泥沙工程学．北京：中国水利水电出版社，1980

5 窦国仁，董风舞．Xibing Dou. 潮流和波浪的挟沙能力．科学通报，1995(1)

6 李义天，胡海明．床沙混合活动层计算方法探讨［J］．泥沙研究，1994(1)：64～71

7 李义天．冲淤平衡状态下的床沙质级配初探［J］．泥沙研究，1987(3)

8 谢鉴衡．河流模拟．北京：中国水利水电出版社，1988

9 钱宁，万兆惠．泥沙运动力学．北京：科学出版社，1983

10 谢鉴衡，张瑞瑾论文集．北京：中国水利水电出版社，1996

11 中国水利学会泥沙专业委员会．泥沙手册．北京：中国环境科学出版社，1992

12 曹祖德等．水动力泥沙数值模拟．天津：天津大学出版社，1994

13 珠江三角洲河口区潮流泥沙及含盐度耦合联解数学模型报告．水利部珠江水利委员会科学研究所，2003(9)

14 李义天．河道平面二维水沙数学模型．北京：中国水利水电出版社，2001

15 刘家驹，张镜潮．连云港扩建工程回淤研究．水利水运科学研究，1983(4)

16 交通部《海港水文规范》(JTJ213—98)，北京：人民交通出版社，1998

17 杨干然等．海岸动力地貌学研究及其在华南港口建设中的应用．广州：中山大学出版社，1995

18 徐君亮．伶仃洋的盐水入侵及盐水楔的活动规律．热带地理，1981(3)广东省水利电力勘测设计研究院．珠江河口整治“十五”年实施工程可行性研究报告，2001(12)

19 天津水运工程科学研究所．广州港南沙港区深水航道方案二维潮流数学模型及泥沙淤积计算分析研究报告，2002(12)

20 莫如筠，阎连河．伶仃洋的水文特性．珠江口海岸带和海涂资源综合调查研究文集(四)．广州：广东科技出版社，1986

21 李素琼．珠江口滨海区水文调查报告．珠江口海岸带和海涂资源综合调查研究文集(四)．广州：广东科技出版社，1986

22 徐君亮．伶仃洋的盐水入侵．珠江口海岸带和海涂资源综合调查研究文集(四)，广州：广东科技出版社，1986

23 徐君亮等．珠江口伶仃洋滩槽发育演变．北京：海洋出版社，1985

24 珠江水利委员会规划处．珠江磨刀门口门治理开发工程规划专题报告之一．水文特性及潮汐要素分析报告，1985(10)

25 珠江水利委员会．珠江三角洲基本资料，1988(1)

26 珠江水利委员会水文局，科学研究所．珠江口滨海区水文调查报告．珠江口海岸带和海涂源综合调查研究文集(四)．广州：广东科技出版社，1986

27 珠江水利委员会科学研究所．磨刀门口门整治潮汐模型试验研究．1990(9)

28 珠江水利委员会科学研究所．珠江河口水沙运动遥感分析．2003(11)

29 董兆英等．珠江口余流特征．珠江口海岸带和海涂资源综合调查研究文集(四)．广州：广东科技出版社，1986

30 李素琼等．磨刀门盐水楔活动若干问题的探讨．珠江口海岸带和海涂资源综合调查研究文集(四)．广州：广东科技出版社，1986

31 陈水森等．20年来珠江口伶仃洋滩槽变化及演变分析［J］．海洋科学，2001(25)6：52～54

32 沈汉笙，陈丽棠等．伶仃洋潮流动力与湾口形态关系研究［J］．人民珠江，2005：24～28

33 吴超羽，包芸等．珠江三角洲及河网形成演变的数值模拟和地貌动力学分析：距今6000～2500a［J］．海洋学报，2006，28(4)：64～81

34 李静．珠江三角洲网河近20年河床演变特征分析［J］．水利水电科技进展，2006，26(3)：15～20

第4章 珠江网河区一维数学模型

4.1 网河区一维潮流模型控制方程

4.1.1 基本方程与汊口连接条件

(1)基本方程。为不适一般意义，这里采用描述非恒定渐变流的圣维南方程组作为模型的基本方程

$$B\frac{\partial Z}{\partial t}+\frac{\partial Q}{\partial x}=q \tag{4-1}$$

$$\frac{\partial Q}{\partial t}+\frac{\partial}{\partial x}\left(\beta\frac{Q^2}{A}\right)+gA\left(\frac{\partial Z}{\partial x}+S_f\right)=0 \tag{4-2}$$

式中：Z 为断面平均水位；Q、A、B 分别为断面流量、过水面积、水面宽度；β 为动量修正系数；g 为重力加速度；S_f 为摩阻坡降，采用曼宁公式计算，$S_f=g/C^2$，$C=h^{1/6}/n$；q 为旁侧入流；x、t 为距离和时间。

(2)汊口连接条件。网河区内汊口点是相关支流汇入或流出点，汊口点潮流、泥沙要满足下列连接条件。

流量连接条件：$\sum_{i=1}^{m}Q_i=0$ (4-3)

水位连接条件：$Z_{i,j}=Z_{m,n}=\cdots=Z_{l,k}$ (4-4)

式中：Q_i 为流入汊口节点第 i 条支流流量，流入为正，流出为负；$Z_{i,j}$ 等表示汊口节点第 i 条支流输第 j 号断面的平均水位。

泥沙输移连接条件：$S_i=\sum_{i=1}^{m_入}Q_iS_i/\sum_{i-1}^{m_入}Q_i$ (4-5)

S_i 为汊口节点第 i 条入注支流输移物质浓度；S_j 为汊口节点流出的所有支流泥沙输移平均浓度，$m_入$ 为流入汊口的支流数。

4.1.2 控制方程的离散

对于由式(4-1)和式(4-2)组成的典型潮流方程组，目前在数值计算上可用多种方法求解，这些方法各有优缺点，分别适用于不同的潮流及边界情况。根据本水域网河特点，采用四点加权 Preissmann 固定网格隐式差分格式离散方程，求解时采用迭代法。具体方法为：对于图 4-1 所示的网格划分，以 S 代表流量 Q 和水位 Z，则 S 在河段 Δt、时段 Δt 内的加权平均量及相应偏导数可分别表示为：

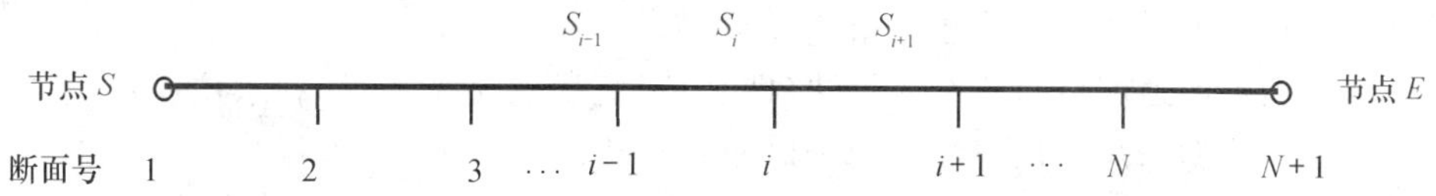

图 4-1 网格变量布置

$$\begin{cases}\dfrac{\partial S}{\partial t}\approx\dfrac{S_{i+1}^{n+1}+S_i^{n+1}-S_{i+1}^n-S_i^n}{2\Delta t}\\ \dfrac{\partial S}{\partial x}\approx\theta\dfrac{S_{i+1}^{n+1}+S_i^{n+1}}{\Delta x_i}+(1-\theta)\dfrac{S_{i+1}^n-S_i^n}{\Delta x_i}\\ S_{i+1/2}=\dfrac{1}{4}(S_{i+1}^{n+1}+S_i^{n+1}+S_{i+1}^n+S_i^n)\end{cases}$$

式中：θ 为差分系数，$\theta=0$ 时为中心差分，$\theta=1$ 时为迎风差分。

(1)潮流连续方程的离散。潮流从 i 断面流向 $i+1$ 断面有：

$$B\frac{\partial Z}{\partial t}=\overline{B}_{i+1/2}\frac{Z_{i+1}^{n+1}+Z_i^{n+1}-S_{i+1}^n-S_i^n}{2\Delta t}$$

$$\frac{\partial Q}{\partial x}=\theta\frac{Q_{i+1}^{n+1}-Q_i^{n+1}}{\Delta x_i}+(1-\theta)\frac{Q_{i+1}^n-Q_i^n}{\Delta x_i}$$

式中：$\overline{B}_{i+1/2}=\frac{1}{2}(B_{i+1}+B_i)$

则潮流连续方程离散为：

$$a_1Z_i^{n+1}+b_1Q_i^{n+1}+c_1Z_{i+1}^{n+1}+d_1Q_{i+1}^{n+1}=e_1 \tag{4-6}$$

式中：a_1、b_1、c_1、d_1、e_1 为差分方程的已知系数。

(2)潮流运动方程的离散。

潮流运动方程(4-2)可以化为：

$$\frac{\partial Q}{\partial t}+\left(gA-\beta\frac{Q^2}{A^2}\right)\frac{\partial Z}{\partial x}+\frac{2Q}{A}\frac{\partial Q}{\partial x}+gAS_f=0 \tag{4-7}$$

按上述同样方法，上式可离散为：

$$a_2Z_i^{n+1}+b_2Q_i^{n+1}+c_2Z_{i+1}^{n+1}+d_2Q_{i+1}^{n+1}=e_2 \tag{4-8}$$

式中：a_2、b_2、c_2、d_2、e_2 为差分方程的已知系数。

略去未知数的上标 $n+1$，就方程(4-6)和(4-8)求解变量 Z_i 与 Q_i 得：

$$\begin{aligned}&Z_i+A_iZ_{i+1}+B_1Q_{i+1}=E_1\\&Q_i+A_2Z_{i+1}+B_2Q_{i+1}=E_2\end{aligned} \tag{4-9}$$

式中：$A_1=\frac{1}{|AB|}(c_1b_2-c_2d_1)$，$A_2=\frac{1}{|BA|}(c_1a_2-c_2a_1)$，$B_1=\frac{1}{|AB|}(d_1b_2-d_2b_1)$，

$B_2=\frac{1}{|BA|}(d_1a_2-d_2a_1)$，$E_1=\frac{1}{|AB|}(e_1b_2-e_2b_1)$，$E_2=\frac{1}{|BA|}(e_1a_2-e_2a_1)$

$|AB|=-|BA|=(a_1b_2-a_2b_1)$

设全河段有 I 个计算断面，未知量共 $2I$ 个。每一计算河段上均有如方程(4-9)的一对方程，则共有 $2(I-1)$ 个方程，加上两个边界方程 $Z_i=Z(t)$，$Q_i=Q(t)$ 或 $Z=f(Q)$，其中 $Z(t)$、$Q(t)$、$f(Q)$ 为边界上的已知函数，构成有定解的方程组，用高斯消去法，使系数化为上三角矩阵，然后回代求出各变量。方程(4-9)中各系数与右端项也是未知数的函数，在求解时采用迭代法，求其收敛解。

一维模型沿河道网格布置有交错法(即水位、流量点交叉布置)和水位、流量同一网格布置法。本模型采用水位、流量同一网格布置法。

4.1.3 控制方程的求解过程

4.1.3.1 水动力基本方程三级联解法

方程(4-8)、(4-9)的求解一般采用河网非恒定流三级联解，其求解方法如下：

(1)进行编号及河网形状数据的处理。由于对每一河道，除首尾断面要和其他河段的变量联合求解外，内部的变量并不和河道外的变量直接发生联系，因此可排除在总体矩阵之外。这样河段的内部编号就可以与其他河段的相互独立，在对河网整体编号时，只需考虑河段的首尾断面(如图4-2)。这样易于编制通用程序，也易于以后扩展。图中1、2、3、4、5、6是汊点(节点)编号，一、二、三、四、五是河段编号，每一河段内的内断面不参与河网整体编号，箭头表示流向。

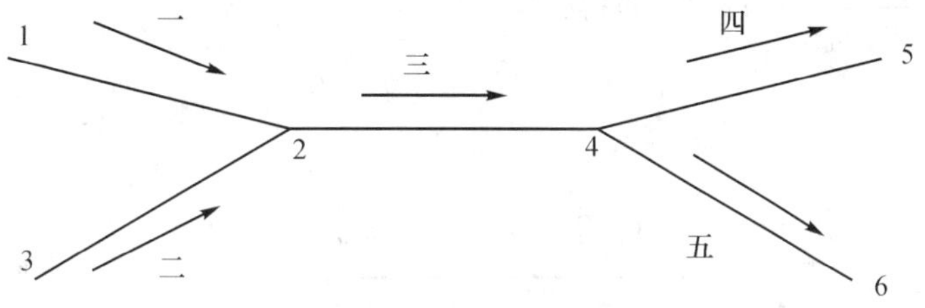

图4-2 简单河网示意

(2)求出河段首尾断面的流量水位之间的关系。河段首尾断面的流量水位之间的关系为：

$$Q_i = \alpha_i + \beta_i Z_i + \gamma_i Z_m \qquad (4\text{-}10)$$

$$Q_m = \alpha_m + \beta_m Z_i + \gamma_m Z_m \qquad (4\text{-}11)$$

式中：i 和 m 分别为此河段的首尾断面编号。Q_i，Z_i 指任意河段的首断面的流量与水位；Q_m、Z_m 指任意河段的尾断面的流量与水位。α_i、β_i、γ_i、α_m、β_m、γ_m 可由差分式(4-8)和式(4-9)递推得到，并只与系数 a_1、b_1、c_1、d_1、e_1 和 a_2、b_2、c_2、d_2、e_2 有关。

(3)形成求解矩阵并求解。将式(4-11)代入相应的汊点方程和边界方程消去其中的流量，即可得到与汊点个数相同的方程所组成的方程组。

从以上叙述中可看出求解步骤为：①将每河段的圣维南方程组隐式差分得河段方程。②将每一河段的河段方程依次消元求出首尾断面的水位流量关系式。③将上步求出的关系式代入汊点连接方程和边界方程得到以各汊点水位(下游已知水位的边界汊点除外)为未知量的求解矩阵。④求解此矩阵得各汊点的水位或流量。⑤将汊点水位代入式(4-11)得汊点各断面的流量。⑥回代河段方程得所有断面的水位流量。

4.1.3.2 物质输移对流扩散方程求解过程

方程(4-3)的求解采用二级联解，其求解方法如下：

(1)求解河段首末断面的未知量。在每河段内的各微分方程(4-10)为：

$$\alpha S_{i-1} + \beta S_i + \gamma S_{i+1} = \varphi \qquad (4\text{-}12)$$

将每河段内的微分方程依次消元可列出

$$S_i = \Phi + \Psi S_{i0} + \Gamma S_{in} \qquad (4\text{-}13)$$

根据泥沙输移连接条件方程(4-5)可列出：

$$S_i - \frac{\sum_{j=1}^{n} \max[Q_j((j/2\times 2 - j)\times 2 + 1), 0]S_j}{\sum_{j=1}^{n} \max[Q_j((j/2\times 2 - j)\times 2 + 1), 0]} = 0 \qquad (4\text{-}14)$$

(2)根据河段的边界条件及连接条件可列出河段的边点方程。

上边点：

$$
Q>0\quad\begin{cases}S_{I0}=\dfrac{\sum\limits_{j=}^{n}\max[Q_j((j/2\times 2-j)\times 2+1),0]S_j}{\sum\limits_{j=1}^{n}\max[Q_j((j/2\times 2-j)\times 2+1),0]} & (内结点)\\ S_{I0}=S(t) & (外边点)\end{cases}\tag{4-15}
$$

$Q\leqslant 0$ 从$\dfrac{\partial S}{\partial\tau}=0$及方程(4-9)得：

$$
S_{I0}+\gamma_n S_{In}+\varphi_n=0\tag{4-16}
$$

下边点：

$$
Q<0\quad\begin{cases}S_{In}=\dfrac{\sum\limits_{j=}^{n}\max[Q_j((j/2\times 2-j)\times 2+1),0]S_j}{\sum\limits_{j=1}^{n}\max[Q_j((j/2\times 2-j)\times 2+1),0]} & (内结点)\\ S_{In}=S(t) & (外边点)\end{cases}\tag{4-17}
$$

$Q\geqslant 0$ 从$\dfrac{\partial S}{\partial\tau}=0$及方程(4-9)得：

$$
\lambda_n S_{I0}+S_{In}+\varphi_n=0\tag{4-18}
$$

在一个有 N_r 条河段根据方程(4-13)～(4-18)可建立 $2N_r$ 个边点方程，恰好等于河段边点未知量总数，因此可构成连接矩阵独立解出河段首末断面的未知量。

(3)回代微分方程(4-13)得所有各断面上的输移物质浓度。

4.1.3.3 程序流程

编制程序时要给河网编号。在编号时，把图论中的有关有向图、关联矩阵(*incidence matrix*)的概念引入到河网计算中。图论中，关联矩阵指示了图中顶点与边(弧)之间的关联关系。在河网计算中，河道流量方向若事先假定，并标于计算图中，河网的计算简图成为一幅有向图。河段首尾断面和边界断面的编号、与每一汊点相连的河段编号等有关河网形状的数据，均可由关联矩阵确定。在编制形成以水位为未知量的求解矩阵程序时，按照汊点编号顺序逐一形成。

整个程序的流程图如图 4-3 所示。

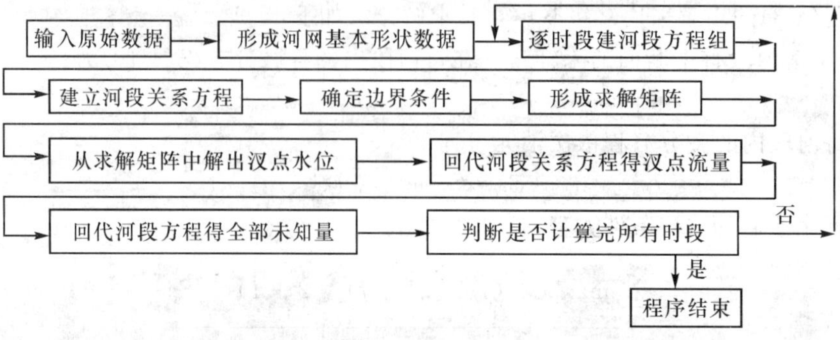

图 4-3 程序流程图

4.2 一维网河潮流模型验证的概化

(1)模型的研究范围。一维网河区水沙数学模型的研究范围为：上边界取自西江马口站、北江三水站、广州水道老鸦岗站、增江麒麟咀站、东江博罗站、潭江石嘴水文站，下边界取至虎门大虎站、蕉门南沙站、洪奇门冯马庙站、横门口横门站、磨刀门灯笼山站、鸡啼门黄金站、虎跳门西炮台站及崖门官冲站，模拟河道长度约 1750km，网河区面积 9750km^2。模型研究范围布置见图 4-4。

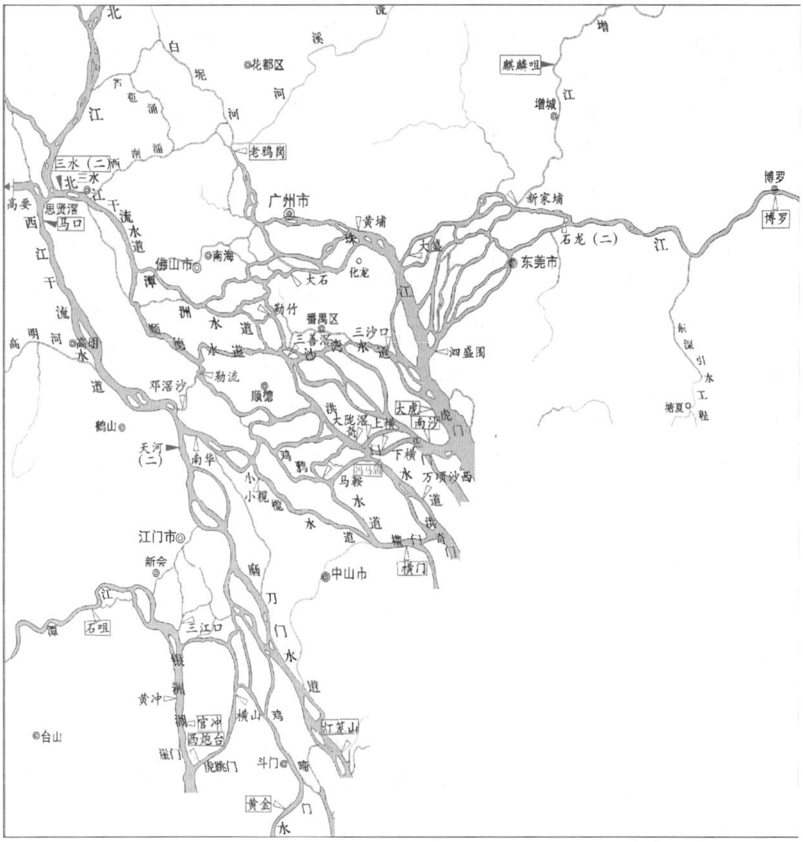

图 4-4　网河区一维数学模型研究范围及水文站点示意图

(2)边界条件的确定。模型验证的边界条件上边界为上游进口断面的实测流量过程线 $Q=Q(t)$ 及实测含沙量过程线 $S=S(t)$；下边界为下游出口断面的实测潮位过程线 $Z=Z(t)$。

另外，珠江三角洲网河区内水闸众多，较大的水闸作内边界处理，较小的水闸不加考虑。

(3)断面布置和计算步长。一维方程的离散化采用 4 点隐式加权差分法。计算的空间步长根据河道走势弯曲程度变化等，一般在 100～600m 不等。断面布置原则为在断面变化不大的地方布置较稀疏，断面变化较大(比如河段弯段)地方布置较密，见附图 13。本模型计算网格共布设了 3613 个断面，包括 226 个汊口，共有 97 条水道，352 个直河段，31 个边界。

时间步长根据计算的收敛性和稳定性确定为4s。

4.3 一维模型河道糙率参数的率定

利用“99.7”水文组合，对网河区一维数学模型进行率定，其计算出的主要河道糙率值见表4-1。

表4-1 一维数学模型率定河道糙率成果

河道名称	分段位置	糙率	河道名称	分段位置	糙率
西江干流（马口—甘竹）	上段	0.023	勒流涌		0.028
	中段	0.028	甘竹溪		0.018
	下段	0.029	北江干流（三水—紫洞口）	上段（三水附近）	0.025
西海水道	天河段	0.027		西南闸附近段	0.025
	北街段	0.020		西南闸下—紫洞口段	0.024
	潮莲段	0.022	南沙通		0.024
海洲水道		0.030	顺德水道	入口段	0.025
磨刀门水道	外海—百顷段	0.020		三多段	0.026
	大敖段	0.019		水藤段	0.027
	竹银—灯笼山上段	0.022		鲤鱼沙段	0.026
	竹银—灯笼山中段	0.018		稔海段	0.022
	竹银—灯笼山下段	0.015		三善滘右段	0.026
石板沙水道		0.022	沙湾水道	上段	0.026
虎跳门水道	百顷—睦洲口段	0.020		中段	0.023
	睦洲口上段	0.016		下段	0.023
	睦洲口下段	0.016	东平水道	紫洞段	0.024
	莲腰段	0.014		澜石段	0.027
	横坑段	0.030		五斗段	0.027
	横山—西炮台段	0.022		大尾角段	0.022
劳劳溪	上段	0.022	吉利涌		0.026
	下段	0.020	潭洲水道	上段	0.026
泥湾门水道		0.018		下段	0.024
赤粉水道		0.017	陈村支涌		0.030
鸡啼门水道		0.017	陈村水道	上段	0.022
虎坑水道	上段	0.025		下段	0.015
	中段	0.020	濠滘口		0.025
	下段	0.020	骝岗涌		0.017
潭江		0.030	西樵涌		0.020
崖门水道		0.018	蕉门水道	上段	0.020
东海水道		0.028		中段	0.016
小榄水道		0.027		下段	0.015
鸡鸦水道	上段	0.020	上横沥		0.023
	中段	0.024	下横沥		0.025
	下段	0.024	李家沙水道		0.025
横门水道		0.022	洪奇沥水道	板沙尾段	0.018
桂洲水道		0.023		大陇滘段	0.020
新沙沥		0.023		冯马庙段	0.015
黄沙沥		0.030	东江	东江北干流	0.020
容桂水道	上段	0.030		东江南支流	0.020
	下段	0.021		东江干道	0.025
顺德支流		0.020		增江	0.025

根据有关天然河道糙率选取的资料，平原地区的河道糙率多在0.015～0.040之间。由表4-1可知，各河道糙率在0.014～0.030之间，糙率值较大的水道是：海州水道、虎跳门水道的横坑段、潭江、容桂水道、陈村支涌，其糙率值为0.030，口门附近水道的糙率值在0.020左右。模型主要河道糙率值网河区上部河道糙率值较大，近河口则较小，符合河口区河道糙率沿程变化的自然变化规律，表明率定出的糙率值是合理的。

4.4 一维网河区潮位模拟

4.4.1 基本条件

(1)地形资料。一维模型验证的地形资料采用1∶5000的河道地形图，其中东江采用广东省水利厅于1997年和1998年在该地区测量的河道地形资料，狮子洋采用珠江委设计院1995年在该地区测量的1∶10000河道地形资料，其余采用珠江委设计院及广东省水利厅于1999年在珠江三角洲网河联合测量的1∶5000河道地形资料。

(2)水文资料。“99.7”中水组合，计算时段为1999年7月15日23：00至1999年7月23日17：00；“98.6”大水组合，计算时段，1998年6月23日19：00至1998年6月30日23：00；“2001.2” 枯水组合，计算时段为：2001年2月7日17：00至2001年2月10日18：00。

4.4.2 潮位验证

(1)“99.7”中水组合。“99.7”中水组合测验时段为1999年7月15日20：00至7月24日14：00，历时9天，共211小时。此次测流断面73个，其中有逐时潮位过程的测流断面65个，逐时流量过程的测流断面65个，逐时含沙量过程的测流断面57个。

逐时潮位计算过程与实测过程的比较见图4-5(a)～(e)，由此图可见，各测流断面计算潮位过程与实测过程基本吻合，计算过程与实测过程的相位是一致的。

各测站计算潮位和实测潮位的比较见表4-2。从表4-2可得：在102个潮(水)位验证站点中，最高潮(水)位计算误差在0.1m以内的有94个站点，占整个验证站的92.2%，计算误差在0.2m范围内的测流断面百分比为98.1%。同样，在102个潮(水)位验证站点，最低潮(水)位计算误差在0.1m范围内的测流断面百分比为90.2%，计算误差在0.2m范围内的测流断面百分比为98.1%。符合《水利工程水利计算规范》(SL 104—95)感潮河段非恒定流计算的验证标准相位相对误差应小于1小时，峰谷值误差应不大于0.1～0.2m，单站检验合格率应为85%以上的要求。

最高潮(水)位计算误差较大的众涌水闸、大敖河口水闸，误差分别为－0.23m和－0.21m；最低潮(水)位计算误差较大的穗西水闸、洲水闸下游误差分别为－0.22m、0.29m。在验证不合格的4个站点均是水闸，这是因为水闸计算的零点与实际会有出入，导致验证结果误差较大。

(2)“2001.2”枯水组合。“2001.2”枯水组合测验时段为2001年2月7日17：00至2001年2月10日18：00，历时3天，共73小时，此次测流断面48个。

逐时潮位计算过程与实测过程的比较见图4-6(a)～(c)，由图可见，各测流断面计算潮位过程与实测过程基本吻合，计算过程与实测过程的相位是一致的。

各测站的最高潮位与最低潮位计算误差见表4-3。由表4-3可见：“2001.2”枯水大潮水文条件下，48个潮(水)位验证站点最高潮(水)位误差绝对值小于0.2m的有46个站点，占整个验证站的95.8%；最低潮(水)位误差绝对值小于0.2m的有44个站点，占整个验证站的91.7%；符合《水利工程水利计算规范》(SL 104—95)感潮河段非恒定流计算的验证标准相位相对误差应小于1小时，峰谷值误差应不大于0.1～0.2m，单站检验合格率应为85%以上的要求。

(3)“98.6”洪水组合。“98.6”洪水组合测验时段为1998年6月23日19：00至1998年6月30日23：00，历时7天，共172小时。此次测流断面61个，其中有逐时潮位过程的测流断面53个。

逐时潮位计算过程与实测过程的比较见图4-7(a)～(c)，由此图可见，各测流断面计算潮位过程与实测过程基本吻合，计算过程与实测过程的相位是一致的。

各测站的最高水位和计算误差见表4-4。由表4-4可见：53个水位站点洪峰水位计算与实测误差均小于0.1m，单站检验合格率达100%，符合《水利工程水利计算规范》(SL 104—95)感潮河段非恒定流计算的验证标准相位相对误差应小于1小时，单站检验合格率应为85%以上的要求。

4.5 一维网河区流量验证

(1)“99.7”中水组合。“99.7”中水组合中，流量计算过程与实测过程的比较见图4-8(a)～(d)，由此图可见，各测流断面计算流量过程与实测过程基本吻合，计算过程与实测过程的相位是基本吻合的。

“99.7”中水组合中，各测流断面的全潮流量平均与洪峰流量值的计算过程与实测过程及其误差见表4-5。由表可知，在“99.7”洪水中，39个验证断面计算全程流量平均值与实测值的误差小于10%的占85.1%，计算误差在20%以内的占100%；洪峰流量计算误差小于10%的占89.7%，误差小于20%的占100%。符合《水利工程水利计算规范》(SL 104—95)咸潮河段非恒定流计算的验证标准相位相对误差应小于1小时，单站检验合格率应为85%以上的要求。

(2)“2001.2”枯水组合。“2001.2”枯水组合中，流量计算过程与实测过程的比较见图4-9(a)～(b)，由此图可见，各测流断面计算流量过程与实测过程基本吻合，计算过程与实测过程的相位亦基本吻合。

表4-2　一维数学模型“99.7”潮(水)位验证成果　(单位:m,珠基)

序号	验证站点	最高潮(水)位			最低潮(水)位		
		实测	计算	误差	实测	计算	误差
1	博罗站	4.47	4.47	0.00	4.09	4.09	0.00
2	麒麟咀站	4.43	4.38	−0.05	3.47	3.43	−0.04
3	大盛断面	1.63	1.65	0.02	−0.91	−0.95	−0.04
4	麻涌断面	1.70	1.66	−0.04	−0.96	−0.95	0.01
5	漳澎断面	1.51	1.59	0.08	−0.98	−0.95	0.03
6	泗盛围断面	1.59	1.57	−0.02	−1.02	−1.09	−0.07
7	老鸦岗断面	1.61	1.71	0.10	−0.47	−0.44	0.03
8	黄沙断面	1.76	1.87	0.11	−0.61	−0.62	−0.01
9	浮标厂断面	1.79	1.89	0.10	−0.59	−0.62	−0.03
10	中大站	1.80	1.79	−0.01	−0.82	−0.79	0.03

续表

序号	验证站点	最高潮（水）位			最低潮（水）位		
		实测	计算	误差	实测	计算	误差
11	黄埔左断面	1.66	1.72	0.06	−1.00	−0.94	0.06
12	黄埔右断面	1.72	1.72	0.00	−0.95	−0.93	0.02
13	三水站	5.72	5.8	0.08	4.38	4.31	−0.07
14	紫洞断面	4.02	4.04	0.02	2.70	2.80	0.10
15	海口水闸站	3.50	3.49	−0.01	2.12	2.23	0.11
16	吉利断面	3.56	3.55	−0.01	2.25	2.32	0.07
17	澜石断面	2.97	2.99	0.02	1.62	1.70	0.08
18	奇槎闸	2.50	2.52	0.02	0.85	0.97	0.12
19	弼教水文	2.77	2.67	−0.10	1.44	1.41	−0.03
20	碧江断面	2.27	2.23	−0.04	0.92	0.93	0.01
21	三善左断面	2.20	2.17	−0.03	0.79	0.86	0.07
22	五斗断面	2.12	2.12	0.00	0.03	0.09	0.06
23	沙洛围断面	1.95	1.9	−0.05	−0.6	−0.59	0.01
24	均安水闸	2.16	2.09	−0.07	0.05	0.03	−0.02
25	大石断面	1.87	1.85	−0.02	−0.7	−0.62	0.08
26	三多站	3.80	3.78	−0.02	2.53	2.56	0.03
27	西海水闸	2.63	2.43	−0.20	1.4	1.25	−0.15
28	石仔沙断面	3.75	3.78	0.03	2.45	2.55	0.10
29	龙津水闸	3.80	3.74	−0.06	2.51	2.51	0.00
30	人字水船闸	3.62	3.56	−0.06	2.32	2.35	0.03
31	水藤（海口）站	3.36	3.28	−0.08	2.09	2.11	0.02
32	歌滘水闸	3.21	3.20	−0.01	1.97	2.04	0.07
33	扶闾大闸站	3.14	3.04	−0.10	1.91	1.90	−0.01
34	菊花湾水闸	3.01	3.04	0.03	1.78	1.90	0.12
35	黄麻涌水闸	2.86	2.74	−0.12	1.65	1.61	−0.04
36	三洪奇水闸	2.77	2.57	−0.20	1.54	1.42	−0.12
37	霞石断面	2.45	2.43	−0.02	1.23	1.25	0.02
38	三善右断面	2.39	2.35	−0.04	1.13	1.17	0.04
39	三沙口断面	1.60	1.61	0.01	−0.87	−0.83	0.04
40	西樵断面	2.03	2.01	−0.02	0.57	0.59	0.02
41	鱼窝头断面	1.91	1.86	−0.05	0.32	0.24	−0.08
42	亭角断面	1.67	1.70	0.03	−0.31	−0.26	0.05
43	邓滘沙断面	2.72	2.68	−0.04	1.53	1.50	−0.03
44	勒流断面	2.78	2.69	−0.09	1.54	1.49	−0.05
45	众涌水闸	2.68	2.52	−0.16	1.32	1.25	−0.07
46	新涌水闸	2.49	2.47	−0.02	1.25	1.19	−0.06
47	冲鹤闸站	2.50	2.45	−0.05	1.26	1.16	−0.10
48	安利闸站	2.46	2.40	−0.06	1.15	1.12	−0.03
49	南华断面	3.46	3.48	0.02	2.24	2.26	0.02
50	马宁闸站	3.24	3.28	0.04	2.03	2.05	0.02
51	凫洲河水闸	3.31	3.32	0.01	2.12	2.10	−0.02
52	新宁水闸	3.25	3.16	−0.09	1.94	1.94	0.00

续表

序号	验证站点	最高潮(水)位			最低潮(水)位		
		实测	计算	误差	实测	计算	误差
53	东海水闸下闸	3.03	2.99	−0.04	1.75	1.78	0.03
54	龙涌水闸	2.93	2.92	−0.01	1.73	1.73	0.00
55	容奇断面	2.48	2.43	−0.05	1.26	1.18	−0.08
56	漕渔闸站	2.26	2.27	0.01	0.93	0.92	−0.01
57	桂畔海水闸	2.10	2.15	0.05	0.69	0.74	0.05
58	南头断面	2.71	2.74	0.03	1.52	1.58	0.06
59	穗西水闸	2.83	2.6	−0.23	1.65	1.53	−0.12
60	孖沙水闸	2.58	2.51	−0.07	1.35	1.35	0.00
61	海尾水闸	2.61	2.65	0.04	1.40	1.49	0.09
62	海尾断面	2.59	2.65	0.06	1.40	1.49	0.09
63	三围断面	2.37	2.31	−0.06	1.11	1.12	0.01
64	板沙尾站	1.99	2.07	0.08	0.56	0.61	0.05
65	眉蕉尾水闸	2.07	2.03	−0.04	0.55	0.57	0.02
66	乌珠断面	1.97	1.96	−0.01	0.49	0.53	0.04
67	乌沙水闸	2.32	2.26	−0.06	1.01	1.04	0.03
68	大陇窖断面	1.90	1.90	0.00	0.30	0.33	0.03
69	上横断面	1.83	1.82	−0.01	0.18	0.19	0.01
70	下横断面	1.76	1.76	0.00	0.00	0.00	0.00
71	黄沙沥断面	1.86	1.86	0.00	0.27	0.26	−0.01
72	二滘口水闸	2.00	1.98	−0.02	0.55	0.63	0.08
73	小榄断面	2.91	2.91	0.00	1.74	1.71	−0.03
74	马口站	6.01	6.12	0.11	4.58	4.64	0.06
75	五顶岗闸	5.92	5.97	0.05	4.46	4.50	0.04
76	金洲水闸站	5.72	5.73	0.01	4.29	4.30	0.01
77	仓江泵站	4.66	4.63	−0.03	3.33	3.29	−0.04
78	沙坪水闸	3.87	3.89	0.02	2.06	2.62	0.02
79	天河站	3.50	3.44	−0.06	2.28	2.21	−0.07
80	北街断面	2.89	2.86	−0.03	1.81	1.68	−0.13
81	北街水闸	2.87	2.86	−0.01	1.70	1.68	−0.02
82	潮莲断面	2.70	2.68	−0.02	1.53	1.51	−0.02
83	南面水闸	3.12	3.11	−0.01	2.00	1.93	−0.07
84	槎滘水闸	2.99	2.94	−0.05	1.84	1.74	−0.10
85	百顷断面	2.28	2.25	−0.03	1.09	1.10	0.01
86	睦洲口断面	2.10	2.10	0.00	0.86	0.92	0.06
87	睦洲水闸	2.06	2.09	0.03	0.86	0.90	0.04
88	莲腰断面	2.06	2.03	−0.03	0.75	0.84	0.09
89	大敖河口水闸	2.37	2.16	−0.21	1.16	1.02	−0.14
90	大鳌断面	2.19	2.17	−0.02	0.95	0.95	0.00
91	大敖南闸	2.01	1.92	−0.09	0.69	0.65	−0.04
92	竹银断面	1.56	1.59	0.03	0.19	0.16	−0.03
93	竹排沙站	1.36	1.38	0.02	−0.14	−0.12	0.02
94	竹洲头站	1.69	1.71	0.02	0.27	0.25	−0.02

续表

序号	验证站点	最高潮(水)位			最低潮(水)位		
		实测	计算	误差	实测	计算	误差
95	六乡西北	1.60	1.62	0.02	0.01	−0.07	−0.08
96	卡闸白蕉站	1.43	1.36	−0.07	−0.30	−0.36	−0.06
97	劳劳溪断面	1.71	1.69	−0.02	0.06	0.07	0.01
98	横山站	1.66	1.65	−0.01	−0.01	−0.03	−0.02
99	石咀断面	1.41	1.43	0.02	−0.9	−0.88	0.02
100	睦洲水闸下游	1.64	1.74	0.10	−0.06	0.23	0.29
101	虎坑断面	1.45	1.44	−0.01	−0.92	−0.80	0.12
102	市桥石基	1.71	1.69	−0.02	−0.32	−0.32	0.00

表 4-3　一维数学模型"2001.2"潮(水)位验证成果　(单位:m,珠基)

序号	验证站点	最高潮水位			最低潮水位		
		实测	计算	误差	实测	计算	误差
1	大盛	1.67	1.67	0.00	−1.25	−1.43	−0.18
2	麻涌	1.65	1.67	0.02	−1.35	−1.43	−0.08
3	漳澎	1.66	1.65	−0.01	−1.21	−1.45	−0.24
4	泗盛围	1.73	1.69	−0.04	−1.37	−1.52	−0.15
5	老鸦岗	1.44	1.44	0.00	−0.82	−0.82	0
6	浮标厂	1.63	1.63	0.00	−1.11	−1.16	−0.05
7	黄埔左	1.71	1.68	−0.03	−1.42	−1.39	0.03
8	大虎	1.63	1.64	0.01	−1.4	−1.56	−0.16
9	三水	1.32	1.32	0.00	−0.17	−0.17	0
10	石仔沙	1.32	1.37	0.05	−0.39	−0.37	0.02
11	三善左	1.42	1.4	−0.02	−0.68	−0.56	0.12
12	三善右	1.34	1.37	0.03	−0.62	−0.52	0.10
13	三沙口	1.65	1.66	0.01	−1.33	−1.46	−0.13
14	澜石	1.45	1.41	−0.04	−0.58	−0.6	−0.02
15	五斗	1.47	1.6	0.13	−0.95	−0.99	0.04
16	沙洛围	1.68	1.64	−0.04	−0.99	−1.16	−0.17
17	勒竹	1.43	1.45	0.02	−0.72	−0.59	0.13
18	大石	1.66	1.63	−0.03	−1.21	−1.16	0.05
19	邓滘沙	1.34	1.43	0.09	−0.55	−0.58	−0.03
20	勒流	1.31	1.4	0.09	−0.54	−0.53	0.01
21	南华	1.23	1.18	−0.05	−0.35	−0.34	0.01
22	小榄	1.25	1.24	−0.01	−0.43	−0.44	−0.01
23	横门	1.61	1.39	−0.22	−0.87	−0.88	−0.01
24	容奇	1.32	1.34	0.02	−0.59	−0.54	0.05
25	海尾	1.29	1.27	−0.02	−0.54	−0.48	0.06
26	三围	1.37	1.36	−0.01	−0.63	−0.53	0.10
27	板沙尾站	1.41	1.42	0.01	−0.8	−0.73	0.07
28	乌珠	1.49	1.45	−0.04	−0.74	−0.72	0.02
29	上横	1.52	1.51	−0.01	−0.83	−0.79	0.04
30	下横	1.55	1.57	0.02	−0.86	−0.88	−0.02
31	黄沙沥	1.46	1.46	0.00	−0.76	−0.77	−0.01
32	冯马庙	1.54	1.47	−0.07	−0.8	−0.82	−0.02
33	南沙	1.57	1.59	0.02	−0.99	−0.9	0.09

续表

序号	验证站点	最高潮水位			最低潮水位		
		实测	计算	误差	实测	计算	误差
34	马口站	1.23	1.23	0.00	−0.19	−0.19	0.00
35	天河站	1.17	1.16	−0.01	−0.36	−0.34	0.02
36	北街	1.16	1.18	0.02	−0.47	−0.41	0.06
37	竹排沙	1.3	1.31	0.01	−0.87	−0.86	0.01
38	灯笼山右	1.32	1.33	0.01	−0.96	−0.95	0.01
39	百顷	1.18	1.21	0.03	−0.58	−0.52	0.06
40	睦洲口	1.22	1.24	0.02	−0.61	−0.56	0.05
41	莲腰	1.3	1.24	−0.06	−0.61	−0.58	0.03
42	竹洲头	1.29	1.26	−0.03	−0.86	−0.76	0.10
43	白蕉站	1.35	1.37	0.02	−1.00	−0.95	0.05
44	黄金	1.36	1.36	0.00	−1.10	−0.97	0.13
45	横山站	1.26	1.39	0.13	−1.00	−0.90	0.10
46	西炮台	1.43	1.55	0.12	−1.22	−1.16	0.06
47	石咀	1.3	1.33	0.03	−1.02	−0.92	0.10
48	官冲	1.41	1.64	0.23	1.22	1.22	0.00

表 4-4　　一维数学模型“98.6”洪水位验证成果　　(单位:m,珠基)

站名	最高水位	误差	站名	最高水位	误差
大盛	2.19	0.05	勒竹	3.79	−0.02
老鸦岗	2.62	0.00	碧江	3.76	−0.01
浮标厂	2.49	0.00	大石	2.46	−0.03
黄埔左	2.25	0.05	冲鹤闸站	4.26	0.02
三水	9.65	0.06	安利闸站	4.09	−0.04
紫洞	7.35	0.05	南华	5.77	0.01
三多	6.85	−0.05	凫洲河水闸	5.60	0.02
人字水船闸	6.52	−0.06	小榄	4.86	−0.03
水藤(海口)站	6.05	−0.08	马宁闸站	5.54	0.09
歌滘水闸	5.87	0.06	容奇	3.89	−0.03
黄麻涌水闸	5.2	0.08	桂畔海水闸	3.39	0.02
三洪奇水闸	4.81	0.00	南头	4.49	−0.06
三善右	3.89	−0.06	马鞍	3.75	0.01
三沙口	1.96	0.01	海尾	4.16	0.00
市桥	2.4	−0.03	板沙尾站	3.13	−0.02
海口水闸站	6.15	0.03	上横	2.31	−0.04
澜石	5.89	0.05	下横	2.17	−0.07
五斗	3.21	0.05	沙洛围	2.49	−0.04
马口站	9.43	−0.05	竹排沙	1.87	0.00
五顶岗闸	9.35	−0.02	百顷	3.64	−0.08
金洲水闸站	8.94	−0.08	睦洲口	3.32	0.02
仓江泵站	7.58	0.06	竹洲头	2.43	0.04
沙坪水闸	6.57	−0.04	白蕉站	1.69	0.06
天河站	5.9	−0.05	横山站	2.11	−0.03
北街	4.83	−0.04	石咀	2.14	0.00
大鳌	3.41	−0.07	三江口	2.01	0.02
竹银	2.3	0.04			

表 4-5　　一维数学模型“99.7”流量验证成果　　(单位：m^3/s)

序号	断面	全潮流量平均			洪峰流量		
		实测	计算	误差	实测	计算	误差
1	黄沙断面	151	169	11.9%	1820	1872	2.9%
2	沙洛围断面	1400	1508	7.7%	2050	2187	6.7%
3	大虎断面	5462	5474	0.2%	28800	27431	−4.8%
4	紫洞断面	1547	1561	0.9%	1860	1819	−2.2%
5	石仔沙断面	5048	5242	3.8%	6170	5943	−3.7%
6	三善右断面	3956	4103	3.7%	4830	4924	1.9%
7	澜石断面	2292	2505	9.3%	2870	2978	3.8%
8	弼教水文	902	963	6.7%	1240	1202	−3.1%
9	三善左断面	819	793	−3.2%	1040	998	−4.0%
10	三沙口断面	2840	2753	−3.1%	4460	4034	−9.6%
11	西樵断面	1043	1050	0.7%	1320	1326	0.5%
12	亭角断面	1182	1256	6.3%	2280	2364	3.7%
13	上横断面	1786	1913	7.1%	2500	2324	−7.0%
14	下横断面	3137	3541	12.9%	4240	4421	4.3%
15	南沙断面	6023	6710	11.4%	10800	9840	−8.9%
16	大陇窖断面	7774	7952	2.3%	10900	10004	−8.2%
17	黄沙沥断面	970	914	−5.7%	1220	1110	−9.0%
18	冯马庙	3076	3410	10.9%	4500	4787	6.4%
19	南华断面	10410	10892	4.6%	13200	12344	−6.5%
20	南头断面	3927	3689	−6.1%	4780	4270	−10.7%
21	三围断面	924	886	−4.1%	1200	1109	−7.6%
22	容奇断面	2988	3146	5.3%	3440	3605	4.8%
23	海尾断面	2170	2146	−1.1%	2670	2499	−6.4%
24	乌珠断面	406	406	−0.1%	516	490	−5.0%
25	小榄断面	1786	1911	7.0%	2470	2243	−9.2%
26	横门断面	4303	4279	−0.5%	5400	5560	3.0%
27	邓滘沙断面	673	673	0.0%	759	760	0.1%
28	天河站	11190	12288	9.8%	13800	13711	−0.6%
29	北街断面	5835	5694	−2.4%	7130	6396	−10.3%
30	潮莲断面	6276	6080	−3.1%	8110	6979	−13.9%
31	百顷断面	5348	5890	10.1%	6480	7003	8.1%
32	睦洲口断面	2000	2206	10.3%	2430	2620	7.8%
33	大鳌断面	5224	6098	16.7%	6540	7139	9.2%
34	灯笼山	8293	8904	7.4%	12830	12023	−6.3%
35	竹洲头站	873	878	0.6%	1070	1065	−0.5%
36	黄金断面	1219	1224	0.4%	2110	2099	−0.5%
37	劳劳溪断面	454	475	4.7%	674	635	−5.8%
38	西炮台断面	1066	1127	5.7%	2130	1913	−10.2%
39	虎坑断面	651	646	−0.8%	990	904	−8.7%
平均值		3216	3368	4.7%	4914	4742	−3.5%

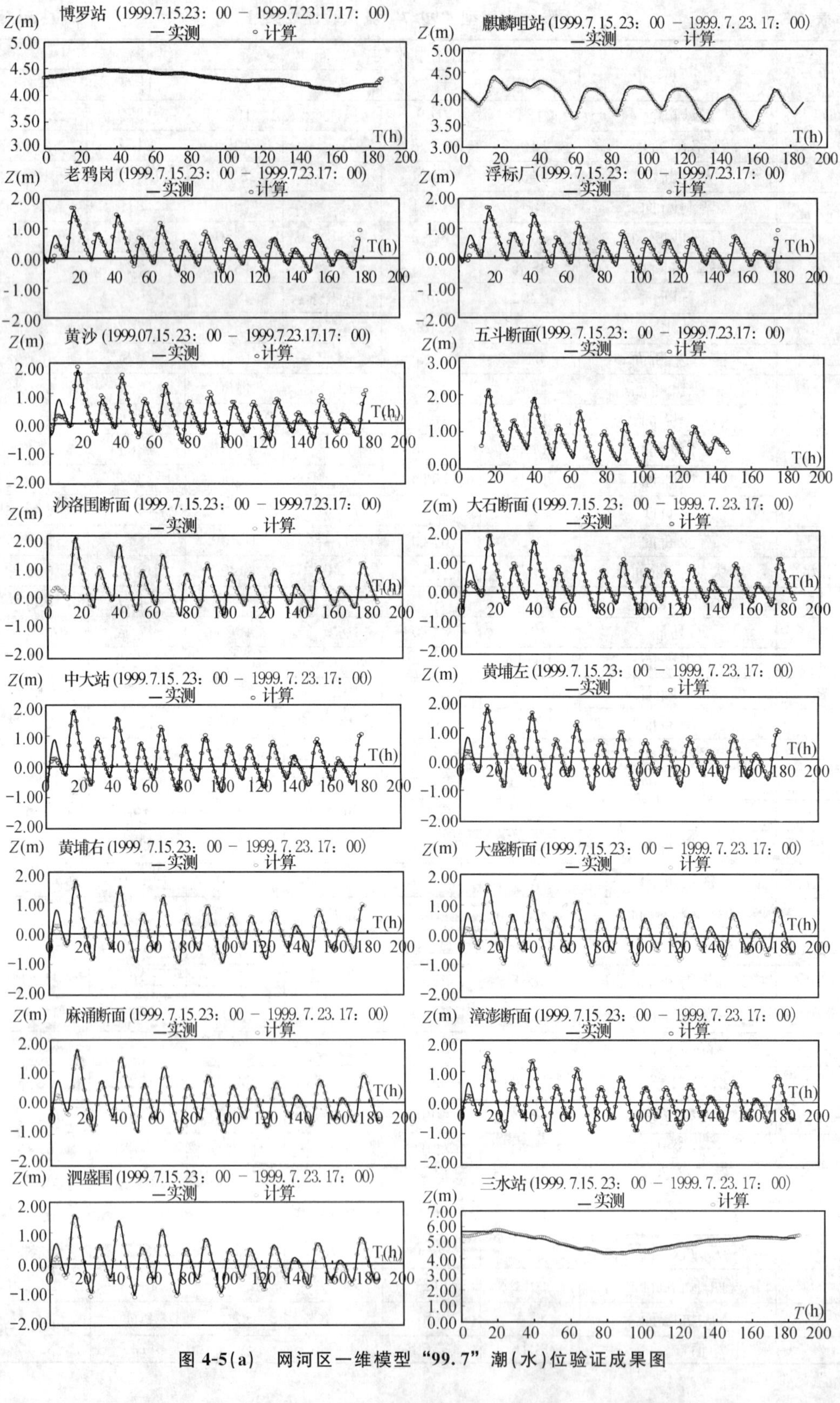

图 4-5(a) 网河区一维模型“99.7”潮(水)位验证成果图

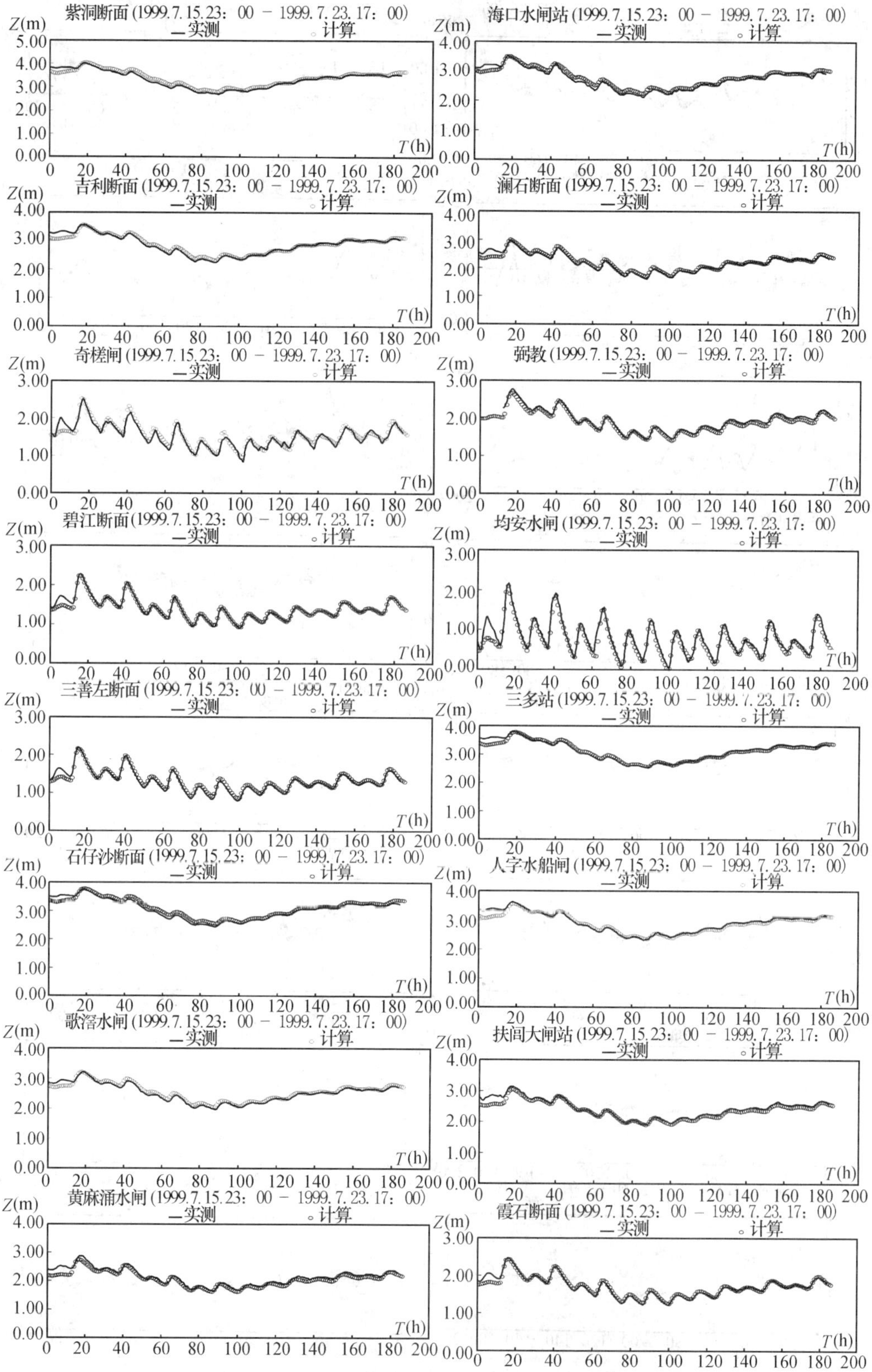

图 4-5(b)　网河区一维模型“99.7”潮(水)位验证成果图

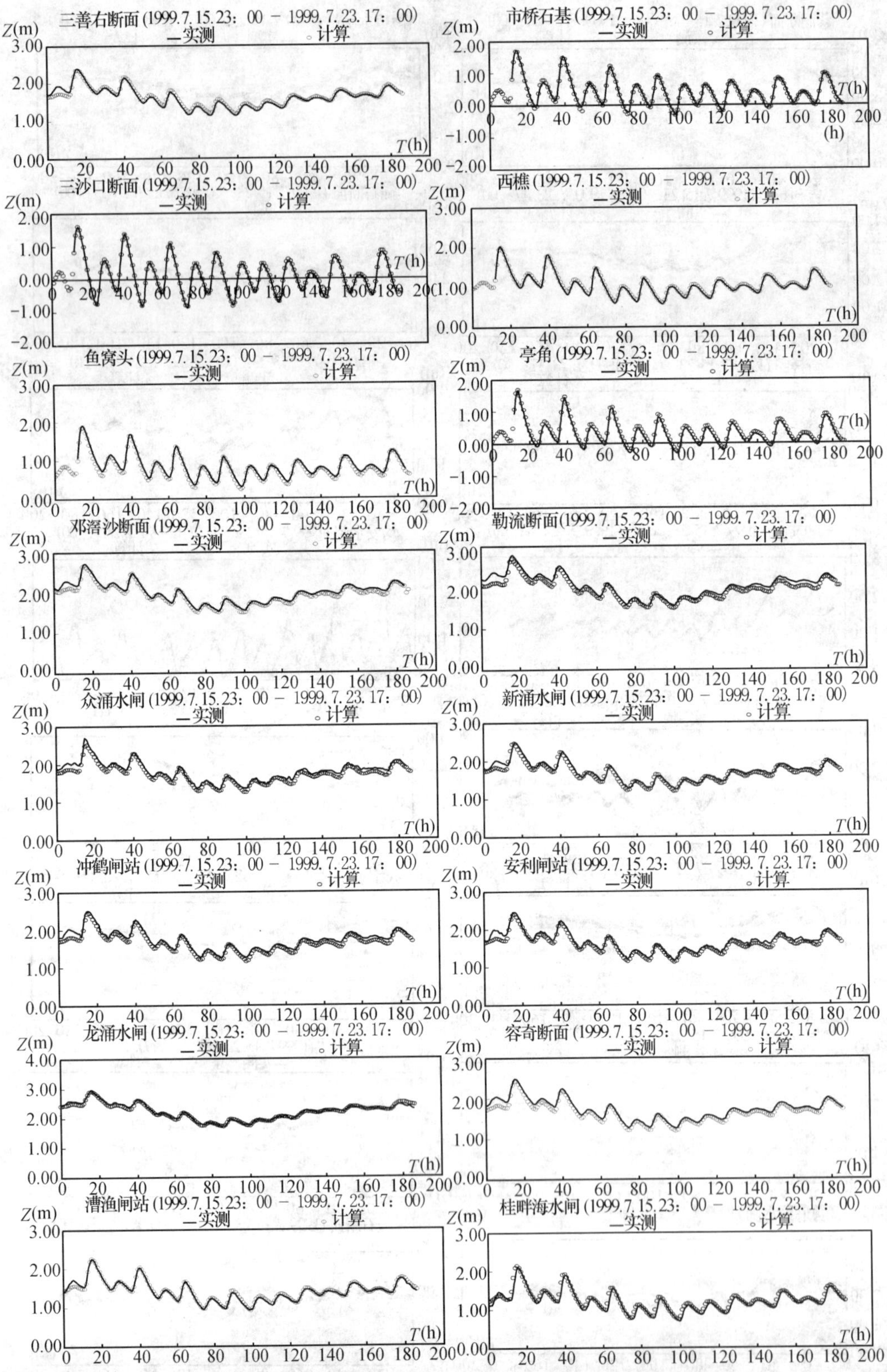

图 4-5(c) 网河区一维模型“99.7”潮(水)位验证成果图

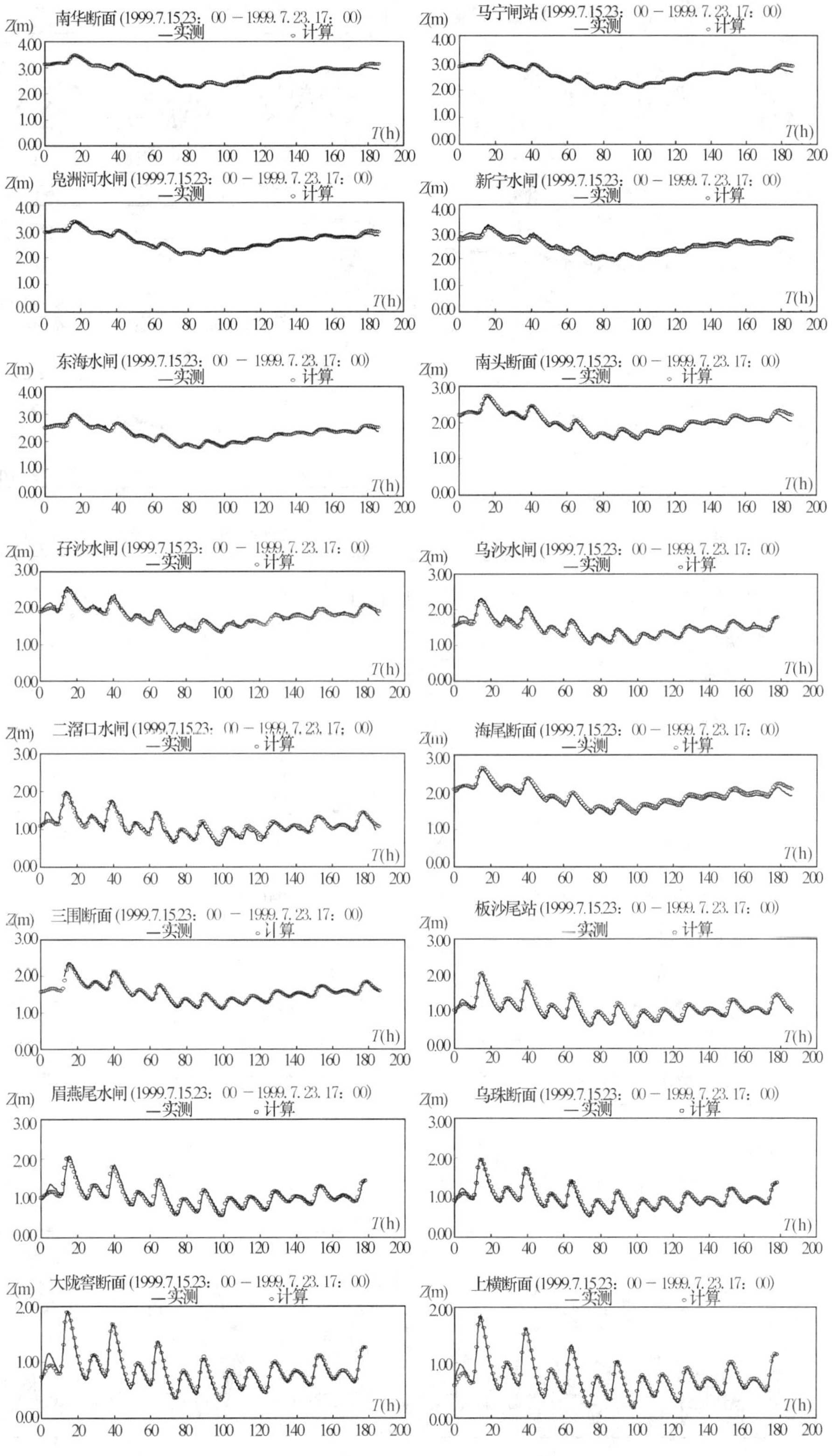

图 4-5(d) 网河区一维模型“99.7”潮(水)位验证成果图

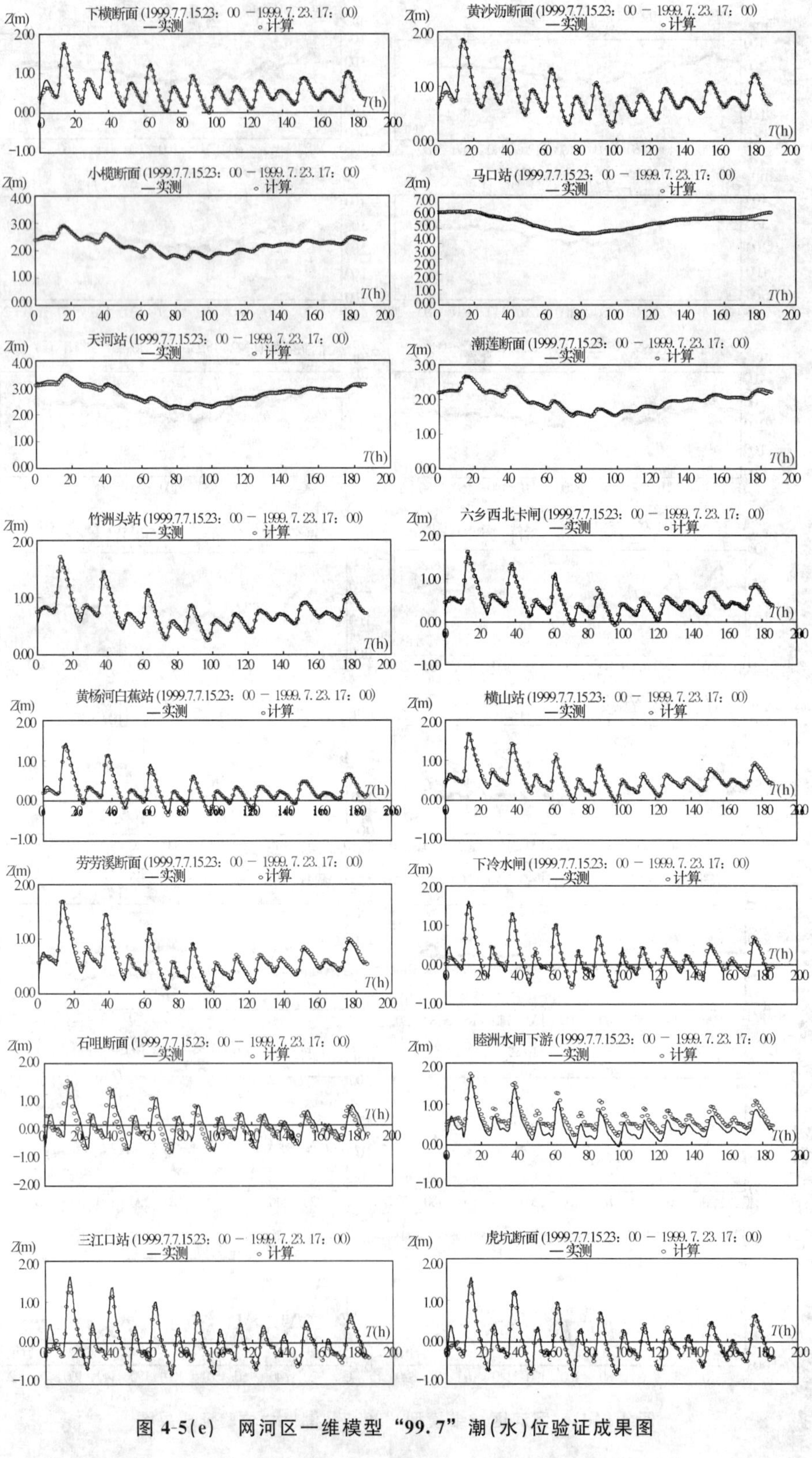

图 4-5(e)　网河区一维模型“99.7”潮(水)位验证成果图

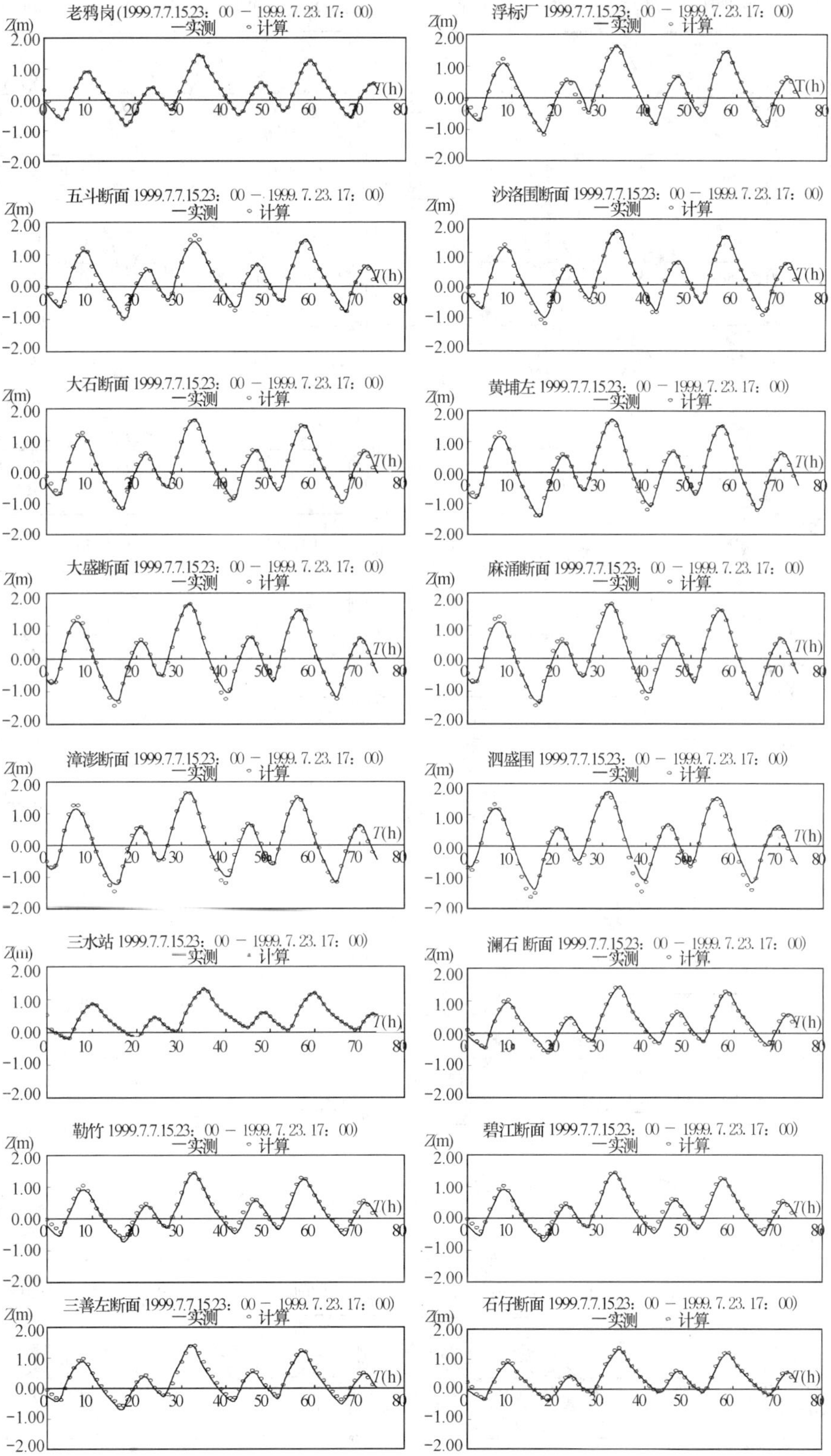

图 4-6(a) 网河区一维模型“2001. 2”潮(水)位验证成果图

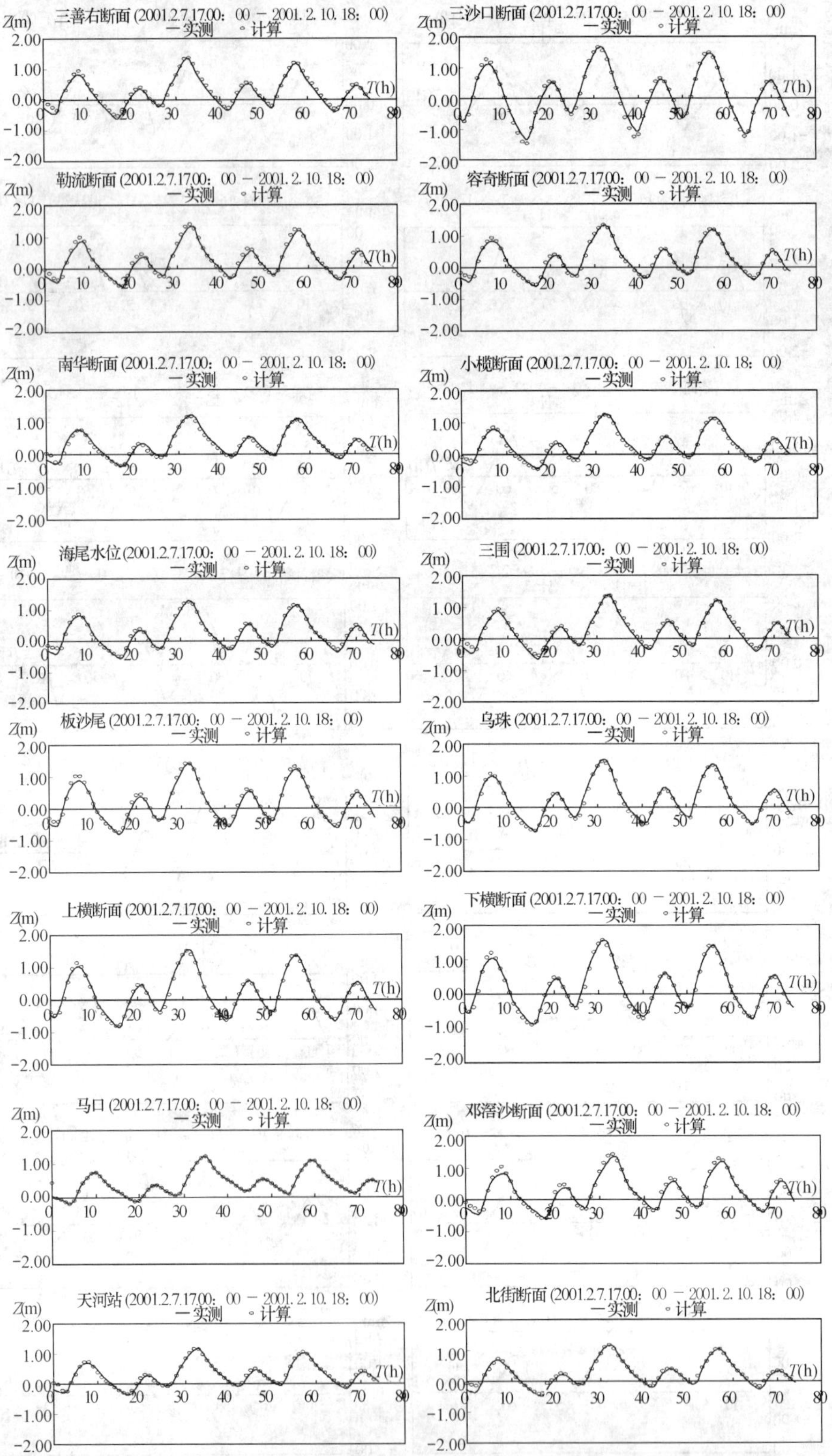

图 4-6(b) 网河区一维模型“2001.2”潮(水)位验证成果图

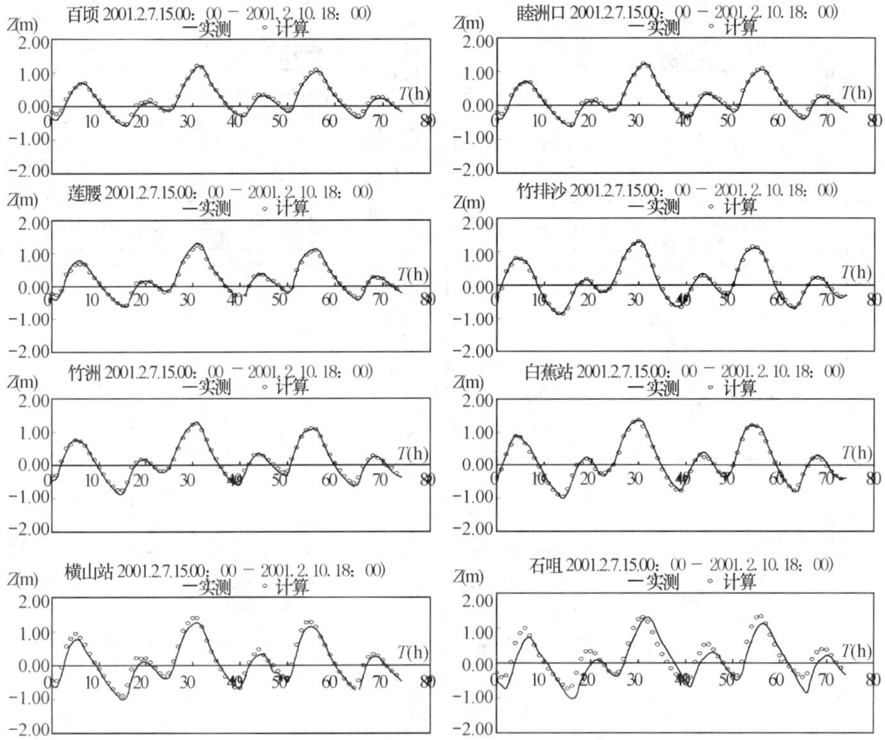

图 4-6(c) 网河区一维模型“2001.2”潮(水)位验证成果图

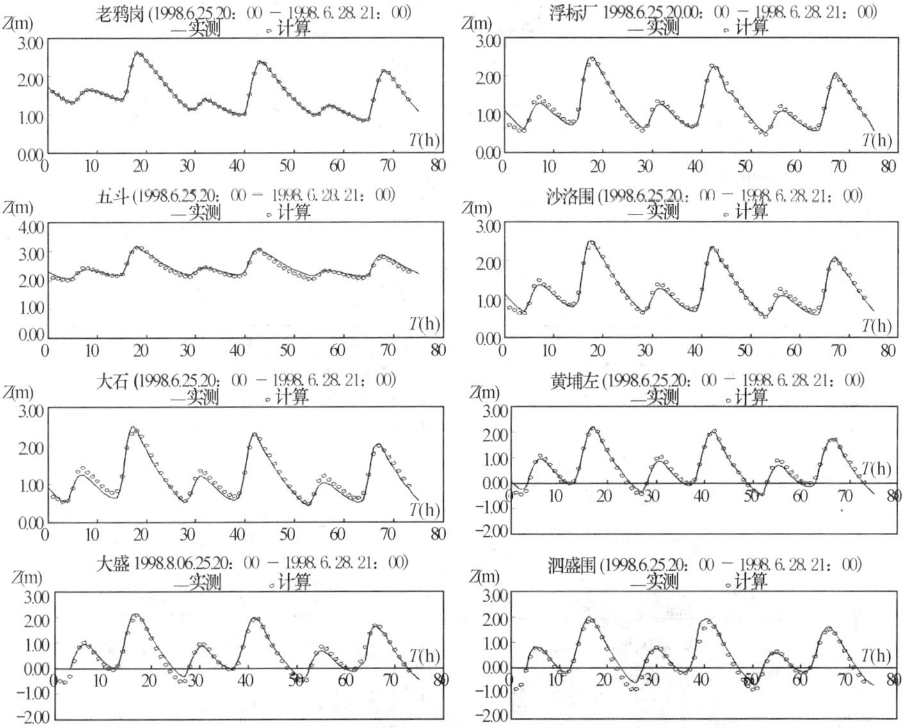

图 4-7(a) 网河区一维模型“98.6”潮(水)位验证成果图

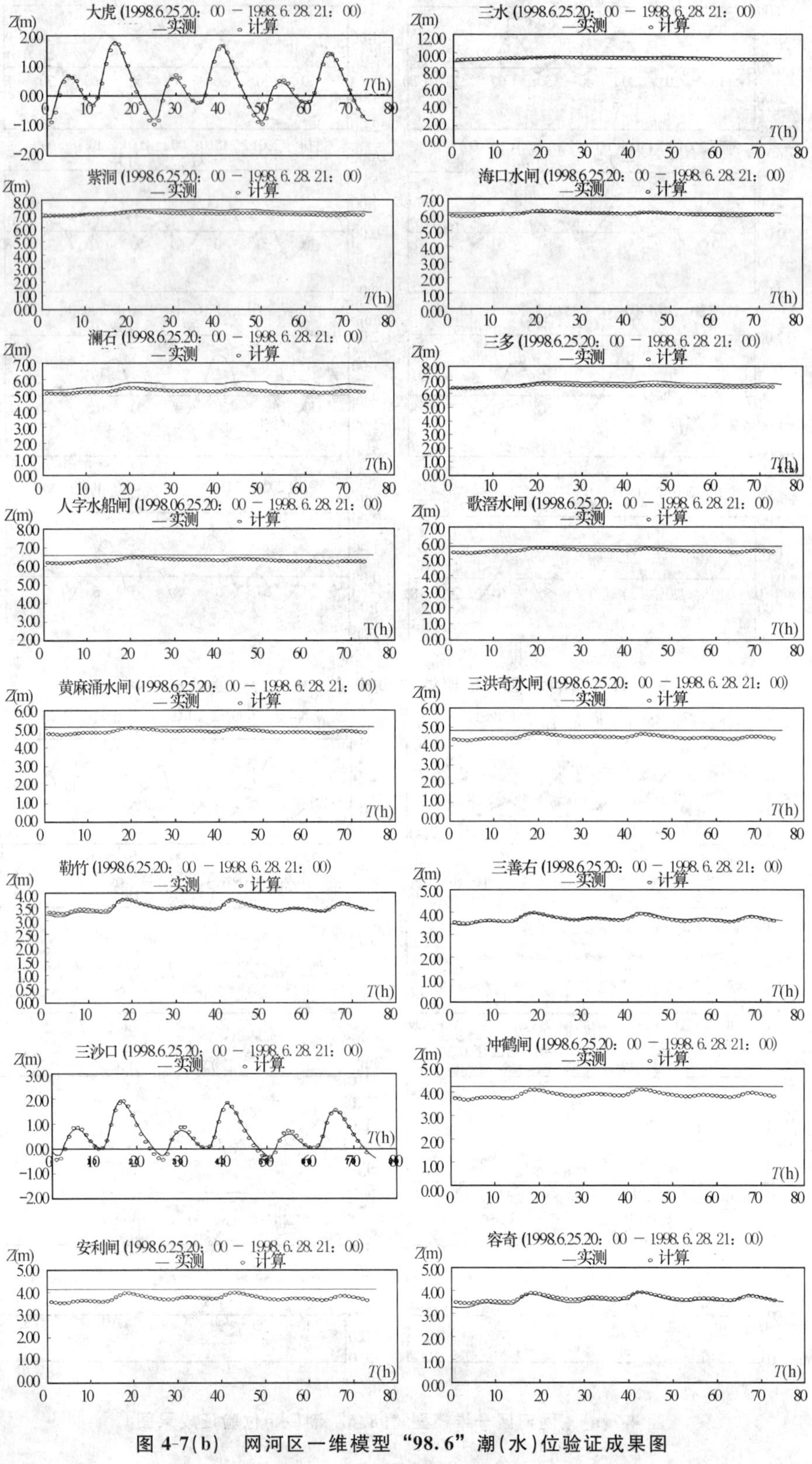

图 4-7(b)　网河区一维模型“98.6”潮(水)位验证成果图

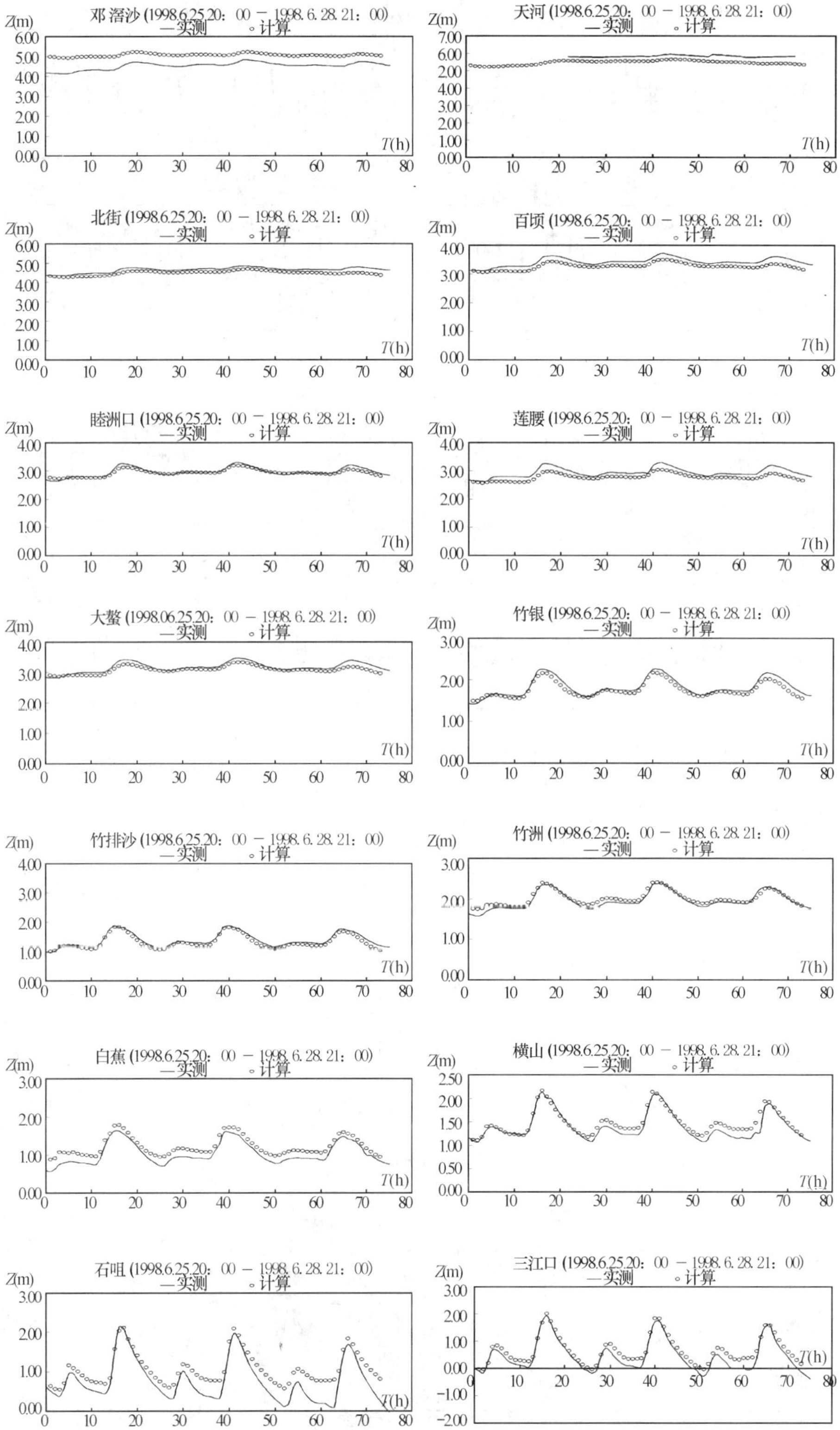

图 4-7(c) 网河区一维模型"98.6"潮(水)位验证成果图

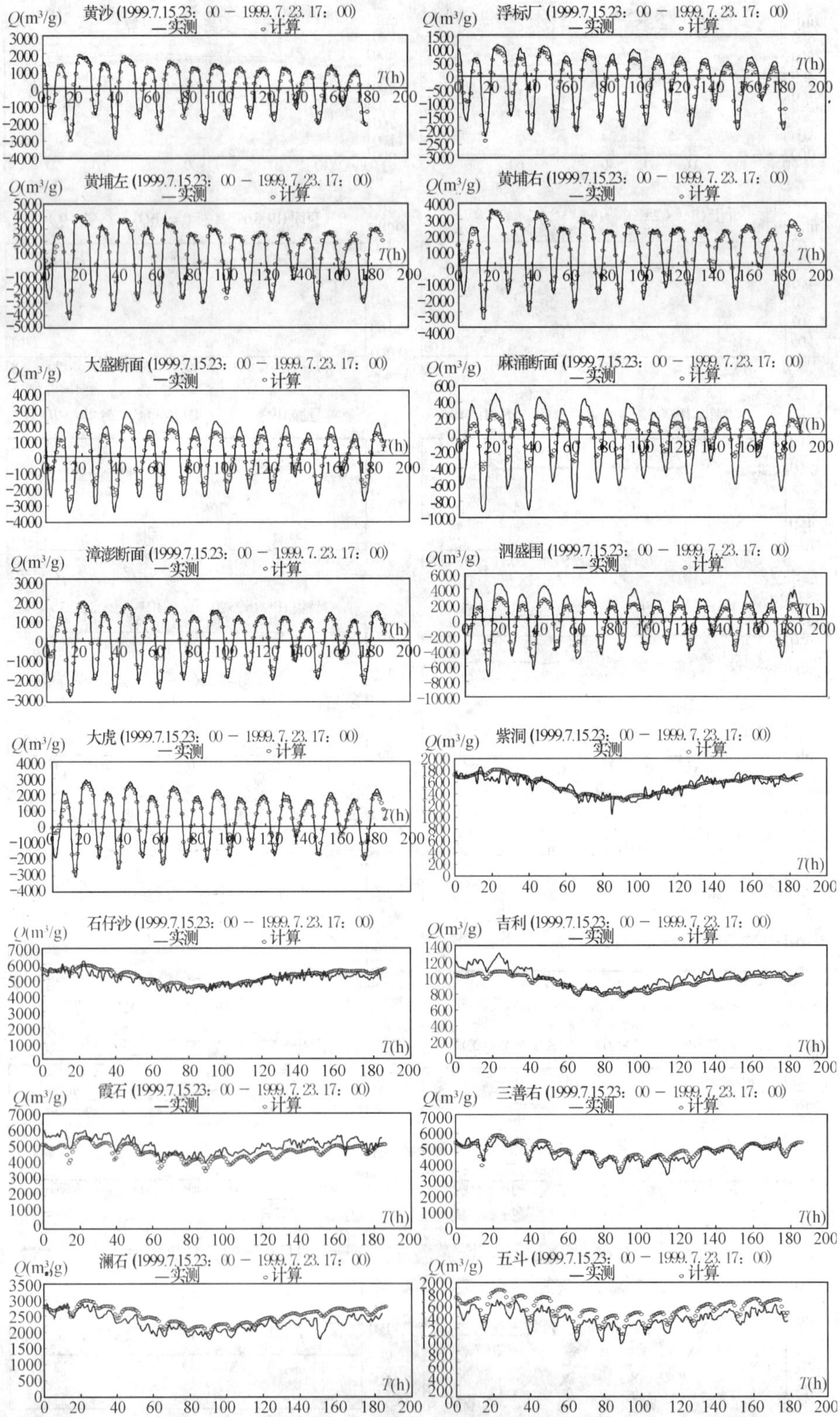

图 4-8(a)　网河区一维模型“99.7”流量验证成果图

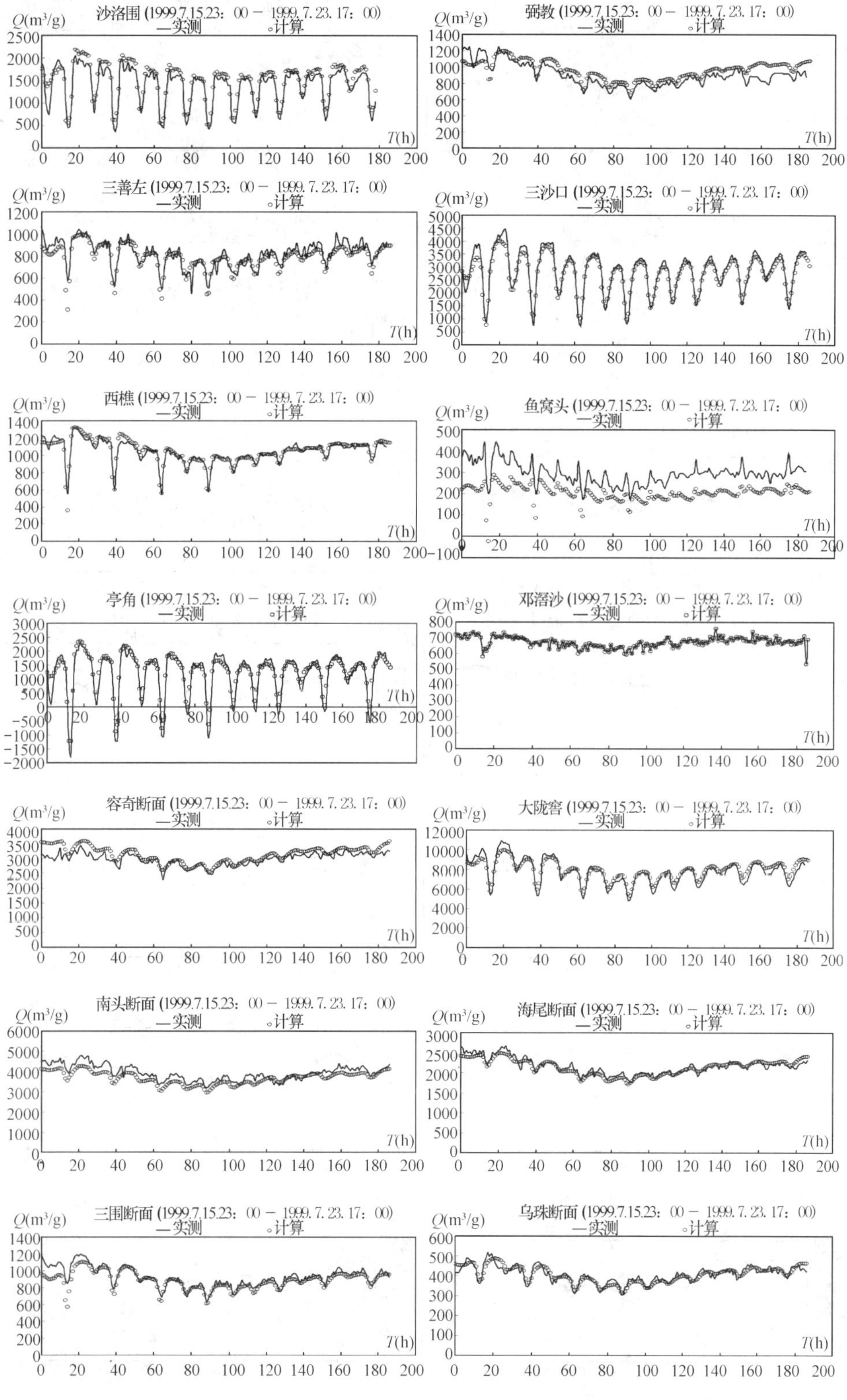

图 4-8(b) 网河区一维模型“99.7”流量验证成果图

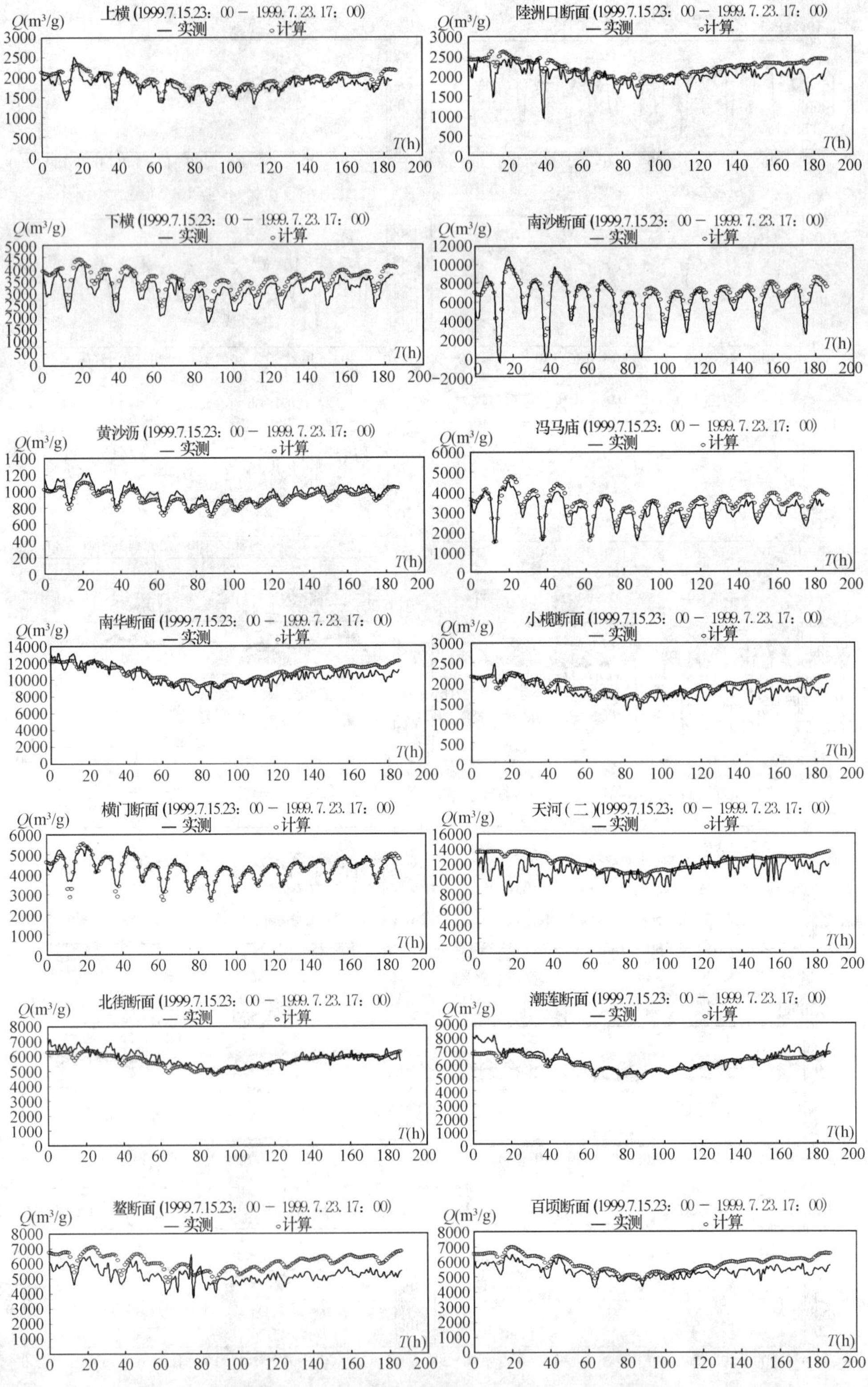

图 4-8(c) 网河区一维模型“99.7”流量验证成果图

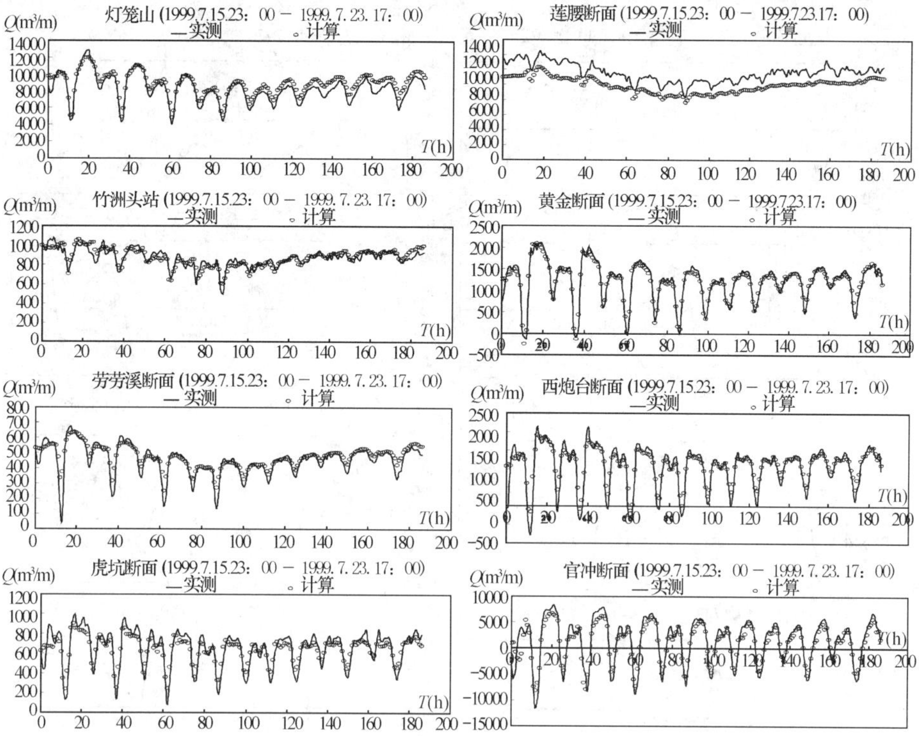

图 4-8(d)　网河区一维模型“99.7”流量验证成果图

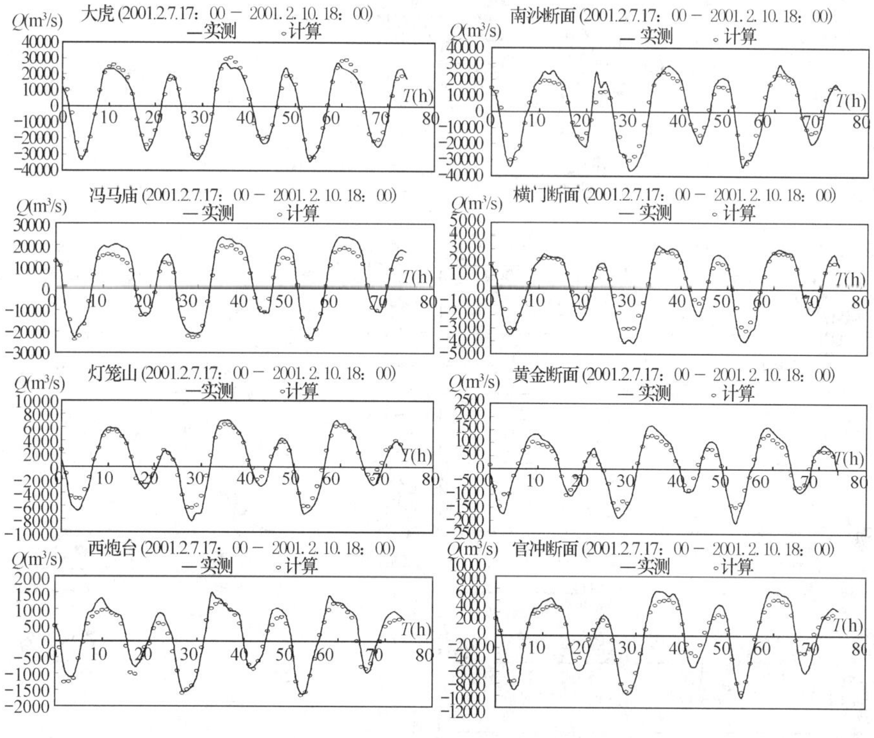

图 4-9(a)　网河区一维模型“2001.2”流量验证成果图

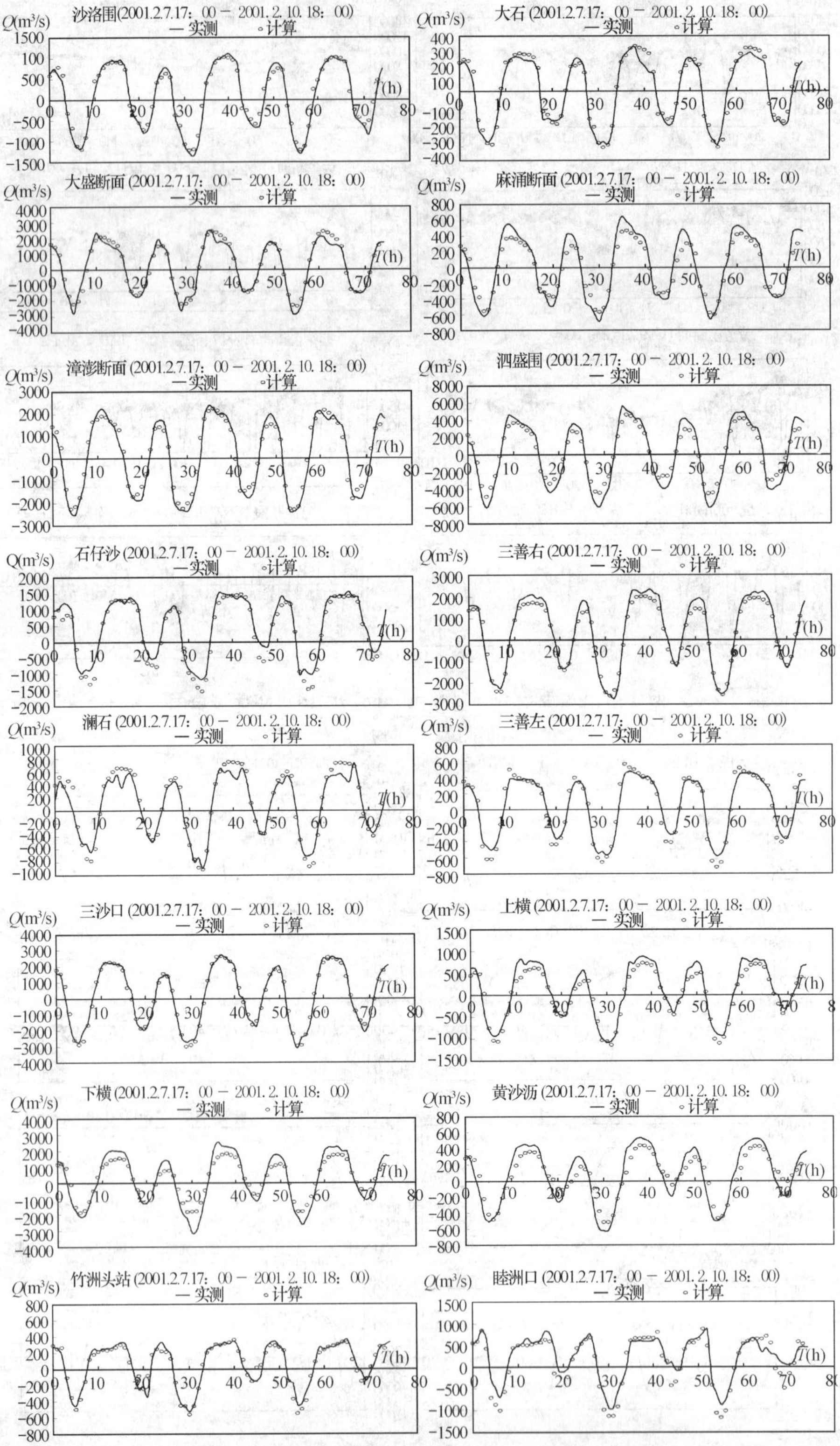

图 4-9(b) 网河区一维模型“2001.2”流量验证成果图

参考文献

1 Lockett, J. B.. Phenomena affecting improvement of the lower columbia estuary and entrance. Proceedings of the 8th Conference on Coastal Engineering, 1962

2 Hansen, D. V. and Rattray, M. J.. New dimensions in estuary classification. Limnology and Oceanography, 1966(1): 319～326

3 Simmons, H. B., Brown, F. R.. Salinity effects on estuarine hydraulics and sedimentation. International Association for Hydraulics Research Proceedings of the 13th, 1969: 311～325

4 Bowden, K. F.. Circulation and diffusion. Estuaries, 1967, 15～36

5 Pritchard, D. W.. Observations of circulation in coastal plain estuaries. Estuaries, 1967, 37～44

6 李义天．河网非恒定流隐式方程组的汊点分组解法．水利学报，1997(3)：49～57

7 侯玉，卓建民，郑国权．河网非恒定流汊点分组解法．水科学进展，1999(3)：49～52

8 李光炽，王船海．大型河网水流模拟的矩阵标识法．河海大学学报，1995(1)：37～42

9 徐小明，张静怡，丁健．求解大型河网非恒定流的非线性方法．水动力学研究与进展，2001(3)：1～3

10 李岳生．河网不恒定流隐式方程组稀疏矩阵解法．中山大学学报，1977(3)：7～13

11 韩龙喜，张书农，金忠青．复杂河网非恒定流计算模型—单元划分法．水利学报，1994(2)：53～56

12 姚琅，丁训静，郑孝宇．运河河网水量数学模型的研究和应用．河海大学学报，1991(7)：9～17

13 沈强．一维恒定分流系统的节点分析解法．水利学报，1989(3)：35～39

14 曹祖德，王运洪．水动力泥沙数值模拟．天津：天津大学出版社，1994

第5章 珠江河口区水沙运动模拟及工程应用

5.1 正交曲线坐标系下的潮流基本方程

5.1.1 二维正交曲线坐标系

在计算天然水域时，利用规则矩形网格阶梯近似边界不仅改变了原始物理边界附近的流态，形成虚假的曲折潮流，而且增加了边界条件设置的复杂性，在近边界区域计算精度也因此大受影响。为了使计算网格与边界能很好的贴合，提高计算的精度，引入了贴体曲线网格。贴体曲线网格是在物理区域内通过某种数学变换生成贴体曲线网格，并且要求网格曲线与所求解物理区域的边界尽量重合，然后利用坐标变换将复杂的物理域变换到规则的计算域内；在规则计算域的基础上对基本方程进行离散、求解，再将计算结果投影至物理区域，得到数值解；或者在曲线网格上直接应用原始因变量求解。正是由于拟合坐标的出现，使有限差分法的实用性大为提高，各类计算方法的计算精度也有了明显的改善。

从数值计算的观点，对生成的拟合坐标有以下几个要求：①物理平面上的节点应与计算平面上的节点一一对应，同一族中的曲线不能相交，不同族中的两曲线仅能相交一次。②在拟合坐标系中的节点应当是一系列曲线坐标轴的交点，而不是一群三角形元素的顶点或一群无序的点群，以便设计有效、经济的算法及程序。要做到这一点，只要在计算平面中采用矩形网格即可。③易于控制物理区域内部的网格疏密程度。④在拟合坐标的边界上，网格线最好与边界线正交或接近于正交，以便于边界条件的离散化。

目前常用的生成曲线网格的方法有微分方法和代数方法。微分方法常用来求解椭圆型方程或双曲型方程。其中尤以 Thompson 为代表提出的利用 Poisson 方程生成贴体曲线网格的方法最为著名和流行。该类型方法可通过调整源项控制网格的分布，在梯度大的区域人工或自动加密网格；而后，Thomas 和 Middlecoff 又对 Thompson 方法中调整源项控制网格分布进行了研究，提出了一种利用源项自动进行网格加密的方法，简化了手工调整源项的工作。曲线网格应用也存在缺点，对极不规则水域边界的正交拟合方法不多，如果放弃正交性又将对计算带来不利。

对珠江三角洲网河区及河口区，由于水域广阔，且有多个口门汇入，加上水域中存在多个岛屿，水底地形复杂。如果采用传统的矩形网格进行离散，势必造成边界模拟精度不高、计算工作量巨大等问题，直接影响模型研究的精度。由于实际问题中流动的边界是曲线，利用曲线坐标要比直角坐标系更方便。在曲线坐标系中最常见的是正交曲线坐标系。

5.1.2 网格生成技术

利用微分方程建立贴体坐标系的网格生成方法是在20世纪70年代初提出来的，如 J. F. Thompson 等人提出的椭圆型方程的生成方法。由于该方法适用范围广，便于处理各种复杂流动，故发展很快。下面简要介绍该方法。

考虑要将物理坐标内计算域 D 的网格变换到计算域 D^* 的网格。对于域 D，变换函数可写为：

$$\begin{cases} \xi=\xi(x, y) \\ \eta=\eta(x, y) \end{cases} \tag{5-1}$$

式中：ξ、η 为独立变量，x、y 为因变量。

用上述方程可以把物理平面上的不规则区域变换成计算平面上的规则区域，如图 5-1。对一定的不规则区域，计算平面上规则区域形式的选择有固定的自由度，一般采用正方形均匀网格。

由于物理平面上不规则区域的边界条件较难确定，因此常常把坐标变换问题转化为计算平面上的边值问题。

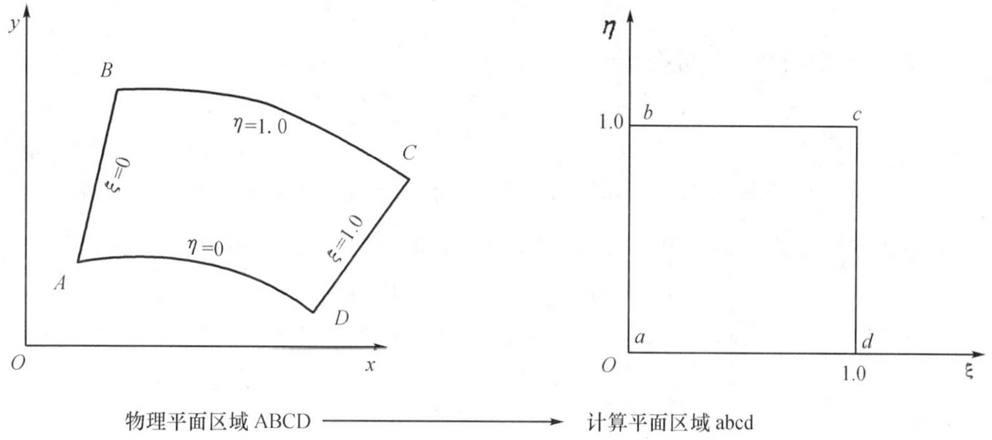

图 5-1 坐标变换示意图

若要求物理坐标前后的坐标都是正交的，则(x, y)与$(\xi、\eta)$之间的变换应满足的必要条件——柯西—黎曼条件：

$$\frac{\partial \xi}{\partial x}=\frac{\partial \eta}{\partial y}, \quad \frac{\partial \xi}{\partial y}=-\frac{\partial \eta}{\partial x} \quad \text{简写为 } \xi_x=\eta_y, \ \xi_y=-\eta_x \tag{5-2}$$

由此可得关系式：

$$\begin{cases} \dfrac{\partial^2 \xi}{\partial x^2}+\dfrac{\partial^2 \xi}{\partial y^2}=0 \\ \dfrac{\partial^2 \eta}{\partial x^2}+\dfrac{\partial^2 \eta}{\partial y^2}=0 \end{cases} \quad \text{可简写为} \begin{cases} \xi_{xx}+\xi_{yy}=0 \\ \eta_{xx}+\eta_{yy}=0 \end{cases} \tag{5-3}$$

求解以上方程可得坐标变换关系式(5-1)，称为椭圆形方程网络生成方法。应当指出，微分方程(5-3)的解不一定满足柯西—黎曼条件，所以坐标线不一定正交。Thompson 等人选用了以下方程代替方程(5-3)为确定变换关系式的方程：

$$\begin{cases} \xi_{xx}+\xi_{yy}=P(\xi,\eta) \\ \eta_{xx}+\eta_{yy}=Q(\xi,\eta) \end{cases} \tag{5-4}$$

其中 P、Q 为已知函数，利用函数 P 和 Q 可调节网格的疏密和网格的正交性。在实际应用中，由于在(x, y)物理平面内区域D是一不规则区，在计算域$D^*(\xi, \eta)$平面内是规则区。因此，如果将基本方程转变到(ξ, η)坐标内将更为方便。

坐标变换和反变换之间存在以下微分关系式：

$$\frac{\partial x}{\partial x}=x_\xi\xi_x+x_\eta\eta_x=1, \quad \frac{\partial x}{\partial y}=x_\xi\xi_y+x_\eta\eta_y=0 \tag{5-5}$$

$$\frac{\partial y}{\partial x}=y_\xi\xi_x+y_\eta\eta_x=0, \quad \frac{\partial y}{\partial y}=y_\xi\xi_y+y_\eta\eta_y=1 \tag{5-6}$$

由此解出：

$$\begin{aligned}\xi_x=y_\eta/J, \quad \xi_y=-x_\eta/J \\ \eta_x=-y_\xi/J, \quad \eta_y=x_\xi/J\end{aligned} \tag{5-7}$$

其中：

$$J=\frac{\partial(x, y)}{\partial(\xi, \eta)}=x_\xi y_\eta-y_\xi x_\eta=(\xi_x\eta_y-\eta_x\xi_y)^{-1} \tag{5-8}$$

由式(5-5)中两个方程可得：

$$\frac{\partial^2 x}{\partial x^2}=x_{\xi\xi}(\xi_x)^2+2x_{\xi\eta}\xi_x\eta_x+x_{\eta\eta}(\eta_x)^2+x_\eta\xi_{xx}+x_\eta\eta_{xx}=0$$

$$\frac{\partial^2 x}{\partial y^2}=x_{\xi\xi}(\xi_y)^2+2x_{\xi\eta}\xi_x\eta_x+x_{\eta\eta}(\eta_y)^2+x_\xi\xi_{yy}+x_\eta\eta_{yy}=0$$

上两式相加，考虑到方程(5-4)并利用坐标转换关系式(5-7)可得：

$$\begin{cases}C_\eta x_{\xi\xi}-2\beta x_{\xi\eta}+C_\xi x_{\eta\eta}+J^2(x_\xi P+x_\eta Q)=0 \\ C_\eta y_{\xi\xi}-2\beta y_{\xi\eta}+C_\xi y_{\eta\eta}+J^2(y_\xi P+y_\eta Q)=0 \\ \beta=0\end{cases} \tag{5-9}$$

式中：$C_\xi=x_\xi^2+y_\xi^2$，　　$C_\eta=x_\eta^2+y_\eta^2$　　$\beta=x_\xi x_\eta+y_\xi y_\eta$　　$J=x_\xi y_\eta-x_\eta y_\xi$

为了得到正交性良好、疏密易于控制的网格，这里采用微分方程法来生成网格，即生成网格的方程和控制函数是在正交曲线坐标系ξ、η下(取势流中的势函数和流函数生成坐标系，二者必然正交)推导而得。生成正交曲线网格的方程和控制函数为式(5-9)。

5.1.3　二维正交曲线坐标系中一些基本量的表达式

以ξ、η表示曲线坐标。任意一曲线方程为：$\boldsymbol{r}=\boldsymbol{r}(\xi,\eta)$

任一微小曲线段在曲线坐标系中的表达式为

$$d\boldsymbol{r}=C_\xi d_\xi\boldsymbol{e}_1+c_\eta d_\eta\boldsymbol{e}_2$$

式中：C_ξ、C_η为拉梅系数；$\boldsymbol{e}_1$、$\boldsymbol{e}_2$为曲线坐标上的单位矢量。

已知拉梅系数为：

$$C_\xi=\left|\frac{\partial\boldsymbol{r}}{\partial\xi}\right|=\sqrt{\left(\frac{\partial x}{\partial\xi}\right)^2+\left(\frac{\partial y}{\partial\xi}\right)^2}$$

$$C_\eta=\left|\frac{\partial\boldsymbol{r}}{\partial\eta}\right|=\sqrt{\left(\frac{\partial x}{\partial\eta}\right)^2+\left(\frac{\partial y}{\partial\eta}\right)^2}$$

另外，在曲线坐标系中单位矢量对坐标的偏导数为

$$\frac{\partial\boldsymbol{e}_1}{\partial\xi}=-\frac{1}{C_\eta}\frac{\partial C_\xi}{\partial_\eta}\boldsymbol{e}_2, \qquad \frac{\partial\boldsymbol{e}_2}{\partial\xi}=\frac{1}{C_\eta}\frac{\partial C_\xi}{\partial\eta}\boldsymbol{e}_1$$

$$\frac{\partial\boldsymbol{e}_1}{\partial\eta}=\frac{1}{C_\xi}\frac{\partial C_\eta}{\partial\xi}\boldsymbol{e}_2, \qquad \frac{\partial\boldsymbol{e}_2}{\partial\eta}=-\frac{1}{C_\xi}\frac{\partial C_\eta}{\partial\xi}\boldsymbol{e}_1$$

若有某一曲线 $\boldsymbol{a}(a_1,a_2)$，则随体导数在曲线坐标系中形式为

$$\frac{D\boldsymbol{a}}{Dt}=\frac{Da_1}{Dt}\boldsymbol{e}_1+\frac{Da_2}{Dt}\boldsymbol{e}_2+a_1\frac{D\boldsymbol{e}_1}{Dt}+a_2\frac{D\boldsymbol{e}_2}{Dt}$$

而

$$\frac{Da_i}{Dt}=\frac{\partial a_i}{\partial t}+\frac{a_1}{C_\xi}\frac{\partial a_1}{\partial \xi}+\frac{a_2}{C_\eta}\frac{\partial a_i}{\partial \eta}$$

$$\frac{D\boldsymbol{e}_i}{Dt}=\frac{a_1}{C_\xi}\frac{a\boldsymbol{\partial}_i}{\partial_\xi}+\frac{a_2}{C_\eta}\frac{\partial \boldsymbol{e}_i}{\partial \eta}$$

则有

$$\left(\frac{D\boldsymbol{a}}{Dt}\right)_1=\frac{\partial a_1}{\partial t}+\frac{a_1}{C_\xi}\frac{\partial a_1}{\partial \xi}+\frac{a_2}{C_\eta}\frac{\partial a_1}{\partial \eta}+\frac{a_1a_2}{C_\xi C_\eta}\frac{\partial C_\xi}{\partial \eta}-\frac{a_2^2}{C_\xi C_\eta}\frac{\partial C_\eta}{\partial \xi}$$

$$\left(\frac{D\boldsymbol{a}}{Dt}\right)_2=\frac{\partial a_2}{\partial t}+\frac{a_1}{C_\xi}\frac{\partial a_2}{\partial \xi}+\frac{a_2}{C_\eta}\frac{\partial a_2}{\partial \eta}+\frac{a_1a_2}{C_\xi C_\eta}\frac{\partial C_\eta}{\partial \xi}-\frac{a_1^2}{C_\xi C_\eta}\frac{\partial C_\xi}{\partial \eta}$$

梯度的表达式为

$$\nabla\phi=\frac{1}{C_\xi}\frac{\partial\phi}{\partial\xi}\boldsymbol{e}_1+\frac{1}{C_\eta}\frac{\partial\phi}{\partial\eta}\boldsymbol{e}_2$$

散度的表达式为

$$\nabla\cdot\boldsymbol{a}=\frac{1}{C_\xi C_\eta}\left[\frac{\partial(a_1C_\eta)}{\partial\xi}+\frac{\partial(a_2C_\xi)}{\partial\eta}\right]$$

拉普拉斯算子的表达式为

$$\Delta\phi=\frac{1}{C_\xi C_\eta}\left[\frac{\partial}{\partial\xi}\left(\frac{C_\eta\partial\phi}{C_\xi\partial\xi}+\frac{\partial}{\partial\eta}\left(\frac{C_\xi\partial\phi}{C_\eta\partial\eta}\right)\right)\right]$$

$$\Delta\boldsymbol{a}=\left\{\frac{1}{C_\xi}\frac{\partial}{\partial\xi}\left[\frac{1}{C_\xi C_n}\left(\frac{\partial(a_1C_\eta)}{\partial\xi}+\frac{\partial(a_2C_\xi)}{\partial\eta}\right)\right]-\frac{1}{C_\eta}\frac{\partial}{\partial\eta}\left[\frac{1}{C_\xi C_\eta}\left(\frac{\partial(a_2C_\eta)}{\partial\xi}-\frac{\partial(a_1C_\xi)}{\partial\eta}\right)\right]\right\}\boldsymbol{e}_1$$

$$+\left\{\frac{1}{C_\eta}\frac{\partial}{\partial\eta}\left[\frac{1}{C_\xi C_\eta}\left(\frac{\partial(a_1C_\eta)}{\partial\xi}+\frac{\partial(a_2C_\xi)}{\partial\eta}\right)\right]-\frac{\partial}{\partial\xi}\left[\frac{1}{C_\xi C_\eta}\left(\frac{\partial(a_2C_\eta)}{\partial\xi}-\frac{\partial(a_1C_\xi)}{\partial\eta}\right)\right]\right\}\boldsymbol{e}_2$$

5.1.4 基本方程

考虑不可压缩流体，ρ 为常数，粘性系数 v_t 取常数，并忽略很小的压力功，则流体力学微分方程组退化为

连续方程：$\nabla\cdot\mathbf{V}=0$　　(5-10)

动量方程：$\rho\dfrac{D\mathbf{V}}{Dt}=\rho\boldsymbol{F}-\nabla p+v_t\Delta\mathbf{V}$　　(5-11)

(1) 连续性方程。潮流连续方程为：

$$\frac{\partial\rho}{\partial t}+\nabla\cdot\rho\mathbf{V}=H\left(\frac{\partial\rho}{\partial t}+\nabla\cdot\rho\mathbf{V}\right)=\rho\left(\frac{\partial H}{\partial t}+\nabla\cdot H\mathbf{V}\right)=0$$

则有：

$$\frac{\partial H}{\partial t}+\nabla\cdot H\mathbf{V}=0$$

故有：$\dfrac{\partial h}{\partial t}+\dfrac{1}{C_\xi C_\eta}\left[\dfrac{\partial(C_\eta Hu)}{\partial\xi}+\dfrac{\partial(C_\xi Hv)}{\partial\eta}\right]=0$　　(5-12)

(2)动量方程。若取潮流密度 $\rho=1$，则潮流动量方程变为：$\dfrac{D\mathbf{V}}{Dt}=\boldsymbol{F}-\nabla\rho+v_t\Delta\mathbf{V}$

对动量方程(5-11)有(u 方向)：

$$\left(\frac{DV}{Dt}\right)_1=\frac{\partial u}{\partial t}+\frac{u}{C_\xi}\frac{\partial u}{\partial\xi}+\frac{v}{C_\eta}\frac{\partial u}{\partial\eta}+\frac{uv}{C_\xi C_\eta}\frac{\partial C_\xi}{\partial\eta}-\frac{v^2}{C_\xi C_\eta}\frac{\partial C_\eta}{\partial\xi}$$

$$(v_t\Delta \mathbf{V})_1=\frac{1}{C_\xi}\frac{\partial}{\partial\xi}\left[\frac{1}{C_\xi C_\eta}\left(\frac{\partial(uC_\eta)}{\partial\xi}+\frac{\partial(vC_\xi)}{\partial\eta}\right)\right]-\frac{1}{C_\eta}\frac{\partial}{\partial\eta}\left[\frac{1}{C_\xi C_\eta}\left(\frac{\partial(vC_\eta)}{\partial\xi}-\frac{\partial(uC_\xi)}{\partial\eta}\right)\right]$$

$$=\frac{1}{C_\xi C_\eta}\left[\frac{\partial(C_\eta\sigma_{\xi\xi})}{\partial\xi}+\frac{\partial(C_\xi\sigma_{\xi\eta})}{\partial\eta}+\sigma_{\xi\eta}\frac{\partial C_\xi}{\partial\eta}-\sigma_{\eta\eta}\frac{\partial C_\eta}{\partial\xi}\right]$$

$$(F)_1=fv-gu\frac{\sqrt{u^2+v^2}}{Hc^2}$$

$$(\nabla p)_1=\frac{1}{C_\xi}\frac{\partial p}{\partial\xi}=\frac{g}{C_\xi}\frac{\partial h}{\partial\xi}$$

故动量方程（5-11）u 方向为：

$$\frac{\partial u}{\partial t}+\frac{u}{C_\xi}\frac{\partial u}{\partial\xi}+\frac{v}{C_\eta}\frac{\partial u}{\partial\eta}+\frac{uv}{C_\xi C_\eta}\frac{\partial C_\xi}{\partial\eta}-\frac{v^2}{C_\xi C_\eta}\frac{\partial C_\eta}{\partial\xi}-fv+gu\frac{\sqrt{u^2+v^2}}{Hc^2}$$

$$=-\frac{g}{C_\xi}\frac{\partial h}{\partial\xi}+\frac{1}{C_\xi C_\eta}\left[\frac{\partial(C_\eta\sigma_{\xi\xi})}{\partial\xi}+\frac{\partial(C_\xi\sigma_{\xi\eta})}{\partial\eta}+\sigma_{\xi\eta}\frac{\partial C_\xi}{\partial\eta}-\sigma_{\eta\eta}\frac{\partial C_\eta}{\partial\xi}\right]\tag{5-13}$$

同理，动量方程（5-11）v 方向为：

$$\frac{\partial v}{\partial t}+\frac{u}{C_\xi}\frac{\partial v}{\partial\xi}+\frac{v}{C_\eta}\frac{\partial v}{\partial\eta}+\frac{uv}{C_\xi C_\eta}\frac{\partial C_\eta}{\partial\xi}-\frac{u^2}{C_\xi C_\eta}\frac{\partial C_\xi}{\partial\eta}-fu+gv\frac{\sqrt{u^2+v^2}}{Hc^2}$$

$$=-\frac{g}{C_\eta}\frac{\partial h}{\partial\eta}+\frac{1}{C_\xi C_\eta}\left[\frac{\partial(C_\eta\sigma_{\xi\eta})}{\partial\xi}+\frac{\partial(C_\xi\sigma_{\eta\eta})}{\partial\eta}+\sigma_{\xi\eta}\frac{\partial C_\eta}{\partial\xi}-\sigma_{\xi\xi}\frac{\partial C_\xi}{\partial\eta}\right]\tag{5-14}$$

其中：$\sigma_{\xi\xi}=2v_t\left[\frac{1}{C_\xi}\frac{\partial u}{\partial\xi}+\frac{v}{C_\xi C_\eta}\frac{\partial C_\xi}{\partial\eta}\right]$ $\sigma_{\eta\eta}=2v_t\left[\frac{1}{C_\eta}\frac{\partial v}{\partial\eta}+\frac{u}{C_\xi C_\eta}\frac{\partial C_\eta}{\partial\xi}\right]$

$$\sigma_{\xi\eta}=v_t\left[\frac{C_\eta}{C_\xi}\frac{\partial}{\partial\xi}\left(\frac{v}{C_\eta}\right)+\frac{C_\xi}{C_\eta}\frac{\partial}{\partial\eta}\left(\frac{u}{C_\xi}\right)\right]$$

其中：v_t 为紊动粘性系数，即 $v_t=au_*fH$。

5.2 二维潮流方程的离散和求解

珠江口浅海区属海湾形浅海区，三面有陆地，并且湾内有局部小岛，形状复杂，河口规划治理后平面形状呈喇叭形，布置矩形网格会带来大量的废网格，网格节点数量巨大，并且较难准确拟合模型的陆地边界，布置三角形网格可克服上述问题，但考虑泥沙计算要求潮流连续方程离散计算守恒性要求较高，通常的显格式离散难以胜任，而全隐式有限元法的计算量又很大。故本模型采用曲线网格模拟研究区域，并利用坐标变换技术将计算区域变换成新坐标系下的规则区域，同时利用隐、显格式交替离散(ADI 法离散)基本方程。

5.2.1 交替方向法(ADI 法)

交替方向法(ADI 法)是 Placeman，Rachford 和 Douglas 于 1955 年提出的，其主要技术路线是：设 Δt、Δx、Δy 分别为时间步长和 x、y 方向空间步长，n、i、j 分别为时层数和 x、y 的步长数，H 为实际水深，h 为水位；在 $x\sim y$ 平面上采用交错网格，并给定各变量(H，u，v，h)的计算点；在时间上采用将 Δt 分成两个半步长，计算采用隐、显格式交替隐、显进行，在 $n\Delta t\rightarrow(n+1/2)\Delta t$ 半步长上用隐格式离散连续方程和 x 方向上的动量方程，并用追赶法求得$(n+1/2)\Delta t$ 时层上的 z 和 u，对 y 方向上的动量方程则用显格式离散，并求得$(n+1/2)\Delta t$ 时层上的 v，然后在$(n+1/2)\Delta t\rightarrow(n+1)\Delta t$ 半步长上用隐格式离散连续方程和 y 方向上的动量方程，并用追赶法求得$(n+1)$

Δt 时层上的 z 和 v，对 x 方向上的动量方程则用显格式离散，并求得$(n+1)\Delta t$ 时层上的 u。采用的网格如图 5-2 所示。

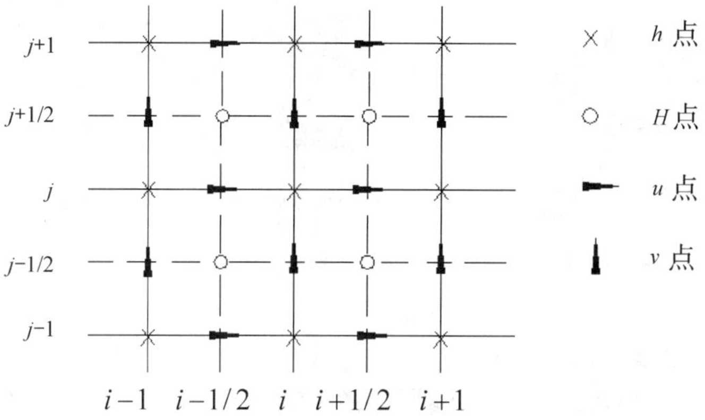

图 5-2 Leendertse 全隐格式网络布置图

5.2.2 基本方程的离散

基本方程的离散是在图 5-2 所示的交错网格内进行。对于潮流运动方程组，将一个时间步长分为两个半长。

5.2.2.1 前半个时间步长的离散求解

在前半个时间步长 $n\Delta t \rightarrow \left(n+\frac{1}{2}\right)\Delta t$ 内(即)，将基本方程离散为下述形式的差分方程：

(1)连续方程在(i, j)点展开。

$$\frac{h_{i,j}^{n+1/2}-h_{i,j}^{n}}{\Delta t/2}+\frac{C_{\eta i+1/2}H_{i+1/2,j}^{n}u_{i+1/2,j}^{n+1/2}-C_{\eta i-1/2,j}H_{i-1/2,j}^{n}u_{i-1/2,j}^{n+1/2}}{(C_{\xi}C_{\eta})_{i,j}}+\frac{(C_{\zeta}Hv)_{i,j+1/2}^{n}-(C_{\zeta}Hv)_{i,j-1/2}^{n}}{(C_{\zeta}C_{\eta})_{i,j}}=0$$

经整理可得：

$$A_i u_{i-1/2,j}^{n+1/2}+B_i h_{i,j}^{n+1/2}+C_i u_{i+1/2,j}^{n+1/2}=D_i \tag{5-15}$$

其中：

$$A_i=-\frac{(C_{\eta}H)_{i-1/2,j}^{n}\Delta t}{2},\quad B_i=(C_{\zeta}C_{\eta})_{i,j},\quad C_i=\frac{(C_{\eta}H)_{i+1/2,j}^{n}\Delta t}{2}$$

$$D_i=(C_{\zeta}C_{\eta}h)_{i,j}^{n}-\frac{\left[(C_{\zeta}Hv)_{i,j+1/2}^{n}-(C_{\zeta}Hv)_{i,j-1/2}^{n}\right]\Delta t}{2}$$

(2) 动量方程在 $(i+1/2, j)$ 点展开。曲线坐标系下 u 方向上动量方程为：

$$C_{\xi}C_{\eta}\frac{\partial u}{\partial t}+C_{\eta}u\frac{\partial u}{\partial \xi}+C_{\xi}v\frac{\partial u}{\partial \eta}+uv\frac{\partial C_{\xi}}{\partial \eta}-v^2\frac{\partial C_{\eta}}{\partial \xi}+C_{\xi}C_{\eta}gu\frac{\sqrt{u^2+v^2}}{Hc^2}+C_{\eta}g\frac{\partial h}{\partial \xi}$$
$$=C_{\xi}C_{\eta}fv+\left[\frac{\partial(C_{\eta}\sigma_{\xi\xi})}{\partial \xi}+\frac{\partial(C_{\xi}\sigma_{\xi\eta})}{\partial \eta}+\sigma_{\xi\eta}\frac{\partial C_{\xi}}{\partial \eta}-\sigma_{\eta\eta}\frac{\partial C_{\eta}}{\partial \xi}\right] \tag{5-16}$$

令：$F_1(\xi,\eta)=\left[\frac{\partial(C_{\eta}\sigma_{\xi\xi})}{\partial \xi}+\frac{\partial(C_{\xi}\sigma_{\xi\eta})}{\partial \eta}+\sigma_{\xi\eta}\frac{\partial C_{\xi}}{\partial \eta}-\sigma_{\eta\eta}\frac{\partial C_{\eta}}{\partial \xi}\right]$

在$(i+1/2,j)$点展开，经整理可得：

$$A_{i+1/2}h_{i,j}^{n+1/2}+B_{i+1/2}u_{i+1/2,j}^{n+1/2}+C_{i+1/2}h_{i+1,j}^{n+1/2}=D_{i+1/2} \tag{5-17}$$

其中：

$$A_{i+1/2}=(C_\eta g)_{i+1/2,j}$$

$$B_{i+1/2}=\frac{(C_\zeta C_\eta)_{i+1/2}}{\Delta t}+\frac{C_\eta}{2}[(1+\alpha\cdot ingu)u^n_{i+3/2,j}-2\alpha\cdot ingu\cdot u^n_{i+1/2,j}-(1-\alpha\cdot ingu)u^n_{i-1/2,j}]$$

$$v^n_{i+1/2,j}(C_{\zeta i+1/2,j+1/2}-C_{\zeta i,j-1/2})+\left(\frac{C_\xi C_\eta g}{Hc^2}\right)_{i+1/2,j}\sqrt{(u^n_{i+1/2,j})^2+(v^n_{i+1/2,j})^2}$$

$$C_{i+1/2}=-(C_\eta g)_{i+1/2,j}$$

$$D_{i+1/2}=\frac{(C_\zeta C_\eta)_{i+1/2,j}}{\Delta t}u^{n-1/2}_{i+1/2,j}+\frac{C_\zeta}{2}[(1+\alpha\cdot ingu)u^n_{i+1/2,j+1}-2\alpha\cdot ingu\cdot u^n_{i+1/2,j}$$

$$-(1-\alpha\cdot ingu)u^n_{i+1/2,j-1}]\cdot v^n_{i+1/2,j}+(v^n_{i+1/2,j})^2(C_{\eta i+1,j}-C_{\eta i,j})+$$

$$(C_\zeta C_\eta fv)^n_{i+1/2,j}+\{F_1(\xi,\eta)\}^n_{i+1/2,j}$$

5.2.2.2 后半个时间步长的离散求解

在 $(n+1/2)\ \Delta t\rightarrow(n+1)\ \Delta t$ 内(即后半个时间步长)，将基本方程(5-12)式和(5-13)式离散为下述形式的差分方程：

(1)连续方程在$(i,\ j)$点展开。

$$\frac{h^{n+1}_{i,j}-h^{n+1/2}_{i,j}}{\Delta t/2}+\frac{(C_\eta H)^{n+1/2}_{i+1/2,j}u^{n+1/2}_{i+1/2,j}-(C_\eta H)^{n+1/2}_{i-1/2,j}u^{n+1/2}_{i-1/2,j}}{(C_\xi C_\eta)_{i,j}}+\frac{(C_\zeta H)^{n+1/2}_{i,j+1/2}v^{n+1}_{i,j+1/2}-(C_\zeta H)^{n+1/2}_{i,j+1/2}v^{n+1}_{i,j-1/2}}{(C_\xi C_\eta)_{i,j}}$$

$$=0$$

经整理可得：

$$A_jv^{n+1}_{i,j-1/2}+B_jh^{n+1}_{i,j}+C_jv^{n+1}_{i,j+1/2}=D_j \tag{5-18}$$

其中：

$$A_j=-\frac{(C_\zeta H)^{n+1/2}_{i,j-1/2}\Delta t}{2},\ B_j=(C_\zeta C_\eta)_{i,j},C_j=\frac{(C_\zeta H)^{n+1/2}_{i,j+1/2}\Delta t}{2}$$

$$D_j=(C_\zeta C_\eta)_{i,j}h^{n+1/2}_{i,j}-\frac{\Delta t}{2}[(C_\eta H)^{n+1/2}_{i+1/2,j}u^{n+1/2}_{i+1/2,j}-(C_\eta H)^{n+1/2}_{i-1/2,j}u^{n+1/2}_{i-1/2,j}]$$

(2)动量方程在$(i,\ j+1/2)$点展开。曲线坐标系下 v 方向上动量方程为：

$$C_\xi C_\eta\frac{\partial v}{\partial t}+C_\eta u\frac{\partial v}{\partial\xi}+C_\xi v\frac{\partial v}{\partial\eta}+uv\frac{\partial C_\eta}{\partial\xi}-u^2\frac{\partial C_\xi}{\partial\eta}+C_\zeta g\frac{\partial h}{\partial\eta}+C_\xi C_\eta gv\frac{\sqrt{u^2+v^2}}{Hc^2}$$

$$=-C_\xi C_\eta fu+\left[\frac{\partial(C_\eta\sigma_{\xi\eta})}{\partial\xi}+\frac{\partial(C_\xi\sigma_{\eta\eta})}{\partial\eta}+\sigma_{\xi\eta}\frac{\partial C_\eta}{\partial\xi}-\sigma_{\xi\xi}\frac{\partial C_\xi}{\partial\eta}\right]$$

令：$F_2(\xi,\eta)=\dfrac{1}{C_\xi C_\eta}\left[\dfrac{\partial(C_\eta\sigma_{\xi\eta})}{\partial\xi}+\dfrac{\partial(C_\xi\sigma_{\eta\eta})}{\partial\eta}+\sigma_{\xi\eta}\dfrac{\partial C_\eta}{\partial\xi}-\sigma_{\xi\xi}\dfrac{\partial C_\xi}{\partial\eta}\right]$

在$(i,\ j+1/2)$点展开，经整理可得：

$$A_{j+1/2}h^{n+1}_{i,j}+B_{i+1/2}v^{n+1}_{i,j+1/2}+C_{i+1/2}h^{n+1}_{i,j+1}=D_{i+1/2} \tag{5-19}$$

其中：

$$A_{j+1/2}=(C_\zeta g)_{i,j+1/2}$$

$$B_{j+1/2}=\frac{(C_\zeta C_\eta)_{i,j+1/2}}{\Delta t}+\frac{C_\zeta}{2}[(1+\alpha\cdot ingv)v^n_{i,j+3/2}-2\alpha\cdot ingv\cdot v^n_{i,j+1/2}-(1-\alpha\cdot ingv)v^n_{i,j-1/2}]$$

$$+u^{n+1/2}_{i,j+1/2}(C_{\eta i+1/2,j+1/2}-C_{\eta i-1/2,j+1/2})+\left(\frac{C_\xi C_\eta g}{Hc^2}\right)_{i,j+1/2}\sqrt{(u^{n+1/2}_{i,j+1/2})^2+(v^n_{i,j+1/2})^2}.$$

$$C_{i+1/2}=-(C_\eta g)_{i+1/2,j}$$

$$D_{j+1/2}=\frac{(C_\zeta C_\eta)_{i,j+1/2}v_{i,j+1/2}^n}{\Delta t}+\frac{C_\eta}{2}[(1+\alpha\cdot ingu)v_{i+1,j+1/2}^n-2\alpha\cdot ingu\cdot u_{i,j+1/2}^n-(1-\alpha\cdot ingu)v_{i-1,j+1/2}^n]u_{i,j+1/2}^{n+1/2}+(u_{i,j+1/2}^n)^2(C_{\zeta i,j+1}-C_{\zeta i,j})+(C_\zeta C_\eta fu)_{i,j+1/2}^{n+1/2}+\{F_2(\xi,\eta)\}_{i,j+1/2}^{n+1/2}$$

5.2.3 基本方程的求解

5.2.3.1 基本方程的联立求解

将方程(5-15)式和(5-17)式联立，可写成以下简单形式：

$$A_i u_{i-1/2,j}^{n+1/2}+B_i h_{i,j}^{n+1/2}+C_i u_{i+1/2,j}^{n+1/2}=D_i \tag{5-20}$$

$$A_{i+1/2}h_{i,j}^{n+1/2}+B_{i+1/2}u_{i+1/2,j}^{n+1/2}+C_{i+1/2}h_{i+1,j}^{n+1/2}=D_{i+1/2} \tag{5-21}$$

式中：$i=1$，2，…，n。式(5-20)和(5-21)可用如下的追赶法求得 $u^{n+1/2}$、$h^{n+1/2}$。

同样，将方程(5-18)式和(5-19)式联立可写成以下简单形式。

$$A_j v_{i,j-1/2}^{n+1}+B_j h_{i,j}^{n+1}+C_j v_{i,j+1/2}^{n+1}=D_j \tag{5-22}$$

$$A_{j+1/2}h_{i,j}^{n+1}+B_{j+1/2}v_{i,j+1/2}^{n+1}+C_{j+1/2}h_{i,j+1}^{n+1}=D_{j+1/2} \tag{5-23}$$

式中：$i=1$，2，…，n。式(5-22)和(5-23)可用如下的追赶法求得 v^{n+1}、h^{n+1}。

5.2.3.2 追赶法求解方法

对于方程组(5-20)、(5-21)的求解，采用追赶法步骤如下：

消去中间变量，将结果用上边界流速 $u_{1/2,j}^{n+1/2}$（令$=u_0$）和下边界水位 $h_{N+1,j}^{n+1/2}$（令$=h_{N+1}$）。

方程组(5-20)、(5-21)可以变为

$$\begin{bmatrix} B_1 & C_1 & & & & & & \\ A_{1+1/2} & B_{1+1/2} & C_{1+1/2} & & 0 & & & \\ & \cdots & \cdots & \cdots & & & & \\ & A_i & B_i & C_i & & & & \\ & & A_{i+1/2} & B_{i+1/2} & C_{i+1/2} & & & \\ & 0 & & \cdots & \cdots & \cdots & & \\ & & & A_N & B_N & C_N & & \\ & & & & A_{N+1/2} & B_{N+1/2} & & \end{bmatrix}\begin{Bmatrix} h_1 \\ u_{1+1/2} \\ \vdots \\ h_i \\ u_{i+1/2} \\ \vdots \\ h_N \\ u_{N+1/2}\end{Bmatrix}=\begin{Bmatrix} D_1^* \\ D_{1+1/2} \\ \vdots \\ D_i \\ D_{i+1/2} \\ \vdots \\ D_N \\ D_{N+1/2}^*\end{Bmatrix} i=1,2,\cdots,N$$

其中：$D_1^*=D_1-A_1u_0$；$D_{N+1/2}^*=D_{N+1/2}-C_{N+1/2}h_{N+1}$

将上述方程组进行消元，可得：

$$\begin{bmatrix} 1 & \alpha_1 & & & & & \\ & 1 & \alpha_{1+1/2} & & 0 & & \\ & \cdots & \cdots & \cdots & & & \\ & & 1 & \alpha_i & & & \\ & & & 1 & \alpha_{i+1/2} & & \\ & 0 & & \cdots & \cdots & \cdots & \\ & & & & 1 & \alpha_N & \\ & & & & & 1 & \end{bmatrix}\begin{Bmatrix} h_1 \\ u_{1+1/2} \\ \vdots \\ h_i \\ u_{i+1/2} \\ \vdots \\ h_N \\ u_{N+1/2}\end{Bmatrix}=\begin{Bmatrix} \varphi_1 \\ \varphi_{1+1/2} \\ \vdots \\ \varphi_i \\ \varphi_{i+1/2} \\ \vdots \\ \varphi_N \\ \varphi_{N+1/2}\end{Bmatrix} \tag{5-24}$$

其中：

$$\alpha_1=C_1/B_1;\ \alpha_{1+1/2}=C_{1+1/2}/(B_{1+1/2}-\alpha_1 A_{1+1/2})$$

……

$$\alpha_i=C_i/(B_i-\alpha_{i-1/2}A_i);\ \alpha_{i+1/2}=C_{i+1/2}/(B_{i+1/2}-\alpha_i A_{i+1/2})$$

……

$$\varphi_1=D_1^*/B_1;\ \varphi_{1+1/2}=(D_{1+1/2}-\alpha_{1+1/2}\varphi_1)/(B_{1+1/2}-\alpha_1 A_{1+1/2})$$

……

$$\varphi_i=(D_i-\alpha_i\varphi_{i-1/2})/(B_i-\alpha_{i-1/2}A_i)$$

$$\varphi_{i+1/2}=(D_{i+1/2}-\alpha_{i+1/2}\varphi_i)/(B_{i+1/2}-\alpha_i A_{i+1/2})$$

……

上述消元过程的计算顺序是 $\alpha_1\to\alpha_{1+1/2}\to\cdots\to\alpha_i\to\cdots\to\alpha_N$ 和 $\varphi_1\to\varphi_{1+1/2}\to\cdots\varphi_i\to\cdots\to\alpha_N$。这个过程称为追的过程。显然从回代过程可以很容易求出未知数：

$$u_{N+1/2}=\varphi_{N+1/2};\ h_N=\varphi_N-\alpha_N u_{N+1/2}$$

……

$$u_{i+1/2}=\varphi_{i+1/2}-\alpha_{i+1/2}h_{i+1};\ h_i=\varphi_i-\alpha_i u_{i+1/2}$$

……

$$u_{1+1/2}=\varphi_{1+1/2}-\alpha_{1+1/2}h_2;\ h_1=\varphi_1-\alpha_1 u_{1+1/2}$$

回代过程的计算顺序恰与计算 u_i，h_i 顺序相反，下标由大到小，$u_{N+1/2}\to h_N\to\cdots\to u_{3/2}\to h_1$。这个过程称为赶的过程。

同理，对于方程组(5-22)、(5-23)的求解，采用追赶法，消去中间变量，将结果用上边界流速 $v_{i,j-1/2}^{n+1}$ 和下边界水位 $h_{N+1,j+1}^{N+1}$。

5.3 珠江河口区二维潮流数学模型验证

珠江八大口门复杂的内外条件使水动力数学模型的率定和验证有相当的难度，加之系统全域范围内同步的水文监测资料尚不够完整，目前还没有一套全流域地形和水文条件完全满足一、二维连接计算系统模型率定和验证的同步性的要求。根据这一具体情况，本研究二维水动力数学模型的率定和验证，在保证计算区域完整性(曲线网格的划分是一致的)前提下，采用有针对性地在地域上分区验证。

根据地形和水文实测资料分布情况，对研究海域分伶仃洋海区、黄茅海及磨刀门海区有所侧重地进行参数率定和验证，本章仅对伶仃洋海区进行检验。

5.3.1 伶仃洋海区数学模型的概化

(1)模型研究范围。研究范围包括了伶仃洋浅海区、香港水域、深圳湾、澳门浅海区、磨刀门浅海区。模型上边界取虎门、南沙、冯马庙、横门、灯笼山等水文(位)站，下边界取至外海－30m 等深线；海区西边界自磨刀门三灶珠海飞机场；东边界至香港水域，具体范围如图 5-3 所示。

(2)边界条件。上游进口断面采用实测流量过程线 $Q=Q(t)$，下游出口断面采用实测潮位过程线 $Z=Z(t)$。

计算步长 Δt 按稳定性要求：$\frac{\Delta t}{2}<\frac{\alpha\cdot\Delta s}{\sqrt{gH_{\max}}}$选取，$\alpha=1\sim3$。

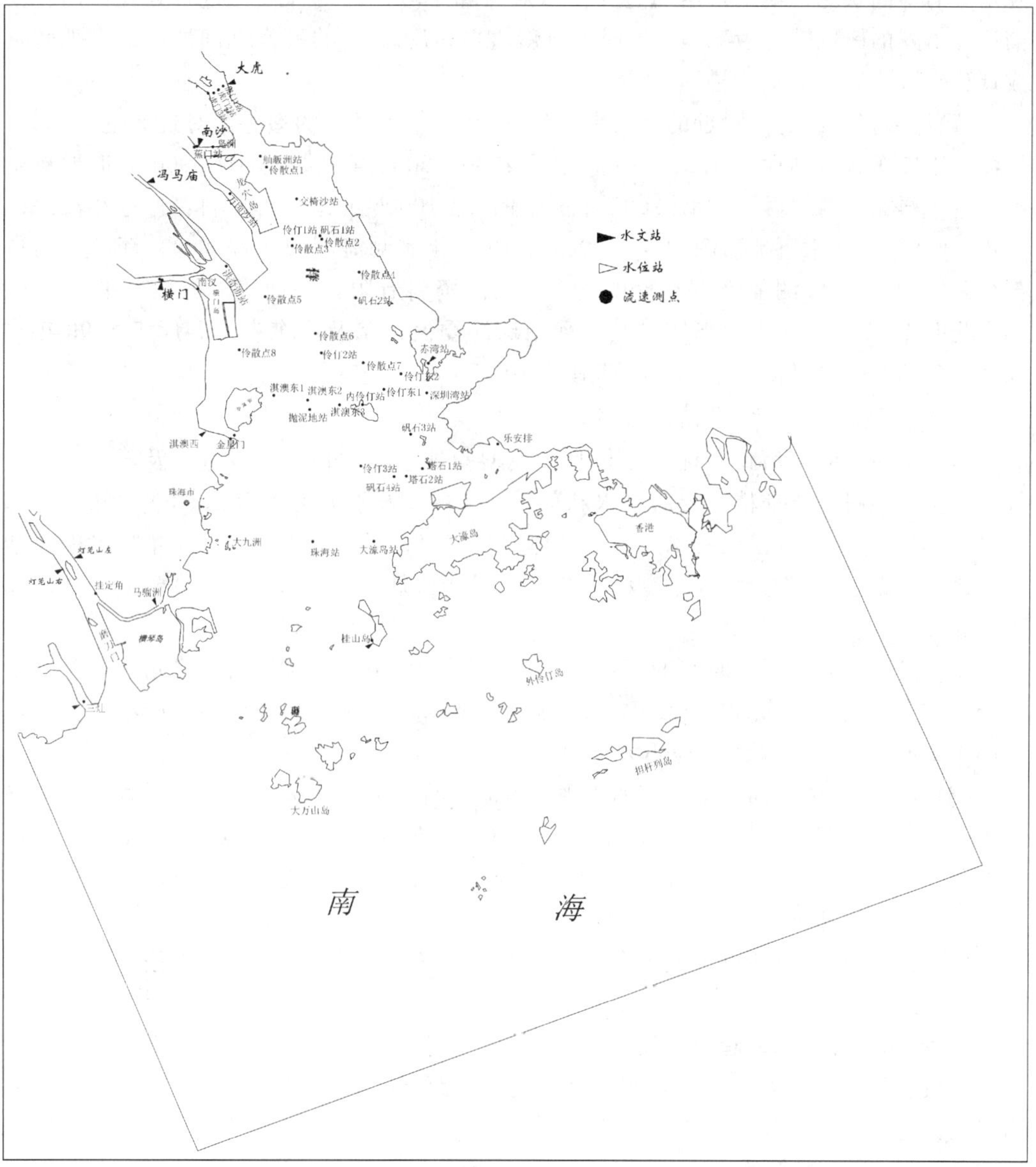

图 5-3 二维数学模型研究范围及验证站点布置图

(3)网格布置。珠江河口区水域广阔，而且有多个口门汇入，加上水域中存在多个岛屿，水底地形复杂。对于这样一个水域，如果采用传统的矩形网格进行离散，势必造成边界模拟精度不高，计算工作量巨大等缺陷，直接影响模型研究的精度。为此，采用珠江委科学研究院自行开发的贴体正交曲线网格划分程序对二维模型计算区域剖分。

二维模型控制海区水域面积约 7000km^2，网格采用贴体正交曲线网格，共布网格 844×950 个，最大网格尺寸约 250m×140m，最小网格尺寸约 30m×8m。

(4)动边界的处理。伶仃洋为潮汐河口，湾内有大大小小众多岛屿和浅滩，这些岛屿和浅滩随潮涨潮落，时没时显。为了正确模拟这些岛屿和浅滩在涨、落潮期间淹没及出露的不同状况，模型采用动边界技术对计算水域内岛屿和浅滩进行处理：即将落潮期间出露的区域转化为滩地，同时形成新边界；反之， 将涨潮期间淹没的滩地转化成计算水域。

(5)地形资料。工程附近的水域岸线参考2003年1月份的遥感图对边界进行修订。东江采用广东省水利厅于1997—1998年及2000、2004年测量的1∶5000河道地形资料，狮子洋采用珠江委设计院2005年测量的1∶10000河道地形资料，伶仃洋浅海区采用2000年实测水下地形图(1∶10000)及1998年实测海图(1∶25000)；深圳河出口部分采用2001年实测的水下地形图，由于实测资料有限，深圳湾部分地形采用1998年实测的1∶15000水下地形图。其余采用珠江委设计院及广东省水利厅于1999年在珠江三角洲联合测量的1∶5000河道地形资料。

5.3.2 模型验证项目及精度要求

本模型属于海岸河口潮流二维模型，模型验证包括潮位、测点流速及流向、流路及流态量等项目。验证精度要满足水利部《河工模型试验规程》(SL99—95)和交通部《海岸与河口潮流泥沙模拟技术规程》(JTJ/T233—98)的规程要求，基于本模型的复杂性，最大的偏差不超过水利部《水利工程水利计算规范》(SL104—95)要求，具体如下：

(1) 潮位。高、低潮时间的相位允许偏差为±0.5h，最高最低潮位允许偏差为±10cm；最大的偏差不能超过SL104—95规范的要求，则潮位的相对误差应小于潮汐周期的1/2或1h，峰谷值误差应不大于10～20cm。

(2)流速。憩流时间和最大流速出现的时间允许偏差为±0.5h，流速过程线的形态基本一致，涨、落潮平均流速允许偏差为±10%；最大的偏差不能超过SL104－95规范的要求，则相位误差应小于潮汐周期的1/8或1.5h，峰谷值误差绝对值一般应不大于涨落潮最大流速绝对值之和的10%～20%，单站检验合格率应为80%。

(3)流向。往复流测点主流流向允许偏差为±10°，平均流向允许偏差为±10°，旋转流时测点流向允许偏差为±15°。

(4)流路。应与原型趋向一致。

当模型计算个别测点流速、潮位结果超出允许偏差时，应对比现场实测资料，分析产生偏差的原因，并采取相应的措施。

5.3.3 模型验证条件

(1)模型的糙率。由于本模型面积较大，研究水域的潮流运动极其复杂，河道在不同水位时糙率有差异，故在同一模型上严格满足各种水文组合的阻力相似是比较困难的。为此，模型的糙率参考一维模型率定的糙率和天然河道糙率的计算结果；海区糙率的取值通过不同水文组合计算，分析模型潮位与原型潮位差异，反复进行糙率的调整，取值经率定为：

当水深 $h\leqslant 1.0$m 时：$n=2n_1$

当水深 $h>1.0$m 时：$n=n_1+n_1/h$；其中：$n_1=0.012\sim 0.015$。

(2)模型验证的水文条件。模型验证水文条件选取的计算时段如下：

“98.6”组合(大水)：1998年6月25日20：00—28日22：00；

“2002.6”组合(中水)：2002年6月27日16：00—28日23：00。

5.3.4 模型验证结果

在统计“98.6”大水和“2002.6”中水两组水文条件下，模型潮位验证成果误差统计见表5-1和表5-2，误差统计项为平均潮位项，潮位验证过程线与实测过程线的对比见图5-4和图5-5。

流速验证成果误差统计见表5-3，误差统计项有涨潮平均和落潮平均两项，流速和流向验证过程线与实测过程线的对比见图5-6。

误差计算公式为：计算值－实测值。

表5-1 “98.6”大水潮位验证误差统计表

验证站点	统计项	实测值(m)	计算值(m)	误差(m)
担杆岛	平均潮位	−0.123	−0.141	−0.018
大万山	平均潮位	−0.120	−0.129	−0.009
三灶	平均潮位	−0.066	−0.115	−0.049
乐安排	平均潮位	−0.134	−0.126	0.007
大虎1	平均潮位	0.281	0.210	−0.071
南沙	平均潮位	0.750	0.781	0.032
冯马庙	平均潮位	1.461	1.484	0.023
横门	平均潮位	1.200	1.247	0.048
凫洲	平均潮位	0.537	0.509	−0.028
横门南汊	平均潮位	0.596	0.667	0.071
金星门1	平均潮位	−0.157	−0.219	−0.062
内伶仃岛	平均潮位	−0.204	−0.226	−0.023
赤湾	平均潮位	−0.226	−0.227	−0.001

表5-2 “2002.6”中水潮位验证误差统计表

验证站点	统计项	实测值(m)	计算值(m)	误差(m)
大虎	平均潮位	−0.143	−0.136	0.007
南沙	平均潮位	0.053	0.008	−0.045
冯马庙	平均潮位	0.154	0.188	0.034
横门	平均潮位	0.133	0.140	0.007
赤湾	平均潮位	−0.354	−0.347	0.007
大万山	平均潮位	−0.274	−0.351	−0.077

表5-3 “98.6”大水流速验证误差统计表

验证站点	统计项	实测值(m/s)	计算值(m/s)	误差(m/s)
伶散点1#	涨平均	−0.312	−0.340	−0.028
	落平均	0.441	0.458	0.017
伶散点2#	涨平均	−0.183	−0.162	0.021
	落平均	0.686	0.702	0.016
伶散点3#	涨平均	−0.306	−0.292	0.014
	落平均	0.552	0.559	0.007
伶散点4#	涨平均	−0.217	−0.213	0.004
	落平均	0.516	0.507	−0.009

续表

验证站点	统计项	实测值(m/s)	计算值(m/s)	误差(m/s)
伶散点6#	涨平均	−0.302	−0.253	0.049
	落平均	0.712	0.718	0.006
伶散点7#	涨平均	−0.242	−0.232	0.010
	落平均	0.552	0.514	−0.038
伶散点8#	涨平均	−0.081	−0.100	−0.019
	落平均	0.405	0.424	0.019
金星门1	涨平均	−0.472	−0.417	0.055
	落平均	0.727	0.668	−0.059
淇澳东1	涨平均	−0.297	−0.300	−0.003
	落平均	0.801	0.786	−0.015
淇澳东2	涨平均	−0.348	−0.314	0.034
	落平均	0.608	0.698	0.090
淇澳东3	涨平均	−0.383	−0.386	−0.003
	落平均	0.799	0.776	−0.023
伶仃东1	涨平均	−0.348	−0.305	0.043
	落平均	0.545	0.511	−0.034
伶仃东2	涨平均	−0.298	−0.273	0.025
	落平均	0.597	0.529	−0.068

从验证成果可见：两种水文条件下各潮位站模型与原型的潮位过程线吻合较好，模型的涨、落潮历时和相位与原型实测资料基本一致，潮位特征值验证误差都小于±0.10m，满足精度要求；两种水文条件下流速和流向验证过程与实测过程吻合较好，相位基本一致，误差基本在±10%以内。

综上所述，潮流数学模型通过对“98.6”及“2002.6”水文条件的验证对比，在潮位、潮流等方面，模型与原型的误差基本满足模型验证精度要求。

5.4　港区总体工程对珠江河口行洪、河势影响分析

5.4.1　工程方案

为适应深圳市经济和海运发展的新形势，合理利用海岸线，有效开发宝安区的港口资源，深圳市有关部门确定兴建深圳港宝安综合港区。宝安综合港区是深圳港西部港区的组成部分之一，是具有内河、海运并主要服务于宝安区经济建设和城市发展的地区性综合港口。

(1)工程规模。宝安综合港区工程主要内容包括：疏浚工程、码头结构工程、陆域形成及地基处理工程、装卸机械设备购置安装工程、土建工程、给排水消防工程、供电照明工程、通信导航工程、环保工程、临时工程。

根据预测的港口吞吐量发展水平、货类结构，按照港区吞吐货物作业性质的不同，将宝安综合港区划分为三个作业区：1000t级散、杂货作业区，多用途作业区和5000t级散、杂货作业区。码头工程采用大顺岸连片式布置，岸线总长2554m。

深圳宝安综合港区工程位置见附图14。

(2)平面布置方案。实际工程平面布置方案较多，限于篇幅仅计算如下方案：泊位

岸线布置在－3.97m等深线附近，岸线走向为149°～329°，码头顶面高程为5.6m(当地理论最低潮面)。码头后方陆域采用港池、航道挖泥吹填和回填砂形成，陆域纵深1500m，占地面积约322万m^2。其中，作业区的陆域纵深600m，多用途作业区占地面积约44.4万m^2，散、杂货作业区占地面积约67.8万m^2。

平面布置方案详见附图15。

(3)港池方案。5000t级散、杂货泊位停泊区宽34.2m，设计水深7.9m，设计底标高－9.37m，远期考虑停靠10000t级船舶，底标高浚深至－11.57m。船舶回旋水域设计水深8.9m，回旋圆长轴直径为327m，短轴直径为218m，设计底标高－8.47m。

1000t级多用途泊位停泊区宽26m，设计水深4.7m，设计底标高－6.17m，远期考虑停靠5000t级船舶，底标高浚深至－8.47m。回旋水域设计水深5.2m，回旋圆长轴直径为315m，短轴直径为210m，考虑5000t级散、杂货船将从此水域经过，设计底标高取－8.47m。

1000t级散、杂货泊位停泊区宽22m，设计水深4.4m，设计底标高－5.87m；回旋水域设计底标高－5.47m，回旋圆长轴直径为203m，短轴直径为135m。

(4)航道方案。规划港区共用一条进出港航道，航道近期建设标准按5000t级单向航道考虑，船舶由此航道进入矾石水道。规划航道里程总长4094m，底宽80m，设计水深7.0m，设计底标高－8.47m，走向为3°00′00″～183°00′00″。

5.4.2 研究采用的水文组合及测点布置

数学模型与物理模型的计算水文条件主要选取频率洪水以及风暴潮、洪、中、枯水(包括大、中、小潮)等典型水文条件，珠江口近年来代表性的水文组合见表5-4。

表5-4 四种典型水文组合

水文组合		开始时刻	结束时刻	总时段(h)
“98.6”	洪水大潮	1998年6月25日20：00	6月28日21：00	73
“2002.6”	中水大潮	2002年6月9日00：00	6月20日21：00	286
“2001.2”	枯水大潮	2001年2月7日17：00	2月15日23：00	200
“9317”	风暴潮	1993年9月16日23：00	9月18日12：00	37

工程对防洪(潮)水位影响计算水文条件的选取需考虑洪潮不同遭遇情况：①以洪为主，即上边界取各站的设计洪峰流量。由于舢舨洲站的频率设计水位均高于大虎和赤湾站，因此进行频率洪水计算时下边界赤湾站不宜采用多年平均高潮位，而是以“98.6”潮水位过程为典型潮型，按赤湾站多年平均高潮位放大。②以潮为主，下边界以“9317”为典型潮型、各级频率的年最高潮位设计值放大的潮水位过程，上边界取各站的多年洪峰流量均值相对应。计算频率采用0.5%、1%、2%、5%、10%等洪潮、径潮各5组进行计算。

“9317”风暴潮组合，珠江口百年一遇风暴潮，赤湾高高潮位为2.22m，最大风速在30m/s以上，计算时段37h的台风暴潮，为分析拟建工程对珠江口及上游地区防御风暴潮能力影响的代表潮型，计算时主要考虑径流、潮流及风场三种因素的综合作用。

“98.6”洪水组合，珠江口典型洪水代表，北江三水站达百年一遇洪水，最大洪峰流量为16200m^3/s；西江马口站超50年一遇，最大洪峰流量为46200m^3/s，计算时段

73h，为分析拟建工程对珠江口及上游地区防御洪水能力影响的代表洪水，计算时主要考虑洪水、潮汐两种因素的综合作用。

“2002.6”中水组合，计算时段286h，为分析拟建工程对珠江口上游地区潮排能力影响的代表潮型。

“2001.2”枯水组合，计算时段200h，为分析拟建工程对珠江口上游地区枯季潮灌影响的代表潮型，是珠江三角洲河网区同步大测流枯水组合。

茅洲河的0.5%、1%、2%、5%、10%频率设计洪水分别为：$1900m^3/s$、$1703m^3/s$、$1495m^3/s$、$1225m^3/s$、$1017m^3/s$。“98.6”洪水大潮组合时茅洲河上边界取2%频率流量，“2002.6”中水时取20%频率流量，“2001.2”枯水时不考虑茅洲河来量，“9317”风暴潮组合取1%频率流量。

根据试验任务的要求，需要研究工程前后上游河道及附近水域的水位、流速、流态变化；基于对试验任务的理解及对工程水利问题的初步分析，确定数学模型计算的水位、流速采样点位置如下：

布设潮位测站10个(见图5-7(a))，其中四个潮位测站布设在伶仃洋上游四个口门：虎门、蕉门、洪奇门和横门；其余六个潮位测站布设在伶仃洋及工程附近水域：舢舨洲、赤湾、深圳机场、东航道、茅洲河以及宝安综合港区。

布设流速测点13个，对比工程前后工程附近水域流速变化。流速测点布置见图5-7(b)。

5.4.3 壅水分析计算

拟建宝安综合港区工程所引起的潮位变化与该工程对伶仃洋东滩的围垦有关。由于综合港区侵占海域缩窄过流断面，减小纳潮容积，增大了水流的阻力，潮位将会抬高。然而港池、航道开挖又增大过流面积，潮位将会降低。因此潮位变化是两者综合作用的结果。

在现状边界条件以及频率洪(潮)水和洪、中、枯三组水文条件下，工程实施后，潮位特征值较现状变化统计见表5-5和表5-6。

表5-5 洪(潮)频率组合下水位最大变化值表 (单位：m)

水位站	以洪为主					以潮为主				
频率	0.50%	1%	2%	5%	10%	0.50%	1%	2%	5%	10%
大虎	0.000	0.000	0.000	0.000	0.000	0.000	0.000	0.000	0.000	0.000
南沙	−0.001	−0.001	−0.001	−0.001	0.000	−0.001	−0.001	−0.001	−0.001	−0.001
冯马庙	0.000	0.000	0.000	0.000	0.000	−0.001	−0.001	0.000	0.000	0.000
横门	0.000	0.000	0.000	0.000	0.000	0.000	0.000	0.000	0.000	0.000
舢板洲	−0.004	−0.003	−0.002	−0.002	−0.001	−0.005	−0.003	−0.002	−0.002	−0.001
茅洲河	−0.006	−0.005	−0.004	−0.003	−0.002	−0.007	−0.005	−0.004	−0.003	−0.003
宝安码头	−0.009	−0.007	−0.006	−0.005	−0.004	−0.012	−0.009	−0.008	−0.006	−0.005
东航道	−0.006	−0.004	−0.004	−0.003	−0.002	−0.006	−0.006	−0.005	−0.004	−0.003
深圳机场	0.001	0.001	0.001	0.001	0.000	0.002	0.002	0.001	0.000	0.000
赤湾	0.000	0.000	0.000	0.000	0.000	0.000	0.000	0.000	0.000	0.000

图5-7(a) 试验水位测点布置图

表5-6 洪(潮)频率组合下水位最大变化值表 (单位：m)

		大虎	南沙	冯马庙	横门	舢板洲	茅洲河	宝安码头	东航道	深圳机场	赤湾
"98.6"组合	高潮位	0.000	−0.001	0.000	0.000	−0.002	−0.004	−0.005	−0.003	0.001	0.000
	低潮位	0.000	0.001	0.000	0.000	0.006	0.010	0.018	0.006	−0.002	0.000
"2002.6"组合	高潮位	0.000	0.000	0.000	0.000	−0.002	−0.005	−0.006	−0.003	0.001	0.000
	低潮位	0.000	0.001	0.000	0.000	0.002	0.005	0.009	0.006	−0.002	0.000
"2001.2"组合	高潮位	0.000	−0.001	−0.001	0.000	−0.002	−0.003	−0.007	−0.005	0.001	0.000
	低潮位	0.000	0.001	0.000	0.000	0.002	0.003	0.008	0.005	0.000	0.000
"9317"台风	高潮位	0.000	0.000	0.000	0.000	−0.004	−0.009	−0.017	−0.006	0.002	0.000
	低潮位	0.000	0.001	0.000	0.000	0.004	0.008	0.019	0.009	−0.002	0.000

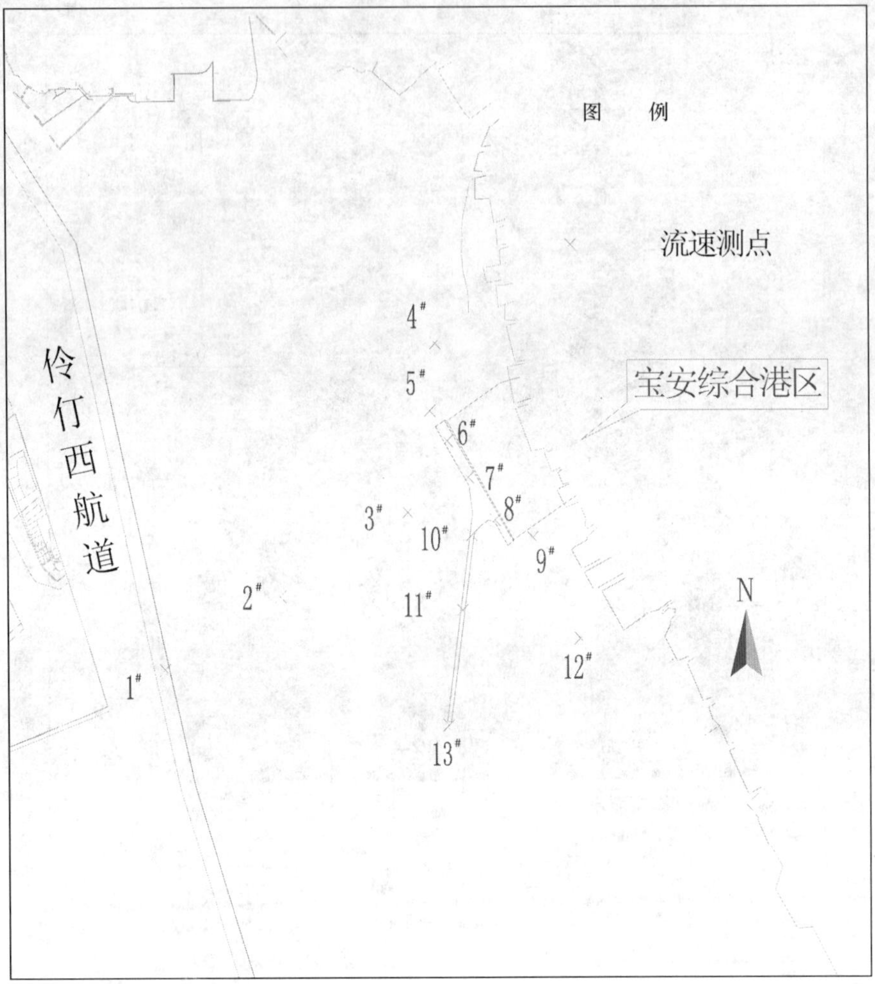

图 5-7(b) 试验流速测点布置图

由表 5-5～表 5-6 可见，宝安综合港区总体工程实施后：

(1)在以洪为主的的情况下，工程实施后，水位最大降低值为 0.009m，水位最大降低位置在港区上游采样点处；在以潮为主的情况下，水位最大降低值为 0.012m，水位最大降低位置在港区上游采样点处。水位变化超过 0.01m 的范围在宝安综合港区上游 3.5km 至下游 2.6km 之间。

(2)在“98.6”洪水水文条件下，工程实施后，水位最大抬高值为 0.018m，水位最大抬高值出现在港区上游采样点处。水位抬高超过 0.01m 的范围在宝安综合港区上游 4.2km 至下游 3.0km 之间。

(3)在“2002.6”中水水文条件下，工程实施后，水位最大抬高值为 0.009m，水位最大抬高值出现在港区上游采样点处。水位抬高超过 0.01m 的范围在宝安综合港区上游 4.0km 至下游 2.8km 之间。

(4)在“2001.2”枯水水文条件下，工程实施后，水位最大抬高值为 0.008m，水位最大抬高值出现在港区上游采样点处。水位抬高超过 0.01m 的范围在宝安综合港区上游 4.0km 至下游 2.5km 之间。

(5)在“9317”号台风暴潮作用下，工程方案实施后，方案引起附近水域的潮位变化规律与上述洪、中、枯水组合基本相当，高高潮位有所降低，最大降低值为0.017m；低低潮位有所抬高，最大抬高值为0.019m。

宝安综合港区实施后，受综合港区占用过水面积的影响，工程上游局部水域潮位略有变化，通过以上分析可知，水位变化值均在3cm以内，最大抬高值出现在拟建宝安综合港区的上游。由于工程对水流的阻水作用，因此在各典型水文组合条件下呈现高潮位略有降低、低潮位略有抬高、潮差减小趋势。工程后水位变化大于0.01m的范围在宝安综合港区上游4.2km至下游3.0km之间，而在大虎、南沙、冯马庙、横门等位置工程前后几乎没有水位变化。由此可见，工程对潮位的影响主要表现在综合港区上游局部水域，而对虎门、南沙、冯马庙、横门的水位影响微小。工程前后东四口门及下游海区潮位总体上没有明显的变化，表明三个工程方案对上游河口防洪、排涝及通航水位影响微小。

在各种水文组合条件下，茅洲河河口的潮位变化值在1cm以内，说明工程对茅洲河河口的设计洪(潮)水位以及防洪、排涝影响微小。

5.4.4 对工程附近潮排、潮灌的影响分析

工程对潮排、潮灌的影响在于低低潮位升高减小了排水水头，降低了排涝设施的排水能力；高高潮位降低，则降低了灌溉水利工程的引水水头，不利于进行潮灌。因此选用中水条件分析低低潮位抬高对潮排的影响，选用枯水条件分析高高潮位降低对潮灌的影响。

根据壅水分析计算，从表5-5和表5-6可知，工程建设后，“2002.6”中水低低潮位最大增加为0.010m，“2001.2”枯水高高潮位最大降低值为0.008m，水位变化超过0.01m的范围在宝安综合港区上游4.5km至下游3.2km之间。可见，工程后在“2002.6”中水条件下的低低潮位抬高值和“2001.2”枯水条件下的高高潮位降低值均不大，影响范围较小。

按“2002.6”工程区域外江水位低低潮位、内外江水位差为0.010m以及闸门自由出流公式计算拟建工程对附近河道排洪闸的影响，经计算，水位差的变化对单宽闸门引排量的影响值约为0.02m^3/s，而珠三角地区的水闸设计单宽引排能力一般在10m^3/s左右，可见拟建工程对其影响范围内水闸设计单宽排流能力的影响最大在0.2%之内。可以认为，工程对上游网河区、茅洲河以及附近河道的潮排、潮灌影响均较小。

5.4.5 工程前后附近水域流速变化

为叙述方便，现将流速测点序号与断面位置对应关系列表于表5-7，流速测点位置见图5-7，工程后各流速测点的流速变化值见表5-8。由于物理模型的流速是表面流速值，变化相对较大，而数学模型的流速是垂线平均流速，变化相对较小一些。在洪、中、枯水组合水文条件下，工程前后流速变化等值线见附图16。

表5-7　　测点序号与断面位置对应表

测点	1#	2#	3#	4#	5#	6#	7#
位置	孖沙断面	孖沙断面	孖沙断面	交椅湾	港池上游浅滩	港池上段	港池中段
测点	8#	9#	10#	11#	12#	13#	
位置	港池下段	港池下游浅滩	进港航道上段	进港航道中段	机场外浅滩	进港航道下段	

码头前沿线至西海堤陆域纵深为1500m，港池、回旋水域及进港航道对滩地的开挖，改变了局部边界条件和水下地形环境，从而引起局部水流动力条件的改变，使局部水域的流速分布发生变化。

在各种典型水文组合条件下，工程对其附近水域流速的影响趋势基本一致。主要表现为：

(1)综合港区上、下游边界附近水域的涨、落潮流速稍有减小。

(2)港池涨、落潮流速有所减小。

(3)受港池开挖吸流的影响，港池水流出港时流速增加，而进港时受工程陆域岸线的挑流影响，进港航道的流速略有减小。

(4)工程对孖沙断面及伶仃西航道的流速变化均不大。

(5)流速变化幅度向海区逐渐递减，大约距工程4km以外附近水域的流速基本没有变化。

宝安综合港区的建设对附近水域流速的影响以减小为主，流速变化最大的区域在港池位置，工程建设促使周围水流进行相应的调整，而对伶仃洋整体的流速影响不大。

表5-8(a)　落潮流速特征值变化统计表　单位：m/s

测点	"98.6"组合洪水大潮				"2002.6"组合中水大潮			
	落潮平均流速		落潮最大流速		落潮平均流速		落潮最大流速	
	现状	工程后变化	现状	工程后变化	现状	工程后变化	现状	工程后变化
1#	0.62	0.00	1.01	0.01	0.46	0.00	0.87	0.00
2#	0.77	0.00	1.46	0.00	0.54	0.00	1.11	0.00
3#	0.47	0.02	0.77	0.07	0.36	0.02	0.67	0.04
4#	0.30	−0.02	0.52	−0.06	0.22	−0.02	0.43	−0.02
5#	0.39	−0.16	0.70	−0.26	0.30	−0.09	0.58	−0.12
6#	0.52	−0.15	0.87	−0.27	0.40	−0.09	0.73	−0.17
7#	0.53	−0.22	0.89	−0.39	0.41	−0.13	0.73	−0.23
8#	0.58	−0.20	0.91	−0.23	0.43	−0.14	0.76	−0.17
9#	0.60	−0.15	0.94	−0.16	0.45	−0.11	0.79	−0.13
10#	0.72	−0.02	1.18	−0.02	0.55	−0.02	1.00	−0.01
11#	0.79	−0.02	1.29	−0.02	0.59	−0.01	1.10	−0.03
12#	0.56	−0.03	0.87	−0.07	0.41	−0.02	0.72	−0.04
13#	0.78	0.00	1.23	0.01	0.55	0.00	1.06	0.01

表5-8(b)　涨潮流速特征值变化统计表　单位：m/s

测点	"2002.6"组合洪水大潮				"2001.2"组合枯水大潮			
	涨潮平均流速		涨潮平均流速		涨潮最大流速		涨潮最大流速	
	现状	工程后变化	现状	工程后变化	现状	工程后变化	现状	工程后变化
1#	−0.34	0.00	−0.74	0.01	−0.43	0.00	−0.82	0.01
2#	−0.32	0.00	−0.78	0.01	−0.44	0.00	−0.88	0.02
3#	−0.29	0.02	−0.59	0.05	−0.36	0.03	−0.68	0.05
4#	−0.19	−0.03	−0.36	−0.06	−0.25	−0.04	−0.46	−0.09
5#	−0.28	0.18	−0.53	0.22	−0.34	0.24	−0.63	0.30
6#	−0.35	−0.11	−0.68	−0.21	−0.40	−0.14	−0.80	−0.31
7#	−0.36	−0.15	−0.69	−0.31	−0.42	−0.20	−0.80	−0.41

续表

测点	"2002.6"组合洪水大潮				"2001.2"组合枯水大潮			
	涨潮平均流速		涨潮平均流速		涨潮最大流速		涨潮最大流速	
	现状	工程后变化	现状	工程后变化	现状	工程后变化	现状	工程后变化
8#	−0.39	−0.13	−0.73	−0.21	−0.45	−0.22	−0.85	−0.30
9#	−0.41	−0.08	−0.78	−0.20	−0.48	−0.10	−0.90	−0.24
10#	−0.44	−0.01	−0.85	−0.05	−0.53	−0.02	−1.00	−0.04
11#	−0.44	−0.02	−0.88	−0.03	−0.54	−0.02	−1.02	−0.04
12#	−0.38	−0.02	−0.75	−0.05	−0.44	−0.03	−0.86	−0.06
13#	−0.38	0.01	−0.87	0.01	−0.50	0.01	−0.98	0.01

5.4.6 工程前后附近水域流态变化

工程附近水域流态变化见附图17，综合港区前沿线至西海堤陆域纵深1500m，工程建设改变了工程附近局部的地形地貌，工程前后流态的变化主要表现在工程附近局部边界条件的改变引起局部流态的变化。

工程上、下游均存在弱流区，落潮时在综合港区下游边界与岸线之间存在较大范围的弱流区，涨潮时在上游边界处产生较大范围的回流。弱流区及回流区均是泥沙易淤之所，可导致边滩的发展，对港池的维护有不利影响。进港航道与水流都存在一定程度的交角，不利于航行。涨、落潮流态变化主要表现为：

(1)在港池位置产生回流区，最大影响范围为综合港区前沿2km以内。

(2)在综合港区上下游产生弱流区，最大影响范围为综合港区上下游2.5km以内。

(3)落潮时航道的流向向东偏，涨潮航道的流向向西偏，最大偏角不超过10°。

综上所述，工程实施后，综合港区上下游和港池的流态虽有变化，但是变化范围较小，最大影响范围为综合港区前沿2km以内以及综合港区上下游2.5km以内，对伶仃洋的整体水流流态没有产生明显的变化。

5.4.7 对河势影响分析计算

(1)工程方案对上游口门潮量的影响

工程方案对上游口门潮量的变化选取大虎、凫洲水道、舢舨洲和茅洲河等四个断面统计。工程方案实施后，洪、中、枯组合和风暴潮水文条件下，各方案的断面涨、落潮量变化统计成果见表5-9。由表可知，拟建综合港区建成后，大虎、舢舨洲、凫洲水道断面、茅洲河口的潮量均有微小变化；来流量大小不同，潮量的变化值略有差别，但潮量的变化幅度都很小；工程建设后，四个断面涨、落潮量变化相对较小，最大的变化值也仅为0.29%，一般变化值均在0.20%以内。从变化趋势看，工程后上游口门各断面的潮量有减少趋势，反映出工程后伶仃洋上游口门潮汐动力呈减弱趋势。潮量变化也表明在现状边界时，工程方案实施后对河道分流比影响较小。

表5-9　　各水文条件下口门潮量变化统计表

河道断面	"98.6"洪水	"2002.6"中水		"2001.2"枯水	"9317"风暴潮	
	落潮量	落潮量	涨潮量	涨潮量	落潮量	涨潮量
大虎断面	−0.05%	−0.03%	−0.11%	−0.11%	−0.07%	−0.06%
凫洲水道断面	−0.07%	−0.06%	−0.10%	−0.16%	−0.10%	−0.12%
舢舨洲断面	−0.15%	−0.10%	−0.07%	−0.08%	−0.12%	−0.09%
茅洲河口	−0.17%	−0.19%	−0.26%	−0.15%	−0.18%	−0.29%

(2)工程方案对东、西槽水动力条件的影响。根据遥感技术结合实测资料分析表明，深圳宝安综合港区工程附近水域，落潮时，工程水域受川鼻深槽潮汐通道射流影响，从交椅湾一带沿东滩下泄的落潮流，受矾石浅滩与东滩相连的浅滩作用，工程西侧的落潮流贴岸下行，但流势已较槽道明显减弱；涨潮时，工程水域主要受到来自暗士顿水道和矾石水道的涨潮流影响，成为涨潮流过境通道。根据数学模型计算成果(各工程方案涨、落潮急流态变化见附图16，流速变化等值线分布见附图17)，工程方案对蕉门、洪奇门、横门和虎门四个口门的潮差和潮量基本上没有影响，对工程下游赤湾的潮差和流速影响不大；工程对附近水域水动力条件的影响只局限在工程上下游4km以内的局部水域。从整体而言，工程后，伶仃洋东槽水流动力略有改变，位于工程区域西侧部分东槽流速有所增大，水流动力增强，其影响值向远处递减，距离综合港区前沿约7km处伶仃洋西航道水流动力没有受到工程的明显影响。

(3)工程方案对河势的影响分析。在现状和近期边界条件下，宝安综合港区工程的陆域不同程度占用水域，港池、回旋水域及进港航道的开挖，改变了局部边界条件和水下地形环境，从而引起局部水流动力条件的改变，使局部水域的流速分布发生变化。在各种水文组合条件下，工程对其附近水域流速的影响趋势基本一致。根据上述各工程方案对流速的影响分析可知，宝安综合港区的建设对附近水域流速的影响主要体现在工程附近水域，工程4km以外附近水域的流速基本没有变化，由于综合港区岸线的建设及港池、进港航道的开挖，促使周围水流进行相应的调整，而对伶仃洋整体的流速、流场影响不大。

深圳机场位于宝安综合港区下游约3km，从工程前后流态对比附图16可以看出，在深圳机场位置流态变化非常小，综合港区下游流态变化主要集中在综合港区与下游临时建材码头之间，在现状边界条件下，工程对深圳机场前沿(采样点12#)流速减小为0.010m/s，水位最大变化在0.004m以内，说明在现状边界条件下工程对深圳机场的前沿水域河势不会造成大的影响。

河道滩槽分布及岸线的变化是影响河势的一个重要因素，因工程形成的局部回流区，可能造成局部水域泥沙淤积，改变局部水流的流态，导致局部河床的调整，综合港区下游的回流区可能对临时建材码头的港池、航道产生淤积。但工程后流态和流速变化均不是很大，不会改变伶仃洋水域“三滩两槽”的总体格局，对各口门以上网河区河道的河势也不可能产生大的影响。

5.4.8 冲刷与淤积分析计算

拟建综合港区港址位于伶仃洋东侧，其泥沙主要来源于上游虎门和交椅湾下泄的泥沙及随大铲湾附近潮流挟带的上溯泥沙。该河口悬移质含沙量的变化主要影响因素为径流和潮流(包括风暴潮)，异重流和船行波的影响相对较小。

根据工程附近河道实测的泥沙资料，结合流速变化，利用经验公式定性分析工程建设对综合港区港池和航道的淤积影响。

(1)泥沙回淤预报模式。根据经验，其港池、航道回淤厚度计算公式为：

$$p=\frac{\alpha\omega S_* T}{\gamma_c}\left[1-\left(\frac{v_2}{v_1}\right)^2\left(\frac{H_1}{H_2}\right)\right]\frac{1}{\cos n\theta}$$

式中：p 为时间 T 内的淤积厚度；α 为淤积系数；ω 为泥沙沉降速度；S_* 为工程前水流挟沙力；γ_c 为泥沙淤积干容重；H_1、H_2 分别为开挖前和开挖后的水深；v_1、v_2 分别为工程前后的流速；θ 为航槽与水流流向的夹角，n 为水流通过挖深航槽的转向系数。

(2)工程区泥沙特性。南京水利科学研究院2002年7月在拟建工程区进行了7个断面、共30个点的底质取样工作，取样范围为4km×2km，见图5-8。港区水域底质泥沙取样分析资料表明，拟建港区水域的河床质以粉沙质淤泥为主，港区南部水域及浅滩部位为中细沙。

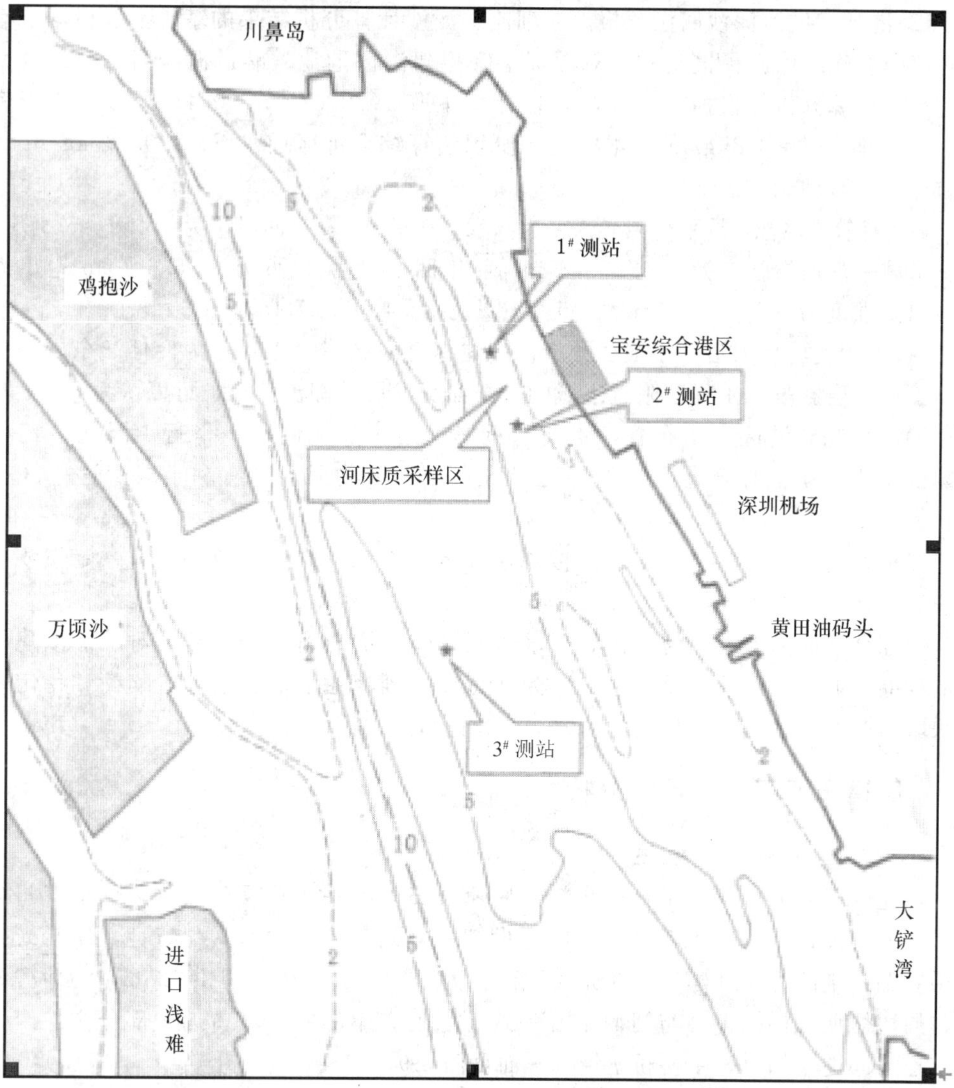

图5-8 工程区水文测量位置图

2002年7月在宝安港区水域的实测平均悬沙含沙量如表5-10所示，综合港区前沿处的底址泥沙中值粒径均值为0.020mm，实测最大含沙量出现在2#站，为0.123kg/m³，宝安港区上游沙角的年平均含沙量为0.179kg/m³，深圳湾湾口的年平均含沙量为

0.160kg/m³。深圳宝安综合港区介于沙角与深圳湾湾口之间，宝安港区水域的水体含沙量的确定可借鉴上述两地的含沙量长期观测值。考虑短风区风浪的影响，分析得到工程区附近的年平均含沙量介于0.140～0.200kg/m³之间，出海航道的年平均含沙量为0.180～0.210kg/m³。

表5-10　宝安港区水域实测含沙量　（单位：kg/m³）

项目	1#站		2#站		3#站	
	最大值	平均值	最大值	平均值	最大值	平均值
含沙量	0.091	0.061	0.123	0.082	0.113	0.070

(3)港池、航道泥沙回淤预报。在潮流、泥沙计算分析结果的基础上，根据现有港区规范中的泥沙回淤预报模式，对深圳宝安拟建港区港池、航道泥沙回淤强度及回淤量进行了计算分析，根据有关文献，在计算中取$\alpha=0.67$，$n=0.4$，泥沙淤积干容重$\gamma_c=1750\times d_{50}^{0.182}=858$kg/m³，本次泥沙淤积估算综合港区前沿$S_*$取0.170kg/m³，出海航道的$S_*$取0.20kg/m³。

通过计算，港池水域平均回淤强变为0.81～0.95m/a，年回淤量为4.4万～5.8万m³；回旋水域平均回淤强变为0.65～0.85m/a，年回淤量为28.6万～36.6万m³；出海航道的回淤强度为0.77～0.95m/a，年回淤量为30.4万～37.6万m³。

(4)工程实施后河道冲淤演变分析。拟建综合港区建设工程作为伶仃洋东岸的一项大型工程，会影响到工程区附近水域的局部河势发展及潮流特征，可以认为：

①由于综合港区顺岸布置，走向与近岸槽道水流流向基本平行，因此一定程度上降低了涨、落潮综合港区上下游受屏蔽水域形成的回流，有利于减少这一区域的淤积。

②工程建设后，港池及航道部位流速降低，港池及航道部位将会有一定淤积。其淤积程度在洪枯季不同，涨、落潮流不同，来流量大小不同。

③综合港区前沿水域为东槽矾石水道涨潮流分支通道，涨潮动力对维护拟建的综合港区港口航道稳定具有重要影响。为保持这一潮流通道的长期冲淤均衡和稳定，建议采取一些配套措施来增强潮流动力，减少港口航道回淤。

5.5 航道拓宽工程可行性分析

5.5.1 航道拓宽工程概述

拟建的新光大桥是广州新轴线新光快速公路上的一座重要建筑物，位于广州沥滘水道上，其设计应与广州新轴线上的建设统一规划，体现岭南文化特色，使新光大桥成为新轴线上的标志性建筑。新光大桥桥型为(飞雁式)拱桥，主拱428m，为使桥梁景观与周边协调，桥拱中心与河面中心一致，靠近右岸的主桥墩占用一部分主航道，因而航道需向左岸拓宽，主桥桥墩结构平面见图5-9。

沥滘水道是广州内港片、东平水道及北江的主要进出航道，是广州港内港航道的主要组成部分。沥滘水道河道较顺直，河面宽约680m，水深条件良好，航道等级为通航5000t级杂货船，航道按底宽120m、水深6.0m尺度进行维护。桥区航道偏向右岸，离右岸约155m，离左岸约385m。

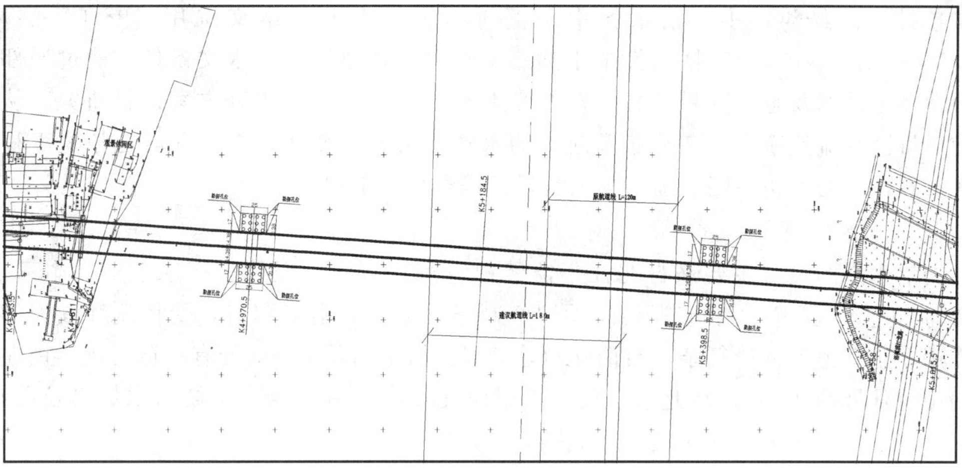

图 5-9 新光大桥主桥桥墩结构平面图

新光大桥在洛溪大桥和番禺大桥之间，航道的拓宽调整需要充分考虑洛溪大桥和番禺大桥通航净空尺度的影响，充分利用现有航道，尽量减少对原航道的改变。考虑洛溪大桥段航道可调整的幅度很微小，因此航道拓宽上游起点从 A 点(新光大桥轴线上游约 1430m)开始，以原航道右边线为基准，左侧(北)航道边线进行拓宽，至桥轴线下游约 680m 处与原航道左边线延长线相交，新光大桥建设后，在沥滘水道上增加了桥墩，客观上给船舶航行增加了难度。为保证船舶航行安全，特别是大吨位的船只难以控制，在桥轴线下游约 726m 处开始对右边线加以拓宽，拓宽线连接到番禺大桥下游的转折点处，具体位置见图 5-10。

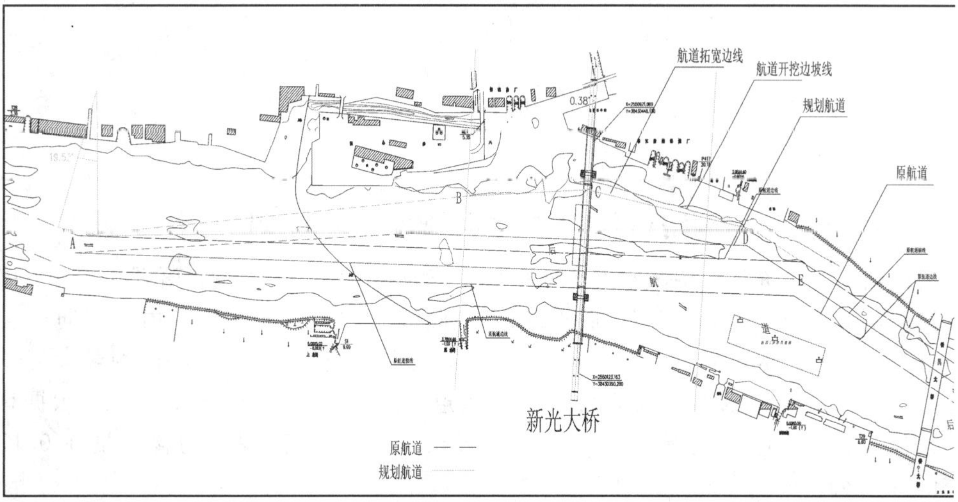

图 5-10 新光大桥桥区航道拓宽工程方案

通过上述航道拓宽调整，在洛溪大桥上游航道基本没有受到影响，而洛溪大桥和番禺大桥之间的航道相应拓宽，改善了航道的航行条件，同时可满足新光大桥右主墩施工时航道通航要求。

上述航道拓宽工程方案后的水流流速、流态及工程区水动力条件是否满足航道的通航条件，需经洪、中、枯水大中小潮进行复演分析。本文选用“98.6”洪水、“99.7”中水、“2001.2”枯水大中小潮三个水文组合作为代表水文条件，通过局部二维数学模型计算及有关资料分析，对新光大桥桥区航道拓宽工程方案进行研究。从工程前后桥区水流流速、流态分布及航道的水动力条件的变化，来论证航道拓宽工程方案的可行性，为大桥桥区航道拓宽工程设计提供科学依据。

5.5.2 桥区河床演变分析

沥滘水道的径流主要来自北江干流经白坭河、西南冲以及东平水道汇入本河段，下游与新造水道和官洲水道等共同承纳经狮子洋上溯的南海潮流，受径流和潮流的共同作用，水动力条件较复杂。目前在拟建新光大桥上游约200m处有一道潜坝，由左岸向河中央伸展约400m，在此潜坝的上、下游几百米均有浅滩，是沥滘水道碍航所在。新光大桥附近沥滘河道冲淤后地形见图5-11。

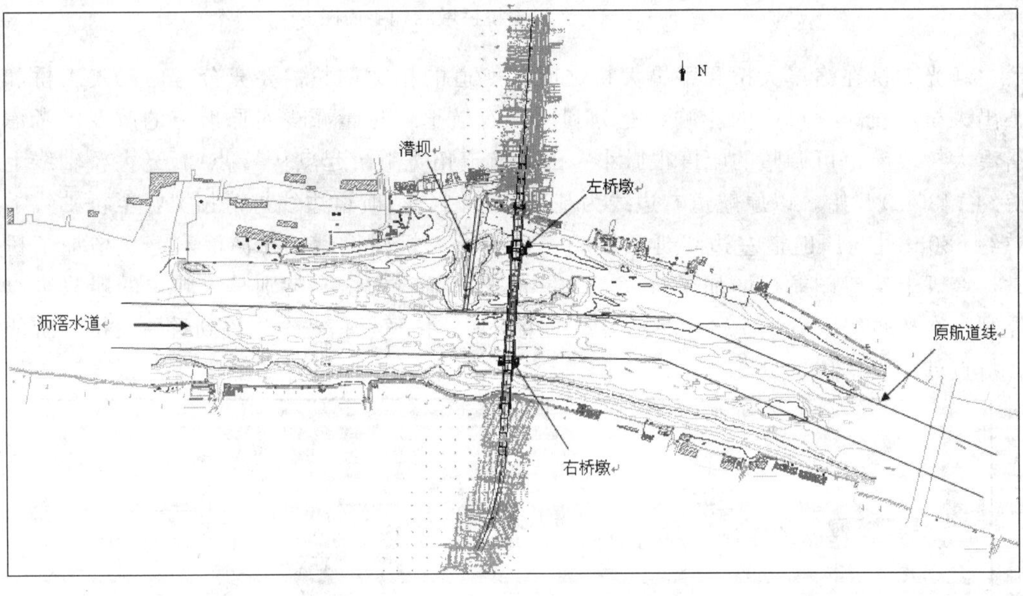

图 5-11 新光大桥附近沥滘河道冲淤后地形图

根据枯季实测资料，桥区水道小潮平均流速为：涨潮0.30m/s，落潮0.36m/s；大潮平均流速：涨潮0.41m/s，落潮0.49m/s。潮流流速在垂向的分布由底层向表层增大，最大流速都发生在上层，最大潮流流速均出现在大潮期间。实测涨潮最大流速不到1m/s，实测落潮最大流速为1m/s。沥滘水道泥沙主要来源于西江、北江。根据有关资料统计，涨潮平均含沙量在0.038～0.061kg/m^{3}之间，落潮平均含沙量在0.11～0.25kg/m^{3}之间。

将1955年与1982年地形资料比较可知，后航道的南河道、沥滘水道和前航道等河段主要受冲，其中南河道和沥滘水道冲刷较小，年平均冲深0.01m，前航道冲刷较大，年平均冲深0.056m；后航道的三枝香水道、官洲水道、新造水道等河段主要是淤积，其中较为严重的三枝香水道年平均淤厚0.084m，其他河段年平均淤积厚为0.01～0.02m。整体而言，除前航道明显具有冲刷趋势外，大多数河段有冲有淤，上段冲下段淤，淤大于冲，且都具有刷槽淤滩、断面减小的特点，近期的河床演变，虽趋向于淤积，但终因水沙条件所限，尤其是水体含沙量较小，潮汐动力条件变化不大，因而淤积速度十分缓慢，全河道河床基本处于稳定状态。

5.5.3 模型的建立与验证

(1)二维潮流模型研究范围。二维水动力数学模型的研究范围为：上边界定在后航道沥滘水道的白鹅潭下游 1km、沙洛围水道以及大石水道；下边界定在沥滘水道的华南快速干线珠江特大桥下游 2km， 以及新造水道(后航道)上，模型全长约 22km，宽约 2.8km，控制计算面积约 110km²，二维模型研究范围见图 5-12。

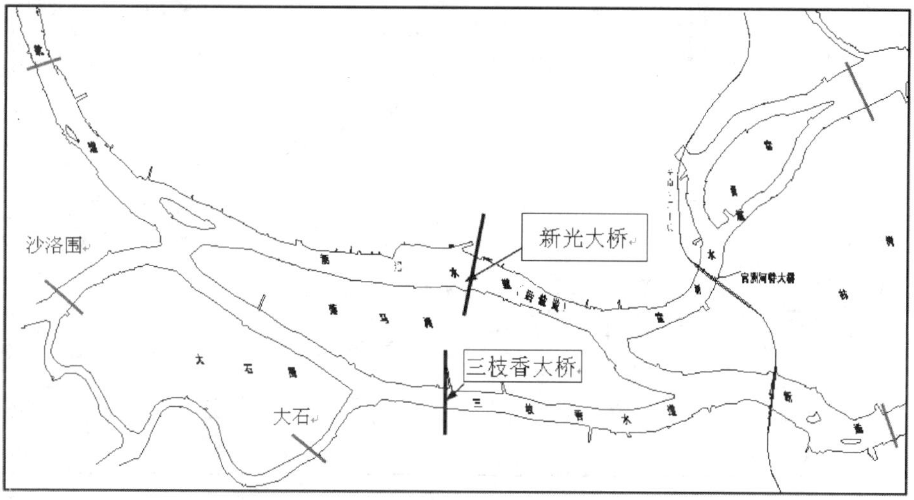

图 5-12 二维模型研究范围示意图

模型计算水域的平面网格划分粗细相间，拟建桥墩处水域附近的网格较密，而在其他水域则较粗。因是曲线拟合，单元网格并非都是标准的长方形网格。最小单元大致是 6.4m×13.9m，最大单元大致是 14.7m×58m，新光特大桥附近的曲线网格布置如图 5-13 所示。

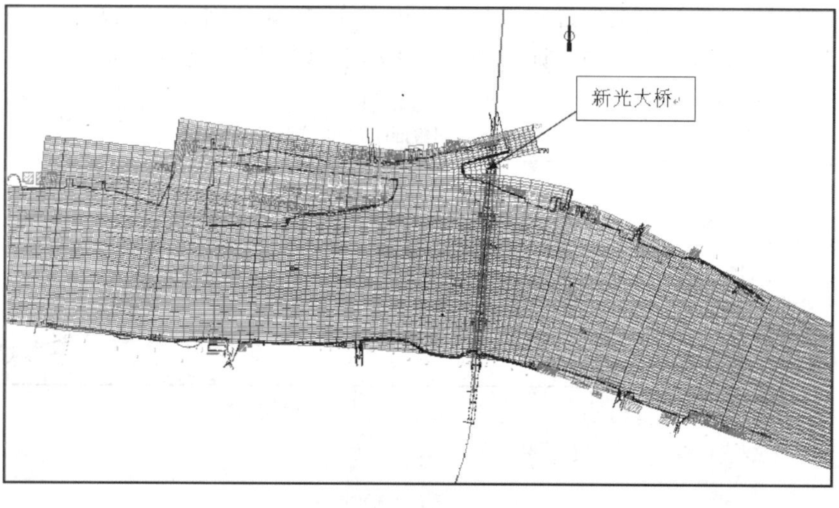

图 5-13 新光大桥附近二维曲线网格布置图

(2) 二维潮流模型验证条件。二维模型所使用的地形为 1999 年 1∶5000 测图，拟建桥位附近水域的地形为 2002 年测图。二维模型验证用的水文测验资料为 2003 年 3 月 27 日—3 月 28 日(小潮)及 2003 年 4 月 3 日—4 月 4 日(大潮)实测资料，有 2 条垂线测流速和流向，其位置在拟建的新光特大桥中轴线上，其中：A 测点位置为 $x=2550578$，$y=38430417$；B 测点位置为 $x=2550385$，$y=38430402$；1 个水位站位置在拟建的新光特大桥北岸下游，其位置为 $x=2550881.42$，$y=38430576.30$，位置见图 5-14。

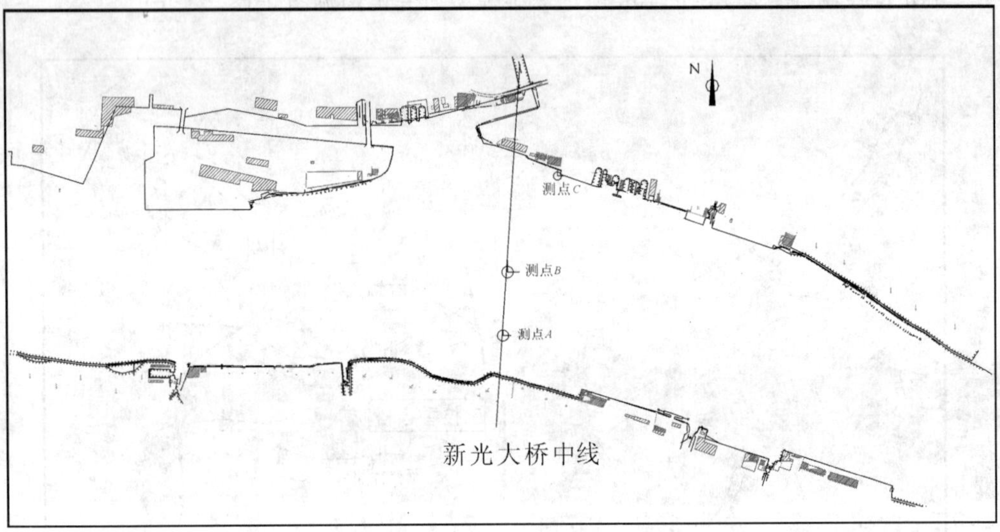

图 5-14　水文实测测点布置示意图

其边界水文条件是通过一维(河网)模型计算所得，一维模型所用的边界条件则是各站同步实测的水文资料。

(3) 二维潮流模型验证成果。新光大桥中轴线测点 A 的流速、流向验证计算结果见表 5-11，其验证计算的垂线平均流速、流向过程对比见图 5-15；测点 B 的流速、流向验证计算结果见表 5-12，其验证计算的垂线平均流速、流向过程对比见图 5-16；可以看出，模型计算流速、流向过程线与实测过程线吻合，流速验证的总体误差(各时段总平均)均小于 0.1m/s，流向验证的平均变化小于 10°，满足规范要求。

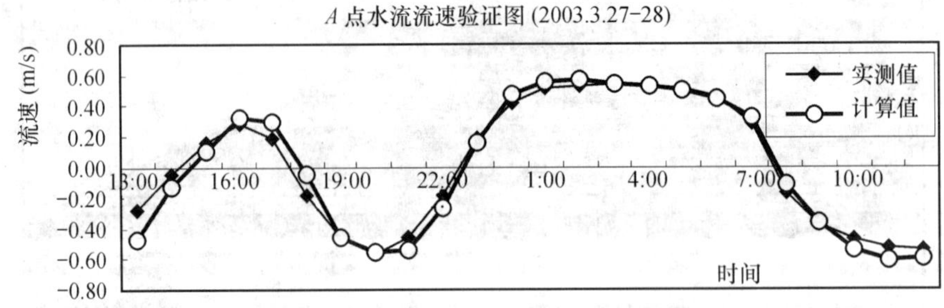

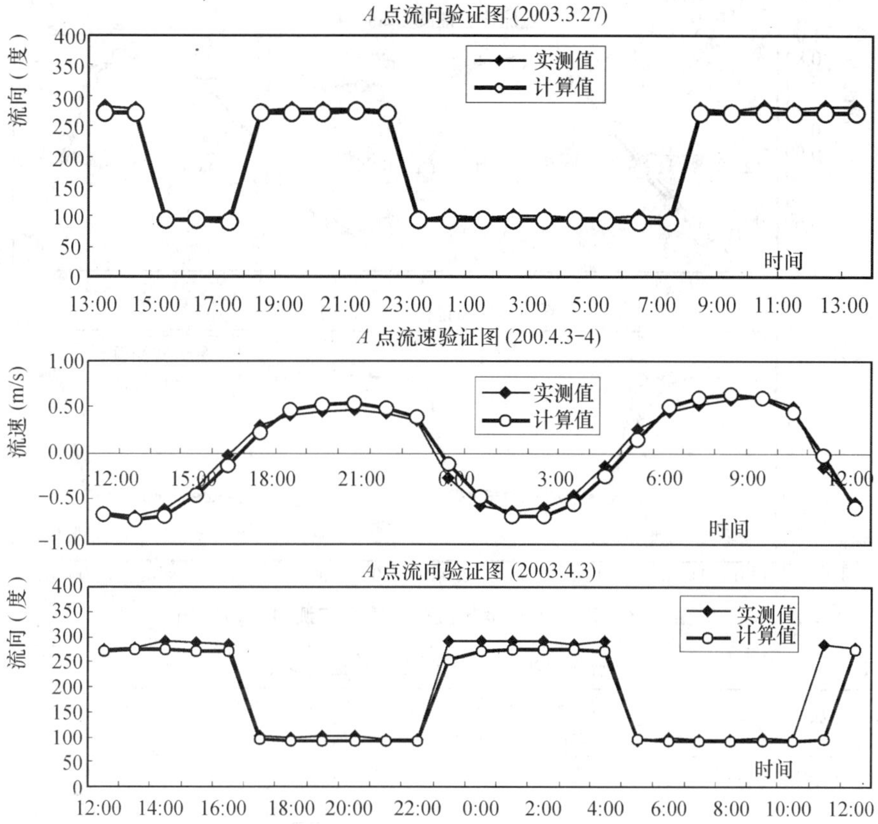

图 5-15 测点 A 流速、流向计算与实测过程对比图

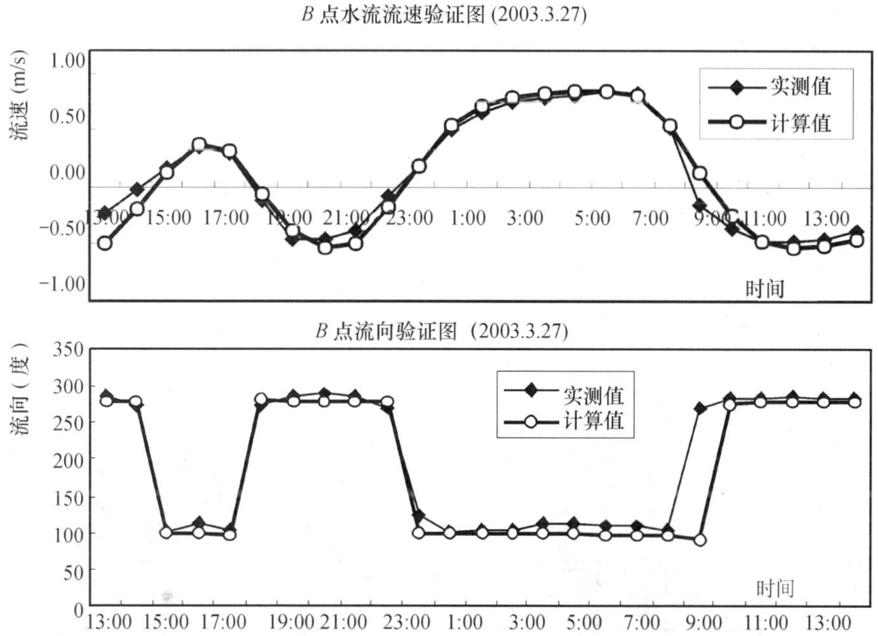

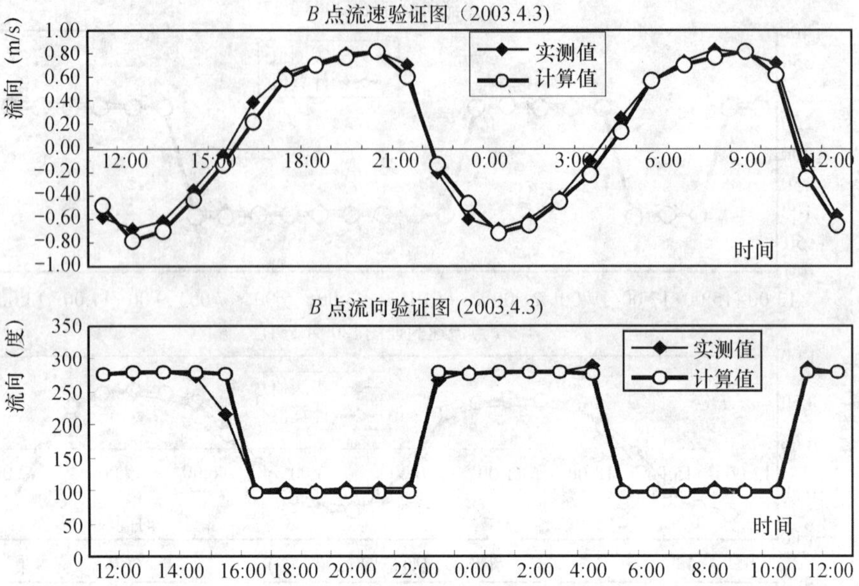

图 5-16　测点 *B* 流速、流向计算与实测过程对比图

表 5-11　新光大桥 A 点水文要素验证成果表

日期	时分	水深(m)	实测流速(m/s)	计算流速(m/s)	变化值(m/s)	实测流向(°)	计算流向(°)	变化值(°)
3月27日	13：00	7.6	−0.28	−0.47	−0.19	282	273	9.4
	14：00	7.4	−0.05	−0.13	−0.08	277	271	6.2
	15：00	7.1	0.15	0.10	−0.05	90	94	−3.6
	16：00	7.1	0.28	0.32	0.03	98	92	5.7
	17：00	7.1	0.19	0.30	0.11	98	92	6.2
	18：00	7.6	−0.18	−0.05	0.13	275	271	4.2
	19：00	7.7	−0.45	−0.46	−0.01	277	271	5.5
	20：00	7.9	−0.57	−0.55	0.02	277	273	4.1
	21：00	7.8	−0.46	−0.54	−0.08	278	273	4.5
	22：00	7.8	−0.18	−0.26	−0.08	274	272	2.8
	23：00	7.6	0.19	0.16	−0.03	95	94	0.9
3月28日	0：00	7.5	0.42	0.47	0.05	100	93	7.8
	1：00	7.3	0.52	0.55	0.04	99	93	6.0
	2：00	7.0	0.53	0.56	0.03	100	93	7.1
	3：00	6.7	0.54	0.55	0.00	101	93	8.7
	4：00	6.5	0.53	0.53	0.00	98	92	5.9
	5：00	6.2	0.51	0.50	−0.01	98	92	6.1
	6：00	5.9	0.46	0.45	−0.01	100	92	8.0
	7：00	5.9	0.28	0.32	0.04	97	91	5.9
	8：00	6.2	−0.17	−0.11	0.06	277	270	7.3
	9：00	6.9	−0.38	−0.37	0.01	276	270	6.1
	10：00	7.2	−0.47	−0.54	−0.07	280	272	8.6
	11：00	7.5	−0.52	−0.60	−0.08	279	272	6.9
	12：00	7.6	−0.54	−0.59	−0.06	283	273	10.5
	13：00	7.7	−0.28	−0.47	−0.19	281	273	7.9

续表

日期	时分	水深(m)	实测流速(m/s)	计算流速(m/s)	变化值(m/s)	实测流向(°)	计算流向(°)	变化值(°)
4月3日	12：00	7.3	−0.65	−0.68	−0.03	276	272	4
	13：00	7.7	−0.69	−0.73	−0.04	279	273	6
	14：00	7.9	−0.61	−0.69	−0.08	290	284	6
	15：00	7.9	−0.39	−0.46	−0.07	289	283	6
	16：00	7.6	−0.03	−0.14	−0.11	285	281	4
	17：00	7.3	0.30	0.22	−0.08	103	93	10
	18：00	7.0	0.41	0.46	0.06	100	93	7
	19：00	6.8	0.45	0.52	0.07	102	93	9
	20：00	6.6	0.46	0.54	0.08	102	92	10
	21：00	6.4	0.43	0.48	0.05	94	92	2
	22：00	6.4	0.34	0.39	0.04	96	92	4
	23：00	6.7	−0.27	−0.12	0.15	290	255	35
4月4日	0：00	7.2	−0.58	−0.49	0.09	290	282	8
	1：00	7.6	−0.64	−0.70	−0.06	290	283	7
	2：00	7.8	−0.59	−0.69	−0.09	290	283	7
	3：00	7.9	−0.46	−0.57	−0.11	284	273	11
	4：00	7.8	−0.14	−0.25	−0.11	292	282	10
	5：00	7.6	0.26	0.15	−0.11	92	95	−3
	6：00	7.3	0.45	0.51	0.06	100	93	7
	7：00	7.0	0.52	0.61	0.08	94	92	2
	8：00	6.8	0.59	0.64	0.05	95	93	2
	9：00	6.5	0.61	0.59	−0.02	98	92	6
	10：00	6.4	0.50	0.44	−0.06	95	92	3
	11：00	6.8	−0.17	−0.02	0.15	286	95	191 *
	12：00	7.4	−0.54	−0.61	−0.06	278	273	5

表 5-12　　新光大桥 *B* 点水文要素验证成果表

日期	时分	水深(m)	实测流速(m/s)	计算流速(m/s)	变化值(m/s)	实测流向(°)	计算流向(°)	变化值(°)
3月27日	13：00	8.4	−0.23	−0.49	−0.26	287	279	8
	14：00	8.4	−0.02	−0.19	−0.17	272	278	−6
	15：00	8.1	0.17	0.12	−0.05	101	98	3
	16：00	8.0	0.36	0.38	0.02	110	98	12
	17：00	7.9	0.29	0.31	0.02	106	98	8
	18：00	8.1	−0.12	−0.05	0.07	272	281	−9
	19：00	8.7	−0.45	−0.38	0.07	286	277	9
	20：00	8.9	−0.46	−0.53	−0.07	288	279	9
	21：00	9.0	−0.38	−0.50	−0.12	286	279	7
	22：00	8.8	−0.07	−0.18	−0.11	270	278	−8
	23：00	8.6	0.18	0.18	0.00	124	98	26

续表

日期	时分	水深(m)	实测流速(m/s)	计算流速(m/s)	变化值(m/s)	实测流向(°)	计算流向(°)	变化值(°)
3月28日	0：00	8.3	0.51	0.54	0.03	103	98	5
	1：00	8.2	0.66	0.71	0.05	105	98	7
	2：00	8.0	0.75	0.79	0.04	106	98	8
	3：00	7.6	0.79	0.82	0.03	114	98	16
	4：00	7.4	0.81	0.85	0.03	112	98	14
	5：00	7.1	0.85	0.85	0.00	110	98	12
	6：00	6.9	0.82	0.81	−0.01	110	97	13
	7：00	7.0	0.52	0.55	0.03	106	97	9
	8：00	7.4	−0.15	−0.13	0.03	270	92	178
	9：00	7.7	−0.36	−0.25	0.11	283	277	6
	10：00	7.9	−0.47	−0.47	0.00	284	278	6
	11：00	8.2	−0.47	−0.54	−0.07	287	279	8
	12：00	8.5	−0.46	−0.52	−0.06	283	279	4
	13：00	8.6	−0.38	−0.46	−0.08	285	279	6
4月3日	12：00	8.3	−0.59	−0.49	−0.10	278	278	0.1
	13：00	8.6	−0.69	−0.78	0.09	278	279	−1.1
	14：00	8.9	−0.63	−0.70	0.07	280	279	0.8
	15：00	9.0	−0.36	−0.44	0.07	274	279	−4.9
	16：00	8.6	−0.06	−0.14	0.09	217	238	−21.1
	17：00	8.4	0.39	0.23	0.16	99	98	0.9
	18：00	8.1	0.64	0.59	0.05	102	98	4.0
	19：00	8.0	0.72	0.71	0.02	101	98	3.1
	20：00	7.7	0.80	0.77	0.03	102	98	4.2
	21：00	7.4	0.81	0.81	0.00	104	98	6.2
	22：00	7.2	0.70	0.61	0.09	104	98	6.3
	23：00	7.6	−0.20	−0.15	−0.06	269	280	−11.4
4月4日	0：00	8.2	−0.60	−0.47	−0.13	280	278	2.2
	1：00	8.6	−0.68	−0.73	0.05	278	279	−0.9
	2：00	8.8	−0.61	−0.66	0.05	279	279	−0.2
	3：00	8.9	−0.43	−0.45	0.03	279	279	0.2
	4：00	8.8	−0.12	−0.23	0.11	288	278	9.8
	5：00	8.5	0.25	0.15	0.11	93	98	−4.9
	6：00	8.2	0.58	0.56	0.01	101	98	3.0
	7：00	7.9	0.74	0.71	0.03	101	98	3.2
	8：00	7.7	0.83	0.77	0.06	103	98	5.2
	9：00	7.5	0.80	0.81	−0.01	100	98	2.2
	10：00	7.2	0.72	0.63	0.09	101	98	3.2
	11：00	7.7	−0.11	−0.26	0.15	287	280	7.3
	12：00	8.3	−0.57	−0.66	0.09	280	279	0.9

测点 C 的潮位验证计算结果见表 5-13，其验证计算的潮位变化过程对比见图 5-17；新光特大桥上游三个水文站(即南航道的浮标厂站、平洲水道的沙洛围站和大石站)的潮位验证计算结果见表 5-14。由此可知，计算水(潮)位与实测水位过程线吻合，模型

率定的总体水位误差(各时段总平均)均小于 0.1m。

综上所述，模型验证符合《海岸与河口潮流泥沙模拟技术规程》要求，可用于工程方案计算。

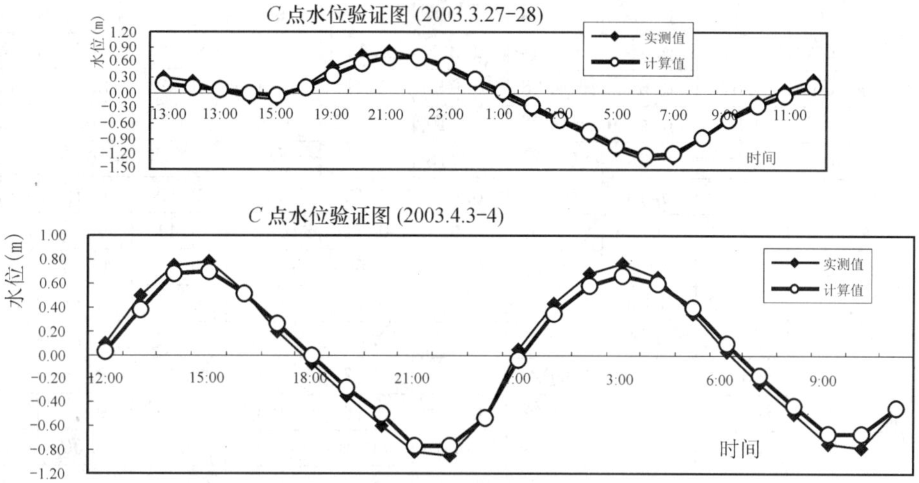

图 5-17　测点 C 计算与实测流速、流向水位过程对比图

表 5-13　新光大桥北岸水文实测 C 点水位验证成果表

日期	时间	实测水位(m)	计算水位(m)	变化值(m)	日期	时间	实测水位(m)	计算水位(m)	变化值(m)
3月27日	13：00	0.29	0.19	−0.10	4月3日	12：00	0.09	0.03	0.06
	14：00	0.21	0.12	−0.09		13：00	0.49	0.39	0.10
	15：00	0.03	0.06	0.03		14：00	0.74	0.69	0.05
	16：00	−0.09	−0.01	0.08		15：00	0.78	0.70	0.08
	17：00	−0.14	−0.04	0.10		16：00	0.53	0.51	0.02
	18：00	0.13	0.10	−0.03		17：00	0.20	0.26	−0.06
	19：00	0.48	0.38	−0.10		18：00	−0.08	−0.01	−0.07
	20：00	0.70	0.61	−0.09		19：00	−0.34	−0.28	−0.06
	21：00	0.82	0.70	−0.10		20：00	−0.60	−0.50	−0.10
	22：00	0.71	0.70	−0.01		21：00	−0.82	−0.77	−0.05
	23：00	0.45	0.52	0.07		22：00	−0.85	−0.77	−0.09
3月27日	0：00	0.19	0.27	0.08		23：00	−0.53	−0.54	0.01
	1：00	−0.07	0.03	0.10	4月4日	0：00	0.04	−0.04	0.08
	2：00	−0.33	−0.23	0.10		1：00	0.43	0.35	0.08
	3：00	−0.58	−0.50	0.08		2：00	0.68	0.58	0.10
	4：00	−0.84	−0.76	0.08		3：00	0.76	0.67	0.09
	5：00	−1.09	−1.02	0.07		4：00	0.64	0.59	0.05
	6：00	−1.29	−1.23	0.06		5：00	0.34	0.39	−0.05
	7：00	−1.28	−1.19	0.09		6：00	0.03	0.10	−0.07
	8：00	−0.88	−0.88	0.00		7：00	−0.25	−0.17	−0.08
	9：00	−0.47	−0.51	−0.04		8：00	−0.50	−0.42	−0.08
	10：00	−0.18	−0.26	−0.08		9：00	−0.74	−0.66	−0.08
	11：00	0.08	−0.01	−0.09		10：00	−0.78	−0.68	−0.10
	12：00	0.27	0.17	−0.10		11：00	−0.47	−0.44	−0.03
平均				0.08					0.07

表 5-14　　新光大桥上游水文实测站水位验证成果表　　(单位：m)

日期	时间	南航道浮标厂站			平洲水道沙洛围站			大石站		
		实测值	计算值	变化值	实测值	计算值	变化值	实测值	计算值	变化值
4月3日	12：00	−0.10	−0.12	−0.02	0.20	0.14	−0.06	0.24	0.14	−0.10
	13：00	0.23	0.15	−0.08	0.27	0.21	−0.06	0.29	0.21	−0.08
	14：00	0.52	0.46	−0.06	0.22	0.11	−0.11	0.21	0.26	0.05
	15：00	0.62	0.54	−0.08	0.04	0.01	−0.03	0.03	0.12	0.09
	16：00	0.47	0.46	−0.02	−0.10	−0.07	0.03	−0.11	−0.07	0.04
	17：00	0.28	0.36	0.08	−0.18	−0.11	0.07	−0.17	−0.12	0.05
	18：00	0.11	0.16	0.05	0.03	0.12	0.09	0.10	0.20	0.10
	19：00	−0.14	−0.16	−0.02	0.39	0.41	0.02	0.44	0.47	0.03
	20：00	−0.37	−0.39	−0.02	0.62	0.66	0.04	0.68	0.73	0.05
	21：00	−0.63	−0.61	0.02	0.78	0.75	−0.03	0.81	0.81	−0.01
	22：00	−0.80	−0.77	0.03	0.72	0.68	−0.04	0.72	0.78	0.06
	23：00	−0.72	−0.70	0.02	0.47	0.42	−0.05	0.45	0.55	0.10
4月4日	0：00	−0.23	−0.31	−0.08	0.21	0.16	−0.05	0.19	0.29	0.10
	1：00	0.19	0.10	−0.09	−0.02	−0.10	−0.08	−0.06	0.00	0.06
	2：00	0.46	0.44	−0.02	−0.26	−0.36	−0.10	−0.32	−0.26	0.06
	3：00	0.60	0.55	−0.05	−0.51	−0.59	−0.08	−0.57	−0.53	0.04
	4：00	0.54	0.48	−0.06	−0.75	−0.87	−0.12	−0.83	−0.76	0.07
	5：00	0.38	0.42	0.04	−0.99	−1.10	−0.11	−1.06	−0.97	0.09
	6：00	0.20	0.26	0.06	−1.20	−1.26	−0.06	−1.26	−1.17	0.09
	7：00	−0.05	−0.05	0.00	−1.13	−1.23	−0.10	−1.23	−1.15	0.08
	8：00	−0.27	−0.31	−0.04	−0.98	−0.98	0.00	−0.92	−0.84	0.08
	9：00	−0.60	−0.53	0.07	−0.56	−0.65	−0.09	−0.50	−0.52	−0.02
	10：00	−0.78	−0.68	0.10	−0.27	−0.37	−0.10	−0.22	−0.30	−0.08
	11：00	−0.66	−0.64	0.03	−0.10	−0.05	0.05	−0.07	−0.13	−0.06

5.5.4　航道拓宽工程的可行性分析

航道拓宽工程方案研究的水文条件取："98.6"洪水大潮、"99.7"中水大潮、"2001.2"枯水大中小潮三个水文组合。利用已调试好的二维数学模型进行计算，由计算可得工程前后流速、流态及其变化等值线分布图见附图 18 至附图 23 所示。

(1) 工程前水动力条件分析。由数模分析可知，工程前本河段水流基本平顺，河道水流动力轴线基本居中，在桥址附近，受上游 200m 处潜坝的影响，主流偏向右岸(南岸)，到了桥下游约 400m 珠江船厂处，主流又基本居中，航道水深 7～10m。在"98.6"洪水大潮条件下，大桥上游航道落潮平均流速在 0.84～1.13m/s，落潮最大流速为 1.1～1.53m/s，落急流向与航道夹角为 10°～15°，落急时航道横向流速为 0.1～0.4m/s；大桥下游航道落潮平均流速为 0.71～1.22m/s，落潮最大流速为 0.97～1.70m/s，落急流向与航道夹角在 5.2°～13°之间，落急时航道横向流速为 0.09～0.32m/s。

从总体而言，航道落潮流速随着上游径流增加而加大，涨潮流速随着潮差的加大及上游来流的减小而增大。在洪、中、枯流量汇合大、中、小潮各种水文条件下，航道流速在 1.7m/s 以下，满足纵向流速少于 2m/s 的要求，主流流向与航道的夹角小于 17°，航道流速平顺，航道水深大于 7m，基本能满足航道通航要求。从沿程流速变化分析，在航道转弯 A、B 点附近，其涨落潮流速较直线段的流速小，主流流向与航道的夹角和航道横向流速相对大一些。

（2）工程后水动力条件分析。大桥建成后，受桥墩束水、壅水作用及航道向北拓宽的影响，拟建大桥工程上游 1km 及下游 2km 的水流流速、流态将会发生一定的改变。落潮时流速变化以“98.6”洪水落急为最大，“99.7”中水落急次之，“2001.2”枯水小潮落急最小。其流速的变化值随着流量的减小而减少，流速增值位于桥孔中轴线的左、右侧，桥墩附近上、下游则流速减小。桥址附近工程后落潮主动力向北调整，由于拓宽工程方案向北拓宽的范围较大，基本消除了大桥上游潜坝对大桥中孔过流的影响，在桥轴线上大桥中孔流速分布基本均匀，流速、流态分布良好。

在洪、中、枯典型水文条件下，涨潮时流速变化以“2001.2”枯水大潮为最大，其涨潮流速变化值随着下游涨潮动力减小而减小，与落潮的规律基本相同。涨潮流速增值位于大桥中轴线上、下游区域，上游大于下游，从上述流速流态图可见，桥址上游涨潮主动力向北调整，基本消除大桥上游潜坝对大桥中孔过流的影响。

由数模分析可知，航道拓宽后航道水动力及通航条件，工程后比工程前略好。从沿程流速变化分析，受桥墩束水、壅水作用，在各种水文条件下，大桥上游航道涨、落潮流速比工程前稍有降低，其涨、落潮流速的降低值不超过 0.01m/s，其主流流向与航道的夹角均小于 16.2°，落急航道横向流速小于 0.39m/s，涨急航道横向流速小于 0.17m/s，与工程前基本一致，对航道影响较小。

在 AB 段，工程后涨、落潮流速较工程前稍有增加，其增加值随着涨落潮的动力加强而增大，大部分采样点的增加值为 0.01～0.04m/s，主流流向与航道的夹角小于 14°，落急航道横向流速一般均小于 0.22m/s，涨急航道横向流速一般小于 0.17m/s，能满足通航孔附近航道主流速小于 2.0m/s、横向流速小于 0.25m/s 的要求。

在大桥下游河段，涨、落潮流速一般较工程前稍有增加，主流流向与航道的夹角小于 13°，落急航道横向流速小于 0.31m/s，涨急航道横向流速小于 0.20m/s，工程后航道水动力及通航条件较工程前稍有好转。

5.5.5 结论

以“98.6”洪水、“99.7”中水、“2001.2”枯水大中小潮三个水文组合作为代表水文条件，通过二维数学模型计算及有关资料分析，对新光大桥桥区航道拓宽工程方案进行初步研究，得出如下结论：

（1）从工程后桥区水流流速、流态分布及航道的水动力和通航条件分析，上述工程方案是可行的。

（2）工程后桥址附近涨、落潮主动力线向北调整，从总体上看，工程后的河道水动力轴线与航道轴线基本重合，开挖后的航道将成为河道的深泓区，基本上能保持航道稳定。

（3）受桥墩束水、壅水作用及航道向北拓宽的影响，桥墩附近将会产生局部绕流，其影响范围仅局限在桥址上游 1km、下游 2km 河道内，其余河段的水流流态平顺，没有产生明显改变。

由此可见，以新光大桥桥区航道拓宽工程方案进行航道拓宽，可满足大桥桥区安全通航的要求。基于本河段径、潮流及泥沙运动较为复杂，对开挖后航道泥沙回淤量的预测，仅用上述水流数学模型研究还难以满足要求，建议加强工程后实际情况监测，加强航道拓宽后航道的安全管理。

参考文献

1 Jansen P. Ph. etal.. Principles of river engineering，Pitmen. 1979

2 D. J. Ball . Simulation of piers in Hydraulics models. Proceedings of the ASCE，vol 100，No. WW1，1974

3 徐敏福，黄晋鹏．汕尾港渔船避风港二维潮流数值计算及泥沙淤积分析．第七届全国海岸工程学术讨论会论文集．北京：海洋出版社，1993

4 华秀菁，吕玉麟．二维浅水域潮流数值模拟的ADI-QUICIK格式．水动力学研究与进展，1996，11(1)：77～92

5 Casulli，V.，Semi－implicit finite difference methods for the two-dimensional shallow water equations，J. Comput. Phys.，1990(86)：56～74

6 王长海，李蓓．二维不规则三角形网格的潮流数学模型．水道港口，1988，2：10～15

7 刘智，林秉南．三角形网格在二维不恒定流计算中的应用．水利学报，1987，9：25～33

8 周发毅，郭勇．大规模多岛屿海域潮流场的数值模拟．海洋工程，1995，13(4)：61～69

9 林建国．时间二次插值求解浅水方程的显示模型．水动力学研究与进展，1989，4(2)：95～102

10 窦希萍，李禔来．三角形网格生产法在海岸工程潮流数学模型中的应用．水利水运科学研究，1995(3)：65～69

11 窦希萍，李禔来．二维潮流数学模型的四边形等参单元法．海洋工程，1995，13(1)：47～53

12 张廷芳，段小宁．二维潮流数值计算的一种显式模式．大连理工大学学报，1992，32(6)：702～706

13 吕玉麟，赖国璋．近海浅水环流问题的数值模拟．大连工学院报．1981，20(1)：39～52

14 谭维炎，赵棣华．二维浅水渐变不恒定明流的有限元算法程序包．水利学报，1984，10：1～13

15 曹祖德，王运洪．水动力泥沙数值模拟．天津：天津大学出版社，1994

16 黄胜伟，徐峰俊等．新光大桥航道拓宽工程对河道行洪影响评价数学模型研究报告．水利部珠江水利科学研究院，2003

17 徐峰俊，黄胜伟等．珠江三角洲河口区潮流泥沙及含盐度耦合联解数学模型研究报告．水利部珠江水利委员会科研所，2003

18 李义天．河道平面二维水沙数学模型．北京：中国水利水电出版社，2001

第6章 深水航道方案工程可行性分析

本章采用可以同时考虑径流和潮流影响的二维数学模型(ADCIRC模型)和泥沙淤积计算方法对中山港出海航道不同选线方案开挖后的水(潮)流条件和泥沙淤积变化进行计算分析。二维ADCIRC模型能考虑各种复杂因素和复杂边界条件的影响，能合成描述受各种复杂动力影响的近岸流场，已在较多的实际工程中得到成功应用。

6.1 ADCIRC模型概述

ADCIRC模型即An advanced circulation model for oceanic，coastal and estuarine waters，是由北卡罗来纳大学海洋科学研究所的R. A. Luettich教授和Notre Dame大学的Westerink博士联合研发的，可以应用于海洋、海岸、河口区域的水动力计算的数学模型。从第一个版本到今天的41.03版本，ADCIRC模型不断得到完善，目前功能已非常强大。用它计算海洋、海岸、河口区域都可以得到比较好的效果。

ADCIRC模型是一个解决在转动的地球上流体运动方程的高度发展的计算机程序。这些方程已经运用传统的静水压力和Boussinesq近似值明确地表达出来，并且运用有限元(FE)法和有限差分(FD)法进行空间离散。

ADCIRC模型可以用来计算沿深度积分的二维(2DDI)模型，也可以用来计算三维(3D)模型。在任一情况下，都可以通过解通用波动连续性方程(GWCE)中沿深度积分的连续性方程得出水深。解2DDI或3D的动量方程可以得到速度。这些方程中保留了所有的非线性项。

ADCIRC模型可以在笛卡儿坐标系或在球坐标系下运行。

GWCE可以通过一个调和的或集中质量的矩阵(由一个编辑器标签)和一个隐含的或明确的时间步长设计(由可变的时间加权系数)得到。如果集中的完全显式被确定，就不需要对矩阵进行求解。在其他所有的情况下，GWCE可以通过ITPACKV 2D模块中的雅各比预处理迭代法解决。

2DDI动力方程是集总的，因此并不需要求解矩阵。在3D中，垂直方向上的分布被视为隐式的，垂向的质量矩阵也不是集中的，因此，在垂向上的每个水平节点都需要解一个复杂的三角形矩阵。

ADCIRC模型的边界条件包括：

(1)指定的水位(谐分潮组成或时间序列)。

(2)指定的法向流动(谐分潮组成或时间序列)。

(3)零法向流。

(4)滑移或非滑移速度条件。

(5)域外的外部障碍溢流。

(6)域内各部分之间的内在障碍溢流。

(7)表面压力(风压力和/或波浪的辐射应力)。

(8)大气压力。

(9)波浪向外的辐射(Sommerfield 条件)。

ADCIRC 模型受以下条件约束：

(1)法向边界条件。

(2)开边界条件。

(3)表面应力边界条件。

(4)潮汐势。

(5)地潮和自身引力潮。

ADCIRC 模型包括一个最少平方分析常式，该常式用来计算运行过程中谐波分潮的水深和深度平均速度，以此来避免在后处理阶段写出很长的时间序列。

为了提高复杂的计算机体系的性能，ADCIRC 已经通过解循环得到了优化。ADCIRC 包括 MPI 库调用，使其在同样的计算机上以更高的效率运行(明显地提高 90%)。

6.2 ADCIRC 模型中的控制方程

Adcirc 可以进行 2D 水深平均模拟，并且方程中所有的非线性项都得以保存，为了避免和减小伽辽金有限元离散出现的数值问题，如振荡、不守恒性等，ADCIRC 模型将原来的连续性方程进行一些处理，采用了通用波动连续性方程 GWCE(Generalized Wave Continuity Equation)，水位通过通用波动连续性方程 GWCE 求解，潮流速度通过动量方程求解。

ADCIRC 模型控制方程的原始形式是二维浅水方程：

$$\frac{\partial \zeta}{\partial t}+\frac{\partial UH}{\partial x}+\frac{\partial VH}{\partial y}=0 \tag{6-1}$$

$$\frac{\partial U}{\partial t}+U\frac{\partial U}{\partial x}+V\frac{\partial U}{\partial y}-fV=-\frac{\partial}{\partial x}\left[\frac{p_s}{\rho_0}+g\zeta-g(\eta+\gamma)\right]+\frac{\tau_{sx}}{\rho_0 H}-\frac{\tau_{bx}}{\rho_0 H}+T_x+D_x-B_x \tag{6-2}$$

$$\frac{\partial V}{\partial t}+U\frac{\partial V}{\partial x}+V\frac{\partial V}{\partial y}+fU=-\frac{\partial}{\partial y}\left[\frac{p_s}{\rho_0}+g\zeta-g(\eta+\gamma)\right]+\frac{\tau_{sy}}{\rho_0 H}-\frac{\tau_{by}}{\rho_0 H}+T_y+D_y-B_y \tag{6-3}$$

其中：x 和 y 分别表示横轴和纵轴坐标，t 为时间；U 和 V 分别为沿 x 和 y 方向的深度平均流速；ζ 为平均水面之上的高度，H 为总水深；f 为柯氏力系数；p_s 为表面大气压；ρ_0 为水密度；τ_{sx} 与 τ_{sy} 为表面切应力(如风应力)；τ_{bx} 与 τ_{by} 为底部摩擦力；T_x 与 T_y 为辐射应力项；D_x 与 D_y 为扩散项；B_x 与 B_y 为斜压梯度项；$(\eta+\gamma)$表示牛顿潮势、地球潮等作用；g 为重力加速度。

相关项具体的表达式如下：

$$B_x=\frac{g}{H}\int_{-h}^{\zeta}\left\{\frac{\partial}{\partial x}\int_{x}^{\zeta}\left(\frac{\rho-\rho_0}{\rho_0}\right)dz\right\}dz=g\left\{\left(\frac{\bar{\rho}-\rho_0}{\rho_0}\right)\frac{\partial \zeta}{\partial x}+\frac{H}{2}\frac{\partial}{\partial x}\left(\frac{\bar{\rho}-\rho_0}{\rho_0}\right)\right\}$$

$$B_y=\frac{g}{H}\int_{-h}^{\zeta}\left\{\frac{\partial}{\partial y}\int_{x}^{\zeta}\left(\frac{\rho-\rho_0}{\rho_0}\right)dz\right\}dz=g\left\{\left(\frac{\bar{\rho}-\rho_0}{\rho_0}\right)\frac{\partial \zeta}{\partial y}+\frac{H}{2}\frac{\partial}{\partial y}\left(\frac{\bar{\rho}-\rho_0}{\rho_0}\right)\right\}$$

$$D_x=\frac{E_h}{H}\left[\frac{\partial^2 UH}{\partial x^2}+\frac{\partial^2 UH}{\partial y^2}\right]$$

$$D_y = \frac{E_h}{H}\left[\frac{\partial^2 VH}{\partial x^2} + \frac{\partial^2 VH}{\partial y^2}\right]$$

$$\tau_{bx} = U\tau_*；\ \tau_{by} = V\tau_*；\ \tau_* = \frac{C_f(U^2+V^2)^{1/2}}{H}$$

为了避免和减小伽辽金有限元离散出现的数值问题，如振荡、不守恒性等，ADCIRC模型将原来的连续性方程进行一些处理，采用了通用波动连续性方程 GWCE。GWCE 通过对原始连续性方程取时间导数得到：

$$\frac{\partial^2 \zeta}{\partial t^2} + \tau_0 \frac{\partial \zeta}{\partial t} + \frac{\partial A_x}{\partial x} + \frac{\partial A_y}{\partial y} - UH\frac{\partial \tau_0}{\partial x} - VH\frac{\partial \tau_0}{\partial y} = 0 \tag{6-4}$$

其中：

$$A_x = U\frac{\partial H}{\partial t} + H\left\{-U\frac{\partial U}{\partial x} - V\frac{\partial U}{\partial y} + fV - \frac{\partial}{\partial x}\left[\frac{p_\zeta}{\rho_0} + g\zeta - g(\eta+\gamma)\right] + \frac{\tau_{sx}}{\rho_0 H} - \frac{\tau_{bx}}{\rho_0 H} + D_x - B_x + \tau_0 U\right\}$$

$$A_y = V\frac{\partial H}{\partial t} + H\left\{-U\frac{\partial V}{\partial x} - V\frac{\partial V}{\partial y} - fU - \frac{\partial}{\partial y}\left[\frac{p_\zeta}{\rho_0} + g\zeta - g(\eta+\gamma)\right] + \frac{\tau_{sy}}{\rho_0 H} - \frac{\tau_{by}}{\rho_0 H} + D_y - B_y + \tau_0 V\right\}$$

不难看出，当 $\tau_0 \to \infty$ 时，波动连续性方程(GWCE)就是原始的连续性方程。ADCIRC将通用波动连续性方程(GWCE)与动量守恒方程一起作为控制方程求解浅水流动。方程的求解采用有限单元法和有限差分法相结合的办法来求解。在空间上采用有限单元法，以适应复杂的边界条件。时间上采用有限差分法以提高计算速度。

根据以往经验及海域水文特性，经校正后使用的水流涡粘系数 E_h 为 $2m^2/s$，底部摩擦力计算时使用随水深变化的系数，柯氏力参数为 0.00009。

ADCIRC 模型可以使用包括水位、流量、速度以及表面应力(大气压力、辐射应力)等在内的各种边界条件，可以应用于海洋、海岸、河口区域的二维水动力计算，在处理潮流动边界、复杂工程建筑物边界等方面具有强大的功能，迄今已在许多工程项目研究中得到广泛应用。

6.3 深水航道工程的水(潮)流模型

本节就中山港出海深水航道选线方案(优选工程)的论证来建立 ADCIRC 二维水(潮)流数学模型，计算不同方案实施前后不同水文组合下潮位、流速、流态的变化。

6.3.1 工程基本情况

中山港是全国第九大集装箱港，其客、货运码头连通港澳，地理位置优越，水运便捷发达，为珠三角西部港口的重要组成部分。随着国民经济的发展，中山市规划将中山港东移至横门出海口，建设万吨级的码头。

中山港出海深水航道工程位于伶仃洋西部横门垦区东侧，濒临洪奇门与横门汇合延伸段右岸，上游有洪奇门水道、横门北支来水来沙，西边以横门垦区的大片陆地为依托，东边紧邻万顷沙垦区尾闾浅滩，与广州港深水航道隔滩相望，南面为淇澳岛。根据初步规划设计，拟定了两种出海深水航道工程方案，见图 6-1。

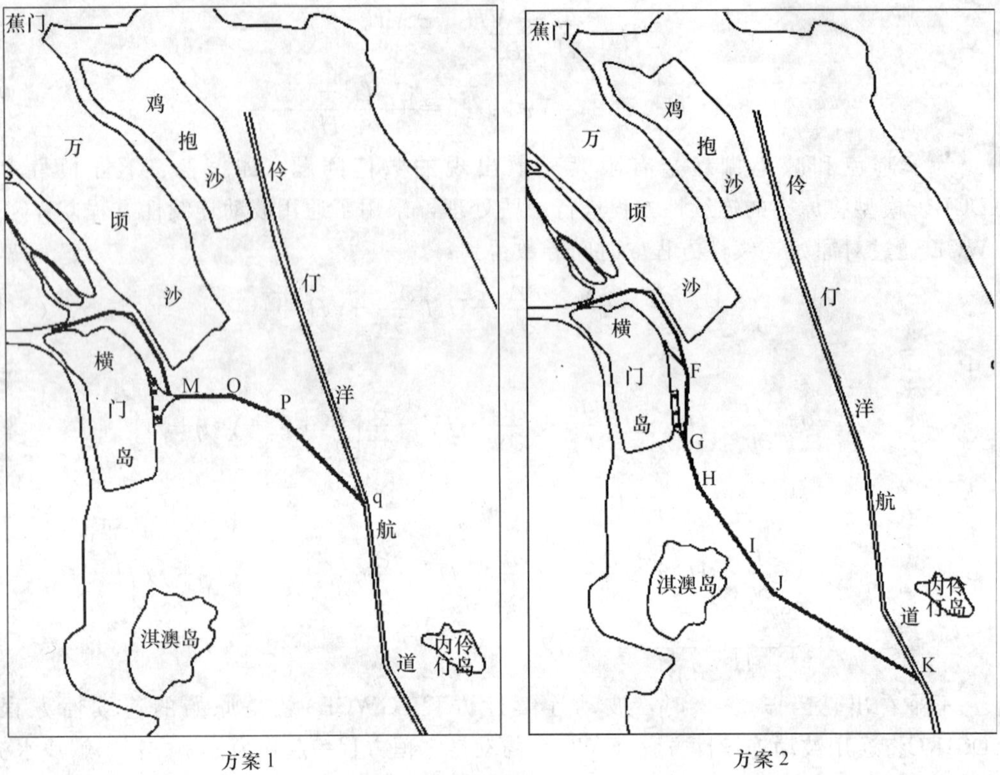

图 6-1　中山港深水航道平面方案布置

本研究中采用可以同时考虑径流和潮流影响的二维潮流数学模型(ADCIRC 模型)和泥沙淤积计算方法对中山港出海航道不同选线方案开挖后的水流条件和泥沙淤积变化进行了计算研究。

6.3.2　滩槽冲淤变化

根据有关研究，横门口附近水域近三十年来在人为和自然因素影响下存在槽冲滩淤的总体特征。比较汇合延伸段以东水域的冲淤变化可见：横门口附近水域槽之外的滩或浅水区自 1980 年围垦整治以来至 2000 年，淤积强度和范围大大减小，与 1977—1984 年相比，甚至出现了大面积微淤以及不冲不淤的水域。近期(2000—2005 年)，淤积加速，范围加大，与 1984—2000 年相比，淤积区域明显东扩南延，甚至伶仃洋深水航道东西两侧都出现了 0.2m 以上的年均淤积带，其总体特征是从东至西淤积强度逐渐增大，汇合延伸段出口以北水域淤积强度大于以南水域。

横门口近期演变的总体趋势是：横门南支在大茅附近落潮支汊发育，金星门涨潮流形成的一主多支涨潮沟，西面潮沟萎缩，东面潮沟或向北延伸，或向东偏移；汇合延伸段落潮槽(沟)南进东拓，涨潮槽(沟)相应南移东退，横门口附近水域涨落潮动力此消彼长。横门垦区以东水域在 20 世纪 70 年代已有雏形的一主一支格局不断发育，目前仍处于持续发展之中，浅滩上二级滩槽分异明显。

6.3.3　模型的研究范围

中山横门口附近水域既受上游水道下泄径流的影响，又受下游伶仃洋潮汐的影响，水动力作用较为复杂，因此，数学模型计算中考虑两种主要动力因素作用下的变化：

洪季以径流动力为主、枯季以潮汐动力为主，模型计算时采用工程附近最新实测洪、枯季水文条件。为了较好地反映这些动力对该地区的影响，数学模型边界尽量选在动力相互影响较弱的地方。

为此，二维数学模型研究范围上游包括珠江东四口门，即虎门、蕉门、洪奇门和横门，海区部分为伶仃洋浅海区，下边界取至大九洲、乐安排一线，模拟陆域岸线长度约232km，模型控制水域面积约为1390km^2。

6.3.4 模型的网格划分

数学模型采用无结构化三角形网格，能很好地模拟海岸、河道及岛屿边界。网格布置大小疏密变化不等，自外海向沿岸逐渐密集，工程附近进行局部加密处理。

模型网格划分为：按近期规划10000t级航道及港池方案考虑，方案1节点个数为27950个，单元数为53590个；方案2节点个数为33716个，单元数为65104个。按远期规划30000t级航道及港池方案考虑，方案1节点个数为26578个，单元数为50808个；方案2节点个数为31426个，单元数为60489个。

网格边长尺寸范围为30～800m不等，时间步长根据计算的收敛性和稳定性确定为3s，网格划分见图6-2。

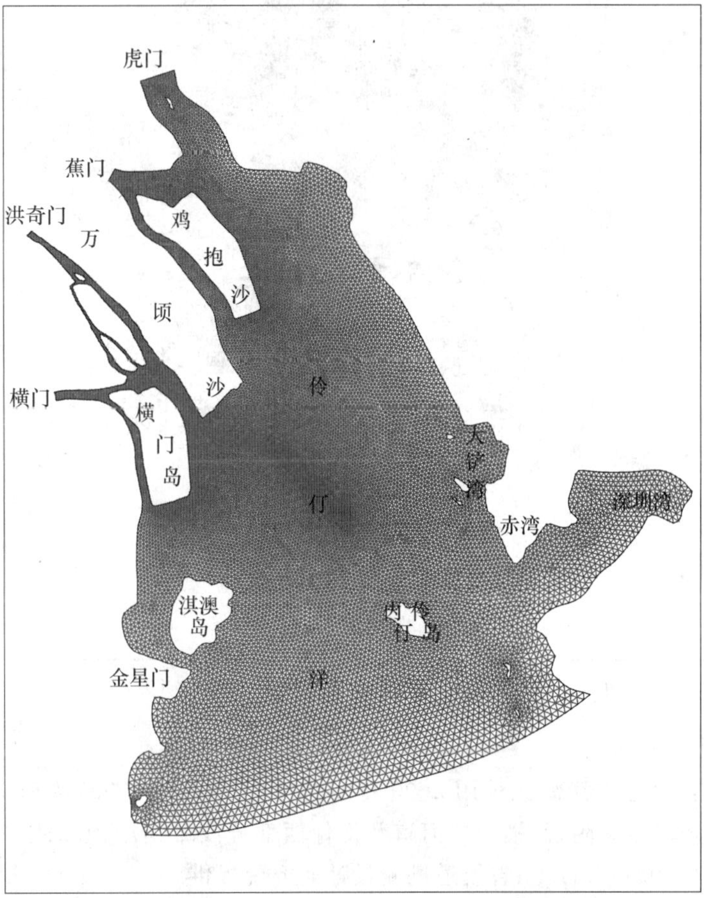

图6-2（a） 数学模型研究范围及网格划分（方案1）

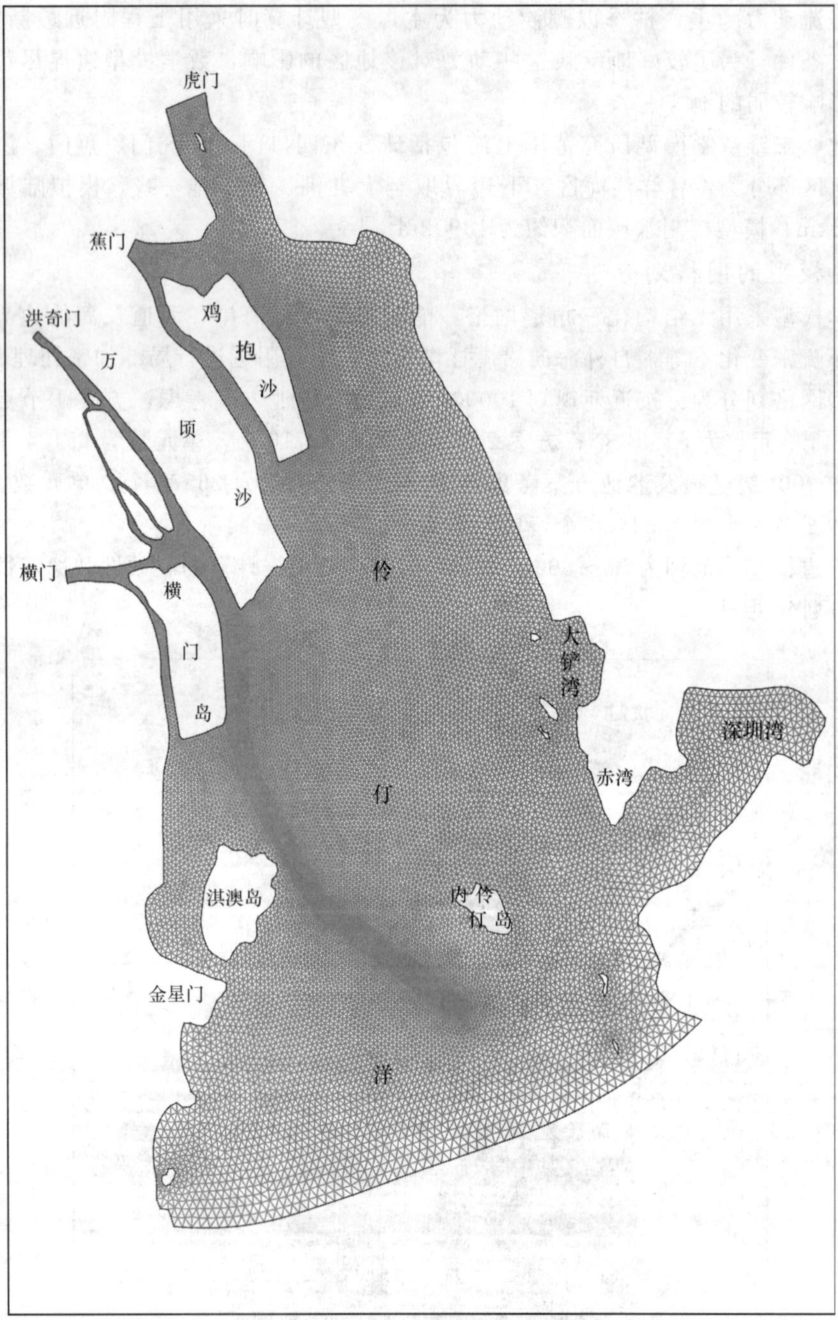

图 6-2（b） 数学模型研究范围及网格划分（方案 2）

6.3.5 建模资料来源

地形资料：伶仃洋浅海区采用 2000 年实测地形图(1：10000)及 1998 年实测海图(1：25000)；横门垦区附近(横门口河道及伶仃西部分浅滩区)地形采用 2005 年 7 月实测地形图(1：10000)，由广东省航道勘测设计研究院提供。

水文条件：计算水文条件以工程区 2005 年间最新施测的洪、枯季实测水文资料为依据，在对模型参数进行率定验证的基础上计算分析工程前后的水流特征变化。

6.3.6 数学模型的验证

验证资料取自 2005 年 6—7 月及 11 月在工程区进行的洪、枯季水文泥沙观测值，其中测点及断面布置见图 6-3。我们选取 7 月 6—7 日(洪季大潮)及 11 月 3—4 日(枯季大潮)作为模型验证潮型。特征潮位验证统计结果见表 6-1，潮位验证过程线见图 6-4，流速、流向验证过程线见图 6-5 至图 6-6。

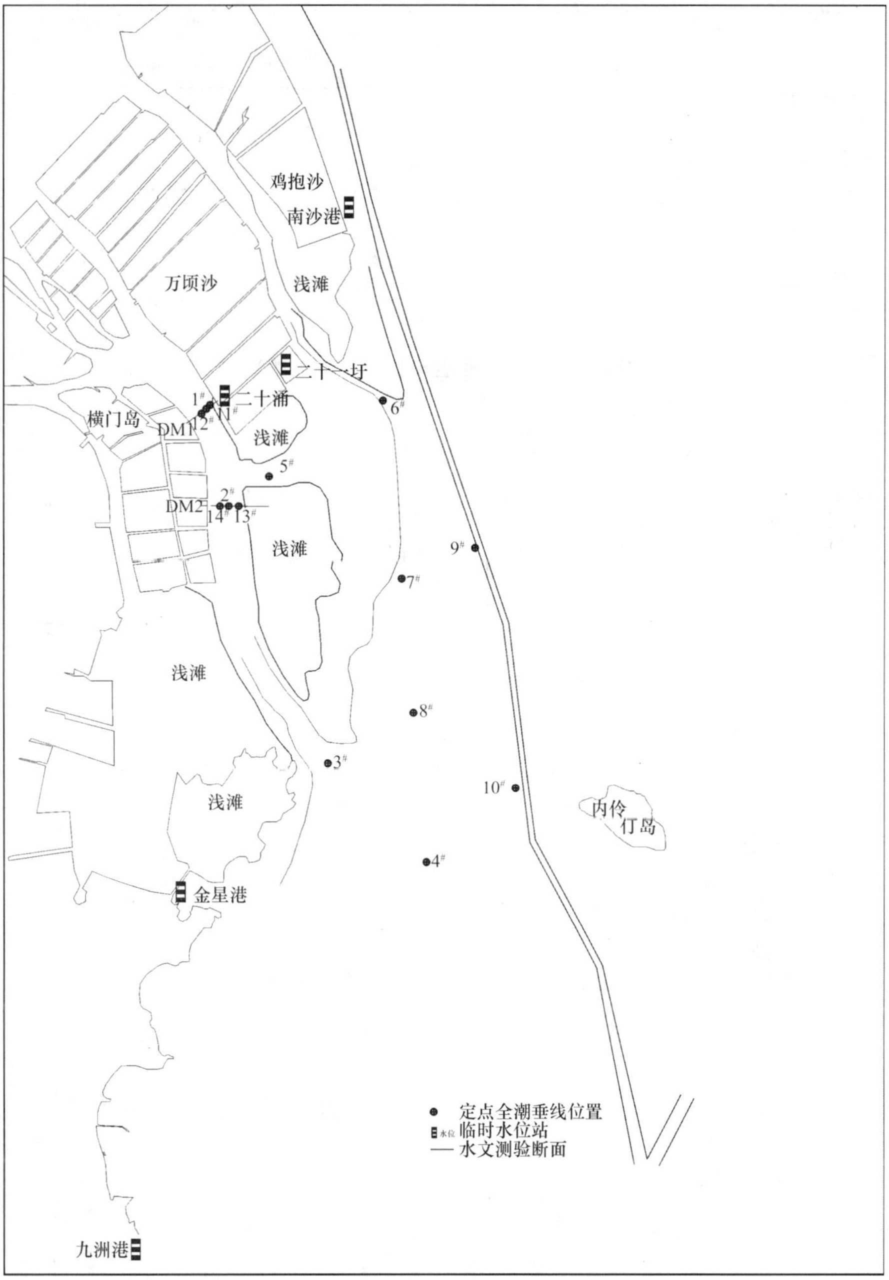

图 6-3 中山港二期扩建工程航道科研工作同步水文泥沙测验布置图

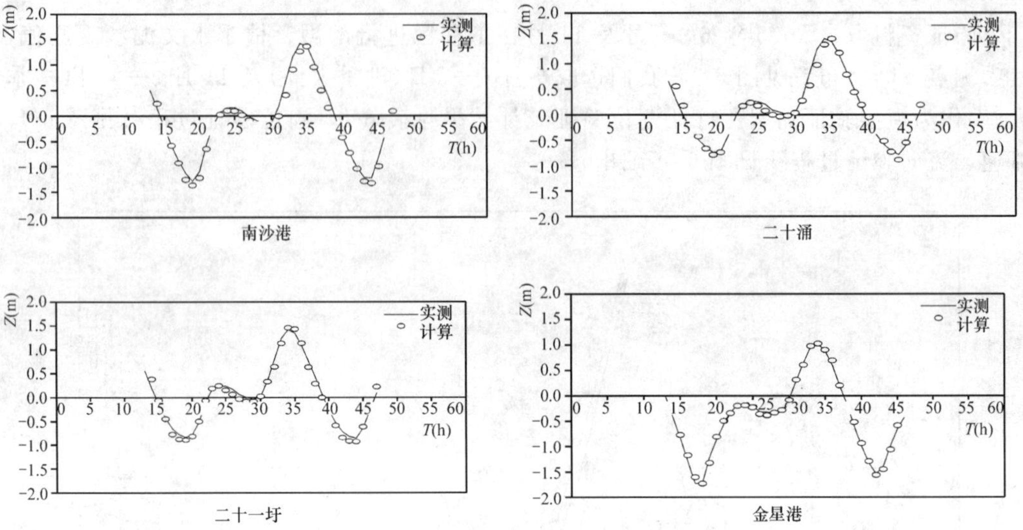

图 6-4（a） 潮位验证图（洪季大潮）

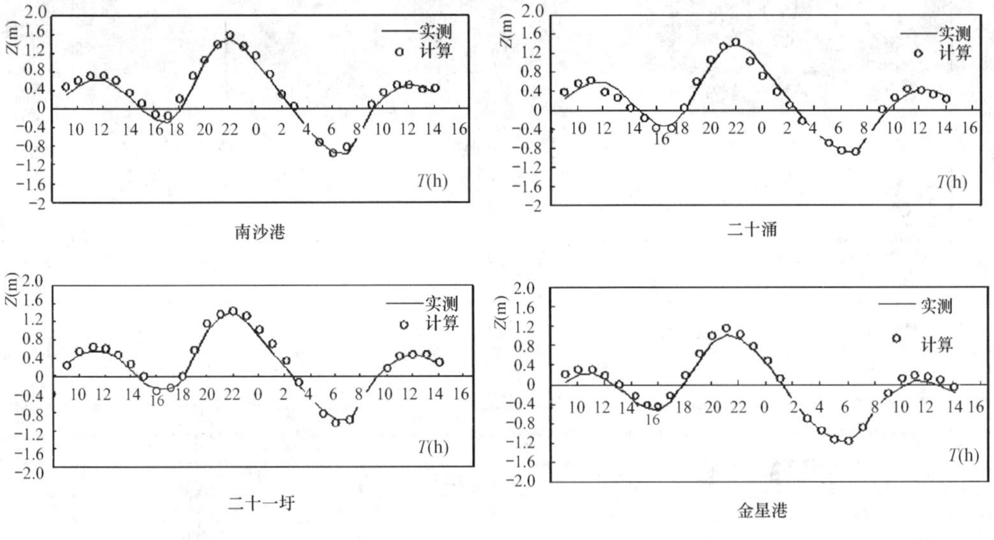

图 6-4（b） 潮位验证图（枯季大潮）

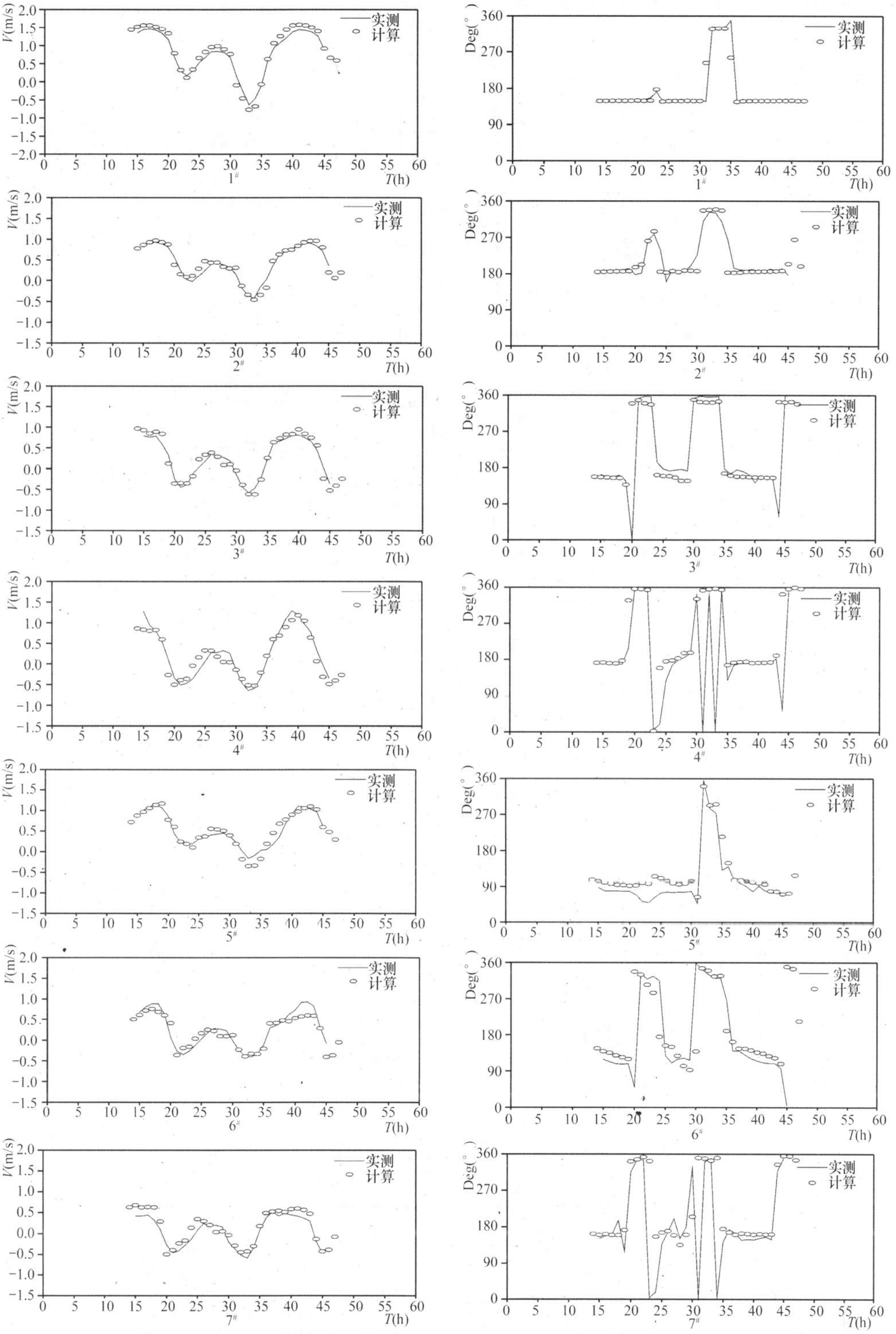

图 6-5（a） 流速、流向验证图（洪季大潮）

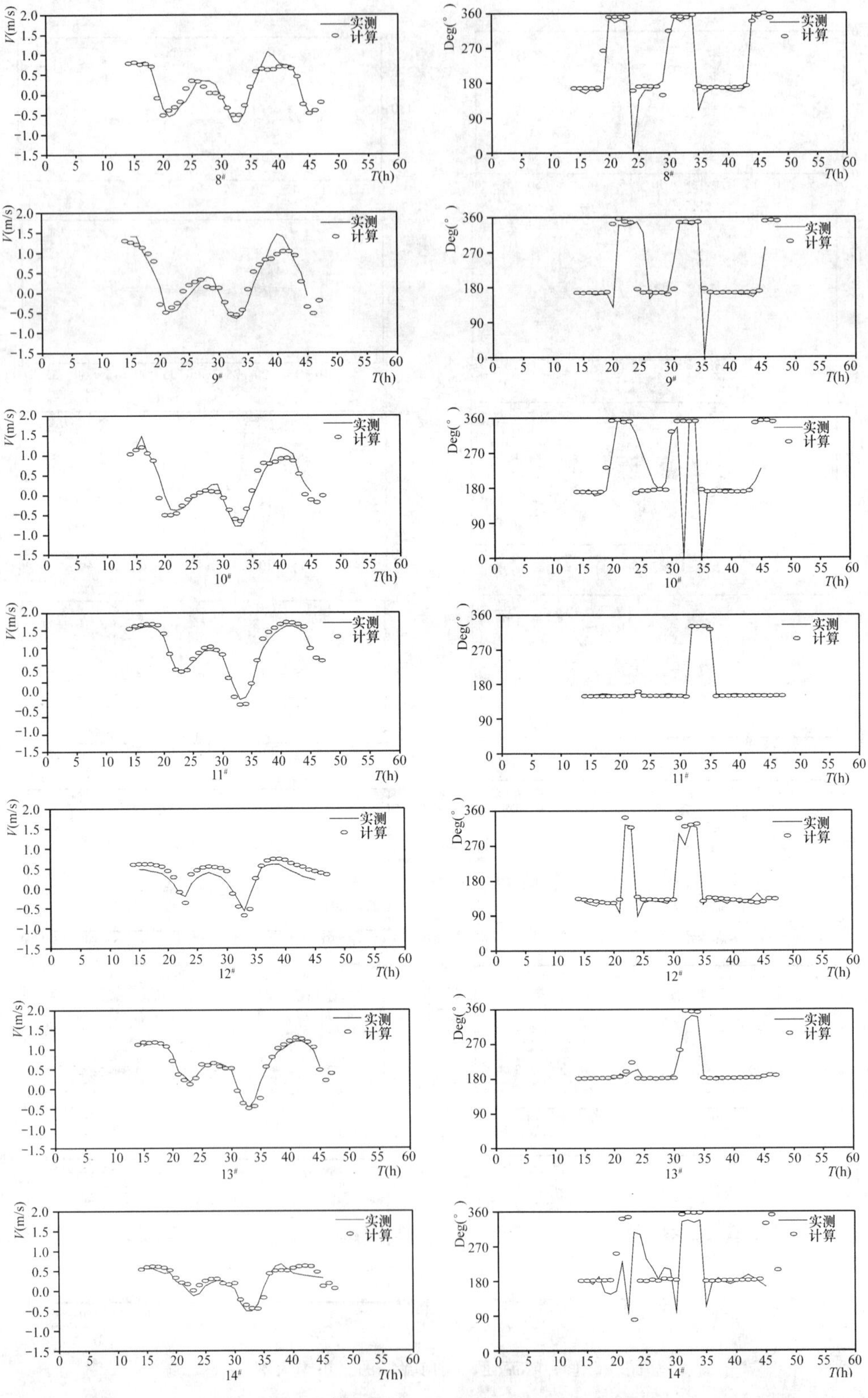

图 6-5（b） 流速、流向验证图（洪季大潮）

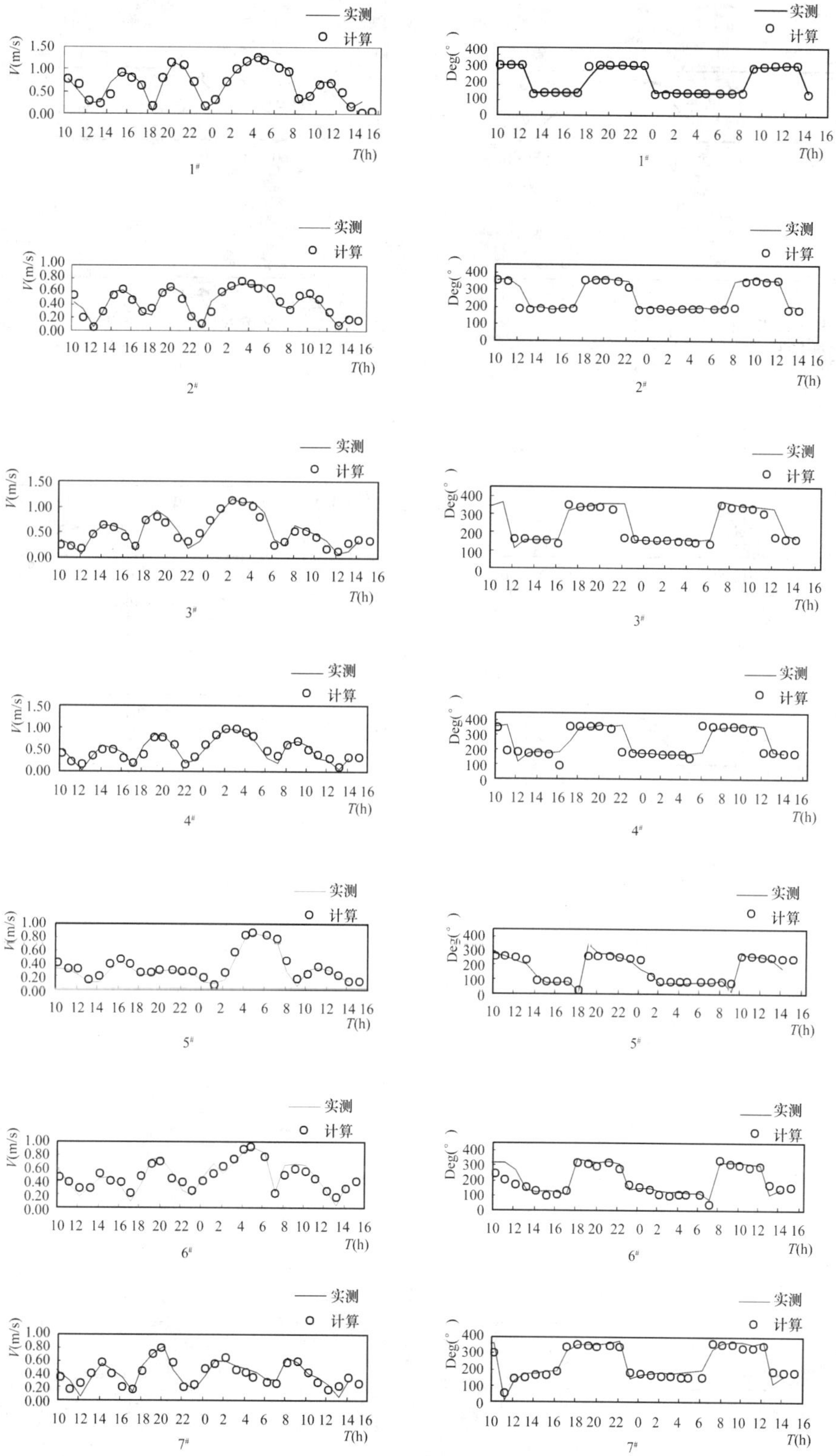

图 6-6（a） 流速、流向验证图（枯季大潮）

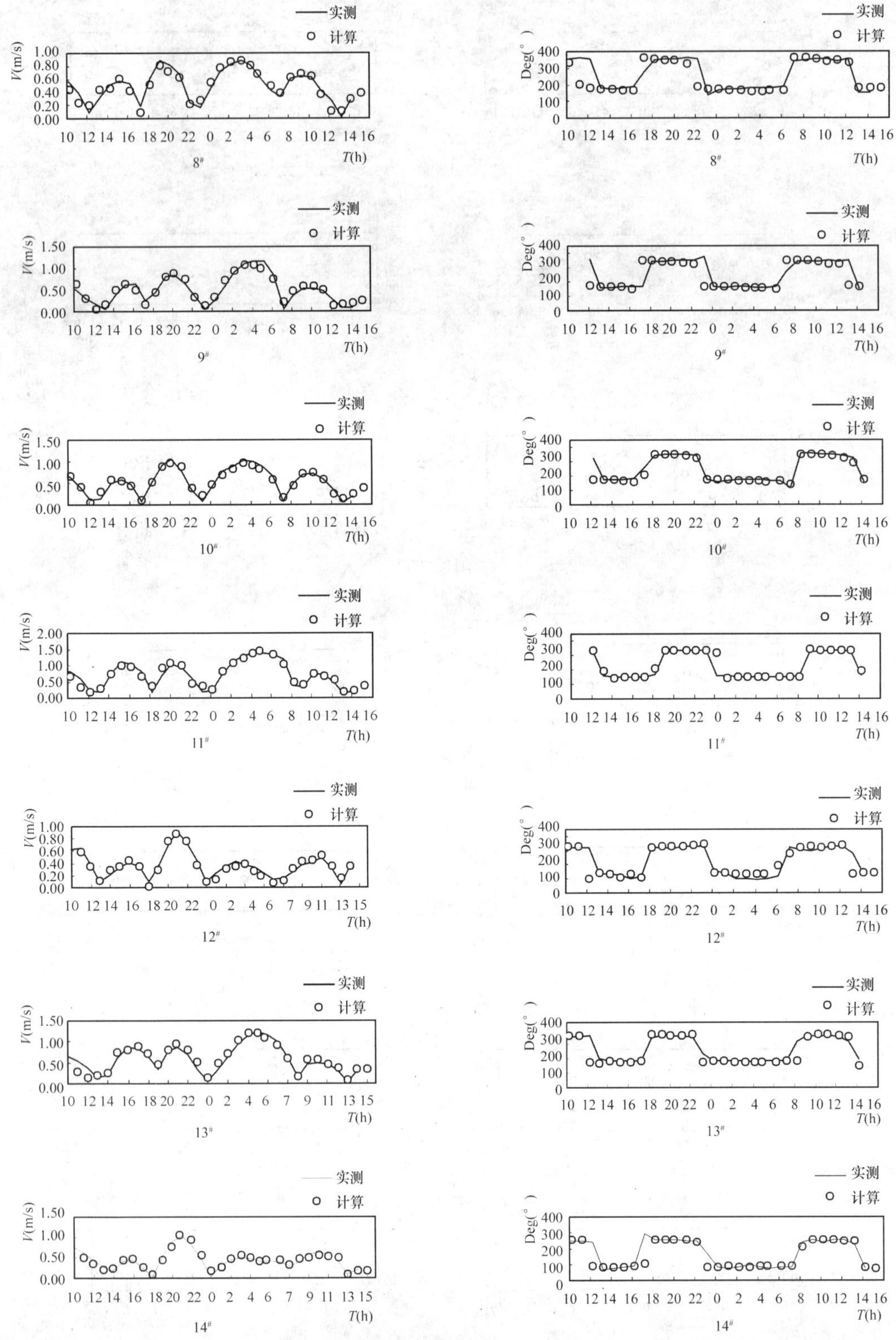

图 6-6（b） 流速、流向验证图（枯季大潮）

由于实测验证点主要位于伶仃洋西侧浅滩区，考虑到模型验证的整体性要求，本报告又以“98.6”典型洪水水文资料对模型进行了复核验证，限于篇幅，此处只给出了潮位验证成果。二维模型潮位验证成果误差统计见表6-2，误差统计项为平均潮位项。模型验证精度控制以交通部《海岸与河口潮流泥沙模拟技术规程》(JTJ/T233—98)为标准。

由上述图和表可见，模型计算的潮位、流速及流向过程线与实测资料基本吻合，符合规程规定的精度要求，模型参数选取基本合理。模型可以用于中山港深水航道工程方案的相关计算。

表6-1 特征潮位验证统计表 (单位：m)

测站名称	小潮				大潮			
	最高潮位	误差	最低潮位	误差	最高潮位	误差	最低潮位	误差
二十涌	0.809	−0.024	−0.449	−0.044	1.484	−0.002	−0.783	−0.054
南沙港	0.707	−0.032	−0.728	−0.016	1.412	−0.053	−1.284	−0.082
二十一圩	0.737	0.012	−0.580	−0.097	1.419	0.039	−0.854	−0.073
金星港	0.364	0.026	−0.887	0.039	1.014	0.008	−1.733	0.003

表6-2 “98.6”洪水潮位验证误差统计表 (单位：m)

验证站点	统计项	实测值	计算值	误差
大虎	平均潮位	0.281	0.210	−0.071
南沙	平均潮位	0.750	0.781	0.032
冯马庙	平均潮位	1.461	1.484	0.023
横门	平均潮位	1.200	1.247	0.048
横门南汊	平均潮位	0.596	0.667	0.071
金星门	平均潮位	−0.157	0.219	−0.062
内伶仃岛	平均潮位	−0.204	−0.226	−0.023
赤湾	平均潮位	−0.226	−0.237	−0.011

6.4 深水航道方案工程计算分析

为便于对比分析，在各方案航道沿程间隔500m布设一个流速采样点，港池内采样点沿泊位顺势布置，计算分析按一个全天潮周期进行统计。各方案采样点位置参见图6-1。

6.4.1 工程区流场变化分析

考虑到各航道方案与后续拟建配套港区的衔接，计算中分别对与航道方案相对应港区的港池水域按设计尺度加以开挖处理。以下就近期规划10000t级航道方案实施后工程区流场变化分别进行阐述。

附图24至附图27分别给出了航道方案1和方案2实施后工程水域洪、枯季涨、落急时刻的流速、流态对比图。从中可以看到各个方案下航道水流的变化特点：

(1)方案1。航道M—Q段沿横门东汊浅槽开挖，受航槽引流效应影响，原来西北向的涨潮流在流经航槽时向西偏转，落潮时水流归槽明显，同时受邻近港区大量开挖的影响，首段航槽内潮流归槽不太明显；Q—P段航槽与伶仃海区涨、落潮有一定偏角，开挖后水流向槽内发生偏转，作为连接的P—P′航段，航槽走向与当地涨、落潮主流夹角相对较小，水流进一步归槽，流态趋于平顺。

(2)方案2。航线沿原横门出海航道走向，开挖后整体流态趋于平顺，水流归槽效应突出。F—G航段由于受港池开挖吸流效应的影响，与其连接部分流态归槽不是很明显，G—H段和H—I段涨、落潮水流与航槽夹角很小，开挖后水流归槽率明显增强，流态更为平顺，槽内流速呈增加趋势，表明水动力有所加强。淇澳岛以下航段(I—K段)，无论涨潮还是落潮，水流与航道轴线夹角较大，横流明显。

表6-3和表6-4分别给出了各方案下航道区段洪、枯季下涨落潮平均流速及相应流向的工程前后变化统计结果，由表中可知：洪、枯水条件下，各方案航段航槽内平均流速有增有减，大部分航段水流动力呈规律性变化，落潮流强于涨潮流，水流流经航槽时向槽内偏转，航槽开挖量较大处平均流向调整幅度也相对大些。具体分析如下：

(1)方案1。洪季条件下，涨潮时各航段航槽内平均流速均有所降低，其中，Q—P′航段内降幅最大为12%，落潮时由于航槽及港池开挖吸流效应较为突出，槽内平均流速有所增加。其中，Q—P′航段内增幅最大为14%，平均流向方面，由于Q—P航段对现有水下地形开挖量相对较大，平均流向调整量相对大些，最大左偏约21°。港池内无论涨潮还是落潮，平均流速均有所降低，由于开挖量较大，最大降幅可达34%，对应平均流向变化很小。

枯季条件下，各个航段航槽内平均流速变化与洪季条件下基本一致，涨潮时流速整体降低，落潮时流速有所增加。其中以Q—P′航段变化量最大，涨潮时减幅为27%，落潮时增幅为10%，平均流向方面，调整幅度最大为20°，港池内平均流速降幅较大，可达31%，由于受连接航道开挖吸流影响，涨潮时平均流向变化调整幅度约为17°。

(2)方案2。从表6-4可以看出，方案2工程实施后，G—H及H—I航段平均流速变化无论洪季、枯季平均流速均有所增加，表明此段水流动力得到很大加强(因水深增加60%左右，航槽单宽流量相应增加约六成)，其中，洪季时最大增幅为12%，枯季时为11%，而平均流向几乎没有什么变化，表明槽内流态更加平顺。I—J航段航槽在涨潮时平均流速几乎没有什么变化，而落潮时平均流速呈增加趋向，其中，洪季时增幅为11%，枯季时增幅为7%，对应平均流向调整幅度枯季略大于洪季，变化幅度一般在14%内。其余航段(F—G段和J—K段)平均流速工程后均有所降低，其中，洪季时最大降幅为11%，枯季时为13%，从变化幅度来看，J—K航段由于航线与涨落潮主流交角较大，航槽开挖后平均流向调整相对较明显些，洪季时为18°，枯季时为21°。港池内无论洪季还是枯季，开挖后平均流速均有降低，最大降幅为24%，由于连接航道的吸流效应对港区内流态有一定影响，平均流向最大调整值约为12°。

表6-3(a)　方案1工程前后平均流速、流向变化统计(洪季)　(流速单位：m/s，流向单位：°)

位置		潮期	H_0	H_1	ΔH	V_0	V_1	ΔV	θ_0	θ_1	$\Delta\theta$
航段	M—Q	涨潮	2.1	9.6	7.5	0.196	0.174	−0.022	287.1	282.5	−4.6
	Q—P′		0.5	9.6	9.2	0.324	0.286	−0.039	322.3	306.6	−16.7
	P′—P		3.9	9.6	6.7	0.365	0.361	−0.004	339.3	321.8	−17.4
	M—Q	落潮	2.1	9.6	7.5	0.500	0.548	0.048	101.8	100.4	−1.3
	Q—P′		0.5	9.6	9.2	0.439	0.500	0.061	143.1	124.0	−19.1
	P′—P		3.9	9.6	6.7	0.498	0.505	0.007	168.1	146.7	−21.4
港池		涨潮	0.2	9.6	9.4	0.250	0.187	−0.063	352.2	346.3	−6.8
		落潮	0.2	9.6	9.4	0.340	0.223	−0.117	177.4	173.6	−3.8

表 6-3(b) 方案 1 工程前后平均流速、流向变化统计(枯季) (流速单位：m/s，流向单位：°)

位置		潮期	H_0	H_1	ΔH	V_0	V_1	ΔV	θ_0	θ_1	$\Delta\theta$
航段	M—Q	涨潮	2.1	9.6	7.5	0.202	0.154	−0.048	294.4	288.3	−6.1
	Q—P′		0.5	9.6	9.2	0.346	0.251	−0.094	330.4	313.6	−16.8
	P′—P		3.9	9.6	6.7	0.366	0.349	−0.017	336.6	317.9	−17.7
	M—Q	落潮	2.1	9.6	7.5	0.292	0.312	0.020	104.1	97.1	−7.0
	Q—P′		0.5	9.6	9.2	0.341	0.377	0.036	153.0	133.6	−19.4
	P′—P		3.9	9.6	6.7	0.399	0.415	0.016	169.0	149.0	−20.0
港池		涨潮	0.2	9.6	9.4	0.317	0.223	−0.093	353.6	336.7	−16.9
		落潮	0.2	9.6	9.4	0.287	0.197	−0.090	177.1	174.0	−3.1

注：深度基准为当地理论最低潮面。

表 6-4(a) 方案 2 工程前后平均流速、流向变化统计(洪季) (流速单位：m/s，流向单位：°)

位置		潮期	H_0	H_2	ΔH	V_0	V_2	ΔV	θ_0	θ_2	$\Delta\theta$
航段	F—G	涨潮	6.1	9.6	4.5	0.334	0.298	−0.037	322.5	311.8	−10.7
	G—H		4.9	9.6	4.7	0.383	0.428	0.045	336.7	342.1	6.4
	H—I		6.9	9.6	3.7	0.455	0.483	0.027	324.4	321.2	−3.3
	I—J		3.7	9.6	6.9	0.382	0.380	−0.002	344.2	336.9	−7.3
	J—K		6.5	9.6	4.1	0.386	0.342	−0.043	339.1	321.3	−17.7
	F—G	落潮	6.1	9.6	4.5	0.659	0.604	−0.054	178.1	178.3	0.2
	G—H		4.9	9.6	4.7	0.608	0.675	0.067	163.4	162.6	−0.8
	H—I		6.9	9.6	3.7	0.688	0.747	0.059	144.5	144.5	0.0
	I—J		3.7	9.6	6.9	0.553	0.622	0.068	160.2	153.3	−6.9
	J—K		6.5	9.6	4.1	0.514	0.466	−0.048	169.3	159.0	−10.3
港池		涨潮	1.4	9.6	8.2	0.290	0.230	−0.060	356.0	342.9	−12.1
		落潮	1.4	9.6	8.2	0.437	0.330	−0.107	176.8	180.0	3.2

注：深度基准为当地理论最低潮面。

表 6-4(b) 方案 2 工程前后平均流速、流向变化统计(枯季) (流速单位：m/s，流向单位：°)

位置		潮期	H_0	H_2	ΔH	V_0	V_2	ΔV	θ_0	θ_2	$\Delta\theta$
航段	F—G	涨潮	6.1	9.6	4.5	0.370	0.343	−0.027	314.0	302.4	−11.6
	G—H		4.9	9.6	4.7	0.328	0.358	0.030	346.7	344.6	−2.1
	H—I		6.9	9.6	3.7	0.368	0.389	0.021	326.7	326.0	−0.7
	I—J		3.7	9.6	6.9	0.340	0.338	−0.002	344.5	330.1	−14.4
	J—K		6.5	9.6	4.1	0.305	0.265	−0.040	336.6	316.3	−21.3
	F—G	落潮	6.1	9.6	4.5	0.512	0.459	−0.053	179.7	179.6	−0.1
	G—H		4.9	9.6	4.7	0.460	0.510	0.050	166.1	164.7	−1.4
	H—I		6.9	9.6	3.7	0.498	0.532	0.034	146.9	146.5	−0.4
	I—J		3.7	9.6	6.9	0.428	0.460	0.032	164.7	156.3	−8.4
	J—K		6.5	9.6	4.1	0.428	0.384	−0.044	169.3	160.1	−9.2
港池		涨潮	1.4	9.6	8.2	0.330	0.250	−0.080	356.5	343.2	−12.3
		落潮	1.4	9.6	8.2	0.350	0.280	−0.070	177.0	180.7	3.7

注：深度基准为当地理论最低潮面。

6.4.2 航道淤积量计算

(1)回淤计算公式。航道开挖后的回淤量计算方法很多，大多采用经验和半经验公式。在此采用“八五”重点攻关项目中且通过伶仃洋航道一期工程和南沙港区一期工程等多种实际工程检验的经验公式(见式(6-5)，以下简称公式1)，以及《海港水文规范》中规定的适用于淤泥质海岸航道泥沙淤积计算的公式(见式(6-6)，以下简称公式2)。

$$p=\frac{k\omega St}{\gamma_0}\left[1-\left(\frac{h_1}{h_2}\right)^{0.56}\cos^2\theta-\left(\frac{h_1}{h_2}\right)^3\sin^2\theta\right] \tag{6-5}$$

$$P=\frac{\omega St}{\gamma_0}\left\{k_1\left[1-\left(\frac{d_1}{d_2}\right)^3\right]\sin\theta+k_2\left[1-\frac{d_1}{2d_2}\left(1+\frac{d_1}{d_2}\right)\right]\cos\theta\right\} \tag{6-6}$$

式中：

p 为年平均淤强(m)；

k 为经验系数，取0.45；

k_1、k_2为淤积系数($k_1=0.35$、$k_2=0.13$)；

ω 为泥沙动水沉降速度，根据有关试验和珠江口海区的实践经验，沿程航道泥沙沉速的取值，$\omega=0.050\text{cm/s}$；

S 为水体多年平均含沙量，取0.26～0.30kg/m^3，含沙量变化通常遵循浅水区较大，深水区相对较小的分布规律；

t 为泥沙淤积时间(s)；

γ_0为淤积泥沙的干容重，与悬移质泥沙粒径有关，本区悬移质 $d_{50}=0.006\text{mm}$，其 $\gamma_0=686\text{kg/m}^3$；

h_1、d_1为开挖前平均海平面下平均水深(m)；

h_2、d_2为开挖后平均海平面下平均水深(m)；

θ 为水流流向与开挖航道走向所夹之锐角(°)。

(2)回淤计算结果及分析。根据上述计算公式1和2，分别计算了各方案在航道开挖后的平均淤积强度和淤积量，表6-5、表6-6给出了各方案下航道和港池的淤积计算统计结果。

表6-5　　方案1航道年淤积强度及淤积量计算结果

航段	航道长度(km)	公式1		公式2	
		淤积强度(m/a)	淤积量(10^4m^3/a)	淤积强度(m/a)	淤积量(10^4m^3/a)
M—Q	2.6	1.39	41.2	1.18	34.3
Q—P′	3.2	2.18	86.0	1.99	76.4
P′—P	7.4	1.80	157.2	1.77	154.2
淤积强度平均/淤积量合计		1.83	284.4	1.65	264.9
两公式平均		淤积强度1.72m，淤积量274.0万m^3/a			

注：回淤量和基建开挖量均包括1∶10边坡量，以下同。

表 6-6　　方案 2 航道年淤积强度及淤积量计算结果

航段	航道长度(km)	公式 1		公式 2	
		淤积强度(m/a)	淤积量($10^4m^3/a$)	淤积强度(m/a)	淤积量($10^4m^3/a$)
F—G	4.4	1.15	56.4	0.93	44.7
G—H	2.9	0.98	31.2	0.93	29.5
H—I	6.4	0.73	42.3	0.53	30.1
I—J	3.2	1.94	74.1	2.08	80.4
J—K	11.1	1.88	247.9	1.90	251.0
淤积强度平均/淤积量合计		1.34	420.9	1.27	435.7
两公式平均		淤积强度 1.30m，淤积量 443.8 万 m^3/a			

由表 6-5 和表 6-6 的计算结果可知，各方案航道淤积情况特点为：

(1)最大淤积强度。航道方案 1 沿航道的最大淤积强度发生在 Q—P′段，此区汇集沙量较多，水流动力较弱，航道开挖后淤积量较大；航道方案 2 沿航道的最大淤积强度发生在淇澳岛以下航段，此区水深相对较浅，航道与潮流主流交角较大，横流作用较强。

(2)平均淤积强度。航道方案 1 的航道平均淤积强度为 1.72m/a，大于航道方案 2 的平均淤积强度 1.30m/a。

(3)淤积量和挖淤比。航道方案 1 的淤积量为 274 万 m^3/a，挖淤比为 17.6%；航道方案 2 的淤积量为 444 万 m^3/a，挖淤比为 26.1%。

6.4.3　骤淤分析计算

本区水深小，泥沙易于启动，相对开挖深度大，淤积强度也大，因此，港池航道开挖后出现淤积是在所难免的，特别是骤淤的影响如何也是非常令人关注的。

骤淤计算的公式仍采用公式 1 和公式 2。由于本区实测含沙量资料不足，特别是大风天气实测含沙量资料更是缺乏，故本文仅能用经验公式做一估算。

当海向大风(强台风)出现时，含沙量会呈数倍增大，由于本海区缺乏大风天气的实测含沙量，所以采用刘家驹公式(式 6-7)作近似推算。

$$S=0.0273\rho_s\frac{(|\boldsymbol{V}_1|+|\boldsymbol{V}_2|)^2}{gh} \tag{6-7}$$

式中：$\boldsymbol{V}_1$ 为潮流 $\boldsymbol{V}$ 和风吹流 $\boldsymbol{V}_b$ 的合成流速，即 $\boldsymbol{V}_b=0.020U$；U 为风速矢量；$\boldsymbol{V}_2$ 为波动水流流速，$|\boldsymbol{V}_2|=0.2C\frac{\overline{H}}{h}$($C$ 为波速，$\overline{H}$ 为波高，h 为水深)；其他参量意义同前。

工程区附近没有现场实测台风浪资料，本文结合《中山港二期扩建工程航道回淤观测技术总结》(2006.8)和 2006 年 4—9 月的中山港二期扩建工程试挖槽测量图资料，测量期间 2006 年 8 月 3—5 日这 2 天遭遇台风“派比安”登陆，测量地区风力达 8 级，阵风 9 级，台风前后对比观测得出淤积厚度达 0.04m，这为用经验公式 1、2 和 3 提供了率定资料。

当出现大风天气时，水体紊动强烈，挟带泥沙粒径较大，在计算中对泥沙沉速和含沙量等参数都做了相应的调整。另外，由于大风天气持续时间长短不一，本文计算采用的是 1 天的淤积强度和淤积量，一次大风过程的实际淤积量可由该值乘以大风持续的时间得出，计算结果如表 6-7 和表 6-8 所示。

表 6-7　　方案 1 航道大风天淤积强度及淤积量计算结果

航段	航道长度(km)	公式 1		公式 2	
		淤积强度(m/d)	淤积量($10^4 m^3/d$)	淤积强度(m/d)	淤积量($10^4 m^3/d$)
M—Q	2.6	0.06	1.7	0.05	1.4
Q—P′	3.2	0.10	3.2	0.09	3.0
P′—P	7.4	0.08	6.2	0.08	6.1
淤积强度平均/淤积量合计		0.08	11.1	0.08	10.5
两公式平均		淤积强度 0.08m，淤积量 10.8 万 m^3/d			

表 6-8　　方案 2 航道大风天淤积强度及淤积量计算结果

航段	航道长度(km)	公式 1		公式 2	
		淤积强度(m/d)	淤积量($10^4 m^3/d$)	淤积强度(m/d)	淤积量($10^4 m^3/d$)
F—G	4.4	0.05	2.4	0.04	1.9
G—H	2.9	0.05	1.3	0.04	1.3
H—I	6.4	0.03	1.8	0.02	1.3
I—J	3.2	0.09	2.9	0.10	3.1
J～K	11.1	0.09	9.7	0.09	9.8
淤积强度平均/淤积量合计		0.06	18.1	0.06	17.4
两公式平均		淤积强度 0.06m，淤积量 17.8 万 m^3/d			

从表 6-7 和表 6-8 的计算结果来看，不同方案在相当于 2006 年 8 月 3—5 日的大风强度的天气时的淤积量较正常天气要增大约 16 倍，但从数值来看，航道平均淤强介于 0.06～0.08m/d，最大淤强 0.10m/d。其量有限，只要预留一定的备淤深度，是可以满足船舶正常航行要求的。

由于受岛屿遮挡和沿程水深折射影响，中山港出海航道附近水域波浪不会太大，波浪掀沙能力有限，在骤淤分析时可不考虑其作用。另外，从广州港出海航道数年实践来看，尽管广州港在伶仃航道段不断实施浚深工程(目前航道水深为−13.0m)，且经历了多次台风影响，但是从未出现过骤淤现象。

第 7 章　波浪数值模型及其应用

7.1　波浪的数值模拟

7.1.1　波浪运动

开阔大洋中的波浪是由水质点的振动形成，当波浪经过时，水质点便画出一个圆圈；在波峰上，每个质点都稍稍向前移动，然后返回波谷中差不多原来的位置。一块浮木或软木，除非是风或海流事实上使其漂移，否则它几乎不改变其位置。质点的振动是风对水面的摩擦引起的。强风的结果形成巨浪，巨浪可能以峰谷间垂直高达 12～15m 的圆形涌浪形态在开阔大洋上传播数千公里。迄今观测到的最长的涌浪的波长(相邻波峰之间的水平距离)为 1130m，波高 21m，这是 1961 年“贝齐”号在飓风期间一架自动波浪记录仪于西大西洋中观测到的。

但是，当波浪传播到浅水时，其波峰便变陡，卷曲然后破碎(这时称为碎波)，结果大量的碎波成为上爬浪整体地冲上海滩。然后，水又作为回流沿海滩斜坡流回。一方面，水对着海岸聚积起来，另一方面又有称为底流的下层流予以抵消，下层流在海底附近从滨岸流回，或者在这里局部成为裂流。

波浪由风推向滨岸，其高度以及由此获得的能量取决于风的强度和风在开阔水域吹过的距离，这称为吹程。因此，在海岸线的演变中，最重要的是相对于风向、开阔海面的海岸线的位置和方位，特别是相对于最大吹程的方向和最大的波浪即优势波浪(能起最大作用的波浪)方向的海岸线位置和方位。

暴风浪具有特别的重要性。暴风浪是吹程相当大的特殊大风的产物，它们一天里对海岸线的作用可能比普通盛行波浪在数周相对平静的天气里作用明显。这些暴风浪大多造成破坏性的后果。由于它们频繁出现，一浪很快地紧接着一浪，频率为 12～14 次/m，当波浪破碎时，水几乎垂直地冲击下来(因此有“冲击碎浪”一语)，因而回流比上爬强有力得多。因此，这些破坏性波浪倾向于“梳”下海滩，并将物质向海里移动。每分钟起伏 6～8 次的较和缓的波浪，其上爬浪的前冲力较强，由于摩擦阻碍作用，回流力量较弱。因此，它们倾向于将粗砾搬上海滩。这些波浪是建设性波浪，即“崩顶”或“激散”碎波。

冬季的大西洋波浪对爱尔兰西岸的平均压力，差不多为 10.78 万牛/m^2，而在大风暴期间，压力可 3 倍于此。暴风浪对海岸线的作用在高潮时极为显著，因为它们的力量作用于较高的海滩或悬崖面上。

当波浪接近滨岸并且水变浅时，其速度便减小。如果海岸由交替的岬湾构成，那么，水在岬角前变浅要比在海湾深水处快。因此，波浪从海湾处向岬角侧部弯曲或折射，并在这里加强侵蚀过程。如果波浪以斜交的方向推进，那么折射也可能在平直海岸上发生，结果它们最终将在几乎与海岸平行的方向上破碎。

7.1.2　波浪的数值模拟

波浪是海岸工程设计中最为重要的因素之一。波浪由深海向海岸传播过程中，由于地形和水工建筑物等因素的影响，将发生浅水变形、折射、绕射、反射等现象，准确地了解这些现象的综合影响，对海岸工程设计，特别是合理地布置防波堤，确保港内的泊稳条件具有重要意义。

波浪运动具有不规则性和非线性特征，加之实际地形变化繁多，精确模拟波浪的折射、绕射和反射的综合影响，难度很大。20 世纪 60 年代初，法国 Biesel 提出了采用积分方程的波浪数学模型。70 年代，荷兰 Berkhoff 提出了缓坡方程波浪数学模型，丹麦 Abbott 提出了 Boussinesq 方程波浪数学模型。这两类波浪数学模型的提出，是波浪数学模型发展的重要里程碑，大大推进了波浪数学模型的发展。80 年代以来，欧美和日本学者在缓坡方程和 Boussinesq 方程的基础上，对波浪数学模型进行完善和发展。波浪数学模型作为波浪推算的新方法与水工物理模型相互补充，成为海岸工程波浪问题研究的有力工具。

模拟海岸、河口波浪的浅水波浪数值预报模型主要有缓坡方程、Boussinesq 方程、Texel. Marsen 和 Arsole Spectrum(TMA)谱预报法及能量平衡方程等。各模型在预报时对波浪的能量输入、耗散（包括底摩擦、渗透、白浪、破碎）、波与波之间非线性相互作用、折射、绕射、反射及浅化等机理各有侧重，各有特色。折射—绕射数值模型基于线性理论，所描述的是单频率波浪运动，虽能计及波浪浅化、摩擦、折射、绕射等机制，但由于其视波浪为规则波，难以合理模拟风能输入、白浪和波与波之间非线性效应，尤其在非线性作用剧烈的水域不适用；Boussinesq 方程由于在一个波长内计算网格密度要求较高和在长时间计算中的稳定性问题，适用于较小水域；动谱平衡方程数值模型视波浪为随机波，虽较难考虑绕射效应，但比其他模型更合理地计及随机波的能量输入、损耗及转换机理。

目前，平面二维波浪模型的理论不断向前发展和完善，同时不少成熟的模型也在工程上应用，并形成了像 Mike21、HISWA、SWAN、CGWAVE、HARBD 等软件包；垂向二维波浪模型刚刚开始应用于一些简单的工程实例，但这类模型的研究很广泛，如波浪爬高、波浪破碎，波浪对结构物的作用，对护面块体的作用，波浪作用下底质沙土的液化，开孔结构物中局部流场等，这方面的软件包有 NEWFLUME、SKYLLA；三维波浪模型的研究受计算机容量和速度的限制起步最晚，目前可以说是刚刚起步，但随着计算方法和模拟技术水平的提高，虽刚刚起步其研究的起点较高，许多研究者直接就采用计算流体力学中很先进的模拟技术——大涡模拟进行三维的波浪数值模拟研究。从数值求解的方法上看，波浪数值模型多采用有限差分法、有限元法和边界元法。从波浪模型的理论上看，主要是基于 NS 方程和势流理论的模型，平面二维波浪模型也有基于波能平衡方程的模型。

波浪数值研究存在的主要问题有：

(1)缓坡方程和 Boussinesq 模型将波浪周期视为定值，这与实际情况相悖，组成波之间强烈的非线性相互作用导致能量的交换和转移是波周期变化的根本原因，不考虑三相波、四相波非线性相互作用对波浪能量分配的影响则无法解决这一问题。波周期失真会直接导致波高、波长、波陡等其他波要素的失真。

(2)流速、水位对于波浪尺度的影响较大，目前二维、三维水流模型已成熟，对流速、水位的模拟已达到相当精度，而在随时间、空间而变的流速、流向、水位作用下的波浪非定常数值模拟尚需进一步研究。

(3)缓坡方程、Boussinesq 方程和动谱平衡方程等模型涉及的波浪机理各有侧重，在预报海岸、河口、港湾和工程附近波浪要素时，如何取各模型所长全面模拟波浪动力现象也是有待进一步研究的问题。

7.1.3 近岸波浪的研究进展

关于近岸海浪演变的理论模型和计算模型基本可分为两类。一类是直接描述海浪波动过程水质点的运动。这类模型把经典的纳维—斯托克斯方程简化处理成 Boussinesq 型方程，引进的假设和近似比较少，能较好地考虑非线性作用、摩擦耗散、底边界和岸边界条件。但是，近岸海浪水质点运动的波长一般只有几十米，周期几秒到十几秒，要描述水质点的波动特征，计算网格只能小于 10 m 或在 10m 左右，时间步长不到 1s，在高性能的大型工作站上也只适宜几千米范围的计算。要想用这种模型作近岸几十千米、数小时到几天的时空尺度计算，近期是极为困难的。

另一种模型描述海浪波动能量、波高、波长、频率等要素的变化，即着眼于海浪宏观上的整体特征，而不涉及具体的水质点运动过程。事实上，海洋（海岸）工程建设、海洋（海岸带）资源开发和保护、泥沙计算等关心的也是海浪各要素的大小，而不是具体的水质点运动过程。影响近岸海浪要素变化的因子主要包括海底地形、环境流、摩擦耗散和不同尺度海浪之间的非线性作用，海底地形、环境流、摩擦耗散等因子的时空变化尺度一般大于海浪水质点的时空变化尺度，即海浪要素相对于海浪波动本身来说是缓变的，可以用比较大的时空步长描述其变化。这类理论模型和计算模型现已不断完善，在理论上，可以用于大范围数值计算。Berkhoff 基于海浪要素在海浪波长和周期时空尺度上缓变的思想，建立描述海浪要素的椭圆形缓坡方程，作了海浪折射—绕射联合计算。此后这类模型得到很大发展，并在实际海浪计算中得到比较广泛的应用。但是目前应用的各种缓坡方程都引进了比较多的假设和近似，实际计算时还有一定的应用范围局限和理论误差。基于现有的近岸海浪模型，拟采用弱化目前缓坡方程部分假设和近似，建立更完善的随机海浪计算模型，来计算和描述波浪要素的变化，而不涉及具体的水质点运动。

根据海浪要素相对于海浪波长和周期缓变的思想，建立描述海浪变化的方程，不少学者开展这方面的研究工作。描述波浪要素变化的缓坡方程得到进一步发展，并且有具体的计算尝试。目前，缓坡方程及其计算应用成为海浪研究的热点，学者们利用变分原理、量级分析和多种尺度分析等方法，相继建立起了各种改进的缓坡方程理论模型和计算模型。

基于缓坡方程理论模型，学者们建立了多种类型的计算模型，这些模型主要在以下方面有不同程度的差别。

(1)采用的理论模型不一样。这些模型对影响海浪要素的因子有不同的处理（考虑的因子个数不同，或者对这些因子的处理形式不一样），或者有椭圆、抛物、双曲形等不同类型的差别，或者有规律波和随机波的差别。

(2)对含时间导数项的处理不同。有的模型仅考虑定常态下的海浪要素的空间变化，有的模型还考虑了海浪要素随时间的变化。

(3)对边界的处理不同。

(4)所采用的坐标有差别。

围绕近岸大范围海浪计算的需要，目前对这些计算模型的改进主要着眼于3点：

(1)采用理论模型所考虑的动力因子是否完整、合理。

(2)边界处理是否方便、合理。

(3)是否节省计算量，从而可用于大范围计算。

这3个方面，前者可归于理论模型研究，后两者不但是理论问题，而且需作为计算问题深入研究。为了节省计算量，学者们从理论模型的角度研究比较多，把椭圆方程近似简化为抛物方程或双曲方程，把随时间变化的发展型方程化为定常方程。不过，这些简化处理对缓坡方程适用范围的限制值得注意。例如，尽管 Darlymple 和 Kirby 把抛物近似模型发展到能适用于波浪较大角度入射的情况，但是海浪在大范围海域中传播时，近岸或浅滩处波向会发生很大的变化，这种模型仍难应用，有些学者为达到节省计算量的目的，在实际大范围复杂海区计算时仍应用此类模型，似乎值得商榷。另外，在实际海区，环境流（例如潮流)处于比较强的变化中，在比较大的范围内考虑环境流对海浪要素的影响，或者实际天气过程中边界入射处于强变动时计算海浪要素，采用定常方程也值得商榷。所以简化理论模型来节省计算量，其效果有限。事实上，仅靠这些处理，计算量的减小远远不能满足实际计算的需要。从理论上探讨海浪要素计算网格、时间步长和海浪波长、周期之间是否有必然联系，进一步从海浪要素演变的机制和时空尺度上寻找确定计算网格、时间步长的理论依据是很有意义的。除了采用动力分析的方法从理论上研究这个问题，数值方法也是一种有效的手段。因为过去人们没有重视计算网格和时间步长突破海浪波长、周期限制的可能性，通过数值计算来比较计算网格和时间步长对计算结果影响的工作并不多。有一些学者虽然作过计算比较，但是由于他们采用的简化缓坡方程本身不适合采用较大的网格和时间步长，并没有把这个问题讨论清楚。

7.1.4 波浪数模在珠江河口的应用现状

在珠江流域的河网区，动力因素以径流为主，从各出海口到外海，波浪和潮流的影响逐渐增强，在珠江河口区的航道、港口、防波堤的建设中均要考虑波浪的影响。

辛文杰(1997)根据河口水流动力特性和泥沙变化规律，把波浪运动概化为具有时均意义的波浪流分布场，将“波流辐射应力”、“波流摩阻力”以及“波流挟沙力”三个要素归纳到水流运动方程和悬沙输送方程中去，构成潮流、波浪综合作用下河口二维悬沙数学模型计算系统。通过对珠江口黄茅海悬沙冲淤过程的实际算例，较好地模拟了河口悬沙在潮流和波浪综合作用下的分布特性和冲淤趋势。

丁坚等(2005)采用水动力学数学模型对黄茅海潮流场及波浪场进行了计算。潮流计算中利用水平方向上的曲线正交坐标与垂直方向上的 Sigma 坐标相结合以及三维模型二维化的方法；波浪计算采用双曲形缓坡方程，并引入改进型的非线性弥散关系，从而能反映波浪的非线性效应。

于斌(2001)采用动力学数值模式对风暴潮沿珠江河道上溯的个例进行了模拟，指出风暴潮位是否沿珠江河道向北逐渐递增，和风暴强度有很大的关系，也和风暴登陆的路径有关；南海的热带气旋多数是西行的，由于伶仃洋的聚水面积不算大，加上蛛网般河网的分散作用，使珠江一线的风暴增水很少超过 2.5m。然而即使这样规模的增水，也对河口平坦地区造成很大威胁。由于天文潮的耦合，以及浅水效应，风暴潮常有不同程度的变形。

何为等(2005)指出磨刀门出口近20年来向外延伸了15km，从原来的半封闭动力环境发展到现在的开敞动力环境，波浪对河口沉积动力影响越来越大。外海波浪作用较强，尤其是在冬季，波浪及波流混合作用下会对泥沙进行再搬运。

黄巧珍(2005)结合三维水动力模型、波浪绕折射模型及泥沙模型对伶仃洋内的大小铲岛工程建设进行了研究。珠江水利科学研究院在氹仔客运码头港池、航道设计及澳门海关码头防波堤的设计等工程中也对珠江流域外海的波浪进行了研究。

7.2 波浪数值SWAN模型

利用数值模拟的方法获得波浪数据，数学模型是关键。在基于动谱平衡方程的第三代波浪数值模型中，SWAN(Simulating Waves Nearshore)模型是应用较广、较为成熟的模型之一，在多数情况下能得到较合理的结果。本章就基于动谱平衡方程的波浪数值模型的发展和其中的SWAN模型做一简单介绍。

7.2.1 动谱平衡方程

SWAN模型以二维动谱密度来描述随机波，因为在波流共存的条件下，动谱密度守恒，而能谱密度不守恒(Whitham，1974)。SWAN模型中，相对频率σ(在随水流运动的坐标系中观测到的频率)和波向θ(垂直于波峰线的方向)为独立变量。动谱密度$N(\sigma, \theta)$为能谱密度$E(\sigma, \theta)$与相对频率σ之比，它随时间和空间而变。

在笛卡尔坐标系中，动谱平衡方程可表示为(Hasselmann，1973)：

$$\frac{\partial}{\partial t}N+\frac{\partial}{\partial x}C_xN+\frac{\partial}{\partial y}C_yN+\frac{\partial}{\partial \sigma}C_\sigma N+\frac{\partial}{\partial \theta}C_\theta N=\frac{S}{\sigma} \tag{7-1}$$

其中：σ为波浪的相对频率(在随水流运动的坐标系中观测到的频率)；θ为波向(垂直于波峰线的方向)；C_x、C_y为x、y方向的波浪传播速度；C_σ、C_θ为σ、θ空间的波浪传播速度。

式(7-1)左端第一项表示动谱密度随时间的变化率，第二项和第三项分别表示动谱密度在空间x、y方向以波速C_x、C_y传播时的变化，第四项表示由于水深和流的变化引起的动谱密度在相对频率σ空间的变化，第五项表示动谱密度在θ空间的传播(即由水深变化和流的变化引起的折射)。式(7-1)右端$S(\sigma, \theta)$是以能谱密度表示的源项，包括风能输入、波与波之间的非线性相互作用和由于底摩擦、白浪、水深变浅引起的波浪破碎等引起的能量耗散。假设各项是线性叠加，式中传播速度均采用线性波理论计算。

$$C_x=\frac{\mathrm{d}x}{\mathrm{d}t}=\frac{1}{2}\left[1+\frac{2kd}{\sinh(2kd)}\right]\frac{\sigma k_x}{k^2}+U_x \tag{7-2}$$

$$C_y=\frac{\mathrm{d}y}{\mathrm{d}t}=\frac{1}{2}\left[1+\frac{2kd}{\sinh(2kd)}\right]\frac{\sigma k_y}{k^2}+U_y \tag{7-3}$$

$$C_\sigma=\frac{\mathrm{d}\sigma}{\mathrm{d}t}=\frac{\partial \sigma}{\partial d}\left[\frac{\partial d}{\partial t}+\boldsymbol{U}\cdot\nabla d\right]-C_g\boldsymbol{k}\cdot\frac{\partial \boldsymbol{U}}{\partial s} \tag{7-4}$$

$$C_\theta=\frac{\mathrm{d}\theta}{\mathrm{d}t}=\frac{1}{k}\left[\frac{\partial \sigma}{\partial d}\frac{\partial d}{\partial m}+\boldsymbol{k}\cdot\frac{\partial \boldsymbol{U}}{\partial m}\right] \tag{7-5}$$

其中：$\boldsymbol{k}=(k_x, k_y)$为波数；$d$为水深；$\boldsymbol{U}=(U_x, U_y)$为流速；$s$为沿$\theta$方向的空间

坐标；m 为垂直于 s 的坐标；算子 $\partial/\partial t$ 定义为：$\frac{\mathrm{d}}{\mathrm{d}t}=\frac{\partial}{\partial t}+\boldsymbol{C}\cdot\nabla_{x,y}$。

7.2.2 SWAN 模型中源项的处理方法

SWAN 模型源项 $S(\sigma,\theta)$的组成见图 7-1，各项具体的公式可参照 SWAN 模型的用户手册或附录。

SWAN 源项 $S(\sigma,\theta)$
- 风能输入
  - 线性增长项
  - 指数增长项
- 非线性相互作用
  - 三相波相互作用
  - 四相波相互作用
- 能量耗散
  - 白浪
  - 底摩擦
  - 水深变浅引起的波浪破碎

图 7-1 SWAN 源项组成

(1)风能输入。在 SWAN 模型中，风能输入项的计算采用 Phillips 于 1957 年提出的“共振”机制及 Miles 于 1957 年提出的平行流不稳定性风浪生成理论的组合形式。前者适用于风浪产生的初始阶段，后者适用于风浪成长的主要阶段，两者之间互为补充。具体表达式根据 Cavaleri & Malanotte-Rizzoli (1981)、Komen 等(1984)的研究成果，可以分为线性增长项和指数增长项两部分。

$$\sin(\sigma,\theta)=\mathrm{A}+\mathrm{BE}(\sigma,\theta) \tag{7-6}$$

其中：A，B 为与波频、波向以及风速和风向有关。

①线性成长部分。在(7-6)式中，系数 A 采用了 Cavaleri 与 Malanotte-Rizzoli 的表达式，为了避免发生低于 P-M 频率的线性增长，该表达式具有滤波功能。A 的表达式为：

$$A=\frac{1.5\times10^{-3}}{g^2 2\pi}\{U_*\max[0,\cos(\theta-\theta_w)]\}^4 H \tag{7-7}$$

其中：H 为滤波因子，$H=\exp[-(\sigma/\sigma_{PM}^*)^{-4}]$；$\sigma_{PM}^*$ 为完全成长海浪的谱峰因子，$\sigma_{PM}^*=\frac{0.13g}{28U_*}2\pi$；$\theta_W$ 为风向；U_* 为摩阻速度，它和 10m 高程处的风速有关。

②指数增长。风所引起的指数增长有两个表达式可选用。其中一个是 Komen 等(1984)提出的：

$$B=\max\left[0,\ 0.25\frac{\rho_a}{\rho_w}\left\{28\frac{U_*}{C_{ph}}\cos(\theta-\theta_w)-1\right\}\right]\sigma \tag{7-8}$$

其中：C_{ph} 为相速度；ρ_a 为空气密度；ρ_w 为水的密度。

(2)非线性波波相互作用。随机波存在谱分量间相互作用导致能量在分量间的输移。SWAN 模型考虑了三相波和四相波相互作用。

①四相波波相互作用。在第三代波浪预测模型中，最重要的一个源项是通过非线性四项波相互作用进行的谱分量间的波能交换。描述这一过程的基本公式是六维 Boltzmann 积分运动学公式(Hasselmann，1962)。

$$\frac{\partial n_1}{\partial t}=\iiint^{G}(\boldsymbol{k}_1,\boldsymbol{k}_3,\boldsymbol{k}_3,\boldsymbol{k}_4)\times\delta(\boldsymbol{k}_1+\boldsymbol{k}_2-\boldsymbol{k}_3-\boldsymbol{k}_4)\times\delta(\omega_1+\omega_2-\omega_3-\omega_4)$$
$$\times[n_1n_3(n_4-n_2)+n_2n_4(n_3-n_1)]d\boldsymbol{k}_1d\boldsymbol{k}_2d\boldsymbol{k}_3$$

其中：$n_j=n(\boldsymbol{k}_j)$为波数$\boldsymbol{k}_j$的动谱密度，G为复杂耦合系数，δ函数确保只有满足共振条件时积分才能发生。

这一积分描述了由于四项波数间的共振相互作用而引起的某一波数的动谱密度变化率。为避免因计算该积分而消耗大量机时，大多数第三代模型采用 Hasselmann 等(1985)导出的 DIA(Discrete Interaction Approximation)近似方法。

②三相波波相互作用。Eldeberky 与 Battjes(1995)为 SWAN 模型提供了经济有效的三相波波相互作用公式。他们把 Madsen 和 Sorensen(1993)的 Boussinesq 模型中的振幅部分变换为谱能密度形式，并在实验观测的基础上(Battjes 和 Beji，1992；Arcille 等，1994)使双相位波参数化，得到了通过只考虑其主要作用的自身相互作用，双线性波的离散三组分近似。他们的公式得到了水下浅堤(Battjes 和 Beji)与沙坝型海滩上(Arcilla 等，1994)破碎的试验验证。公式在描述主要谱峰能量向高阶谐波上转移的基本特征上相当成功。Eldeberky(1996)后来又导出了稍微不同的公式(集中三相波波相互作用 LTA)。LTA 表达式为：

$$S_{ne3}(\sigma,\theta)=S_{ne3}^{-}(\sigma,\theta)+S_{ne3}^{+}(\sigma,\theta) \tag{7-9}$$

$$S_{ne3}^{+}(\sigma,\theta)=\max\{0,\ \alpha_{EB}2\pi CC_gJ^2|\sin(\beta)|\{E^2(\sigma/2,\theta)-2E(\sigma/2,\theta)E(\sigma,\theta)\}\}$$

其中：α_{EB}为可调比例系数；β为双相位，由下式近似得出

$$\beta=\frac{\pi}{2}+\frac{\pi}{2}\tanh\left(\frac{0.2}{U_r}\right)$$

其中：U_r为 Ursell 数，$U_r=\frac{g}{8\sqrt{2}\pi^2}\frac{H_s\overline{T}^2}{d^2}$，这里，$\overline{T}=2\pi/\overline{\sigma}$。

仅当$10>U_r>0.1$时才计算三组分波波相互作用。相互作用系数J可根据 Madsen 与 Sorensen(1993)得到：

$$J=\frac{K_{\sigma/2}{}^2(gd+2C_{\sigma/2}^2)}{K_\sigma d\left(gd+\frac{2}{15}gd^3K_\sigma^2-\frac{2}{5}\sigma^2d^2\right)} \tag{7-10}$$

(3)波能耗散。波浪的生成、成长与消亡过程中，存在着能量的耗散。SWAN 模型能量耗散主要考虑三种作用：白浪、底摩擦和水深变浅引起的波浪破碎。用源项分别可表示为$S_{ds,w}(\sigma,\theta)$，$S_{ds,b}(\sigma,\theta)$和$S_{ds,br}(\sigma,\theta)$。下面分别讨论上述三种作用。

①白浪。白浪指深水中波浪的表面破碎现象，白浪出现时会发生海气交换，海水中掺入很多气泡，空气中也混入许多小水滴。

目前的第三代波浪模型中，描述白浪现象的公式都是基于 Hasselmann 提出的脉冲模型。

$$S_{ds,w}(\sigma,\theta)=-\Gamma\tilde{\sigma}\frac{k}{\tilde{k}}E(\sigma,\theta) \tag{7-11}$$

其中：$\tilde{\sigma}$为波频；$\tilde{k}$为波数；Γ为系数，依赖于总波陡。

②底摩擦。在 SWAN 模型中，有三种底摩擦模型可选用：Hasselmann 等(1973)的 JONSWAP 经验模型、Collins (1972)的拖曳理论模型和 Madsen 等(1988)由涡粘理论得到的涡粘模型。由波浪的发展状态(成长或充分发展)、波浪类型(风浪、涌浪和混合浪)选择相应模型。

这三种模型都可以表示为以下形式：

$$S_{ds,b}(\sigma,\theta)=-C_{\text{bottom}}\frac{\sigma^2}{g^2\sinh^2(kd)}E(\sigma,\theta) \tag{7-12}$$

其中：C_{bottom}为与底部轨迹运动特征速度U_{rms}有关的底摩阻系数。

$$U_{\text{rms}}^2=\int_0^{2\pi}\int_0^{\infty}\frac{\sigma}{\sinh^2(kd)}E(\sigma,\theta)\mathrm{d}\sigma\mathrm{d}\theta$$

Hasselmann 等根据 JONSWAP 实验指出，对于涌浪 $C_{\text{bottom}}=C_{\text{JON}}=0.038\text{m}^2\text{s}^{-3}$；对于浅水中完全成长的波浪，Bouws 和 Komen(1983)选择底摩阻系数为 $C_{\text{JON}}=0.067\text{m}^2\text{s}^{-3}$。

Collins 基于传统周期波公式，对随机波浪场进行适当参数修正，提出了底摩阻表达式。波能耗散率采用传统的底摩阻公式计算，底摩阻系数 $C_{\text{bottom}}=C_f gU_{\text{rms}}$，$C_f=0.015$。

Madssen 等导出了与 Hasselmann 和 Collins 类似的公式，但他们的模型中，底摩阻系数是底部粗糙高度与实际波浪条件的函数，其底摩阻系数为：

$$C_{\text{bottom}}=f_w=\frac{g}{\sqrt{2}}U_{\text{rms}}$$

其中：f_w 为无量纲摩阻系数，可由 Jonsson 公式估算：

$$\frac{1}{4\sqrt{f_w}}+\log_{10}\left[\frac{1}{4\sqrt{f_w}}\right]=m_f+\log_{10}\left[\frac{a_b}{K_N}\right]$$

其中：$m_f=-0.08$；K_N 为底部粗糙度，当 $a_b/K_N<1.57$ 时，$f_w=0.30$；a_b为近底轨迹振幅的代表值，它的值由下式给出：

$$a_b=2\int_0^{2\pi}\int_0^{\infty}\frac{1}{\sinh^2(kd)}E(\sigma,\theta)\mathrm{d}\sigma\mathrm{d}\theta$$

由于海岸区域底部条件的复杂变化(如底部物质，粗糙度，沙纹等)，目前还没有非常可靠的现场数据表明哪一种摩阻模型最好。在 SWAN 模型中，没有考虑水流对底摩擦的影响，因为 Tolman 曾经指出，底部粗糙度造成的误差，远比水流造成的误差大。

③水深变浅引起的波浪破碎。波浪在向浅水区域行进时，由于水深变浅导致破碎，基于 Miche 准则，Battjes & Stive (1985)根据大量实验数据及现场资料，认为在浅水区域，对于不同类型的地貌，随机波的最大破碎波高 H_{m} 与水深 d 的关系可表示为：$H_{\text{m}}=\gamma d$，其中 γ 为破碎系数。破波指标 γ 经常作为常数或表示为海滩坡度与入射波陡的函数。

在 SWAN 模型中，单位时间内谱分量的耗散为：

$$S_{dr,br}(\sigma,\theta)=\frac{D_{tot}}{E_{tot}}E(\sigma,\theta) \tag{7-13}$$

其中：E_{tot}为总波能；D_{tot}为水平单位面积内由于破碎引起的波能耗散率。

$$D_{tot}=-\frac{1}{4}\alpha_{BJ}Q_b\left(\frac{\bar{\sigma}}{2\pi}\right)H_m^2$$

SWAN 模型中取 $\alpha_{\text{BJ}}=-1$，Q_b为波浪破碎部分，由下式确定：

$$\frac{1-Q_b}{\ln Q_b}=-B\frac{E_{tot}}{H_m^2}$$

其中：H_m为给定水深上可存在的最大波高；$\bar{\sigma}$为平均波频。

$$\bar{\sigma}=E_{tot}^{-1}\int_0^{2\pi}\int_0^{\infty}\sigma E(\sigma,\theta)d\sigma d\theta$$

7.2.3 SWAN 波浪模型的特点

(1)SWAN 波浪模型的功能。SWAN 波浪模型具有的功能有：

①适用于海岸、湖泊、河口水域风浪、涌浪及混合浪的预报，在直角坐标和球坐标下以矩形网格进行嵌套计算、以曲线网格进行数值计算，适用于大、中、小水域，适用于深水、过渡水深和浅水情形。

②模拟水底地形和流场的变化引起的波浪折射、浅化，逆流时波浪的反射和破碎，波浪遇到障碍物的透射及阻碍，波浪增水，适用于破波带。

④能预报计算域内波高、波周期、波长、波陡、波浪行进方向、近底水质点的运动速度、波能传播方向、能量耗散、单位水面所受波力等海岸工程所需的重要参数。

⑤由于引入透射系数，该模型能预报防波堤、潜堤对计算域波场的影响。

⑥模型计算不要求闭合边界条件，只要适当选择计算域的边界，即便只能确定其中一个迎浪边界条件，也能获得可靠的效果。

(2)SWAN 模型的局限性。SWAN 模型也有其局限性，即：

① 未将绕射效应计入，不适于模拟绕射效应显著的港湾波浪。事实上对于不规则短峰波，现场观测及试验均证明，除障碍物顶端后一至两个波长范围内本模型模拟结果有所变小外，当入射方向谱不太窄时，绕射效应是比较小的，因此模拟风浪情况时，此缺点并不十分明显。

② SWAN 模型虽能模拟流场中的波浪场，却不能计算出波生流。

(3)计算域边界条件的处理。计算域边界可以是陆地边界也可以是水域边界。陆地边界不产生波浪，认为能将入射波吸收而不产生波浪反射；对于水域边界而言，迎浪面边界条件一般可根据现场观测得到或通过波浪模型数值模拟得到，通常现场观测能得到个别点的波浪数据，而由其他大尺度波浪数值模型能得到粗网格边界波浪数据，则在可以接受的误差范围内，计算结果的精度可以保证。

7.2.4 SWAN 模型的数值算法

SWAN 模型采用了全隐式有限差分格式，无条件稳定，即使在很浅水域，也可以取较大时间步长。对动谱平衡方程进行离散，得

$$\left[\frac{N^{i_t,n}-N^{i_t-1}}{\Delta t}\right]_{i_x,i_y,i_\sigma,i_\theta}+\left[\frac{[c_xN]_{i_x}-[c_xN]_{i_x-1}}{\Delta x}\right]^{i_t,n}_{i_y,i_\sigma,i_\theta}+\left[\frac{[c_yN]_{i_y}-[c_yN]_{i_y-1}}{\Delta y}\right]^{i_t,n}_{i_x,i_\sigma,i_\theta}$$
$$+\left[\frac{(1-\nu)[c_\sigma N]_{i_\sigma+1}+2\nu[c_\sigma N]_{i_\sigma}-(1+\nu)[c_\sigma N]_{i_\sigma-1}}{2\Delta\sigma}\right]^{i_t,n}_{i_x,i_y,i_\theta}$$
$$+\left[\frac{(1-\eta)[c_\theta N]_{i_\theta+1}+2\eta[c_\theta N]_{i_\theta}-(1+\eta)[c_\theta N]_{i_\theta-1}}{2\Delta\theta}\right]^{i_t,n}_{i_x,i_y,i_\sigma}=\left[\frac{S}{\sigma}\right]^{i_t,n^*}_{i_x,i_y,i_\sigma,i_\theta} \tag{7-14}$$

其中：i_t 为时间层标号；i_x、i_y、i_σ、i_θ 为 x、y、σ 和 θ 方向相应网格标号；Δt、Δx、Δy、$\Delta\sigma$、$\Delta\theta$ 分别为时间步长，地理空间 x、y 方向步长，谱空间 σ 和 θ 方向的步长；n 为每时间层迭代次数。

方程右边源项中的 n^* 为 n 或 $n-1$；$\eta\in\{0,1\}$，$\nu\in\{0,1\}$，系数 ν 和 η 的取值大小决定了谱空间的差分格式是偏于迎风格式还是偏于中心格式，因此决定了在谱空间和方向空间的数值离散程度和收敛性强弱。当 $\nu=0$ 或 $\eta=0$ 时，其为中心差分格式，数值离散趋于 0，计算准确度最高；当 $\nu=1$ 或 $\eta=1$ 时，其为迎风差分格式，数值离散程度最大，但收敛性最好。计算时采用一次迭代四次扫描技术。

7.3 应用SWAN模型计算深圳孖洲岛波浪要素

7.3.1 研究概况

(1)概况。孖洲岛位于伶仃洋东部、深圳市南头半岛西北岸、大铲岛西侧，即北纬22°30′6″，东经113°50′30″附近。孖洲岛在大铲岛的南边，两岛相距约0.75km，隔海相望，两岛中间为大铲水道，水道宽300m，水深约10m。孖洲岛距海星码头最近点不到2km。孖洲岛目前是一荒岛，岛上大部分为裸露岩石，植物以灌木杂草为主，没有任何建筑物，只竖有一座航标灯。

孖洲岛上游为虎门口，东侧为伶仃洋两槽三滩的东槽(矾石水道)，右侧为伶仃洋的中滩及西槽(伶仃水道)，下部为暗士敦水道及铜鼓水道，其水下地形如图7-1所示。

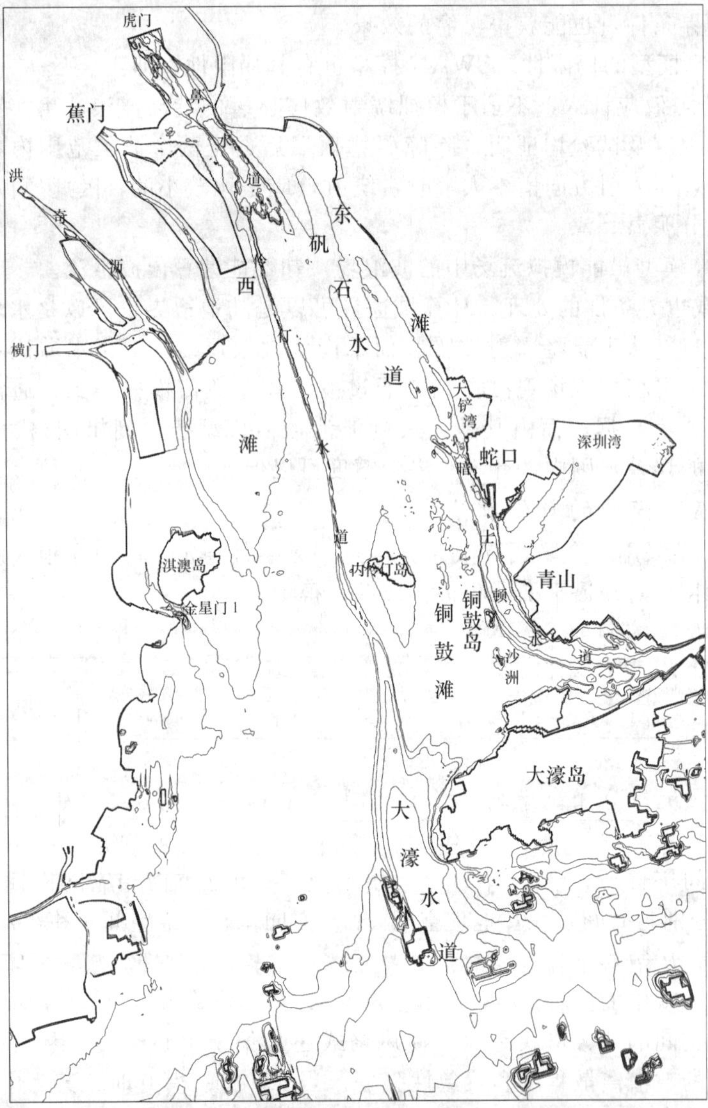

图7-1 伶仃洋水下地形

目前，有关部门正着手对其进行开发规划，拟定修建深圳孖洲岛修船基地，已批准了修船基地码头外轮廓布置方案，具体布置如图 7-2 所示。其工程需进行施工围堰设计，需提供工程前、后的波浪要素，为此，本报告计算不同重现期、不同水位条件下的波浪要素，为建设方案的选择、基础设计提供资料。

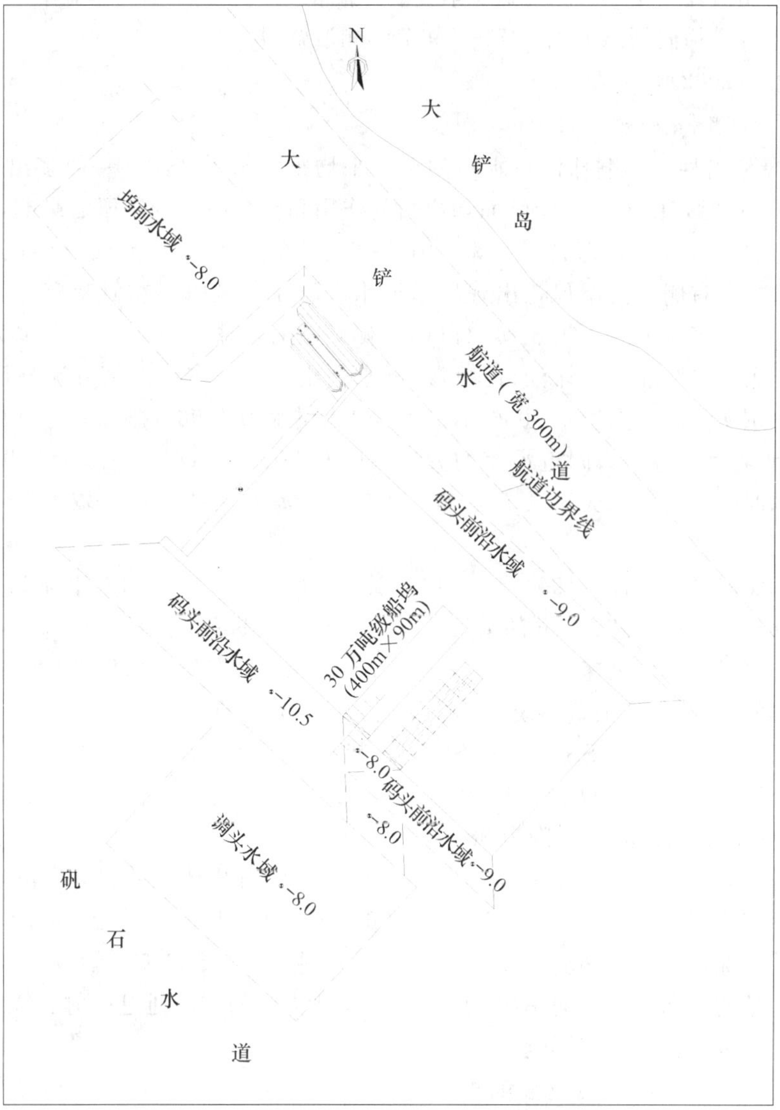

图 7-2 孖洲岛修船基地工程方案布置图(5°方案)

注：图中开挖高程为当地理论基面，当地理论基面－1.91m＝珠基。

(2)研究内容。本研究的目的是通过现有资料的调查收集，选取合适的计算方法，计算不同重现期、不同水位条件下的波浪要素，为建设方案的选择、基础设计提供资料。主要研究内容包括：

计算重现期为100、50年的工程设计波要素，计算水位采用设计高水位和极端高水位组合；

计算外海波浪传入工程区的波浪要素，依据工程位置和本区大浪特点确定主要涌浪方向为S、SSE、SSW三个方向。

(3)依据资料。

① 澳门港务局波浪站1986—2001年波浪观测资料。

② 大万山海洋站1986年、1988年波浪月报表。

③ 香港外海横澜岛测波站1971—1977年测波资料。

④ 1949—2002年台风年鉴。

7.3.2 风暴潮和波浪特性

(1)风暴潮特性。影响珠江口水域的台风平均每年出现2次，一般多出现于7、8、9月。台风过境时，由于台风受海面切应力的作用和台风中心低气压的影响，在近岸水域产生明显的水位升降，即台风暴潮。在北半球台风呈反时针旋转，台风登陆前后，在台风前进方向右侧吹向岸风，出现风暴增水；而在台风中心左侧吹离岸风，出现风暴减水。因此，当台风在珠海、澳门以西一侧登陆时，珠江口水域以增水为主；当台风在香港以东一侧登陆时，珠江口水域以减水为主。据广东沿海部分测站风暴增水统计，珠江口东岸的深圳赤湾站1966—1980年最大增水为1.96m。

(2)波浪特性。珠江口附近沿海的大浪一般发生在夏季(4—9月)，常由台风引起，大浪持续的时间一般为1天至数天不等。珠江口外海实测波浪资料较少，仅有一些短期波浪观测记录。

根据国家海洋局统计，1974年6月13日、9月6日、10月12日与10月19日在珠江口外共出现4次波高为6m的大浪，均出现在台风期间，这些台风都在粤西或南海西部登陆，当时大万山风速大于（等于）25m/s，风向偏东居多。根据位于珠江口外的大万山海洋站1986年波浪资料统计，强浪向为SE-SSW向，出现$H_{1/10}$大于5.0m的大浪共计3次，波向分别为SSW向和SE向。其中实测最大波高出现在1986年7月12日，最大$H_{1/10}=9.1$m，$H_{max}=11.9$m，$T=12.6$s，波向为SSW向。该站常浪向是ESE向和SE向，出现频率分别为38.14%和25.86%。

根据香港外海横澜岛测波站1971—1977年测波资料统计，横澜岛实测最大有效波高为7.1m，最大波高为10.7m，发生于1976年9月19日7619号台风期间，当时香港实测风速约8级，大万山风速30m/s。由上述资料可见，珠江口外海大浪主要是台风浪，台风大浪的波向主要为向岸的SE-SSW，这些方向的波浪通过折射、绕射传播至伶仃洋水域，对本工程有直接影响。

据澳门港务局所设九澳波浪观测站1986—2001年波浪观测资料(其间有个别年份和月份缺测)统计表明，该站强浪向为ESE-S向，实测最大有效波高$H_s=2.86$m，$T=10.1$s，波向为SE向，出现于1989年7月18日8908号(Gordon)台风期间；其次为1993年9月17日9316号(Becky)台风期间，$H_s=2.65$m，$T=8.3$s，波向为ESE向。对比外海测站波浪要素可见，由于珠江口外有万山列岛、佳蓬列岛等一系列星罗棋布的岛屿掩护，波浪传入本工程附近水域时波高显著减小。

据本工程附近的赤湾1982.1—1983.12波浪站实测资料统计分析，本港区的常风向是E-SE风，强风向是SSE-NNW风，最大同步风速为30m/s，瞬时最大风速超过40m/s；常浪向SSE，频率12.49%；次常浪向为SE和S，频率分别为8.99%和

7.76%；强浪向为SSW、SW、NNW。由于孖洲岛距珠江口的大万山等岛群约65km，岛屿星罗棋布，河口地形深浅交错，使外海涌浪难以进入厂址港区，因而影响厂址海区的波浪几乎完全是风浪控制，年平均波高为0.20m，大浪必由台风造成，二次台风时分别测得最大波高为1.92m(NNW)和1.0m(SSW)。

7.3.3 波浪计算条件

(1)计算水深。计算水深采用计算段平均海图水深加上相应的设计水位：

$$d=h_1+h_2$$

式中：d为计算水深(m)；h_1为海图水深(m)；h_2为水位(m)。潮位值如下：

设计水位：2.91m(当地理论深度基准面)

极端高水位(50年一遇)：3.90m(当地理论深度基准面)

(2) 采用的最大风速值。

根据“港珠澳大桥工程可行性研究报告——水文分析专题研究”成果，重现期25年、50年横澜及珠海最大风速值见表7-1。

表7-1(a) 重现期25年横澜及珠海最大风速值(m/s)

计算风向	N	EN	E	ES	S	WS	W	WN
横澜风强度(1961—2003年)	27.5	30.8	32.6	31.9	28.1	26.8	24.5	22.0
珠海风强度(1961—2003年)	25.2	29.9	32.4	30.0	22.9	25.1	24.3	25.3
计算取值	27.5	30.8	32.6	31.9	28.1	26.8	24.5	25.3
有效风距(m)	8800	1200	2200	3500	直至外海	48000	26000	26000

表7-1(b) 重现期50年横澜及珠海最大风速值(m/s)

计算风向	N	EN	E	ES	S	WS	W	WN
横澜风强度(1961—2003年)	32.7	34.6	36.7	36.6	32.7	30.6	27.8	23.4
珠海风强度(1961—2003年)	29.9	33.4	37.2	34.7	27.2	29.3	28.5	29.5
计算取值	32.7	34.6	37.2	36.6	32.7	30.6	28.5	29.5
有效风距(m)	8800	1200	2200	3500	直至外海	48000	26000	26000

(3) 计算域的选取及网格的划分。为了较好地反映涌浪、风浪场的变化，利用SWAN模型进行波浪计算，考虑到研究区域范围大，而工程具体位置又较小，因而采用两层嵌套模型进行计算，即大区域模型、小区域模型，具体范围如下：

①伶仃洋大区域模型。该区域包括香港部分水域、伶仃洋浅海区、深圳湾、狮子洋水道等，选取的区域宽约45km，长约60km，控制水域面积约2500km^2。

采用的地形为：伶仃洋浅海区、狮子洋水道采用2000年实测地形图(1∶10000)及1998年实测地海图(1∶25000)；香港水域以现有最新海图为依据。

②工程附近水域的小区域。选取的区域包括工程附近伶仃洋部分水域，该区域宽约8km，长约8km，控制水域面积约64km^2。工程附近采用的地形为2004年实测的地形资料。

7.3.4 工程前、后设计波浪要素

为了清晰表达工程附近的波浪要素在工程前后的变化，在工程的四周经验性布置了12个采样点，其位置见图7-3。

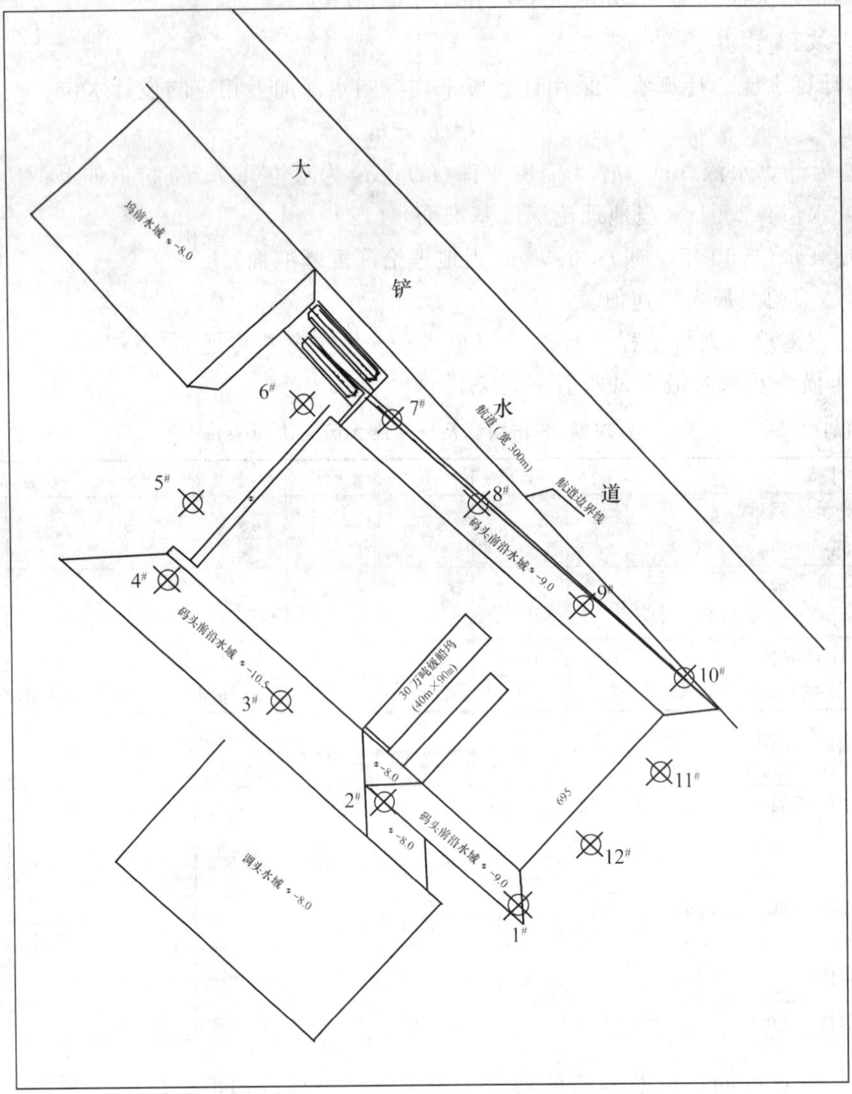

图7-3 工程四周的波浪要素采样点示意图

(1)外海涌浪产生的波浪要素。对于珠江河口的外海风浪数学模型，已有多家研究单位进行了开发和较为成熟的计算应用，有些已被国家海洋预报中心用于中国沿海海洋数值预报。对于本工程区域SSW、S、SSE方向需考虑外海涌浪作用。主要参考有关工程研究技术资料的部分波浪要素成果，取得澳门到大屿山（即拟建港珠澳大桥桥轴线）的波浪设计要素，利用SWAN波浪数学模型，从澳门—大屿山到珠江东四口门进行波浪传播计算。

考虑外海涌浪作用，对本工程附近波浪场进行数值计算，结果进行统计，得到工程前、后在工程附近的波浪要素值，统计的计算成果见表7-2至表7-4；在50年一遇风

场，极限高水位条件下，工程前、后波高等值线分布、波浪场分布见图 7-4 至图 7-6。

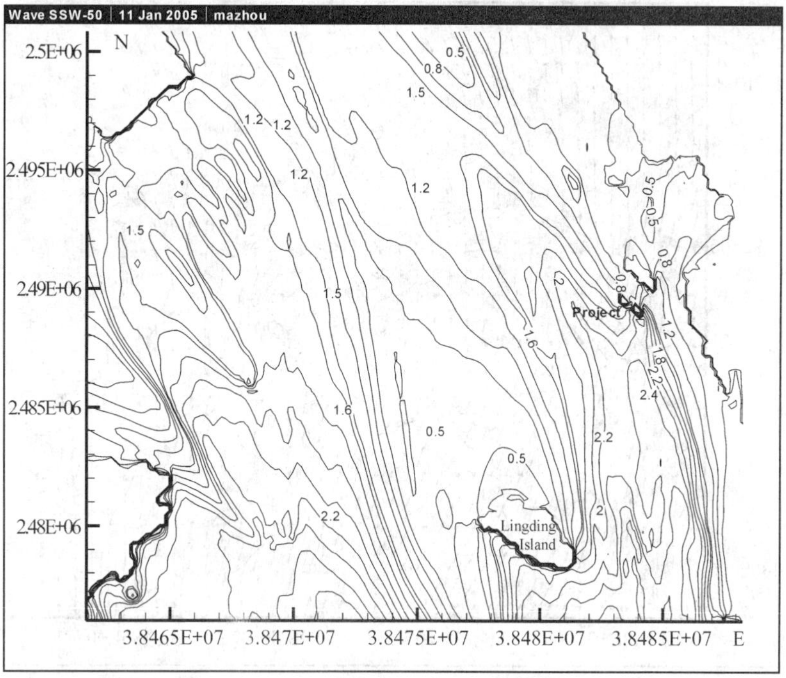

图 7-4 50 年重现期 SSW 向涌浪工程前有效波高等值线分布（极端高水位）

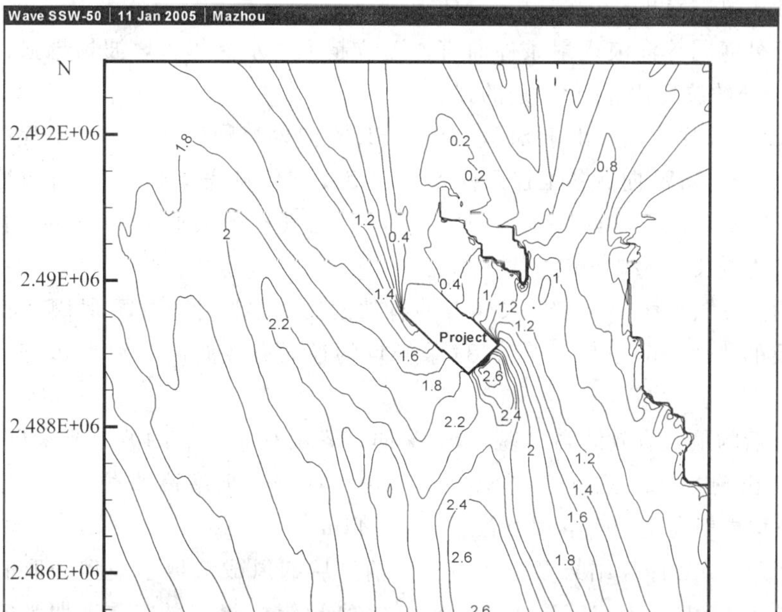

图 7-5 50 年重现期 SSW 向涌浪工程后有效波高等值线分布（极端高水位）

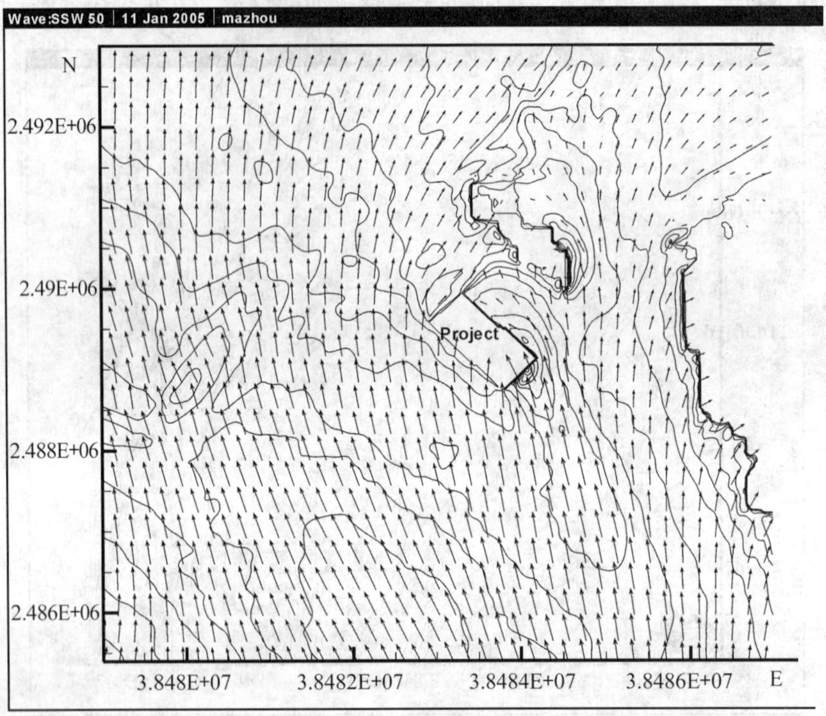

图 7-6　50 年重现期 SSW 向涌浪工程后有效波高矢量场(极端高水位)

由上述图和表可以看出：

①对于外海同等涌浪入射条件而言，潮位越大，水深越大，波场越强；同等条件下，50 年一遇的波场比 25 年一遇的强。

②在 12 个采样点处，由于 SSW、S、SSE 方向外海涌浪的作用，工程前的最大有效波高都出现在 SSW 向。各工程采样点的波浪要素值见表 7-4，最大有效波高出现在 12# 采样点(SSW 向，50 年一遇，极端高水位)，其有效波高为 2.69m，平均周期为 10.79s，平均波长为 82.95m。

③工程后 5#、6#、7#、8# 采样点的有效波高明显减小，主要原因为工程阻止了一部分波浪的传递。5#、6#、7#、8# 采样点的最大有效波高分别为 0.65m、0.47m、0.58m 和 0.82m。

④工程后的最大有效波高出现在 SSW 向，各工程采样点的波浪要素见表 7-4，最大有效波高出现在 12# 采样点(SSW 向，50 年一遇，极端高水位)，其有效波高为 2.60m，平均周期为 10.97s，平均波长为 84.44m。

(2)风成波要素计算结果及分析。工程前、后的风成浪数学模型选取的计算条件为：风向取 E、NE、N、NW、W、SW、S 和 SE 等 8 组，风速重现期为 50 年一遇，潮位取工程附近极端高水位。

各种条件下的风成波要素的计算结果见表 7-5 至表 7-12；风速重现期为 50 年一遇、25 年一遇，在极端高水位条件下，工程前、后波高等值线分布见图 7-7 至图 7-10。

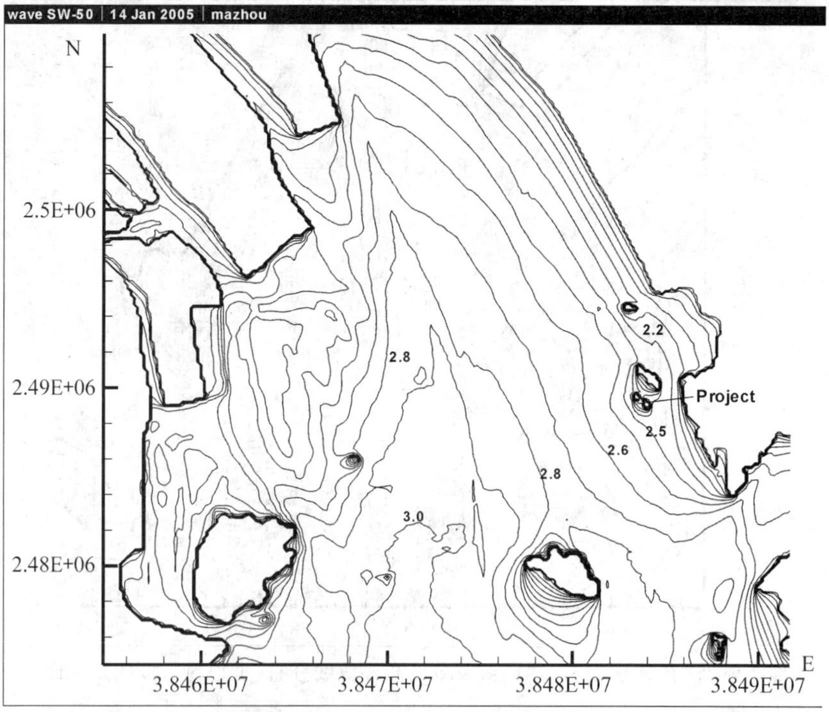

图 7-7 50 年重现期 WS 向风浪有效波高等值线分布(工程前，极端高水位)

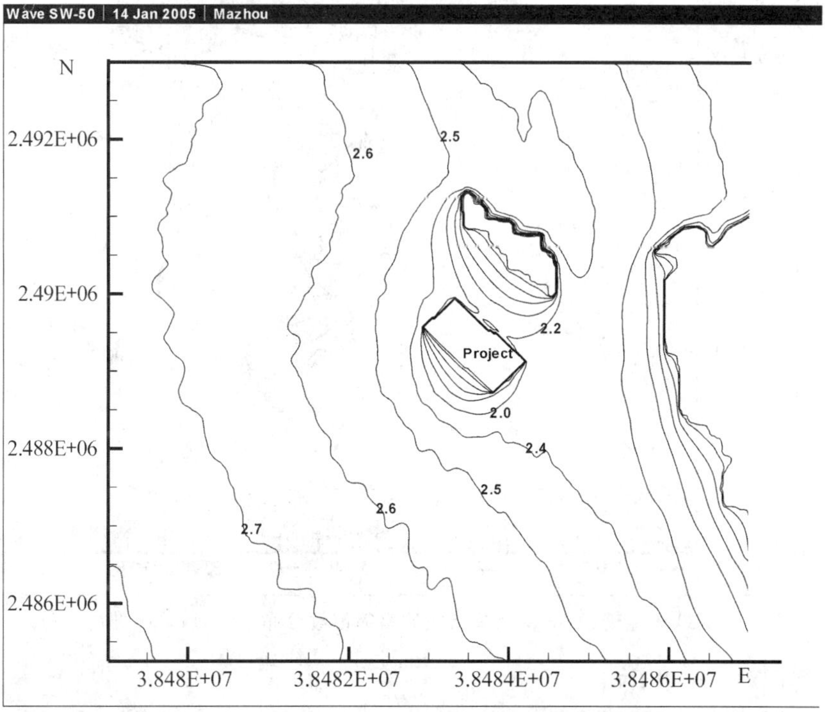

图 7-8 50 年重现期 WS 向风浪有效波高等值线分布(工程后，极端高水位)

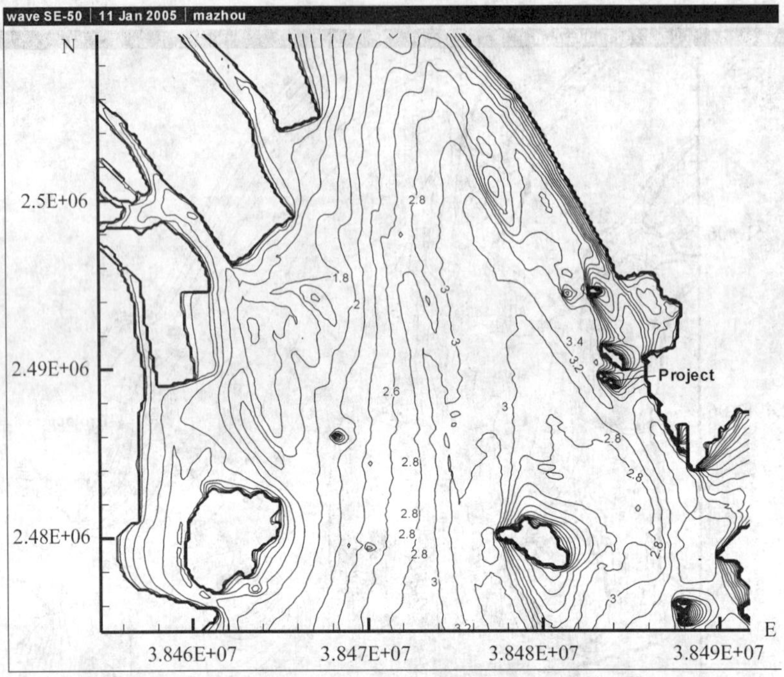

图 7-9　50 年重现期 ES 向风浪有效波高等值线分布（工程前，极端高水位）

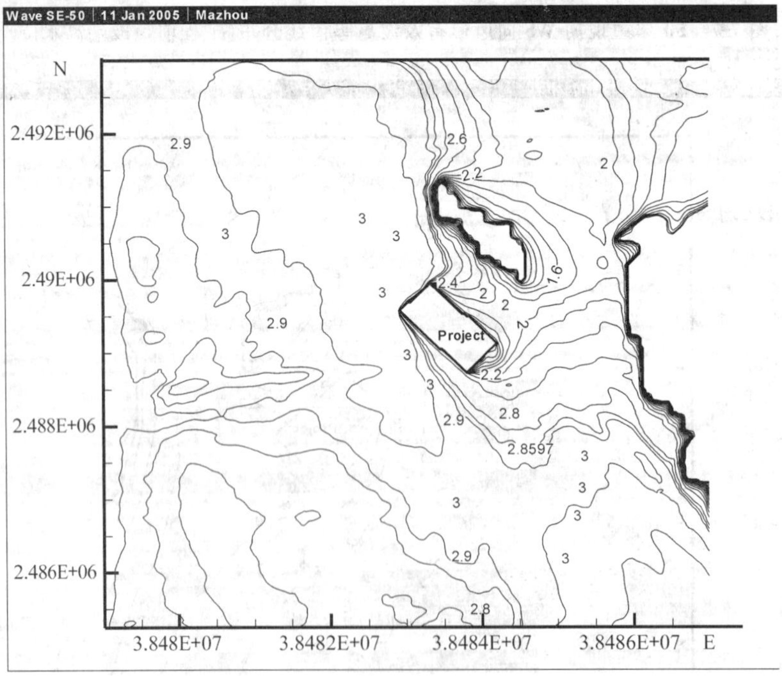

图 7-10　50 年重现期 ES 向风浪有效波高等值线分布（工程后，极端高水位）

由上述图和表可以看出：

①对于同等风向和风强条件而言，潮位越大，水深越大，波场越强；同等条件下，50 年一遇的波场比 20 年一遇的强。

②工程前，在八个方向的风场作用下，12 个采样点处的有效波高最大值都出现在

SE向，各工程采样点的波浪要素见表7-12，有效波高最大值出现在9#采样点(SE向，50年一遇，极端高水位)，其有效波高为3.20m，平均波高为2.00m，平均周期为4.93s，平均波长为35.30m。

③工程后，在迎风面的采样点处的波浪强度与工程前相差不大，但在背风面的采样点处的波浪强度有明显减小。

工程后1#、2#、3#、4#、5#、6#采样点的有效波高最大值出现在SE向大风作用时，其值分别为2.48m、2.56m、2.69m、2.84m、2.94m和2.85m(50年一遇，极端高水位)，见表7-12。

工程后，7#、8#、9#、10#、11#、12#采样点的有效波高最大值出现在SW向大风作用时，其值分别为2.29m、2.21m、2.23m、2.10m、2.32m和1.95m(50年一遇，极端高水位)，见表7-10。

表7-2　50年一遇南向(S)外海涌浪时的波浪要素(极端高水位)

工程点序号	工程前的波浪要素							
	$H_{1\%}$	$H_{4\%}$	$\overline{H}$	$H_{13\%}$	$\overline{T}$	DIR	$h_{水深}$	$\overline{L}$
1	3.68	3.12	1.54	2.46	11.04	116.97	7.90	92.98
2	3.35	2.84	1.40	2.24	10.99	117.84	9.30	99.56
3	2.73	2.31	1.14	1.82	10.59	119.48	11.60	105.14
4	2.68	2.27	1.12	1.79	10.51	123.63	11.80	104.98
5	2.82	2.39	1.18	1.89	10.69	124.37	10.30	100.97
6	2.98	2.52	1.24	1.99	10.55	116.94	10.60	100.72
7	3.00	2.54	1.25	2.00	10.60	114.14	11.90	106.40
8	2.97	2.51	1.24	1.98	10.51	106.76	10.30	99.05
9	2.48	2.10	1.03	1.65	10.47	99.03	9.30	94.32
10	3.12	2.64	1.30	2.08	10.87	135.00	10.50	103.76
11	3.89	3.30	1.62	2.60	10.90	102.70	8.10	92.74
12	3.98	3.38	1.66	2.66	10.98	115.00	6.50	84.53
工程点序号	工程后的波浪要素							
	$H_{1\%}$	$H_{4\%}$	$\overline{H}$	$H_{13\%}$	$\overline{T}$	DIR	$h_{水深}$	$\overline{L}$
1	3.60	3.05	1.50	2.41	11.05	95.74	7.90	93.07
2	3.06	2.59	1.28	2.04	10.88	90.56	9.30	98.46
3	2.57	2.18	1.07	1.72	10.59	90.94	11.60	105.14
4	2.36	2.00	0.99	1.58	10.42	99.16	11.80	103.94
5	0.98	0.83	0.41	0.65	10.55	48.48	10.30	99.47
6	0.71	0.60	0.30	0.47	10.86	32.01	10.60	104.08
7	0.87	0.73	0.36	0.58	10.71	159.00	11.90	107.67
8	1.22	1.04	0.51	0.82	10.88	159.65	10.30	102.99
9	2.00	1.69	0.83	1.34	11.15	153.98	9.30	101.17
10	2.95	2.50	1.23	1.97	10.71	112.10	10.50	102.03
11	3.80	3.22	1.59	2.54	10.97	114.04	8.10	93.39
12	4.30	3.65	1.80	2.87	11.17	101.90	6.50	86.10

式中：$H_{13\%}$、$H_{4\%}$、$H_{1\%}$为累计频率波高(m)；$\overline{H}$平均波高(m)；$\overline{T}$平均周期(s)；DIR为波向(°)；$h_{水深}$为水深(m)；$\overline{L}$平均波长(m)。

表 7-3　　50 年一遇南东南方向(SSE)外海涌浪时的波浪要素(极端高水位)

工程点序号	工程前的波浪要素							
	$H_{1\%}$	$H_{4\%}$	$\overline{H}$	$H_{13\%}$	$\overline{T}$	DIR	$h_{水深}$	$\overline{L}$
1	3.40	2.88	4.57	2.27	11.08	96.83	7.90	93.35
2	3.06	2.59	4.57	2.04	10.94	89.09	9.30	99.06
3	2.89	2.45	4.56	1.93	10.60	82.64	11.60	99.06
4	2.62	2.22	4.44	1.75	10.46	84.22	11.80	104.40
5	2.58	2.19	4.42	1.73	10.49	78.77	10.30	98.83
6	2.34	1.98	4.32	1.56	10.68	71.03	10.60	102.13
7	2.41	2.04	4.26	1.61	12.01	217.40	11.90	122.60
8	2.45	2.08	4.25	1.64	10.80	118.19	10.30	102.14
9	1.86	1.58	4.25	1.25	12.12	342.80	9.30	110.87
10	1.35	1.15	5.35	0.90	12.08	248.42	10.50	116.70
11	2.99	2.53	4.25	2.00	10.92	115.49	8.10	92.92
12	3.65	3.10	4.58	2.44	11.15	101.56	6.50	85.93
工程点序号	工程后的波浪要素							
	$H_{1\%}$	$H_{4\%}$	$\overline{H}$	$H_{13\%}$	$\overline{T}$	DIR	$h_{水深}$	$\overline{L}$
1	3.23	2.74	1.35	2.16	10.89	116.78	7.90	91.60
2	2.69	2.28	1.12	1.80	10.60	269.09	9.30	95.64
3	2.28	1.93	0.95	1.52	10.46	344.33	11.60	103.65
4	2.20	1.87	0.92	1.47	10.49	199.17	11.80	104.75
5	1.42	1.20	0.59	0.95	11.64	28.92	10.30	111.06
6	0.91	0.77	0.38	0.61	11.01	137.26	10.60	105.70
7	0.60	0.51	0.25	0.40	10.88	127.58	11.90	109.63
8	0.92	0.78	0.38	0.62	10.78	119.45	10.30	101.40
9	1.66	1.41	0.69	1.11	10.71	114.30	9.30	96.75
10	2.46	2.08	1.03	1.64	10.66	110.72	10.50	101.49
11	3.21	2.72	1.34	2.14	10.72	111.54	8.10	91.06
12	3.64	3.10	4.57	2.43	10.83	114.39	6.50	83.28

式中：$H_{13\%}$、$H_{4\%}$、$H_{1\%}$为累计频率波高（m）；$\overline{H}$平均波高(m)；$\overline{T}$平均周期(s)；DIR 为波向(°)；$h_{水深}$为水深(m)；$\overline{L}$ 平均波长(m)。

表 7-4　　50 年一遇南西南方向(SSW)外海涌浪时的波浪要素(极端高水位)

工程点序号	工程前的波浪要素							
	$H_{1\%}$	$H_{4\%}$	$\overline{H}$	$H_{13\%}$	$\overline{T}$	DIR	$h_{水深}$	$\overline{L}$
1	3.43	2.91	1.44	2.30	10.83	113.32	7.90	91.05
2	3.03	2.57	1.26	2.02	10.76	120.18	9.30	97.25
3	2.11	1.79	0.88	1.51	10.59	134.11	11.60	105.14
4	2.28	1.94	0.96	1.53	10.42	133.45	11.80	103.94
5	2.55	2.17	1.07	1.71	10.77	134.62	10.30	101.82
6	3.16	2.68	1.32	2.11	10.57	125.09	10.60	100.93
7	3.28	2.78	1.37	2.19	10.57	123.05	11.90	106.05
8	3.13	2.66	1.31	2.09	10.36	115.56	10.30	97.44
9	2.41	2.05	1.01	1.61	10.36	109.13	9.30	93.21

续表

工程点序号	工程前的波浪要素							
	$H_{1\%}$	$H_{4\%}$	$\overline{H}$	$H_{13\%}$	$\overline{T}$	DIR	$h_{水深}$	$\overline{L}$
10	1.86	1.58	0.78	1.25	10.75	132.85	10.50	102.46
11	3.78	3.21	1.58	2.53	10.76	103.42	8.10	91.43
12	4.02	3.41	1.68	2.69	10.79	111.21	6.50	82.95
工程点序号	工程后的波浪要素							
	$H_{1\%}$	$H_{4\%}$	$\overline{H}$	$H_{13\%}$	$\overline{T}$	DIR	$h_{水深}$	$\overline{L}$
1	3.21	2.73	1.34	2.15	10.85	94.45	7.90	91.23
2	2.71	2.31	1.14	1.82	10.69	91.68	9.30	96.51
3	2.24	1.90	0.94	1.50	10.44	94.33	11.60	103.42
4	2.02	1.71	0.84	1.35	10.27	105.54	11.80	102.21
5	0.22	0.19	0.09	0.15	10.14	46.70	10.30	95.08
6	0.18	0.15	0.08	0.12	11.17	331.25	10.60	107.43
7	0.59	0.50	0.25	0.40	10.67	158.79	11.90	107.21
8	0.93	0.79	0.39	0.62	10.86	159.14	10.30	102.78
9	1.63	1.38	0.68	1.09	11.11	152.59	9.30	100.77
10	2.58	2.20	1.08	1.73	10.61	109.60	10.50	100.95
11	3.49	2.97	1.46	2.34	10.82	110.72	8.10	91.99
12	3.88	3.30	1.63	2.60	10.97	98.77	6.50	84.44

式中：$H_{13\%}$、$H_{4\%}$、$H_{1\%}$为累计频率波高(m)；$\overline{H}$平均波高(m)；$\overline{T}$平均周期(s)；DIR 为波向(°)；$h_{水深}$为水深(m)；$\overline{L}$ 平均波长(m)。

表 7-5　　50 年一遇东向(E)大风作用时的波浪要素(极端高水位)

工程点序号	工程前的波浪要素							
	$H_{1\%}$	$H_{4\%}$	$\overline{H}$	$H_{13\%}$	$\overline{T}$	DIR	$h_{水深}$	$\overline{L}$
1	3.82	3.24	1.60	2.55	4.48	0.7	7.90	29.30
2	3.83	3.24	1.60	2.56	4.44	3.7	9.30	29.63
3	3.82	3.23	1.59	2.55	4.36	6.1	11.60	29.29
4	3.76	3.19	1.57	2.51	4.29	6.4	11.80	28.44
5	3.78	3.20	1.58	2.52	4.32	7.0	10.30	28.53
6	3.81	3.23	1.59	2.55	4.38	6.0	10.60	29.34
7	3.89	3.30	1.62	2.60	4.44	4.5	11.90	30.35
8	4.02	3.41	1.68	2.68	4.51	3.1	10.30	30.83
9	4.16	3.53	1.74	2.78	4.58	1.9	9.30	31.25
10	2.13	1.81	0.89	1.43	3.48	326.1	10.50	18.88
11	4.11	3.48	1.71	2.74	4.58	355.2	8.10	30.52
12	3.85	3.26	1.61	2.57	4.51	359.8	6.50	28.39
工程点序号	工程后的波浪要素							
	$H_{1\%}$	$H_{4\%}$	$\overline{H}$	$H_{13\%}$	$\overline{T}$	DIR	$h_{水深}$	$\overline{L}$
1	3.58	3.03	1.49	2.39	4.52	12.9	7.90	29.73
2	3.72	3.16	1.55	2.49	4.52	8.9	9.30	30.55
3	3.89	3.30	1.63	2.60	4.56	5.7	11.60	31.82
4	3.98	3.38	1.66	2.66	4.57	4.5	11.80	32.00

续表

工程点序号	工程后的波浪要素							
	$H_{1\%}$	$H_{4\%}$	$\overline{H}$	$H_{13\%}$	$\overline{T}$	DIR	$h_{水深}$	$\overline{L}$
5	3.94	3.34	1.65	2.63	4.58	235.4	10.30	31.68
6	3.77	3.20	1.57	2.52	4.63	350.3	10.60	32.41
7	2.17	1.84	0.91	1.45	4.10	319.8	11.90	26.09
8	1.80	1.52	0.75	1.20	3.62	310.9	10.30	20.40
9	1.53	1.30	0.64	1.02	3.39	308.1	9.30	17.90
10	1.92	1.63	0.80	1.28	3.33	349.9	10.50	17.30
11	2.06	1.75	0.86	1.38	3.35	58.2	8.10	17.43
12	2.77	2.36	1.16	1.86	4.42	34.6	6.50	27.53

式中：$H_{13\%}$、$H_{4\%}$、$H_{1\%}$为累计频率波高（m）；$\overline{H}$平均波高(m)；$\overline{T}$平均周期(s)；DIR 为波向(°)；$h_{水深}$为水深(m)；$\overline{L}$ 平均波长(m)。

表 7-6　　50 年一遇东北向(NE)大风作用时的波浪要素(极端高水位)

工程点序号	工程前的波浪要素							
	$H_{1\%}$	$H_{4\%}$	$\overline{H}$	$H_{13\%}$	$\overline{T}$	DIR	$h_{水深}$	$\overline{L}$
1	3.92	3.32	1.63	2.62	4.46	88.6	7.90	20.09
2	4.03	3.41	1.68	2.69	4.59	84.6	9.30	31.36
3	3.61	3.06	1.51	2.41	4.68	83.5	11.60	33.36
4	3.62	3.07	1.51	2.42	4.74	86.5	11.80	34.19
5	3.48	2.95	1.45	2.32	4.78	87.3	10.30	34.12
6	3.45	2.92	1.44	2.30	4.85	85.3	10.60	35.13
7	3.48	2.95	1.45	2.32	4.87	88.3	11.90	35.92
8	3.46	2.93	1.44	2.31	4.75	86.1	10.30	33.75
9	3.39	2.87	1.42	2.26	4.57	79.6	9.30	31.13
10	2.73	2.31	1.14	1.82	3.61	123.3	10.50	20.30
11	3.45	2.93	1.44	2.31	4.66	87.6	8.10	31.38
12	3.28	2.78	1.37	2.19	4.57	90.8	6.50	28.96
工程点序号	工程后的波浪要素							
	$H_{1\%}$	$H_{4\%}$	$\overline{H}$	$H_{13\%}$	$\overline{T}$	DIR	$h_{水深}$	$\overline{L}$
1	3.43	2.90	1.43	2.29	4.64	61.3	7.90	31.00
2	3.32	2.81	1.38	2.21	4.54	58.5	9.30	30.78
3	3.31	2.81	1.38	2.21	4.52	57.6	11.60	31.31
4	3.18	2.70	1.33	2.13	4.51	60.8	11.80	31.23
5	3.10	2.63	1.29	2.07	4.34	35.5	10.30	28.78
6	2.58	2.19	1.08	1.72	4.10	21.6	10.60	25.95
7	0.99	0.84	0.41	0.66	2.41	97.3	11.90	9.07
8	1.09	0.92	0.45	0.73	2.71	136.7	10.30	11.47
9	1.48	1.26	0.62	0.99	3.70	140.7	9.30	21.21
10	3.04	2.57	1.27	2.03	4.38	98.8	10.50	29.31
11	3.28	2.78	1.37	2.19	4.65	98.3	8.10	31.27
12	3.31	2.80	1.38	2.21	4.90	68.6	6.50	32.06

式中：$H_{13\%}$、$H_{4\%}$、$H_{1\%}$为累计频率波高（m）；$\overline{H}$平均波高(m)；$\overline{T}$平均周期(s)；DIR 为波向(°)；$h_{水深}$为水深(m)；$\overline{L}$ 平均波长(m)。

表 7-7　　50 年一遇北向(N)大风作用时的波浪要素(极端高水位)

工程点序号	工程前的波浪要素							
	$H_{1\%}$	$H_{4\%}$	$\overline{H}$	$H_{13\%}$	$\overline{T}$	DIR	$h_{水深}$	$\overline{L}$
1	3.92	3.32	1.63	2.62	4.46	88.6	7.90	29.09
2	4.03	3.41	1.68	2.69	4.59	84.6	9.30	31.36
3	4.21	3.57	1.76	2.81	4.68	83.5	11.60	33.36
4	4.37	3.70	1.82	2.92	4.74	86.5	11.80	34.19
5	4.38	3.71	1.83	2.92	4.78	87.3	10.30	34.54
6	4.35	3.68	1.81	2.90	4.85	85.3	10.60	35.13
7	4.38	3.71	1.83	2.92	4.87	88.3	11.90	35.92
8	4.36	3.69	1.82	2.91	4.75	86.1	10.30	33.75
9	4.14	3.51	1.73	2.76	4.57	79.6	9.30	31.13
10	2.58	2.18	1.08	1.72	3.61	123.3	10.50	20.30
11	4.35	3.69	1.82	2.91	4.66	87.6	8.10	31.38
12	4.03	3.42	1.68	2.69	4.57	90.8	6.50	28.96
工程点序号	工程后的波浪要素							
	$H_{1\%}$	$H_{4\%}$	$\overline{H}$	$H_{13\%}$	$\overline{T}$	DIR	$h_{水深}$	$\overline{L}$
1	4.11	3.48	1.72	2.75	4.70	80.6	7.90	31.64
2	4.03	3.41	1.68	2.69	4.61	77.4	9.30	31.59
3	4.05	3.44	1.69	2.71	4.59	76.8	11.60	32.21
4	4.05	3.43	1.69	2.71	4.60	78.7	11.80	32.38
5	2.56	2.17	1.07	1.71	4.32	44.2	10.30	28.53
6	1.88	1.59	0.78	1.26	4.01	30.5	10.60	24.88
7	1.31	1.11	0.55	0.88	2.87	140.6	11.90	12.86
8	1.48	1.26	0.62	0.99	3.25	143.1	10.30	16.29
9	1.90	1.61	0.80	1.27	4.04	143.0	9.30	25.02
10	3.44	2.91	1.43	2.30	4.52	105.0	10.50	31.02
11	3.71	3.14	1.55	2.48	4.72	105.6	8.10	32.02
12	3.92	3.32	1.64	2.62	4.89	83.3	6.50	31.97

式中：$H_{13\%}$、$H_{4\%}$、$H_{1\%}$ 为累计频率波高（m）；$\overline{H}$ 平均波高(m)；$\overline{T}$ 平均周期(s)；DIR 为波向(°)；$h_{水深}$ 为水深(m)；$\overline{L}$ 平均波长(m)。

表 7-8　　50 年一遇西北向(NW)大风作用时的波浪要素(极端高水位)

工程点序号	工程前的波浪要素							
	$H_{1\%}$	$H_{4\%}$	$\overline{H}$	$H_{13\%}$	$\overline{T}$	DIR	$h_{水深}$	$\overline{L}$
1	3.36	2.85	1.40	2.25	4.19	127.6	7.90	26.21
2	3.49	2.96	1.46	2.33	4.31	126.0	9.30	28.12
3	3.64	3.08	1.52	2.43	4.40	124.5	11.60	29.79
4	3.86	3.27	1.61	2.58	4.55	124.2	11.80	31.74
5	3.85	3.26	1.61	2.57	4.56	123.4	10.30	31.44
6	3.74	3.17	1.56	2.50	4.53	121.7	10.60	31.17
7	3.61	3.06	1.51	2.41	4.43	120.7	11.90	30.22
8	3.43	2.91	1.43	2.29	4.21	119.2	10.30	27.21
9	2.98	2.53	1.24	1.99	3.90	112.3	9.30	23.44
10	2.45	2.08	1.02	1.64	3.42	135.3	10.50	18.24
11	3.24	2.74	1.35	2.16	4.08	115.4	8.10	25.11
12	3.35	2.84	1.40	2.24	4.18	125.4	6.50	25.23

续表

工程点序号	工程后的波浪要素							
	$H_{1\%}$	$H_{4\%}$	$\overline{H}$	$H_{13\%}$	$\overline{T}$	DIR	$h_{水深}$	$\overline{L}$
1	3.06	2.59	1.28	2.04	4.04	109.2	7.90	24.61
2	2.88	2.44	1.20	1.92	4.06	103.1	9.30	25.25
3	2.88	2.44	1.20	1.92	4.06	102.2	11.60	25.58
4	2.83	2.39	1.18	1.89	4.08	103.2	11.80	25.84
5	0.99	0.84	0.41	0.86	2.54	63.6	10.30	12.08
6	0.60	0.51	0.25	0.70	1.76	60.8	10.60	10.83
7	1.61	1.36	0.67	1.07	3.03	149.6	11.90	14.34
8	1.69	1.43	0.70	1.13	3.13	150.2	10.30	15.30
9	1.86	1.57	0.78	1.24	3.41	147.3	9.30	18.11
10	2.81	2.38	1.17	1.88	3.90	114.4	10.50	23.58
11	2.98	2.53	1.25	1.99	4.04	116.1	8.10	24.68
12	3.13	2.65	1.31	2.09	4.15	111.2	6.50	24.94

式中：$H_{13\%}$、$H_{4\%}$、$H_{1\%}$ 为累计频率波高（m）；$\overline{H}$平均波高(m)；$\overline{T}$平均周期(s)；DIR 为波向(°)；$h_{水深}$为水深(m)；$\overline{L}$ 平均波长(m)。

表 7-9　　50 年一遇西向(W)大风作用时的波浪要素(极端高水位)

工程点序号	工程前的波浪要素							
	$H_{1\%}$	$H_{4\%}$	$\overline{H}$	$H_{13\%}$	$\overline{T}$	DIR	$h_{水深}$	$\overline{L}$
1	2.86	2.43	1.20	1.91	3.66	166.21	7.90	20.59
2	2.98	2.53	1.24	1.99	3.74	166.56	9.30	24.23
3	3.13	2.66	1.31	2.09	3.85	167.44	11.60	23.07
4	3.21	2.72	1.34	2.15	3.90	167.12	11.80	23.67
5	3.16	2.68	1.32	2.11	3.85	165.77	10.30	22.99
6	2.89	2.45	1.21	1.93	3.65	164.01	10.60	20.74
7	2.75	2.33	1.15	1.84	3.51	164.51	11.90	19.23
8	2.67	2.26	1.11	1.78	3.41	165.08	10.30	18.13
9	2.33	1.97	0.97	1.56	3.14	163.82	9.30	15.38
10	1.85	1.57	0.77	1.24	2.95	281.25	10.50	13.59
11	2.34	1.98	0.98	1.56	3.20	158.35	8.10	15.94
12	2.68	2.27	1.12	1.79	3.50	162.98	6.50	18.66
工程点序号	工程后的波浪要素							
	$H_{1\%}$	$H_{4\%}$	$\overline{H}$	$H_{13\%}$	$\overline{T}$	DIR	$h_{水深}$	$\overline{L}$
1	2.37	2.00	0.99	1.58	3.14	151.27	7.90	15.35
2	2.03	1.72	0.85	1.35	3.19	134.53	9.30	15.87
3	1.92	1.63	0.80	1.28	3.17	130.17	11.60	15.69
4	1.73	1.47	0.72	1.16	3.04	126.44	11.80	14.43
5	0.89	0.76	0.37	0.60	1.74	221.49	10.30	4.73
6	1.30	1.10	0.54	0.87	2.32	180.24	10.60	8.40
7	1.74	1.47	0.73	1.16	2.72	160.80	11.90	11.55
8	1.82	1.54	0.76	1.21	2.75	164.60	10.30	11.81
9	1.89	1.60	0.79	1.26	2.78	169.30	9.30	12.07
10	2.19	1.86	0.92	1.46	2.92	159.09	10.50	13.32
11	2.21	1.87	0.92	1.47	2.95	159.46	8.10	13.58
12	2.32	1.97	0.97	1.55	3.16	145.80	6.50	15.44

式中：$H_{13\%}$、$H_{4\%}$、$H_{1\%}$为累计频率波高（m）；$\overline{H}$平均波高(m)；$\overline{T}$平均周期(s)；DIR为波向(°)；$h_{水深}$为水深(m)；$\overline{L}$平均波长(m)。

表 7-10 50年一遇西南向(SW)大风作用时的波浪要素(极端高水位)

工程点序号	工程前的波浪要素							
	$H_{1\%}$	$H_{4\%}$	$\overline{H}$	$H_{13\%}$	$\overline{T}$	DIR	$h_{水深}$	$\overline{L}$
1	3.35	2.84	1.40	2.24	3.62	233.37	7.90	10.72
2	3.55	3.01	1.48	2.37	3.77	234.90	9.30	21.98
3	3.77	3.20	1.58	2.52	3.92	231.77	11.60	23.90
4	3.87	3.28	1.61	2.58	3.97	229.60	11.80	24.50
5	3.75	3.18	1.57	2.51	3.88	229.18	10.30	23.33
6	3.44	2.92	1.44	2.30	3.67	228.37	10.60	20.97
7	3.30	2.80	1.38	2.21	3.55	227.87	11.90	19.67
8	3.26	2.76	1.36	2.18	3.50	229.48	10.30	19.09
9	2.80	2.38	1.17	1.87	3.24	244.22	9.30	17.37
10	2.13	1.80	0.89	1.42	2.70	228.09	10.50	11.38
11	2.54	2.15	1.06	1.70	3.01	228.80	8.10	14.13
12	3.17	2.69	1.32	2.12	3.47	233.94	6.50	18.37
工程点序号	工程后的波浪要素							
	$H_{1\%}$	$H_{4\%}$	$\overline{H}$	$H_{13\%}$	$\overline{T}$	DIR	$h_{水深}$	$\overline{L}$
1	2.80	2.37	1.17	1.87	2.52	195.61	7.90	9.92
2	1.35	1.15	0.57	0.90	1.56	192.87	9.30	3.80
3	1.49	1.26	0.62	0.99	1.71	242.41	11.60	4.56
4	2.21	1.87	0.92	1.47	2.55	282.22	11.80	10.15
5	3.65	3.10	1.52	2.44	3.00	265.32	10.30	14.05
6	3.25	2.75	1.36	2.17	2.88	270.02	10.60	12.95
7	3.42	2.90	1.43	2.29	2.67	248.85	11.90	11.13
8	3.31	2.81	1.38	2.21	2.61	233.46	10.30	10.64
9	3.34	2.83	1.39	2.23	2.64	224.75	9.30	10.88
10	3.14	2.66	1.31	2.10	2.78	227.57	10.50	12.07
11	3.48	2.95	1.45	2.32	2.77	220.55	8.10	11.98
12	2.92	2.48	1.22	1.95	2.58	200.81	6.50	10.39

式中：$H_{13\%}$、$H_{4\%}$、$H_{1\%}$为累计频率波高（m）；$\overline{H}$平均波高(m)；$\overline{T}$平均周期(s)；DIR为波向(°)；$h_{水深}$为水深(m)；$\overline{L}$平均波长(m)。

表 7-11 50年一遇南向(S)大风作用时的波浪要素(极端高水位)

工程点序号	工程前的波浪要素							
	$H_{1\%}$	$H_{4\%}$	$\overline{H}$	$H_{13\%}$	$\overline{T}$	DIR	$h_{水深}$	$\overline{L}$
1	3.43	2.90	1.43	2.29	4.19	282.5	7.90	26.21
2	3.50	2.97	1.46	2.34	4.23	280.1	9.30	27.20
3	3.42	2.89	1.43	2.28	4.12	277.9	11.60	27.31
4	3.41	2.89	1.42	2.28	4.10	276.8	11.80	26.08
5	3.33	2.82	1.39	2.23	4.03	277.7	10.30	25.08
6	3.16	2.68	1.32	2.11	3.89	280.7	10.60	23.48
7	3.12	2.65	1.30	2.09	3.87	281.1	11.90	23.32
8	3.13	2.65	1.31	2.09	3.84	281.1	10.30	22.87
9	3.07	2.61	1.28	2.05	3.86	286.5	9.30	22.99
10	2.20	1.86	0.92	1.47	3.22	291.2	10.50	16.19
11	2.74	2.33	1.15	1.83	3.62	292.4	8.10	20.21
12	3.36	2.85	1.40	2.24	4.13	284.0	6.50	24.75

续表

工程点	工程后的波浪要素							
序号	$H_{1\%}$	$H_{4\%}$	$\overline{H}$	$H_{13\%}$	$\overline{T}$	DIR	$h_{水深}$	$\overline{L}$
1	2.72	2.31	1.14	1.82	3.07	317.2	7.90	14.69
2	2.76	2.35	1.16	1.85	3.36	326.6	9.30	17.59
3	2.75	2.33	1.15	1.84	3.57	320.0	11.60	19.88
4	3.00	2.55	1.26	2.01	3.99	308.3	11.80	24.74
5	3.09	2.63	1.29	2.07	3.86	294.9	10.30	23.10
6	2.91	2.47	1.22	1.95	3.74	296.6	10.60	21.75
7	2.83	2.41	1.19	1.9	3.61	296.9	11.90	20.33
8	2.76	2.35	1.16	1.85	3.38	294.0	10.30	17.82
9	2.61	2.22	1.09	1.75	3.14	284.8	9.30	15.38
10	2.61	2.22	1.09	1.75	3.09	280.5	10.50	14.91
11	2.70	2.30	1.13	1.81	2.63	247.1	8.10	10.80
12	2.92	2.49	1.23	1.96	2.14	229.8	6.50	7.15

式中：$H_{13\%}$、$H_{4\%}$、$H_{1\%}$为累计频率波高（m）；$\overline{H}$平均波高(m)；$\overline{T}$平均周期(s)；DIR为波向(°)；$h_{水深}$为水深(m)；$\overline{L}$平均波长(m)。

表 7-12　　50 年一遇东南向(SE)大风作用时的波浪要素(极端高水位)

工程点	工程前的波浪要素							
序号	$H_{1\%}$	$H_{4\%}$	$\overline{H}$	$H_{13\%}$	$\overline{T}$	DIR	$h_{水深}$	$\overline{L}$
1	4.06	3.44	1.69	2.71	4.78	7.1	7.90	32.48
2	4.16	3.53	1.74	2.78	4.89	10.5	9.30	34.83
3	4.44	3.76	1.85	2.97	4.93	12.9	11.60	36.58
4	4.48	3.79	1.87	2.99	4.80	12.6	11.80	34.97
5	4.51	3.82	1.88	3.01	4.83	11.7	10.30	34.73
6	4.39	3.72	1.83	2.93	4.90	8.9	10.60	35.74
7	4.37	3.70	1.82	2.92	4.90	6.6	11.90	37.31
8	4.56	3.87	1.90	3.05	4.89	4.1	10.30	35.46
9	4.79	4.06	2.00	3.20	4.93	2.7	9.30	35.30
10	2.46	2.09	1.03	1.65	3.58	324.7	10.50	19.97
11	4.65	3.94	1.94	3.10	4.86	1.8	8.10	33.52
12	4.08	3.46	1.70	2.73	4.79	5.8	6.50	31.03
工程点	工程后的波浪要素							
序号	$H_{1\%}$	$H_{4\%}$	$\overline{H}$	$H_{13\%}$	$\overline{T}$	DIR	$h_{水深}$	$\overline{L}$
1	3.72	3.15	1.55	2.48	4.73	5.46	7.90	31.96
2	3.84	3.25	1.60	2.56	4.66	353.53	9.30	32.17
3	4.03	3.42	1.68	2.69	4.72	353.78	11.60	33.87
4	4.25	3.60	1.77	2.84	4.78	348.70	11.80	34.71
5	4.40	3.73	1.84	2.94	4.75	341.78	10.30	33.75
6	4.27	3.62	1.78	2.85	4.81	336.94	10.60	34.63
7	2.90	2.46	1.21	1.94	4.20	312.36	11.90	27.33
8	2.57	2.17	1.07	1.71	3.87	305.14	10.30	23.22
9	2.27	1.92	0.95	1.52	3.63	301.08	9.30	20.45
10	2.45	2.07	1.02	1.63	3.46	311.82	10.50	18.67
11	2.33	1.98	0.98	1.56	2.95	23.47	8.10	13.58
12	3.28	2.79	1.38	2.2	4.61	31.05	6.50	29.33

式中：$H_{13\%}$、$H_{4\%}$、$H_{1\%}$为累计频率波高（m）；$\overline{H}$平均波高(m)；$\overline{T}$平均周期(s)；DIR为波向(°)；$h_{水深}$为水深(m)；$\overline{L}$ 平均波长(m)。

7.4 应用CGWAVE波浪折绕射模型计算港池内波浪

7.4.1 波浪折绕射模拟模型(CGWAVE)

为更好地模拟港池及防波堤附近的波浪折、绕射及浅水变形等，在小区域内的波浪场计算中使用了CGWAVE模型。CGWAVE模型是由美国缅因州大学Panchang教授等开发的通用波浪数值模型，它可以用于估计港口内、开敞海域、海岸潮汐通道、以及岛屿和建筑物附近的波浪场。CGWAVE模型基于缓坡方程计算联合折射和绕射，而且可以考虑波浪底摩擦、波浪破碎和非线性色散效应以及港口口门处的能量损失。CGWAVE模型为有限元模型，采用三角形网格，可以很好地描述复杂海岸和建筑物形状。CGWAVE模型的基本方程为：

$$\nabla\cdot(CC_g\nabla\hat{\eta})+\left(\frac{C_g}{C}\sigma^2+\mathrm{i}\sigma w+\mathrm{i}C_g\sigma\gamma\right)\hat{\eta}=0 \tag{7.4.1}$$

其中：$\hat{\eta}$为复波面位移函数，通过它可以估计波高；σ为波频，C为波浪传播速度，$C_g=Cn$为群速度，$n=\frac{1}{2}\left(1+\frac{2kd}{\sinh 2kd}\right)$，$k$为波数；$w$为摩阻系数，$\gamma$为波浪破碎参数。它们又可以表示为：

$$w=\left(\frac{2n\sigma}{k}\right)\left[\frac{2f_r}{3\pi}\frac{ak^2}{(2kd+\sinh 2kd)\ \sinh kd}\right] \tag{7.4.2}$$

$$\gamma=\frac{\chi}{d}\left(1-\frac{\Gamma^2d^2}{4a^2}\right) \tag{7.4.3}$$

(7.4.2)式中：a为波浪振幅，f_r为摩阻系数。(7.4.3)式中：χ和γ为经验系数，分别取为0.15和0.4。

(7.4.1)式可以通过以下方程描述非线性色散关系

$$\sigma^2=gk[1+(ka)^2F_1\tanh^5kd]\tanh\{kd+kaF_2\} \tag{7.4.4}$$

其中F_1和F_2可表示为

$$F_1=\frac{\cosh(4kd)-2\tanh^2(kd)}{8\sinh^4(kd)}$$

$$F_2=\left(\frac{kd}{\sinh(kd)}\right)^4$$

在岸线或建筑物附近，波浪发生不完全反射时，CGWAVE 模型通过以下边界条件描述

$$\frac{\partial\hat{\eta}}{\partial n}=\alpha\hat{\eta} \tag{7.4.5}$$

其中：$\alpha=\alpha_1+\mathrm{i}\alpha_2$为复系数。$\alpha$可以表示为

$$\alpha=\mathrm{i}k\frac{1-K_r}{1+K_r}$$

K_r为反射系数。

通过有限元方法数值求解上述方程，可以合理地模拟波浪近岸地区的波浪场，该模型得到了大量验证，并集成在美国陆军工程兵团软件SMS(Surface Water Modeling System)内，已广泛应用于港口规划设计的波浪场计算。

由于建筑物形式的多样性，建筑物对波浪的反射特性差别很大，如直立堤的反射系数接近 1，碎石防波堤的反射系数一般在 0.5 左右，岸线的反射系数可以取为 0.1。反射系数参考 Michael 等(2004)的报告取值。

7.4.2 CGWAVE 模型在澳门海关码头防波堤设计中的应用

(1)概况。澳门特别行政区为适应澳门城市交通网络的需要，计划在澳门水道的友谊桥以东、氹仔岛北侧，临近澳门国际机场的浅海区兴建澳门氹仔客运高速船客运码头，以便加快特别行政区海、陆、空联合运输体系的形成。图 7-11 (a) 为原连岸式氹仔客运码头的港池及航道、防波堤，以及消防码头、海关码头设计图。在设计方案中，客运码头西防波堤与码头岸线相接(简称连岸式)，后来发现西防波堤与氹仔污水处理厂的排污管道相交，可能对管道的使用和维修带来影响，为此需要将西防波堤改成和码头岸线不连接，留有缺口(简称离岸方式)，并比较连岸式与离岸式两种方案港池内波浪的变化，为确定离岸式方案布置提供依据。改造后的西防波堤离岸 104m，并对 DW3 航标做了相应调整，见图 7-11(b)。

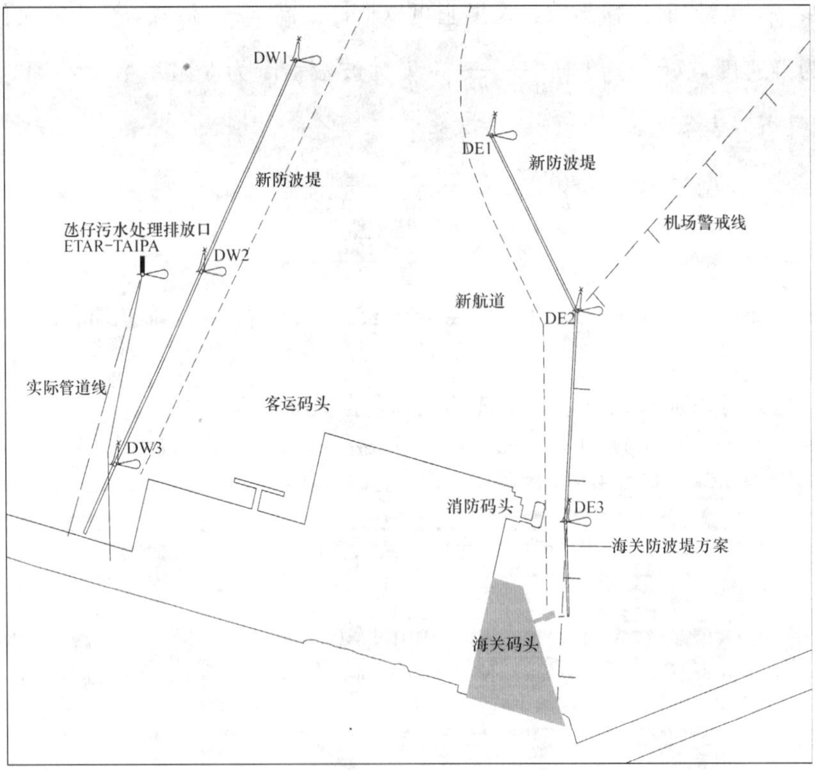

图 7-11(a)　澳门氹仔客运码头西防波堤方案图(连岸方案)

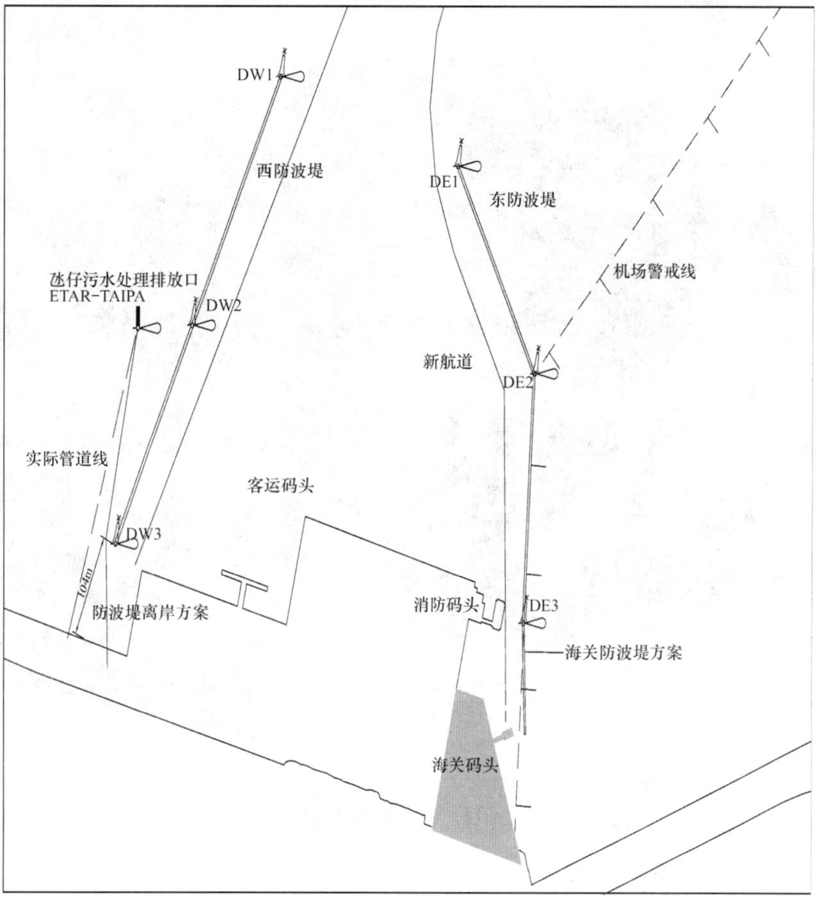

图 7-11(b)　澳门氹仔客运码头西防波堤离岸方案图(离岸方案)

(2)网格的划分及边界条件。通过 SWAN 模型，可以得到大风过程中风浪从生成、成长直至大风过后衰减的全过程。为了较好地反映风浪场的变化，风浪计算采用三层嵌套模型进行计算，共采用了大、中、小三个模型以嵌套方式进行计算，具体嵌套方式见《氹仔客运码头港池及航道研究及设计报告》，在此不赘述。

CGWAVE 模型输入的波浪边界条件，是根据《氹仔客运码头港池及航道研究及设计报告》中提供的 SWAN 模型模拟的海区平均波高图读取的。CGWAVE 模型根据 SWAN 模型提供的大区域波浪条件，计算港池附近的波浪状况，分别以西防波堤为连接式和离岸式两种方案进行模拟，离岸式 CGWAVE 模型计算网格见图 7-12。

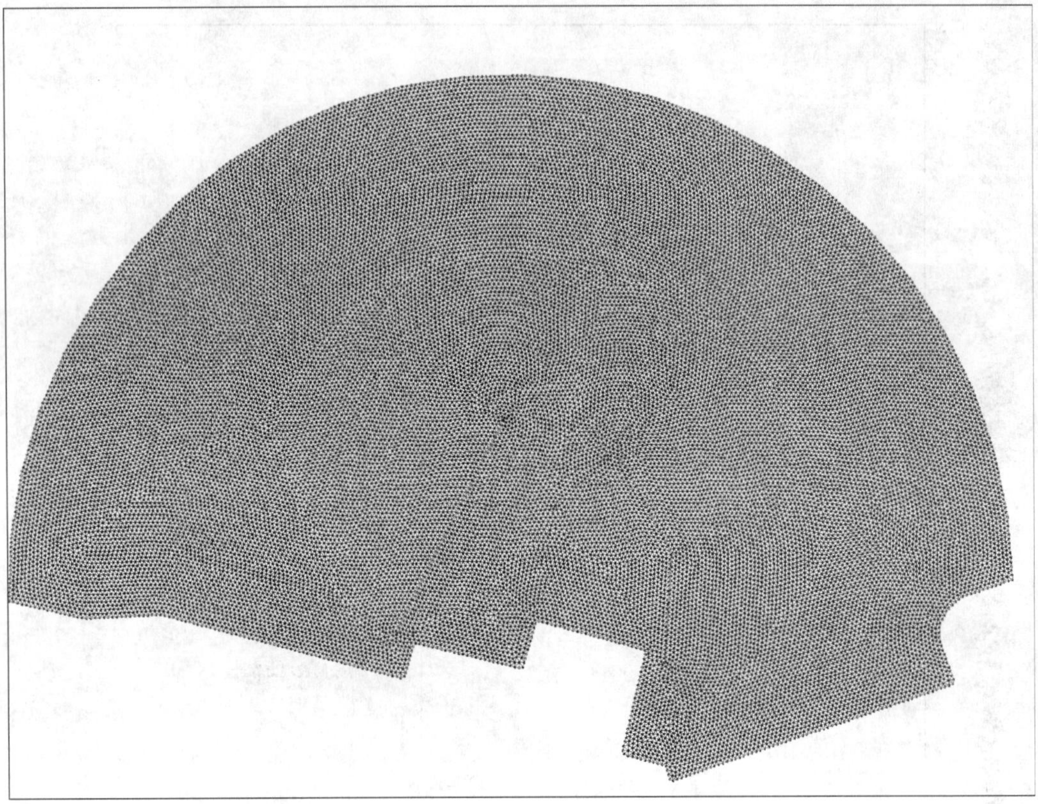

图 7-12 CGWAVE 模型计算网格(西防波堤离岸方案)

根据澳门地区实测常风的风向分布频率和强度(不考虑台风)，当风的强度超过 3 号风球时按 3 号风球的最大值取值(即 17.5m/s)。考虑到本码头的位置，西北风和南风时该码头掩护较好，浅海区传来的波浪也会较小，因而，本次波浪模拟计算时选取不利的风况见表 7-13。

表 7-13 对海关码头不利风况条件

频率与时速	风向					
	东 E	东北偏东 ENE	东北偏北 NNE	北 N	西北偏北 NNW	东南偏东 ESE
实测风向频率	9.00%	9.00%	10.70%	14.10%	16.00%	23.50%
不考虑台风时实测最大时速(m/s)	17.5	9.5	14.5	14.5	13.1	15.6
重现期 5 年的最大风速(m/s)	22.4	19.4	18.1	15.6	15	20.3

(3)计算结果及分析。由 CGWAVE 计算得到两种方案(即西防波堤为连岸式和离岸式)下，港池附近上述六种不同风向、风速条件的波浪要素，风向为 E 时两种方案下港池内的平均波高见图 7-13。

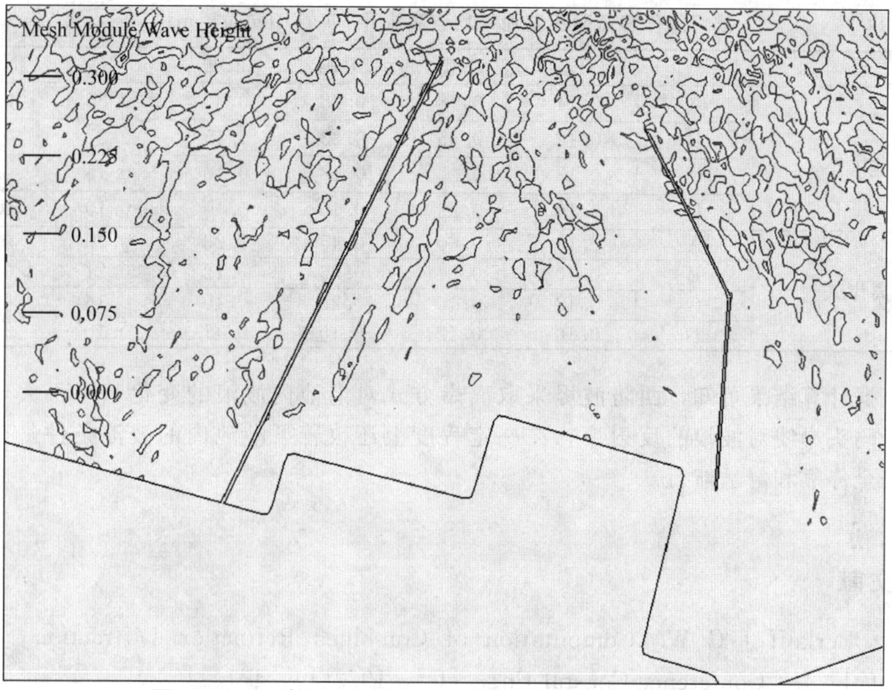

图 7-13(a)　澳门氹仔客运码头港池平均波高等值线图(E)
(风向：E　；风速：17.5m/s)

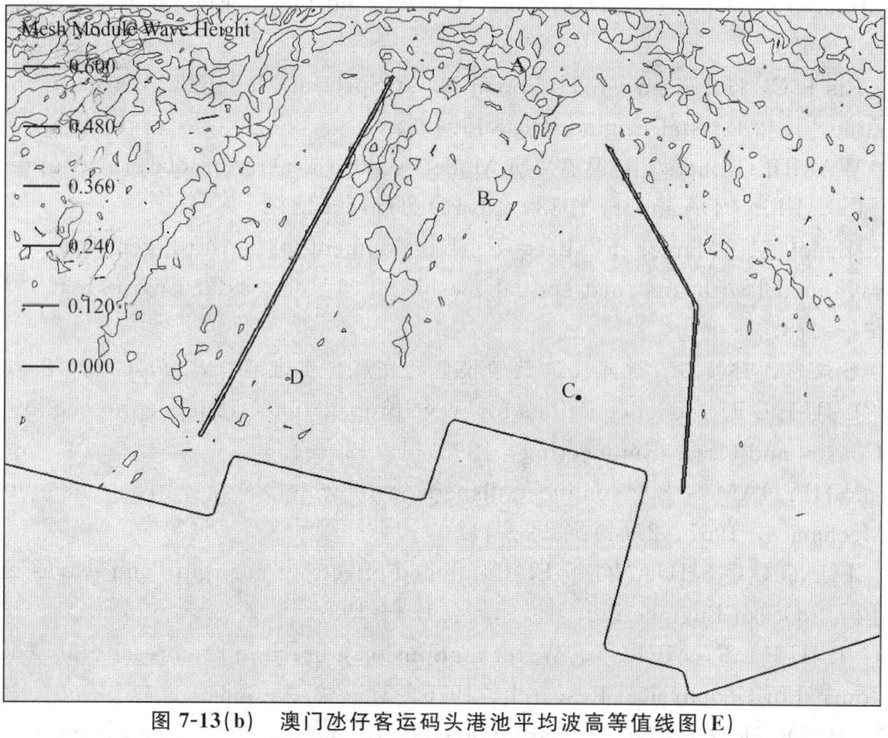

图 7-13(b)　澳门氹仔客运码头港池平均波高等值线图(E)
(风向：E；风速：17.5m/s)

表 7-14 为连岸式与离岸式两种方案，在港池口外(A)、港池中(B)和码头前沿(C)和西防波堤(D)的平均波高值。

表 7-14　澳门氹仔客运码头港池平均波高统计　(单位：m)

		E	ENE	NNE	ESE	N	NNW
连岸式	A	0.14	0.78	0.28	0.30	0.36	0.52
	B	0.12	0.55	0.23	0.15	0.27	0.58
	C	0.13	0.27	0.18	0.10	0.15	0.26
	D	0.10	0.23	0.10	0.10	0.10	0.11
离岸式	A	0.15	0.60	0.45	0.26	0.20	0.42
	B	0.10	0.20	0.26	0.12	0.21	0.32
	C	0.13	0.10	0.29	0.10	0.16	0.29
	D	0.10	0.12	0.10	0.11	0.10	0.20

根据计算结果可知，西防波堤采取离岸方式对港池内波浪的变化基本不大，因为减少了码头岸线对波浪的反射率，在一定程度上还改善了港池内的波浪条件，有利于船舶安全停靠和舒适航行。

参考文献

1　Berkoff J C W. Computation of Combined Refraction Diffraction [A]. Proc. of the 13th Conference Coastal Eng. [C], 1972(1)：471～490

2　Nowgu O. An alternative from of Boussinesq equations for nearshore wave propagation [J]. J of Waterway, port, Coastal and Ocean Engineering, 1993, 1199 (6)：61 8～638

3　Ris R C, Holuijsen, L H, Booij N. A Spectral Model for Waves in the Near shore Zone [J]. Coastal Engineering, 1994. 68～78

4　WAMDI Group. The WAMM Model-A third generation ocean wave prediction model [J]. J Phys Oceanogr, 1988, 18(12)：1775～1810

5　Benot M, Marcos F, Becq F. Development of a third generation shallow waterwave model with unstrued special meshing [M]. Coastal Enginering, ASCE., 1996. 465～478

6　谷汉斌，孙精石．近岸波浪数学模型的发展，水道港口，2004(2)：78～82

7　L IU P L F. Model equations for wave propagations from deep to shallow water [J]. Coastal and Ocean Engineering, 1995, 1：125～158

8　WHIYHAM G B. Nonlinear dispersion of waterwaves [J]. The Journal of Fluid Mechanics, 1967, 27(4)：399～412

9　TUNG C C, HUANG N E. Combined effects of cur-rents and waves on fluid Force [J]. Ocean Engineering, 1973, 2：183～193

10　L IU P L F, MEI C C. Water motions on a beach in the present fabreak water [J]. Journal of Geophysical Research, 1976, 81：3079～3084

11　RADDER A C. On the parabolic equation method for water-wave propagation [J]. The Journal of Fluid Mechanics, 1979, 95：159～176

12　MEI C C, TUCK E O. Forward scattering by long thin bodies [J]. SIAM JAppl Math, 1980, 3 9：178～191

13 KIRBY JT, DAL RYMPL E R A. A parabolic equation for the combined refraction-diffraction of stokes waves by mildly varying topography [J]. The Journal of Fluid Mechanics, 1983, 136: 453～466

14 L IU P L F, TSAY T K. Refraction-diffraction model for weakly nonlinear water waves [J]. The Journal of Fluid Mechanics, 1984, 141: 265～274

15 DAL RYMPLE R A, KIRBY J T. Models for very wide-angle water waves and wave diffraction [J]. The Journal of Fluid Mechanics, 1988, 192: 33～50

16 蒋得才，楼顺里，刘百桥．随机波折绕射的缓坡模型实验和数值计算 [J]．海洋通报，1992，1 1 (5)：1～8

17 潘军宁，左其华，王红川．一种高效的缓坡方程数值解法 [A]．见：第九届全国海岸工程学术讨论会 [C]．北京：海洋出版社，1999

18 冯卫兵．波浪绕射折射数学模型及数值模拟 [D]．南京：河海大学，1999

19 冯芒，朱首贤，沙文钰．缓坡方程计算分辨率选取的数值研究 [J]．解放军理工大学学报：自然科学版，2001，2 (3)：34～39

20 徐福敏，张长宽，陶建峰．浅水波浪数值模型 SWAN 的原理及应用综述．水科学进展，2004(4)：538～542

21 丁坚，李瑞杰，陶爱峰．黄茅海潮流波浪计算分析 [J]．河海大学学报(自然科学版)，2005(6)

22 黄巧珍．大小铲岛工程可行性和环境影响研究．中国海洋大学，2005

23 何为，李春初，田向平．磨刀门拦门沙区域的泥沙沉积与口门治理．人民珠江，2005

24 吴天胜，黄胜伟等．氹仔客运码头港池及航道研究及设计报告，2004(12)

25 黄胜伟，王崇贤．澳门海关码头波浪推算及防波措施研究报告，2005(5)

26 辛文杰．潮流、波浪综合作用下河口二维悬沙数学模型．海洋工程．1997(1)

27 于斌，林少奕．风暴潮沿珠江河道上溯运动的数值模拟．海洋学报，2001(4)

28 邱大洪．工程水文学．北京：人民交通出版社，1999

29 L. H. Holthuijsen, N. Booij, R. C. Ris *etal.* SWAN Cycle Ⅲ version 40.20 USER MANUAL. Delft University of Technology, 2003

30 中华人民共和国交通部．JTJ213-98．海港水文规范．北京：人民交通出版社，1998

31 陈希．闵锦钟，沙文钰等．近岸海浪模式在中国东海台风浪模拟中的应用，2003，2(2)：9～16

32 张庆河，李炎保．建立中国沿海海域波浪信息系统的构想．中国港湾建设，2002，(3)：4～6

33 张庆河，曹永华，庞红犁等．波浪作用下的床面摩阻系数．海洋工程，2002，20(4)：68～71

34 Michael J. Briggs, Barbara P. Donnell, Zeki Demirbilek. How to use CGWAVE with SMS: an example for Tedious Creek small craft harbor. Technical Report ERDC/CHL CHETN-I-68, 2004, March

第 8 章　工程对波浪、潮流和泥沙运动的影响分析

本章结合某国际机场扩建初步方案可能对附近水域水环境产生影响的部分研究成果，论述波浪、潮流和泥沙数学模型在珠江河口中的具体应用。

某国际机场扩建初步方案计划将现有机场跑道北端防波堤向北顺延 150m，南端防波堤向南顺延 520m，同时将机场南栈桥以北和机场北端延长段与氹仔客运码头东侧防波堤中部连线以南全部围垦，封闭现有开通的机场北口。

8.1　波浪、潮流和泥沙模型的建立

某国际机场附近水域地形复杂，海岸建筑物众多，泥沙运动受径流、潮汐、波浪等动力及其输沙的影响。根据研究区域的特点和研究内容要求拟定了技术路线图，如图 8-1 所示。

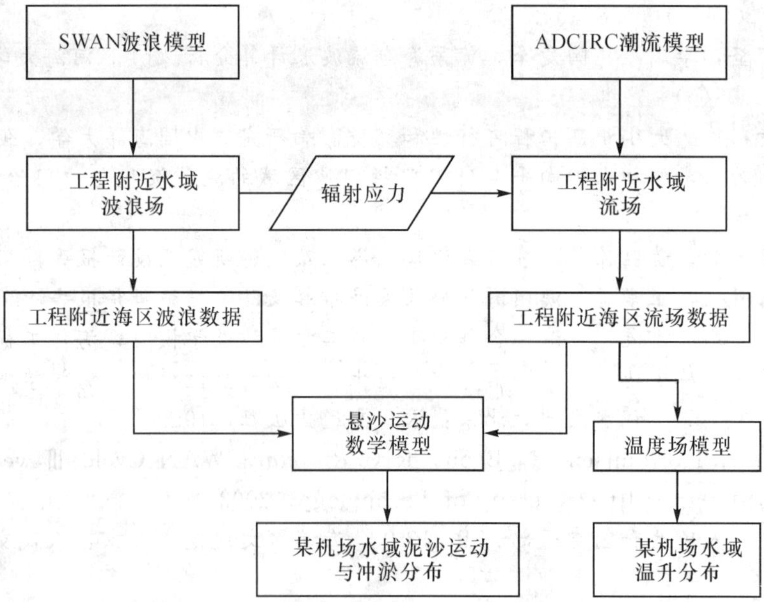

图 8-1　某机场附近水域数学模型组成

根据实测泥沙资料，工程附近水域泥沙颗粒较细，悬沙中值粒径为 0.013～0.022mm，床沙中值粒径为 0.022～0.024mm，工程附近水域泥沙输移亦以悬移质为主。由于工程附近水域的泥沙运动受强风浪过程的影响较大，因此，描述泥沙运动的数学模型必须能够模拟大风浪过程中悬沙的变化，才能较好地反映泥沙运动规律和回淤规律。基于这种考虑，采用可以描述风浪演化过程的非定常 SWAN 模型来描述强风过程中的波浪变化；采用可以考虑表面风应力和辐射应力影响过程的 ADCIRC 二维潮流模型，计算工程附近水域在波浪影响下的流场，以充分反映实际海域的复杂水动力条件，为泥沙输送模拟提供比较准确的流场；采用基于波流共同作用

下挟沙能力概念的平面二维泥沙模型建立粉砂质海岸在强风过程中的泥沙运动模型，并特别注意分析方案对九澳港、澳门火电厂港池和氹仔港池与航道的回淤影响。下面分别对涉及的模型进行简要介绍。

8.1.1　泥沙模型

泥沙运动的模拟采用了窦国仁等(1995)基于波流共同作用下挟沙力概念的平面二维泥沙数学模型，其表达式如下

$$\frac{\partial(hS)}{\partial t}+\frac{\partial(huS)}{\partial x}+\frac{\partial(hvS)}{\partial y}+\alpha\omega(S-S_*)=0 \tag{8-1}$$

其中：h 为水深；t 为时间坐标；x 和 y 为水平坐标；S 为沿深度平均的含沙量；S_* 为波流共同作用下的挟沙能力；u 和 v 分别为沿 x 方向和 y 方向的流速；α 为沉降几率或恢复饱和系数；ω 为泥沙沉速。根据波流挟沙的原理，S_* 可近似为：

$$S_*=S_{*C}+S_{*W} \tag{8-2}$$

其中：S_{*C} 和 S_{*W} 分别为潮流和波浪作用下的挟沙能力。

潮流作用下的挟沙能力可表示为

$$S_{*C}=\beta_C\frac{\gamma\gamma_s}{(\gamma_s-\gamma)}\frac{v^3}{c^2h\omega} \tag{8-3}$$

其中：β_C 为根据实验或是现场资料确定的系数；γ_s 和 γ 分别为泥沙与水的容重；c 为谢才系数；v 为垂向平均流速。

对于波浪作用下的挟沙能力，窦国仁等(1995)原有公式中未能反映长周期波浪挟沙能力较强的现象，这里根据实际波能演化原理，将波浪挟沙分为不破碎波与破碎波挟沙，修正窦国仁公式为如下形式：

$$S_{*W}=\beta_1\frac{\gamma\gamma_s}{\gamma_s-\gamma}\frac{f_wH_{rms}^3}{T^3gh\omega\sinh^3(kh)}+\beta_2\frac{\gamma_s}{\gamma_s-\gamma}\frac{D_{B2}}{h\omega} \tag{8-4}$$

其中：f_w 为床面摩阻系数；H_{rms} 为均方根波高；T 为波浪周期；k 为波数；g 为重力加速度；D_{B2} 为由于波浪破碎引起的波能耗散；β_1 与 β_2 为系数。β_C、β_1 与 β_2 可以根据河流、河口及海岸现场观测及实验室水槽实验资料，以及针对珠江口海域泥沙条件的分析确定。

8.1.2　航道回淤模拟

航道回淤采用的表达式如下

$$\gamma_0\frac{\partial\eta}{\partial t}=\alpha\omega(S-S_*) \tag{8-5}$$

其中：η 为航道底高程；γ_0 为航道回淤泥沙干容重；经验回淤系数 α 可根据该海域已有航道回淤资料确定。

8.1.3　模型的研究范围

某机场附近水域既受磨刀门分流水道洪湾水道的影响，又受外海潮汐和波浪的影响，因此，数学模型需要考虑下述三种主要动力作用下的变化：洪季以径流动力为主的情况、枯季潮汐动力占优的情况和极端天气时大风浪的情况。为了较好地反映这三种动力对该地区的影响，数学模型边界尽量选在三种动力相互影响较弱的地方。为此，数学模型上游开边界选在磨刀门灯笼山水文站附近，下边界选为即使在洪季径流受影响也较小的大万山以南，左边界到三灶岛珠海机场，右边界到金星门与大万山岛以东

的连线，见图 8-2。

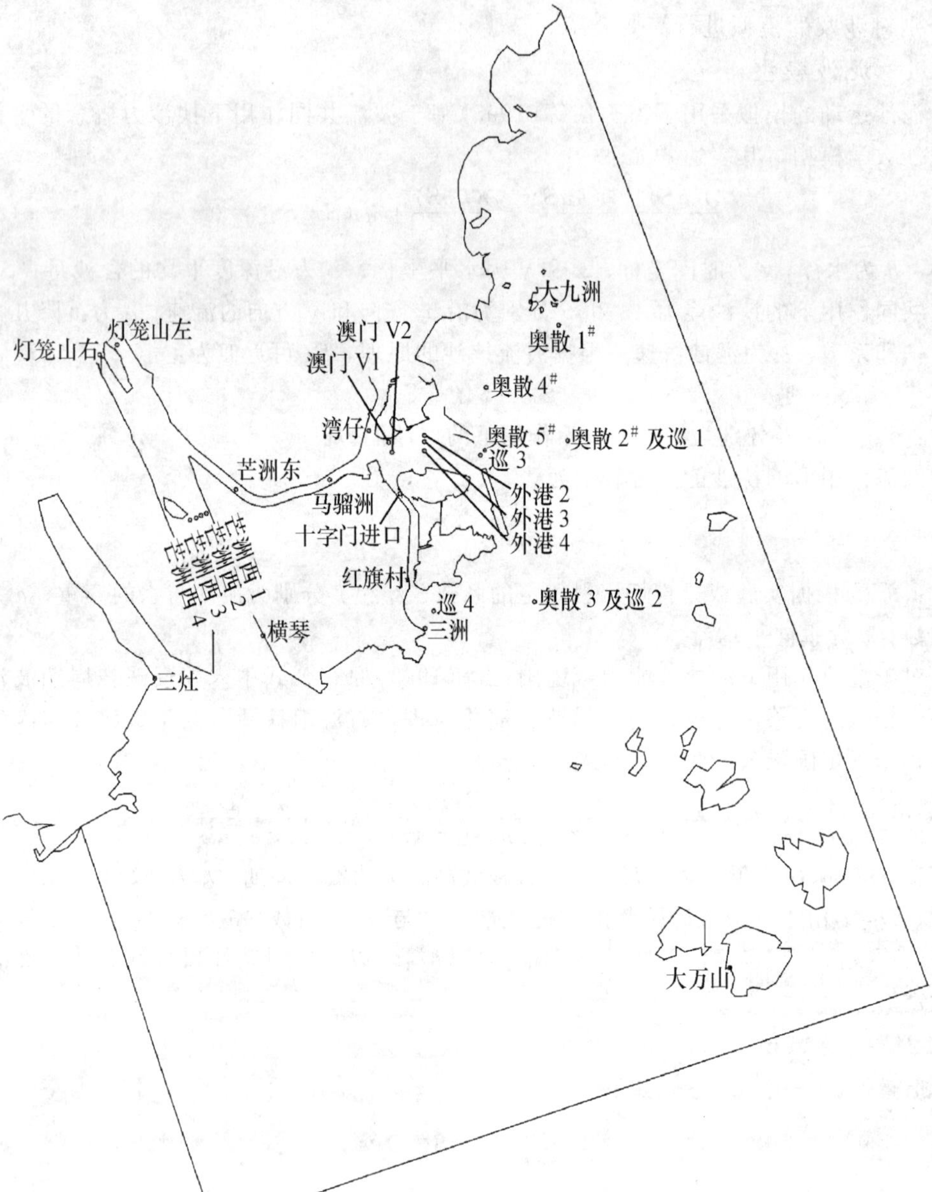

图 8-2　数学模型研究范围及验证站点示意图

8.1.4　模型的网格划分

数学模型计算网格采用三角形网格。研究水域网格布置为：网格大小疏密变化不等，自外海向沿岸逐渐密集，航道及港口附近另行加密。模型的网格划分见图 8-3。

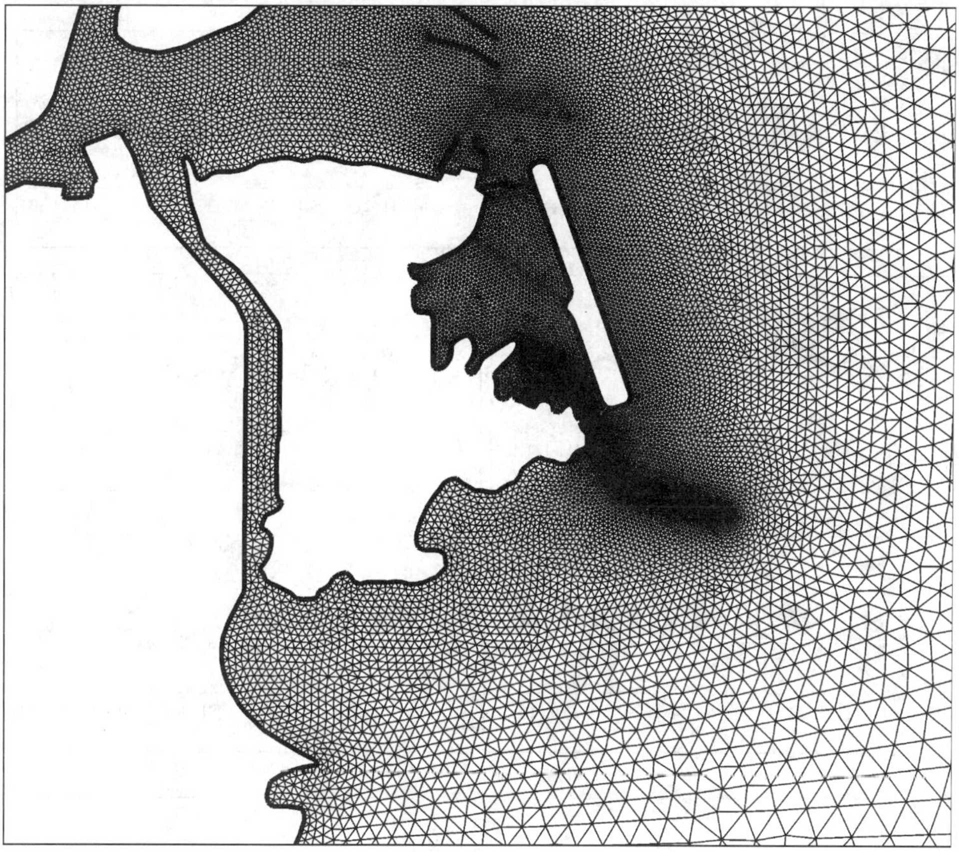

图 8-3 模型的网格划分

8.1.5 建模资料来源

数学模型采用的地形资料如下：洪湾水道出口—嘉乐庇大桥采用 2001 年实测水下地形；嘉乐庇大桥—某机场采用 2004 年实测水下地形；澳门机场以东和外港以北采用 2005 年实测水下地形；磨刀门水道—横洲水道出口及外海区－5m 等深线以内浅海区、湾仔水道、十字门水道及出口以外－5m 等深线以内浅海区采用 2000 年实测水下地形，－5m 等深线以外采用 1986 年实测水下地形。

二维数学模型的验证及方案后的计算均采用实测水文资料："94.7"大水，即 1994 年 7 月 23 日 14：00—29 日 16：00(洪水大、中、小潮)；"98.9"中水，即 1998 年 8 月 31 日 12：00—9 月 4 日 10：00(中水大、中、小潮)；"98.3"枯水，即 1998 年 3 月 25 日 13：00—3 月 29 日 16：00(枯水大、中、小潮)。

8.2 模型的验证

8.2.1 水位验证

三组水文组合下特征潮位过程的验证计算见图 8-4～图 8-7，表 8-1 给出了特征潮位验证统计表。

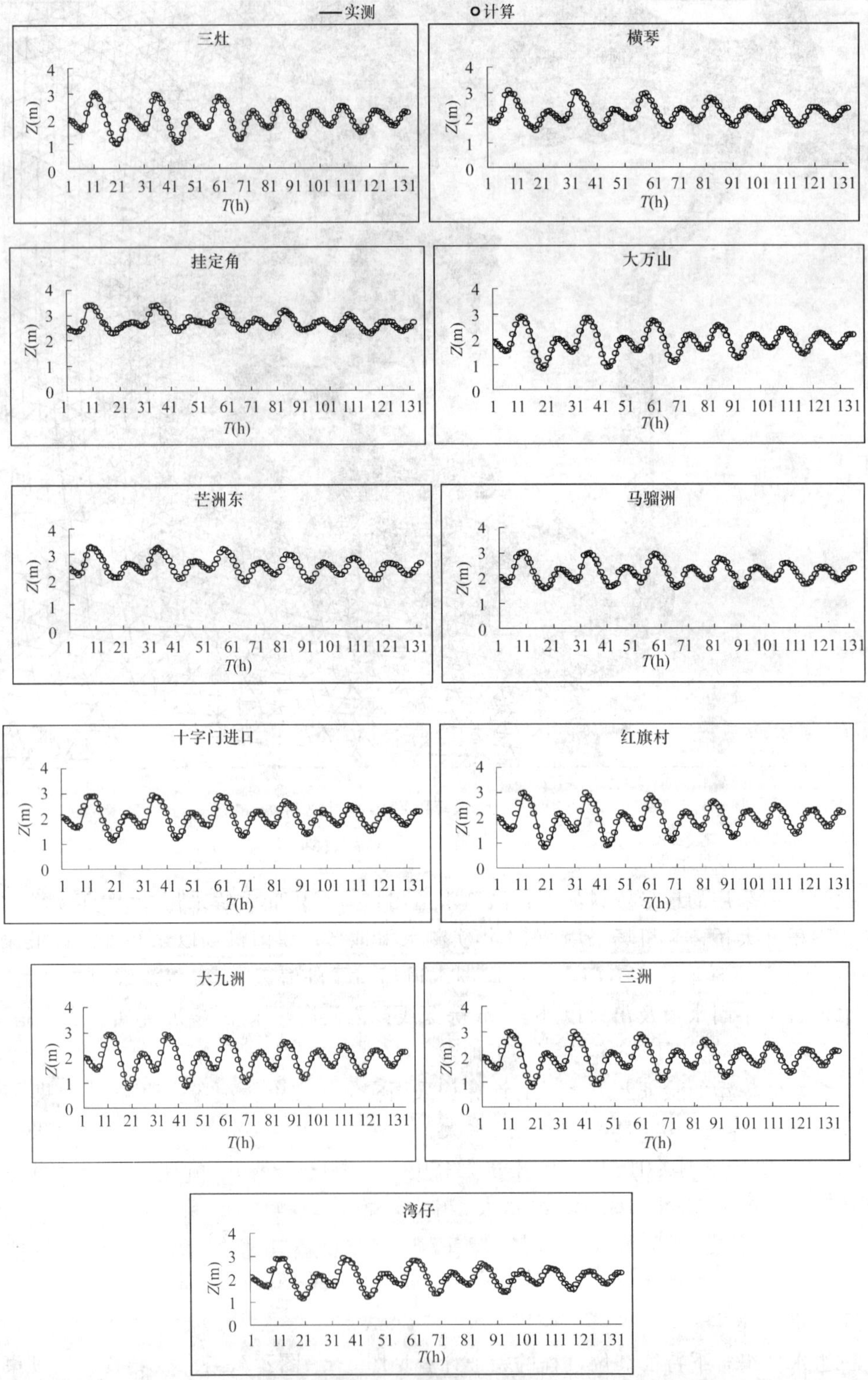

图 8-4　数学模型洪水大潮(1994. 7. 24)潮位验证图

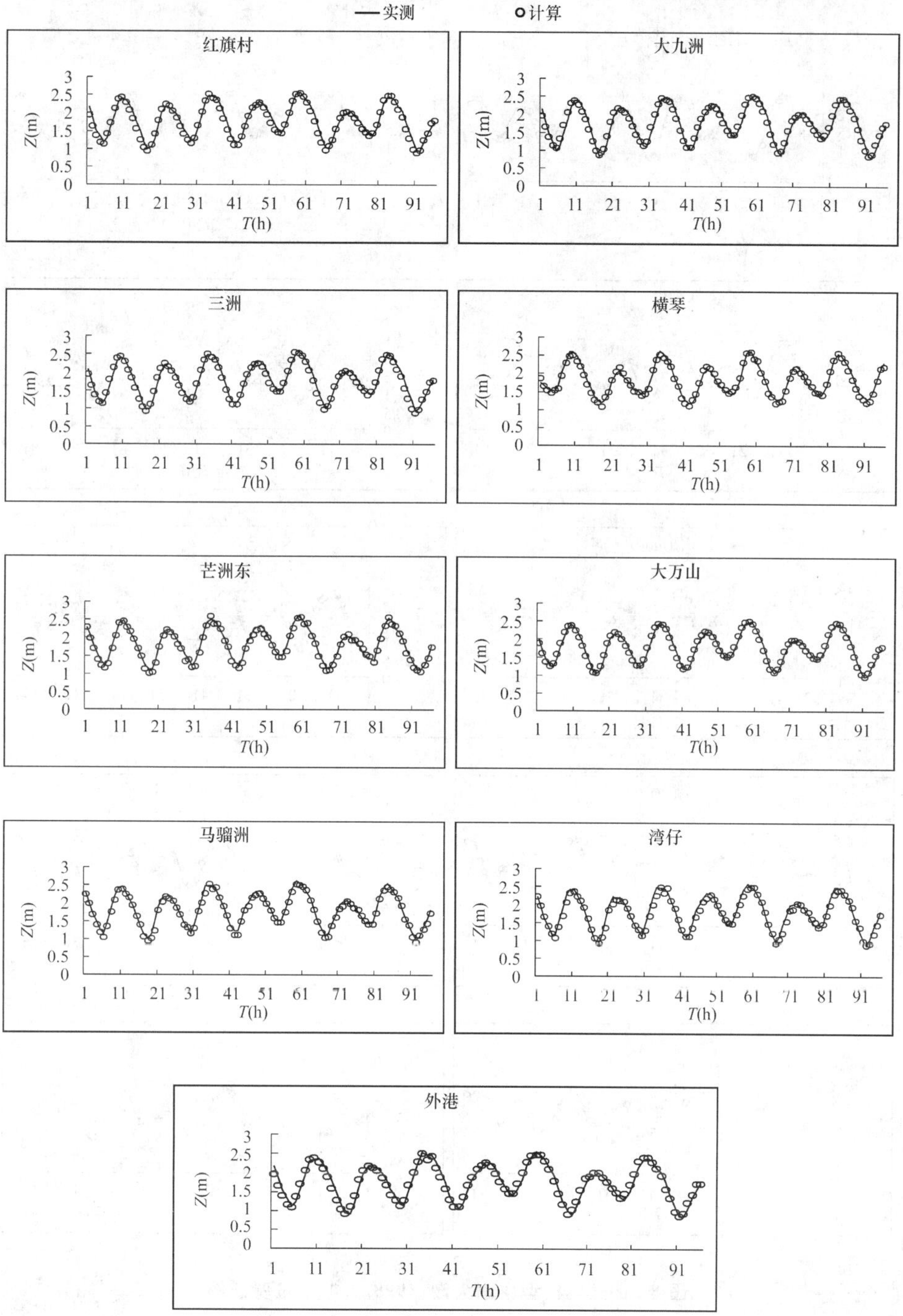

图 8-5 数学模型枯水大潮(1998. 3. 28)潮位验证图

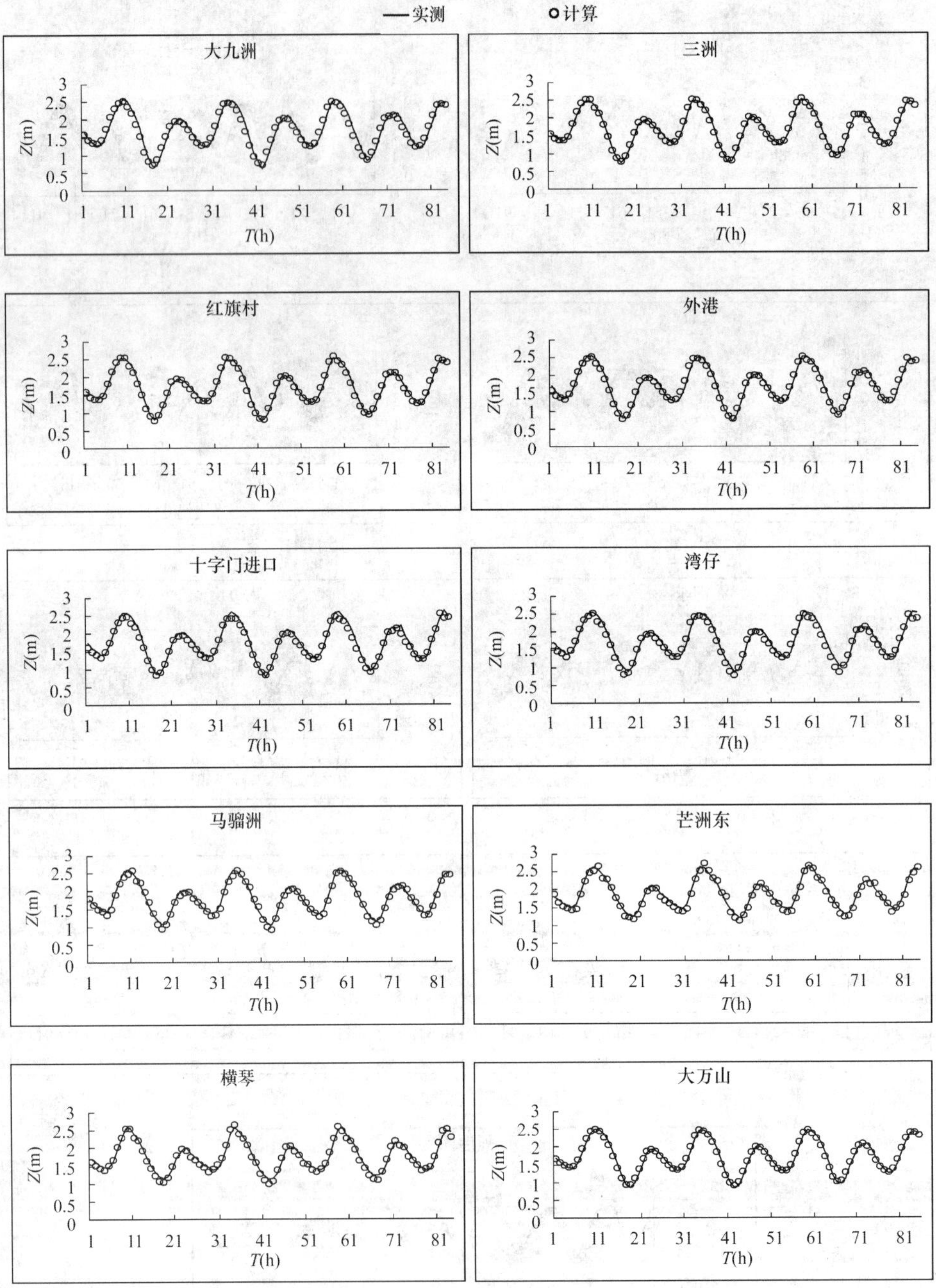

图 8-6 数学模型中水大潮(1998. 9. 4)潮位验证图

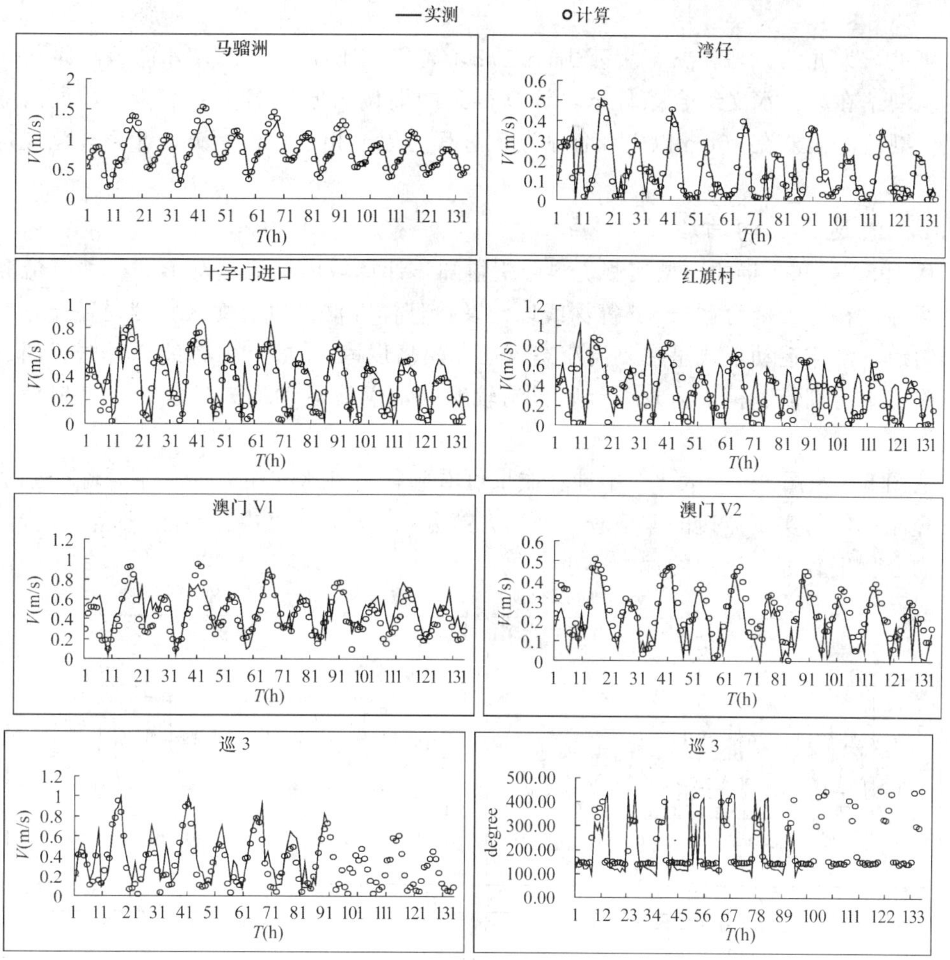

图 8-7　数学模型洪水大潮(1994. 7. 24)潮位验证图

表 8-1　数学模型特征潮位验证统计表①　(单位：m)

特征点	“94.7”洪水大潮			“98.9”中水大潮			“98.3”枯水大潮		
	MVH	MVL	MVM	MVH	MVL	MVM	MVH	MVL	MVM
三灶	−0.06	−0.10	−0.02	—	—	—	—	—	—
横琴	0.01	0.07	0.01	0.07	0.06	0.01	−0.08	−0.08	−0.02
大万山	−0.04	−0.04	−0.00	0.00	−0.06	0.01	0.03	0.02	0.01
芒洲东	−0.08	0.06	−0.05	0.07	0.08	0.05	0.03	−0.06	−0.05
马骝洲	−0.09	−0.06	0.06	−0.02	0.07	0.04	−0.09	−0.09	−0.05
十字门	0.06	−0.07	0.04	−0.04	−0.07	−0.05	−0.09	−0.03	−0.04
红旗村	0.08	0.07	−0.02	0.02	−0.06	−0.01	0.04	−0.07	−0.04
大九洲	0.01	−0.05	0.00	−0.07	−0.09	0.00	−0.02	0.07	−0.00
三洲	0.04	−0.03	0.00	0.05	−0.02	0.01	−0.04	−0.06	−0.02
湾仔	−0.04	−0.08	0.05	−0.06	0.08	−0.03	−0.10	−0.05	−0.04
外港	—	—	—	0.01	−0.02	0.01	−0.04	0.05	−0.00

① 注：MVH＝max（计算高高潮位—实测高高潮位）；MVL＝max（计算低低潮位—实测低低潮位）；MVM＝min（计算潮位—实测潮位）

可见，大九洲、马骝洲、大万山、三洲、湾仔、十字门进口、外港、红旗村、横琴等验潮站在三种水文组合条件下，计算得到的潮位与原型潮位基本一致，最高潮位和最低潮位的误差在 10cm 以内，各站潮位过程与原型相位吻合，满足计算规范规定的精度要求。

8.2.2　流速、流向的验证

从 1980—1997 年的原型实测资料分析得知：计算域内潮流运动形式为往复流和旋转流两种，在磨刀门海区－5m 等深线以内及伶仃洋九澳岛以北海区，因受径流作用及地形制约，潮流运动形式呈往复流流态；在九澳岛以南，－5m 等深线以外磨刀门近海区，因受南海潮流、柯氏力及季节风影响较明显，潮流运动形式较复杂，表现为不规则旋转流。

从图 8-7 至图 8-9 与表 8-2 中计算成果可看到，三种水文组合条件下，除个别测点的计算流速值与实测流速的差值较大外，大部分在 10cm/s 以内，在涨、落潮过程，流向的吻合程度较好，流向的偏差小于 20°。

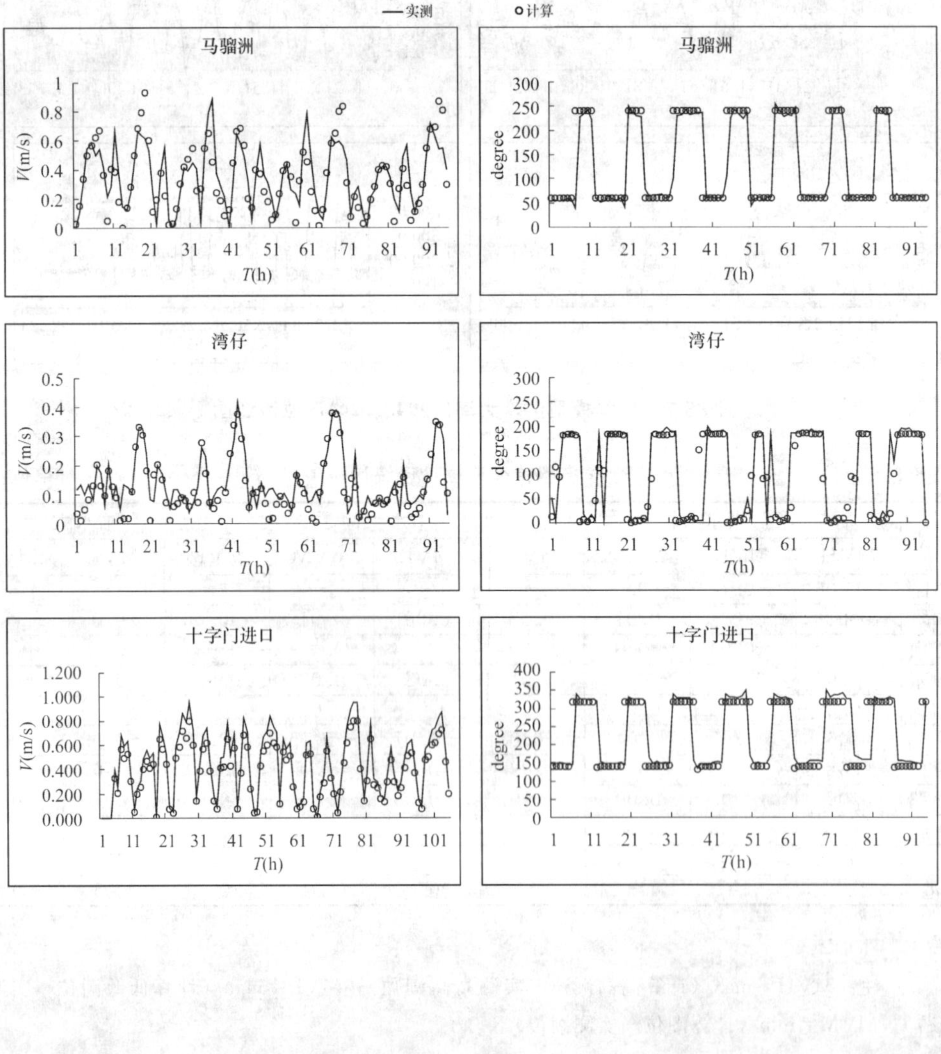

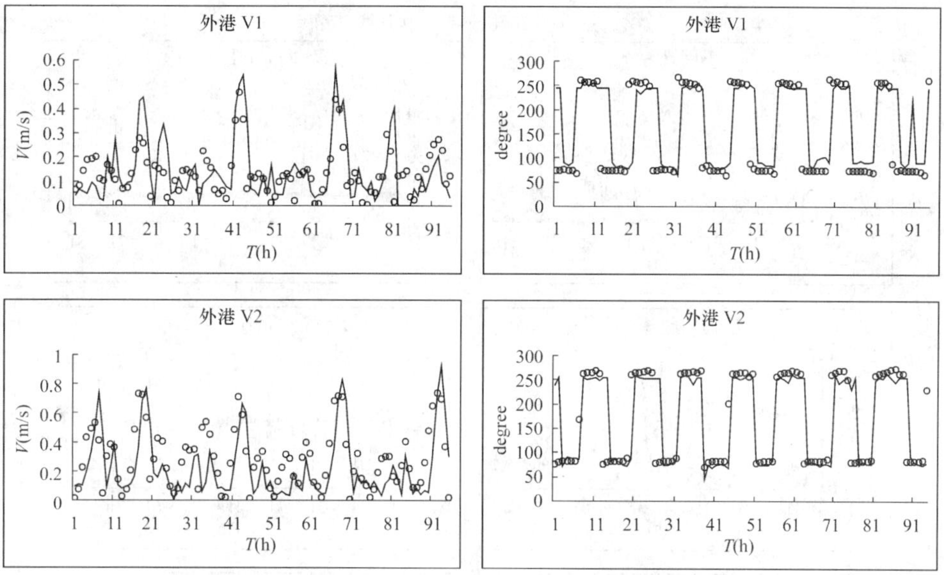

图 8-8(a) 数学模型枯水大潮(1998. 3. 28)流速流向验证图

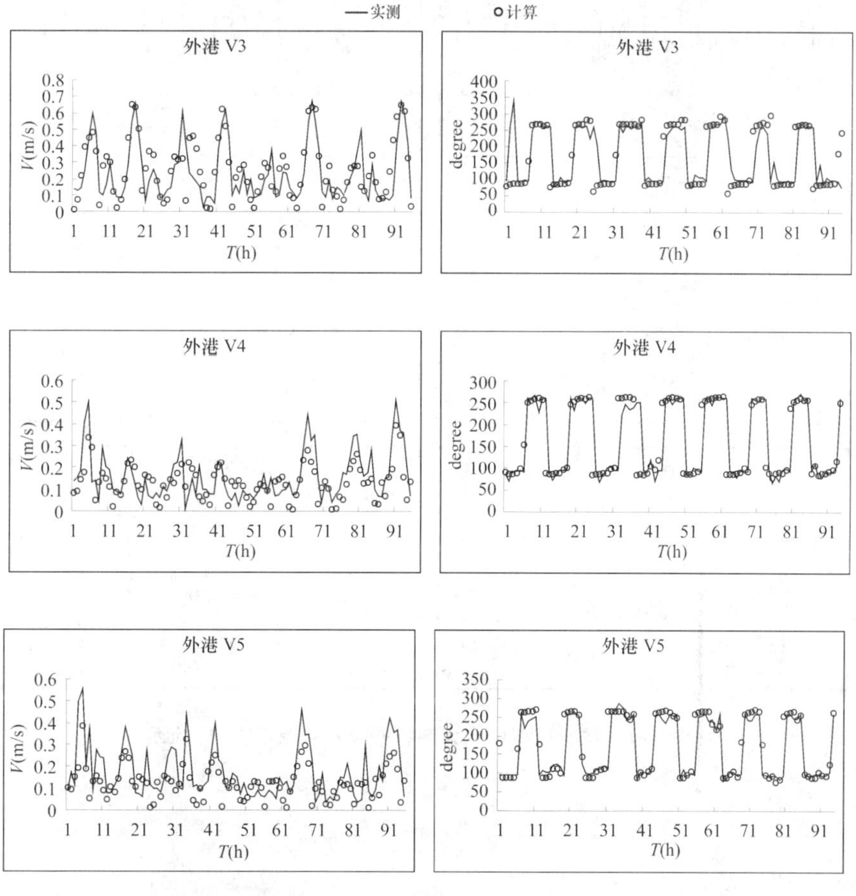

图 8-8(b) 数学模型枯水大潮(1998. 3. 28)流速流向验证图(续)

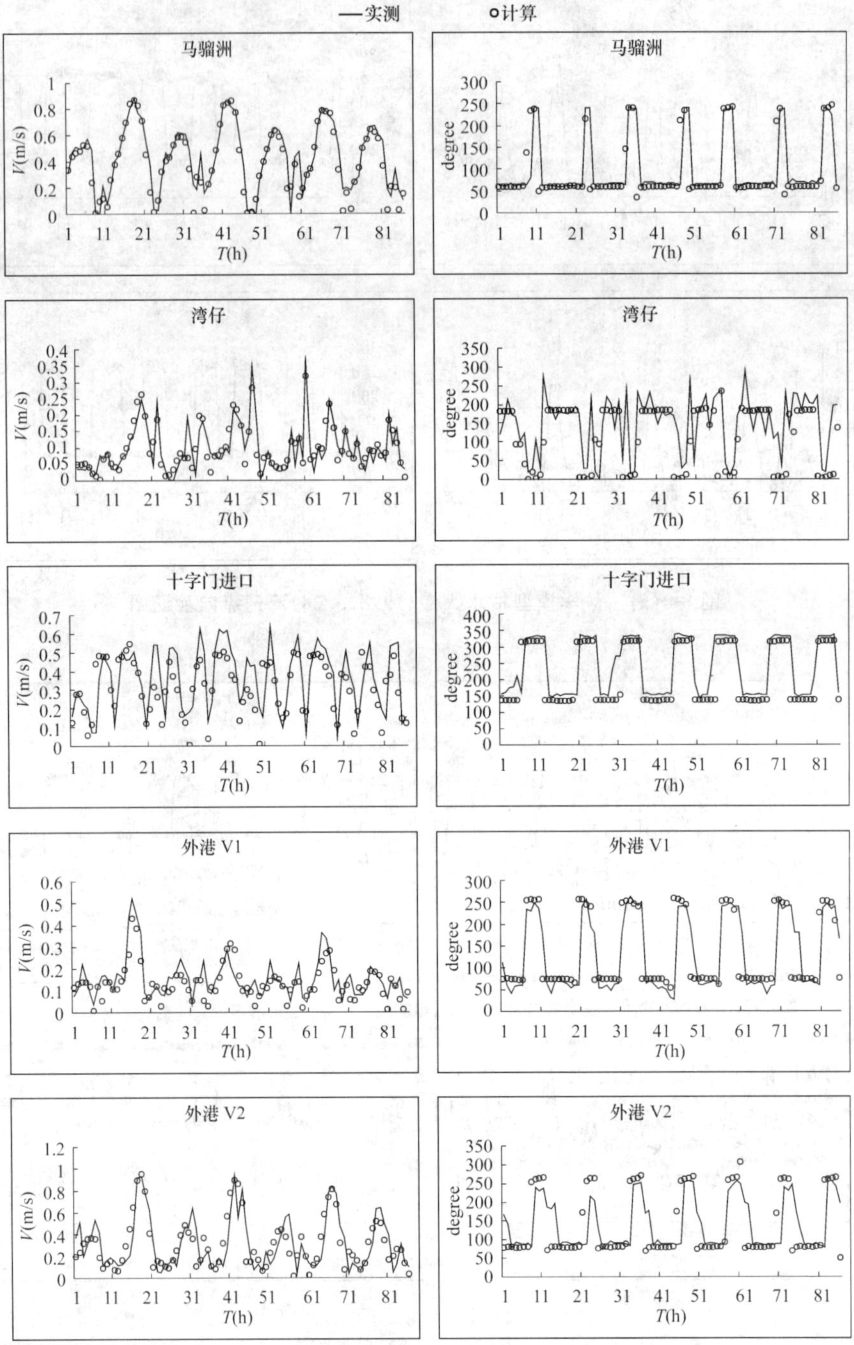

图 8-9(a)　数学模型中水大潮(1998. 9. 4)流速流向验证图

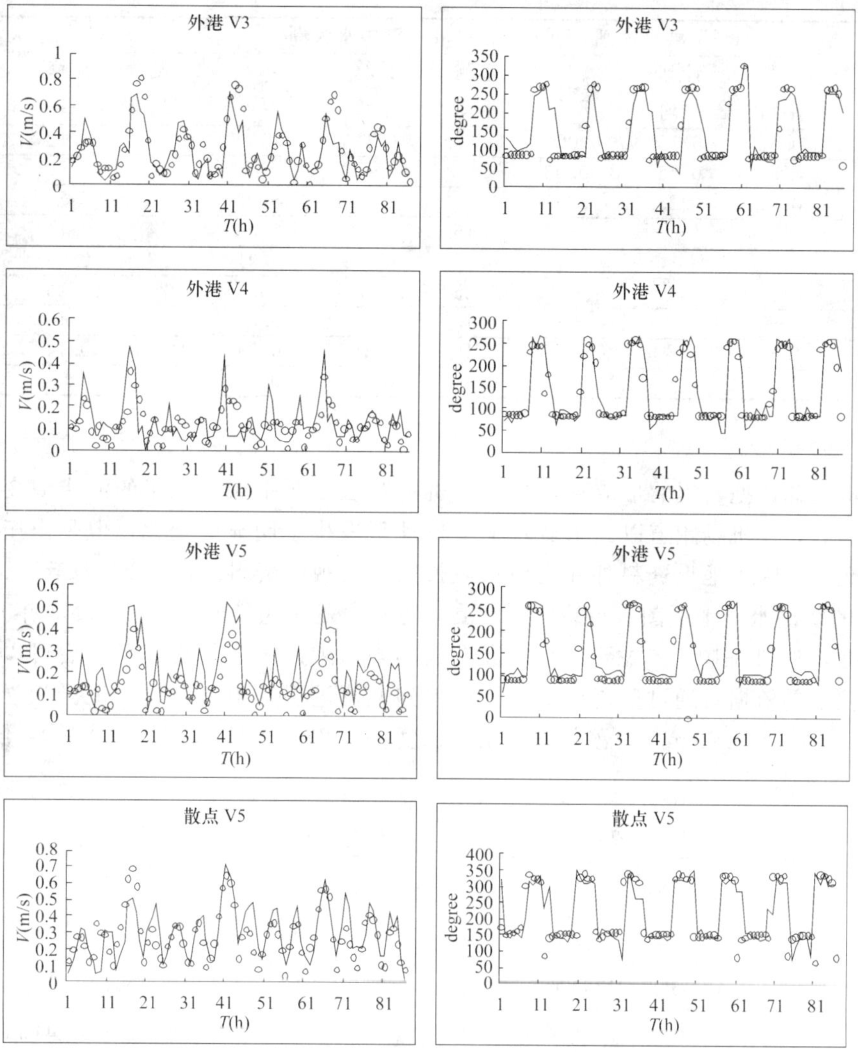

图 8-9(b)　数学模型中水大潮(1998. 9. 4)流速流向验证图(续)

综合上述，本模型经过洪水大潮、中水大潮和枯水大潮等三种水文组合的验证，在潮位、相位、流速、流向、涨落潮量和流路等方面，都与实测值符合得较好，能较好地模拟研究域内的潮流运动，可以应用本模型进行工程方案的计算和预报。

表 8-2　　数学模型流速验证统计表　　(单位：m/s)

特征点	“94.7”洪水大潮			“98.9”中水大潮			“98.3”枯水大潮		
	实测平均	计算平均	差值	实测平均	计算平均	差值	实测平均	计算平均	差值
马骝洲	0.79	0.82	0.03	0.43	0.40	−0.03	0.37	0.32	−0.05
十字门	0.39	0.34	−0.05	0.36	0.32	−0.04	0.38	0.32	−0.06
红旗村	0.39	0.35	−0.04	—	—	—	—	—	—
巡 3	0.41	0.36	−0.05	—	—	—	—	—	—

续表

特征点	“94.7”洪水大潮			“98.9”中水大潮			“98.3”枯水大潮		
	实测平均	计算平均	差值	实测平均	计算平均	差值	实测平均	计算平均	差值
湾仔	0.15	0.15	0.00	0.10	0.10	0.00	0.15	0.12	−0.03
澳门桥 V1	0.51	0.45	−0.06	—	—	—	—	—	—
澳门桥 V2	0.20	0.25	0.05	—	—	—	—	—	—
外港 V1	—	—	—	0.15	0.12	−0.03	0.14	0.14	0.00
外港 V2	—	—	—	0.32	0.31	−0.01	0.23	0.28	0.05
外港 V3	—	—	—	0.25	0.27	0.02	0.24	0.26	0.02
外港 V4	—	—	—	0.13	0.12	−0.01	0.16	0.13	−0.03
外港 V5	—	—	—	0.19	0.15	−0.04	0.18	0.14	−0.04
散点 V5	—	—	—	0.30	0.28	−0.02	—	—	—

8.2.3 回淤量验证

某机场北口抛石堤的形成直接影响了机场跑道以西水域近几年的河床演变速度以及演变趋势，使机场跑道以西水域水下滩槽地形发生了明显的变化，但是由于该水域缺乏水文站，除了地形资料外并无该水域长期水文观测资料。根据 2001 年、2003 年、2005 年的实测水下地形图、遥感资料和委托方提供的最近 4 年(2002－2005 年)的航道疏浚数据，见图 8-10，考虑到泥和水混合的因素，乘以一定的折减系数后可以作为航道回淤验证的依据。通过反复调试，最后得到九澳港引航道和九澳航道淤积强度分别为 0.35cm/d 和 0.32cm/d，氹仔航道淤积强度在 0.22～0.47cm/d，基本满足滩槽淤积规律。

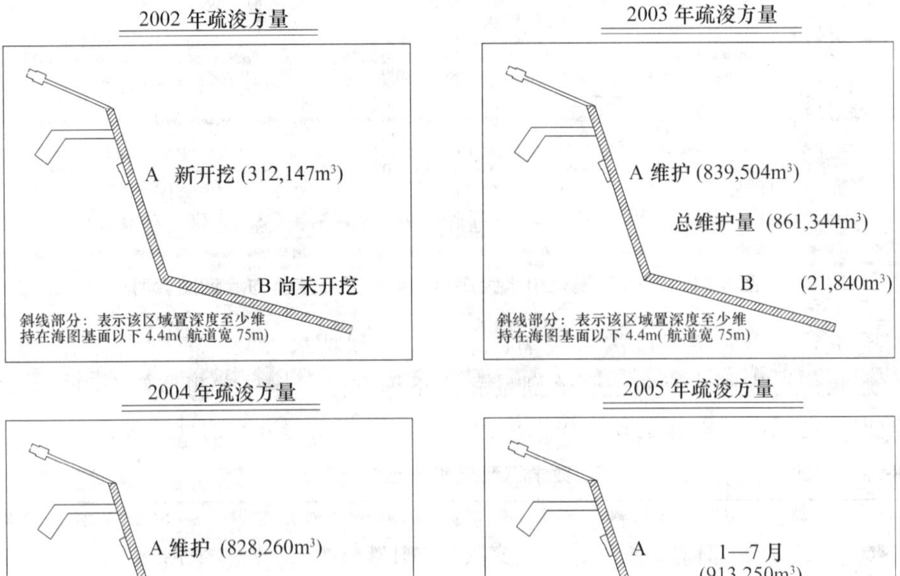

图 8-10(a) 九澳航道 2002—2005 年疏浚方量统计图

可以认为，数学模型的泥沙计算与原型基本一致，可以在此基础上进行方案后泥沙回淤规律的研究。

8.3　工程对波浪、潮流和泥沙运动的影响分析

利用上述建立并验证好的数学模型对工程方案进行数值模拟计算，计算采样点的布置见图 8-11。

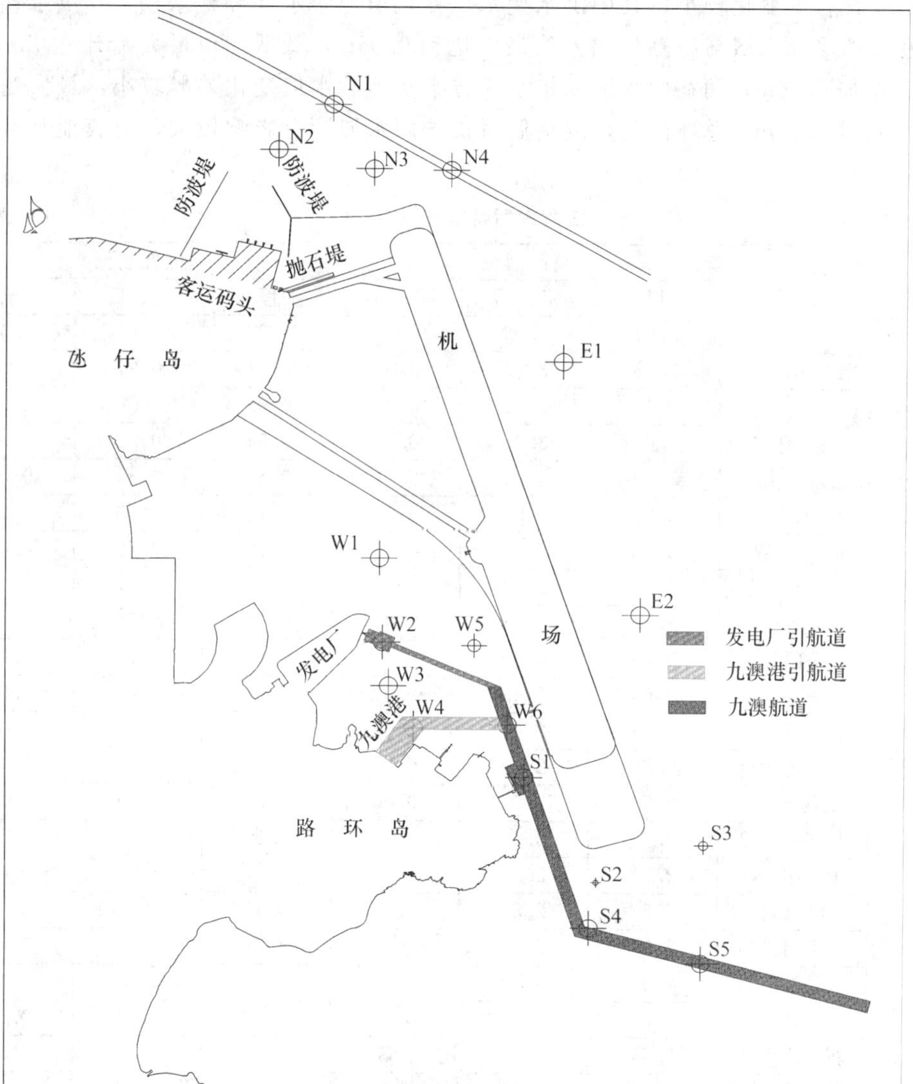

图 8-11　数学模型计算波浪要素、潮位、流速采样点布置图

本研究以氹仔码头建成为现状条件，对提出的某机场跑道以西水域围垦方案进行研究。现将“94.7”洪水、“98.9”中水和“98.3”枯水三种水文组合条件下，工程前后流场、波浪场的变化和航道淤积量的计算成果以及对成果的分析，分述如下。

8.3.1 流场计算结果分析

(1)潮位变化。工程前后特征潮位变化的对比见表 8-3。由表可见，在各水文组合条件下，潮位变化较大的区域主要发生在某机场跑道以西和以南附近水域，而其他区域内特征潮位的变化较小，其中洪水期水位变化值比中水期和枯水期大。洪水期，围垦后引起机场西水域高高潮位抬升值最大达到 0.06m，低低潮位最大抬升 0.03m，潮差最大增加 0.06m，而在中水期和枯水期方案实施后水位变化差异较小，最大变化值一般不超过 0.03m。总体而言，围垦后对机场西水域潮位影响较大，对其他水域影响较小。

表 8-3 工程前后特征潮位变化值 (单位：m)

水文组合	采样点	高高潮位			低低潮位		
		工程前	工程后	变化值	工程前	工程后	变化值
“94.7”洪水	红旗村	3.01	3.03	0.02	0.84	0.84	0.00
	十字门进口	3.06	3.07	0.01	0.91	0.91	0.00
	马骝洲	3.11	3.11	0.00	0.99	0.98	−0.01
	湾仔	3.06	3.07	0.01	0.94	0.94	0.00
	嘉乐比大桥	3.03	3.04	0.01	0.89	0.89	0.00
	机场北 N1	2.98	2.98	0.00	0.71	0.70	−0.01
	机场西 W2	2.98	3.04	0.06	0.72	0.72	0.00
	机场南 S5	2.95	2.96	0.01	0.77	0.77	0.00
“98.9”中水	红旗村	2.54	2.55	0.01	0.75	0.75	0.00
	十字门进口	2.59	2.59	0.00	0.74	0.74	0.00
	马骝洲	2.64	2.65	0.01	0.69	0.69	0.00
	湾仔	2.64	2.64	0.00	0.69	0.69	0.00
	嘉乐比大桥	2.60	2.60	0.00	0.69	0.69	0.00
	机场北 N1	2.57	2.57	0.00	0.65	0.64	−0.01
	机场西 W2	2.54	2.58	0.04	0.71	0.74	0.03
	机场南 S5	2.51	2.50	−0.01	0.74	0.74	0.00
“98.3”枯水	红旗村	2.52	2.53	0.01	0.91	0.91	0.00
	十字门进口	2.55	2.54	−0.01	0.87	0.87	0.00
	马骝洲	2.62	2.63	0.01	0.81	0.80	−0.01
	湾仔	2.58	2.59	0.01	0.81	0.81	0.00
	嘉乐比大桥	2.54	2.54	0.00	0.84	0.83	−0.01
	机场北 N1	2.49	2.50	0.01	0.84	0.84	0.00
	机场西 W2	2.50	2.52	0.02	0.88	0.89	0.01
	机场南 S5	2.48	2.49	0.01	0.92	0.92	0.00

注：变化值＝工程后－工程前

(2)流速变化。在洪、中、枯三种水文条件下，方案实施前后澳门附近水域流速变化对比结果见图 8-12 和表 8-4 至表 8-6。

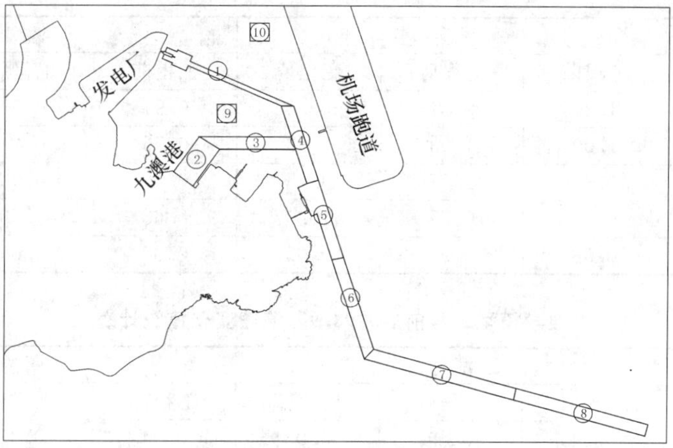

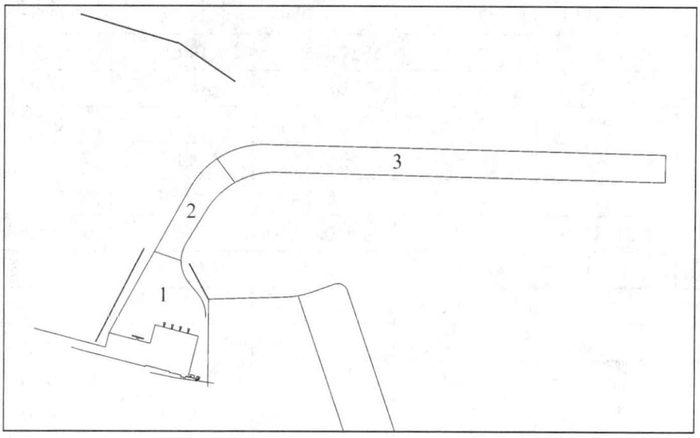

图 8-12　计算回淤厚度分区示意图

表 8-4　　数学模型工程前后“94.7”流速变化值统计表　　(单位：m/s)

采样点	涨急			落急		
	工程前	工程后	变化值	工程前	工程后	变化值
机场北 N1	0.41	0.45	0.04	0.97	0.91	−0.06
机场北 N2	0.35	0.29	−0.06	0.50	0.63	0.13
机场北 N3	0.40	0.40	0.00	0.68	0.84	0.14
机场北 N4	0.45	0.52	0.07	0.92	0.87	−0.05
机场东 E1	0.61	0.63	0.02	0.64	0.62	−0.02
机场东 E2	0.77	0.71	−0.06	0.69	0.66	−0.03
机场西 W1	0.55	0.47	−0.08	0.53	0.41	−0.12
机场西 W2	0.39	0.29	−0.10	0.50	0.28	−0.22
机场西 W3	0.45	0.36	−0.09	0.45	0.31	−0.14
机场西 W4	0.27	0.21	−0.06	0.26	0.20	−0.06
机场西 W5	0.72	0.48	−0.24	0.61	0.53	−0.08
机场西 W6	0.91	0.64	−0.27	0.67	0.59	−0.08

续表

采样点	涨急			落急		
	工程前	工程后	变化值	工程前	工程后	变化值
机场南 S1	1.20	0.84	−0.36	0.91	0.90	−0.01
机场南 S2	1.00	1.03	0.03	0.75	0.74	−0.01
机场南 S3	0.92	1.17	0.25	0.73	0.90	0.17
机场南 S4	0.92	0.85	−0.07	0.68	0.68	0.00
机场南 S5	0.88	0.93	0.05	0.67	0.69	0.02

表 8-5　数学模型工程前后“98.9”流速变化值统计表　(单位：m/s)

采样点	涨急			落急		
	工程前	工程后	变化值	工程前	工程后	变化值
机场北 N1	0.44	0.49	0.05	0.94	0.86	−0.08
机场北 N2	0.31	0.29	−0.02	0.41	0.53	0.12
机场北 N3	0.39	0.41	0.02	0.68	0.78	0.10
机场北 N4	0.46	0.50	0.04	0.90	0.93	0.03
机场东 E1	0.57	0.57	0.00	0.75	0.73	−0.02
机场东 E2	0.69	0.63	−0.06	0.83	0.80	−0.03
机场西 W1	0.61	0.37	−0.24	0.59	0.40	−0.19
机场西 W2	0.34	0.21	−0.13	0.55	0.26	−0.29
机场西 W3	0.47	0.31	−0.16	0.49	0.30	−0.19
机场西 W4	0.21	0.14	−0.07	0.27	0.19	−0.08
机场西 W5	0.63	0.37	−0.26	0.66	0.50	−0.16
机场西 W6	0.77	0.44	−0.33	0.72	0.54	−0.18
机场南 S1	0.91	0.56	−0.35	0.97	0.81	−0.16
机场南 S2	0.87	0.88	0.01	0.86	0.78	−0.08
机场南 S3	0.83	1.01	0.18	0.88	1.07	0.19
机场南 S4	0.81	0.75	−0.06	0.79	0.74	−0.05
机场南 S5	0.80	0.83	0.03	0.79	0.84	0.05

表 8-6　数学模型工程前后“98.3”流速变化值统计表　(单位：m/s)

采样点	涨急			落急		
	工程前	工程后	变化值	工程前	工程后	变化值
机场北 N1	0.45	0.51	0.06	0.58	0.57	−0.01
机场北 N2	0.29	0.31	0.02	0.33	0.37	0.04
机场北 N3	0.38	0.42	0.06	0.40	0.50	0.10
机场北 N4	0.42	0.47	0.05	0.53	0.54	0.01
机场东 E1	0.47	0.48	0.01	0.44	0.44	0.00
机场东 E2	0.55	0.51	−0.04	0.48	0.47	−0.01
机场西 W1	0.55	0.36	−0.19	0.40	0.34	−0.06
机场西 W2	0.37	0.24	−0.13	0.36	0.24	−0.12
机场西 W3	0.45	0.30	−0.15	0.33	0.29	−0.04
机场西 W4	0.22	0.17	−0.05	0.19	0.18	−0.01
机场西 W5	0.64	0.38	−0.26	0.49	0.44	−0.05

续表

采样点	涨急			落急		
	工程前	工程后	变化值	工程前	工程后	变化值
机场西 W6	0.74	0.47	−0.27	0.55	0.48	−0.07
机场南 S1	0.96	0.62	−0.34	0.75	0.72	−0.03
机场南 S2	0.67	0.67	0.00	0.52	0.45	−0.07
机场南 S3	0.62	0.79	0.17	0.51	0.62	0.11
机场南 S4	0.62	0.56	−0.06	0.47	0.42	−0.05
机场南 S5	0.60	0.63	0.03	0.46	0.48	0.02

由上述图表可见，在洪、中、枯三种水文组合条件下，工程前后的涨、落潮流速变化较大的区域发生在机场跑道以西水域和机场南北口附近，而其余地方流速变化不大。扩建方案对某机场跑道以西的两条栈桥之间的水域进行围填，并把机场跑道向南北两个方向延伸，机场跑道以西的大半水域被留存下来，但澳门水道的水流不再经该水域汇入南海。在洪、中和枯水文条件下，由于机场跑道以西水域被围垦成为一个小海湾，工程后该区域流速减小显著。

“94.7”大水条件下，九澳发电厂附近水域，落急时刻流速减小值约为0.22m/s，涨急减少值约为0.10m/s。九澳港附近水域，涨落急流速减少值均约为0.05m/s。

“98.9”中水条件下，九澳发电厂附近水域，落急时刻流速减小值约为0.29m/s，涨急时刻减少值约为0.13m/s。九澳港附近水域，落急时刻流速减少值约为0.08m/s，涨急时刻流速减少值约为0.07m/s。

“98.3”枯水条件下，九澳发电厂附近水域，落急时刻流速减小值约为0.12m/s，涨急时刻减少值约为0.13m/s。九澳港附近水域，落急时刻流速减少值约为0.01m/s，涨急时刻流速减少值约为0.06m/s。

计算结果表明，围垦后机场跑道以西水域的显著变化就是水动力大为弱化，发电厂引航道、九澳港引航道和九澳航道涨、落潮流速均降低。在三组水文组合下，涨、落潮最大流速减小可达0.27～0.33m/s。在机场北口氹仔码头航道附近由于围垦引起流速增加，涨急流速增加0.05～0.07m/s，落急流速增加0.09～0.15m/s。

(3)流向的变化。机场跑道以西水域在洪、中、枯三种典型水文组合条件下，围垦引起的流向变化见附图28，有关采样点的流向变化值见表8-7。

表8-7 数学模型工程前后流向变化值统计表 （单位:°）

采样点	水文条件	涨急	落急
N1	洪水期	−16.2	−6.9
	中水期	−16.6	−6.8
	枯水期	−10.7	−5.8
E1	洪水期	−2.0	1.6
	中水期	−2.2	1.3
	枯水期	−1.7	1.4
S5	洪水期	8.4	8.2
	中水期	8.8	8.5
	枯水期	8.4	8.4

从流场计算结果来看，围垦后水流只能从九澳湾口进出机场西水域，涨潮时，一部分水体沿机场西侧进入九澳湾，落潮时，九澳湾内的水体基本上沿与涨潮流相反方向流出湾口。由图表可见，在洪、中、枯水典型水文组合条件下，围垦引起的机场东水域、十字门水道和友谊大桥以上水域流向的变化均较小，而对机场北氹仔码头航道、机场西和南部九澳航道的流向影响稍大。由图可以看到，由于围垦和机场跑道的延伸，截断了机场西部沿跑道方向的水流通道，因此在机场西水域流速和流向变化均较大，在氹仔码头航道附近的水流向左偏转，最大偏转角度在20°以内，落急时偏转的角度相对较小，在九澳港外航道附近的水流向右偏转，偏转角度在10°以内，涨落急流向偏转的幅度基本相同，而机场东侧水流在涨急时向左偏转，落急时向右偏转，但是偏转幅度均不大，都在5°以内。

8.3.2 波浪场模拟计算结果

在分析澳门地区常风分布及强度的基础上，采用第三代风浪模型(SWAN)来模拟澳门浅海水域的风浪过程，选取对航道淤积不利的风向和已观测的风强度，采用大、中、小嵌套波浪模型对工程附近水域波浪进行计算。

根据澳门气象站和九澳气象站的风资料的统计分析结果，澳门地区11月至次年2月时主导风向为北风，3—9月主导风向为东南，但在6、7月主导风向为南和西南，10月是过渡期，主导风向由东南转为北，风的强度受台风和热带风暴的影响。

根据1952—1981年的分析，以下两种主导风向约占年平均观测的63%：

(1) 西北偏北/北/东北偏北风，占观测的28.7%。

(2) 东南偏东/东南/东南偏南风，占观测的34.5%。

西南偏西、西北及东北和东北偏东风的频率则不太高，年平均风速为3.53m/s。

根据机场跑道以西水域的地形特征，本研究选择ESE、SE和SSE 3个风向为代表，分别模拟计算了风速为19.0m/s(8级风)、31.0m/s(11级风)和40.0m/s(12级风)条件下，珠江河口波浪场(大模型)、澳门附近水域的波浪场(中模型)和某机场附近水域的波浪场(小模型)在工程前后的波浪场，从而分析工程前后波浪场的变化，并为泥沙计算提供波浪场数据。

珠江河口波浪场(大模型)和澳门附近水域的波浪场(中模型)的计算结果见附图29,某机场附近水域波浪场(小模型)的波浪要素变化见附图30。波浪要素的采样点见图8-12。表8-8列出了机场附近水域在SE向8级风作用下工程前后特征点的波浪要素。

表8-8　SE向8级风作用下澳门机场附近水域特征点波浪要素

采样点	工程前			工程后		
	有效波高(m)	有效周期(s)	波向(°)	有效波高(m)	有效周期(s)	波向(°)
机场北N1	1.79	3.30	128.92	1.80	3.39	143.66
机场北N2	1.56	3.22	133.31	1.59	3.28	152.46
机场北N3	1.88	3.80	136.06	1.78	3.82	153.55
机场北N4	2.22	3.97	140.80	2.20	4.05	143.20

续表

采样点	工程前			工程后		
	有效波高(m)	有效周期(s)	波向(°)	有效波高(m)	有效周期(s)	波向(°)
机场东 E1	2.21	4.10	131.59	2.23	4.12	132.28
机场东 E2	2.43	4.34	119.89	2.37	4.25	126.31
机场西 W1	1.14	2.57	108.85	1.09	2.52	108.71
机场西 W2	1.28	2.66	128.72	1.25	2.59	126.55
机场西 W3	1.00	2.36	122.78	0.93	2.15	119.11
机场西 W4	0.79	1.88	135.04	0.74	1.71	123.07
机场西 W5	1.18	2.64	99.91	1.15	2.54	99.95
机场西 W6	1.42	3.14	114.60	1.27	2.82	110.93
机场南 S1	2.00	3.92	129.99	1.52	3.34	114.53
机场南 S2	2.51	4.36	109.86	2.55	4.37	109.14
机场南 S3	2.69	4.51	111.44	2.70	4.53	111.56
机场南 S4	2.53	4.24	109.29	2.52	4.23	109.64
机场南 S5	2.72	4.45	113.25	2.72	4.45	113.40

方案后机场西水域内的采样点有效波高和周期均减小，但是由于机场跑道以西水域为机场所遮掩，而且水域面积狭小，水深较浅，因此不同风况下的波浪场差异很小，绝大多数差值在0.10m以内，波向变化也不大，变化范围在12°以内；机场西W6和机场南S1采样点因为扩建前靠近九澳湾的出口，在机场扩建后被机场跑道掩护，所以波高变化较大，分别减小了0.15m和0.48m，波向也变为偏于顺机场跑道方向。由图还可以看出，在强风作用下，氹仔港外部浅滩和九澳港外航道周围波高较大，对浅滩泥沙的掀沙作用将会比较明显。

8.3.3 水沙模型计算分析

风、浪和潮流对泥沙起着十分重要的作用，尤其是在极端水文气象条件下码头航道容易发生骤淤，泥沙运动数学模型必须能够模拟大风浪影响下含沙量的变化，这样才能较好地反映泥沙运动及其航道回淤真实情况。为此，本研究采用波浪、潮流耦合模型和泥沙模型来研究不同条件下的航道回淤问题。为了分析围垦方案施工后对航道回淤的影响，本研究对施工后航道的常年淤积厚度进行了预测，由于洪水发生的几率比较小，因此用4个月中水期和8个月枯水期的水文条件作为常年淤积厚度的计算条件，根据航道的位置将其划分为不同的区域对回淤厚度进行统计，分区示意见图8-12。

由于极端水文气象条件下，氹仔、九澳港和电厂航道可能发生骤淤，针对极端水文气象条件下的航道骤淤问题，本项目研究共计算了三种工况，分别为：

(1)8级风作用下航道骤淤。

(2)台风、大潮共同作用下(俗称“二碰头”)航道骤淤，以风速31m/s的风浪为代表。

(3)台风、大潮、大汛共同作用下(俗称“三碰头”)的航道骤淤，以风速40m/s的风浪为代表。由于东南向风造成的骤淤具有代表性，上述研究均针对东南向风进行，根据该海域多年风速统计资料，上述风浪作用时间均取12小时。

围垦后氹仔航道的常年淤积厚度和骤淤淤积厚度分布见附图31，按区域划分的常年平均淤积厚度见表8-9，骤淤平均淤积厚度见表8-10。

表 8-9　　方案前后氹仔航道常年淤积厚度

区域	平均淤厚(m/a)	
	方案前	方案后
1	0.27	0.35
2	1.70	1.53
3	0.80	0.56

表 8-10　　氹仔航道骤淤平均淤积厚度

区域	平均淤厚(m)	
1	8 级风作用下	0.018
	“二碰头”	0.023
	“三碰头”	0.048
2	8 级风作用下	0.140
	“二碰头”	0.198
	“三碰头”	0.235
3	8 级风作用下	0.045
	“二碰头”	0.063
	“三碰头”	0.120

围垦后九澳航道的常年淤积厚度和骤淤淤积厚度分布见附图 32，按区域划分的常年平均淤积厚度见表 8-11，骤淤平均淤积厚度见表 8-12。

表 8-11　　方案前后九澳航道常年淤积厚度

区域	平均淤厚(m/a)	
	方案前	方案后
1	0.91	0.30
2	0.41	0.09
3	1.05	0.36
4	1.02	0.69
5	0.53	0.86
6	0.45	1.68
7	1.15	0.94
8	1.08	0.85

表 8-12　　围垦后九澳航道骤淤平均淤积厚度

区域	平均淤厚(m/a)		
	8 级风(cm)	二碰头(cm)	三碰头(cm)
1	0.20	0.41	0.63
2	0.05	0.10	0.21
3	0.23	0.35	0.53
4	0.51	0.72	1.01
5	0.98	1.38	1.82
6	1.22	1.90	2.95
7	0.75	1.74	3.57
8	0.55	1.68	4.04

附图33显示了围垦后澳门附近海域在大风工况下落急时的含沙量分布图。由泥沙运动计算结果可知，大风作用下形成的大浪对泥沙悬扬起着十分重要的作用，洪水和潮流对泥沙的输送起着决定性作用，控制着航道的淤积。

由表8-9及附图31可以看出，在围垦方案实施后，氹仔港池内年淤积厚度增加了0.08m，而航道的淤积厚度均有所减小，分别减小了0.17m和0.24m。

由于围垦方案对机场北端进行了扩展，使澳门水道在氹仔港池和外港防波堤之间的出口处变窄，引起氹仔航道附近流速增加，水流的挟沙能力相应增加，因而泥沙落淤减小，区域2的航道由于是人为开挖的航道，两侧均为浅滩，因此回淤量最大，区域3的航道周围水深相对较深，因此回淤量较小，尤其是在澳门水道和氹仔航道的交叉处，航道的回淤很小，几乎处于冲淤平衡状态；在港池内，落潮时，上游的水流由港池西侧防波堤和岸线之间的缺口挟带浅滩上的泥沙进入，由于进入港池后水深迅速变深，使流速减小，因此泥沙在港池内西侧防波堤附近落淤较多，涨潮时，在港池东侧防波堤的掩护作用下，由口门进入港池内的水体主流向仍偏向于西侧防波堤，由于受到西侧防波堤的阻挡，流向发生变化，水体有时会产生回旋流动，加之泥沙的扩散作用，使港池东侧也产生泥沙落淤，但是回淤量相对港池的西侧较小。

由表8-10及附图31可以看出，在极端水文条件下，泥沙的淤积趋势和常年淤积趋势相同，由于港池的掩护较好，因此在3种极端水文条件下的平均淤积厚度都是最小的，最大不超过0.05m；外航道由于位于澳门水道的出口处，流速较大，但是由于水深变化不大，因此回淤也比较少，最大不超过0.12m；受大风条件的影响，引航道两侧浅滩的波高较大，掀沙能力迅速提高，因此引起的回淤作用也是最强的，可达0.6m。

由表8-11及附图32可以看出，围垦后，九澳港航道的年平均淤积厚度除5、6区外均减小，其中1、3两区回淤显著减小，年平均回淤厚度分别减小0.61m/a和0.69m/a，而方案后2区年平均淤积厚度最小，只有0.09m/a，6区平均淤积厚度显著增加，比围垦前增加1.23m/a。

在围垦方案实施前，机场西存在沿机场跑道方向的水流通道，在涨潮时，潮流由机场南端进入机场西水域，由机场北口排出，落潮时澳门水道的部分水体经由机场北口进入机场西水域，水流通过机场南端出口进入外海，无论是涨潮还是落潮，潮流都会挟带泥沙进入机场西水域，由于南北两端的入口狭窄，而内部水域宽阔，因此在入口处水流较急，而进入机场西水域后水流流速变缓，水流中挟带的泥沙随之在机场西水域内落淤，尤其是在机场北栈桥北面平行建造了一条防波堤后，机场南北栈桥之间的机场西侧成为淤积严重区域，此次围垦方案就是对该区域进行了围垦，因此阻断了由澳门水道进入机场西水域的泥沙来源，除此以外，由于机场西侧潮流通道的消失和围垦后机场西水域面积的减小，水域内的潮流动力也明显减小，使水体挟带泥沙的能力大大降低，原来由浅滩内挟带的泥沙量减少，因此九澳港港池和航道普遍出现了回淤量降低的现象，但是由于机场南端的延伸，使九澳港航道的5、6区位置周围地形发生变化，尤其是6区，由原来的外海变为机场南侧出口，落潮时由机场西水域流出的水体在此处流速降低，挟沙能力也随之降低，因此这个区域的回淤量明显增加，比围垦前增加了1.23m/a。由于除5、6区的港池和航道年回淤厚度均降低，因此九澳港的年回淤总量也比围垦前减小，由围垦前的297000m³/a变为275000m³/a。

由表8-12及附图32可以看出，在极端水文条件下，方案后泥沙的淤积趋势和常年淤积趋势相同，位于九澳湾内部的港池和航道在极端水文条件下的淤积除了通常条件下的淤积因素外，还受到大风作用下机场西水域内波浪掀沙的影响，发电厂北部浅滩的泥沙在波浪的作用下悬扬，然后在落潮潮流的带动下在机场西侧港池和航道内落淤，5、6区由于同时受外海和浅滩泥沙落淤的影响，因此淤积厚度仍然很大，6区在极端水文条件下平均淤积厚度可以达到2.95cm，而7、8区位于外海，随着风速的增加，波浪在外海的掀沙能力增强，而且潮流动力的增强也增加了潮流的挟沙能力，在“三碰头”条件下外海航道的平均淤积厚度反而比6区增加。

由计算结果可知：

(1)围垦后氹仔航道回淤较大的位置主要位于在码头口门至航道转弯处(区域2，约700m范围)，主要是由于该处为浅滩，开挖较深，尤其是在极端水文条件下，风浪作用后将航道两侧浅滩的泥沙掀起，航道附近水域含沙量较大，涨落潮均会引起泥沙在航道内落淤，由于围垦引起航道周围流速增加，因此航道内的回淤量比方案前略有减少，但是港池内回淤量有所增加，围垦后港池、引航道和航道的年均淤厚分别为0.35m、1.53m和0.56m，年回淤总量约为34万m³/a。

(2)围垦后九澳港港池和发电厂港池及航道年平均回淤厚度大部分减小，在机场南出口处的航道由于水流动力的减弱成为泥沙的主要落淤区，回淤量较围垦前增加，在极端水文条件下外海航道的回淤量随着风速和潮流动力的增强而逐渐增加，在“三碰头”条件下外海航道的回淤厚度会超过机场南口处的回淤厚度。围垦后九澳港航道出口处的年均淤厚可达1.68m/a，年回淤总量约为28.5万m³/a。

第9章 珠江河口咸潮活动特性及模拟分析

盐水入侵是河口区水文现象之一，珠江口是个特殊类型的潮汐河口，潮差虽小，但进潮量大。强大的潮流带来了南海高盐的海水，使珠江三角洲上游河口汊道下段明显咸化，这不仅给珠江三角洲地区人民生活用水带来危害，而且盐水楔的上溯对河口水文情势和河槽演变也有重要影响，因此研究珠江河口区含盐度输移问题，对珠江口门开发整治和三角洲工农业生产有着重要的现实意义。

9.1 咸潮问题概述

9.1.1 咸潮的概念

咸潮，有时也称之为海水倒灌、盐水倒灌、海水入侵，通俗地讲，就是水变苦变咸，这主要是水质中的 Na^+、Cl^-、SO_4^{2-} 离子含量多。咸潮是高矿化度的海水因引潮力作用而倒灌进入内河与河水相混合的结果，这种高矿化度的海流与河水相混合，将使河口区水流的水化特性发生显著质的变化，呈现出一种介于河水与海水之间的水化结构，永久硬度大，并产生盐水楔和咸患，使咸界以下地区的农业生产在不同季节受到不同程度的威胁，对水工建筑物及近口段城市工业和生活用水产生较大影响，部分地区甚至会因此而遭受严重咸害。

对珠江三角洲河口区而言，咸潮所含盐类主要以氯化钠为主，其次是氯化镁、氯化钙、硫酸盐等，受上游径流及海洋潮汐等因素的影响，水体含盐度因时因地不断发生变化，即使在同一水道或同一断面，水体含盐度也会因季节(集水多寡)、潮别(涨或落)、时程(潮涨淹退过程)、位置(起点距、水深)及风向、风力等因素而有不同程度的差异。它不但与潮流运动规律密切联系，同时也有其自身固有的特殊性，这就使得河口区的咸潮活动规律十分复杂。

9.1.2 咸潮对珠江河口区的影响

珠江三角洲地区河道纵横交错，受径流和潮流共同影响，水流往复回荡，水力联系复杂。珠江三角洲咸潮活动主要受径流和潮流控制，当南海大陆架高盐水团随海洋潮汐涨潮流沿着珠江河口的主要潮汐通道向上推进，盐水扩散、咸淡水混合造成上游河道水体变咸，即形成咸潮上溯(或称盐水入侵)。咸潮上溯已成为珠江河口地区严重的环境问题之一，强烈的咸潮入侵会使水源地氯化物含量长时间过高，严重危害人体健康和工农业生产，咸潮灾害是珠江河口地区除洪、涝、台风之外的另一类严重灾害。

据资料统计，新中国成立以来珠江三角洲地区多次出现大咸潮：

(1)1955年春大旱，珠三角各地从1954年的12月7日至1955年5月6日近5个月雨量仅为70～150mm，仅东莞和中山两县受咸耕地面积就达126km^2 和200km^2。

(2)1963年是珠三角历史上少有的春季枯旱年，从1962年10月中旬至次年3月下旬的无雨或基本无雨天数长达140多天，珠三角旱咸耕地面积达2972.7km^2，其中东莞县受旱咸耕地达54.7km^2，广州西村水厂曾测得其含氯度达800mg/L。该年香港缺水严重，曾实施4天供水仅4小时的制水措施，香港当局在广东省政府支持下，先后动用船舶在广东珠江口段取淡水共 881.3 万 m^3，以济缺水之急。

(3)1999 年 3 月 15 日及 2004 年 2 月 4 日前后实地调查资料表明，其间珠江三角洲均出现特大咸潮，在 1999 年 3 月 15 日前 3 天中，梧州平均流量只有 930m^3/s，北江石角流量 300 m^3/s，相应马口＋三水流量为 1400 m^3/s。在 2004 年 2 月 4 日前后梧州相应流量为 1205 m^3/s，梧州＋石角流量为 1392 m^3/s，相应马口＋三水流量为 1570 m^3/s。经调查，在这两个时段，沙湾水道咸潮前锋已到三善滘，广州水道的白鹤洞水厂已受影响，洪奇沥水道到板沙尾，小榄水道越过中山大丰取水点，磨刀门水道越过中山全禄水厂到达古镇的六沙。海水倒灌，咸潮上溯，给珠江河口的澳门、珠海、中山、广州等地造成了巨大的经济损失和社会影响，给广大市民的生产、生活带来了诸多困难。

(4)2003—2004 年枯水期咸潮活动期间，中山市东西两大主力水厂同时受到侵袭，水中氯化物最高时达到 3500mg/L，不得不采取低压供水措施，部分地区供水中断近 18h，将供水标准提高到 400mg/L；澳门供水标准提高到 800mg/(L·a)至神湾，1998 年到南镇，1991 年上溯至全禄水厂，2003 年更是越过全禄水厂，2004 年中山市东部的大丰水厂也受到影响。2003—2004 年枯水期的咸潮上溯，区域内 500 多万人的生活用水和一大批工业企业生产用水受到不同程度的影响，造成巨大的经济损失。

近年来珠江三角洲受咸潮影响特别严重，主要原因在于：近 20 多年来，随着珠江三角洲地区经济高速发展、人口快速增长、城市化进程的加快，区域内用水量急剧上升，凸显了咸潮的影响。与历史相比，珠江三角洲总人口由 1980 年 1263 万增加到目前将近 9000 万(含暂住人口和香港、澳门人口)，城镇化率达 70%，1980 年到 2000 年城镇供水量增长了 10 倍以上，达到 120 亿 m^3/a。由于人口规模不断扩大、城市化率提高、经济快速发展，城镇与工业需水量不断增大。而当地水资源的调节能力相对较低，同时部分城市河段水污染严重，取水点分散，布局不合理，加剧了水资源供需矛盾；加上全球气候变暖导致海平面上升，流域中上游地区经济社会发展导致用水量增加，珠江河口地区大量挖沙造成河床下切以及出海航道的疏浚等，这些因素，使珠江三角洲咸潮入侵有不断加强的趋势，且咸潮发生频率会越来越高，凸显了近年来珠江河口地区咸潮的影响。据统计，珠江三角洲地区受咸潮影响的人口超过 1500 万，珠江河口咸潮问题已引起水利部领导及社会各界的广泛关注，更引起了党和国家高层领导和有关部门的高度重视。

9.1.3 河口盐水入侵模拟研究概述

河口咸潮入侵是一个复杂的过程，主要受径流和潮流控制。此外，河口形状、河道水深、风力风向、海平面变化等也是影响因素。河口咸潮入侵模拟涉及的数学模型主要包括河道、河网及近海(一、二、三维)的水动力模型、水质(盐度)模型、波浪模型、潮汐模型等，需要从上游来水一维水动力、河口二维水动力、水质(盐度)，近海三维水动力、波浪等方面建立一系列的数学模型，即混合数学模型对整个流域进行整体考虑。

对河口盐水入侵作用的研究开始于 20 世纪 50 年代初，许多工程师和科学家对盐水入侵作用进行研究探讨，如美国潮汐水力学委员会对哥伦比亚河口的盐水入侵及其现象进行的调查分析，Hansen(1966)、Simmons(1969)、Bowden(1967)和 Pritchard(1967)分别用不同的标准对河口盐淡水混合进行了分类。我国进行的主要工作有海平面上升对珠三角咸潮入侵的影响、长江口咸水入侵分析、长江河口夏季的盐淡水混和、伶仃洋的盐水入侵及盐水楔的活动规律、伶仃洋咸淡水混合特征、近年来珠三角咸潮活动特点及重点研究领域探讨、珠江三角洲咸潮影响因子及综合防治等。以前的工作主要是从河流的角度上来看河口，因而野外观测很少涉及口外，忽略了陆架水对河口过程的作用，导致对某些现象和过程的认识不够全面。

由于河口区不但受到上游错综复杂的河网影响，而且还受到潮汐往复水流的作用，由此带来方程组离散及其求解上的困难，这是研究河口盐水入侵问题的一大难点。目前从一维到三维的混合数学模型还很少，如诸裕良(2003)等建立了一维、二维全隐河网海湾水动力联网数学模型；罗小峰(2005)等利用平面二维水流盐度数学模型，模拟长江口在不同水文组合下的盐水入侵情况，分析了不同上游径流和外海潮汐对长江口盐水入侵产生的影响；谢军(2002)采用任意曲线坐标系建立河口地区三维盐水入侵数学模型，并应用在长江口水域盐水入侵模拟计算中；李蓓(2000)等利用坐标变换法建立了三维潮流盐度泥沙数值模拟，解决了复杂边界的处理问题，并应用于伶仃洋航道的整治研究中，计算得出的航道一期工程开挖后的淤积量与现场实测结果十分接近。

河口区的咸、淡水混合运动是在径流、潮流交互作用下的三维运动模式，需要采用考虑盐度梯度三维影响的三维水流及输运数值模型模拟技术进行河口区咸、淡水混合和咸水运动的研究。因此，准确预测咸潮影响范围，对咸潮过程进行仿真是一项复杂的工作。

9.2　影响咸潮的环境因素

引发咸潮发生的环境因素有很多，这些诸多环境因子也会因区域地理特征的不同有所变化，本节试从自然因素和人为因素两方面来分析诱发珠三角咸潮的影响因子。

9.2.1　影响咸潮的自然因素

(1)降雨减少引起的持续干旱天气。长期干旱直接导致珠江入海河口径流量急剧减少，由于水位下落，海水便顺势倒灌。专家分析认为，降雨稀少是广东沿海咸潮加剧的直接原因。受厄尔尼诺现象影响，从 2004 年 7 月上旬到年底，包括珠三角在内的广东全省有 37 个县市几乎滴雨未下，广东遭遇 50 年来最大的旱灾。根据珠江委的监测，24 年汛期(4—9 月)，珠江流域降雨量在 700～1000mm 之间，比往年减少了 1～3 成。不仅如此，持续干旱天气还导致水库蓄水量锐减，放水冲咸的功能被极大限制，致使咸潮肆无忌惮更加严重。

(2)枯水期上游径流量减少。径流是影响咸潮上溯距离最直接的因素。它直接阻碍潮波向上游传播，消耗潮波的能量。径流量越大，对潮汐的削弱作用越强，潮波沿河道衰减得越快。咸潮上溯多发生在上游来水较少的枯水年份的枯水季节，这也是为什么咸潮多在 12 月至翌年 2 月最为活跃的原因。实测资料表明：上游流量减小时，测站的盐度增大；上游流量增大时，则测站的盐度变小，盐度与上游来水量呈幂函数关系。

近十几年来，西北江 1993 年 1 月、1996 年 2 月、1998 年 12 月至 1999 年 3 月、2000 年 2 月、2001 年 1 月、2003 年 12 月至 2004 年 3 月发生咸潮期间，上游来水(马口＋三水)均少于 2000m^3/s(马口＋三水代表西、北江来水)，尤其以 1993、1999、

2004 年春季最为突出，最枯流量在 1500～1600m^3/s 之间；1999 年 1—3 月，梧州、石角各月来水量均为枯或特枯，梧州流量仅为 983 m^3/s；2003—2004 年枯季，石角各月来水均为较枯或特枯，梧州流量也仅为 1194 m^3/s。而在咸潮影响较弱(未成灾)的 2002—2003 年枯水期，梧州与石角各月均为丰或平水偏丰。

(3)台风。台风引发风暴增水，沿海沿江潮水位抬高，出现大波大浪，导致海水倒灌，洪水泛滥。如果出现天文大潮、台风、暴雨三碰头，则破坏性更大。例如，仅 2005 年 9 月的“达维”造成了广东沿海湛江、茂名、阳江、江门、汕尾 5 市、19 个县 132 个乡(镇)75.46 万人受灾，入侵的海水使农作物受灾面积达 11.4 万 hm^2，其中成灾面积 4.5 万 hm^2，绝收面积 0.74 万 hm^2，减收粮食 1340 万 kg；水产养殖损失面积 1.8 万 hm^2、损失水产品重 1020 万 kg；海水入侵之后还引起当地严重的土地盐碱化问题。

(4)天文潮汐作用。由于天体间引力作用引起的潮汐，尤其是每逢初一、十五前后，太阳、月亮、地球三大天体接近一条直线，这时太阳与月亮的引潮力合在一起，对地球的引潮力比平时大得多，增加了咸潮发生的几率。比如 2005 年 6 月太阳、地球和月球排成一条直线，珠江广州段出现了 20 世纪 90 年代以来潮位最高、潮差最大的天文潮汐。这次天文大潮，珠江最高潮位超过珠江基面达 2.77m，使珠江三角洲抗击咸潮的形势变得格外严峻。

9.2.2 影响咸潮的人为因素

(1)非法挖砂。几乎各沿海城市都有报道披露非法挖砂活动。如海南省琼山市非法挖沙使河床下降、水位下降，海水倒灌，不仅岸堤海基会受到损害，引起决堤危险，而且会冲蚀近岸村落。吴宏旭(2001)等学者也指出东江下游及三角洲河道无序超量的采砂是三角洲咸潮上溯的根本原因，采砂不仅使网河区河床降低，也改变了南、北湾海域的浅海滩涂生态环境，而这些滩涂是多种鱼虾产卵、索铒、洄游的重要场所，盗采海砂直接威胁到海洋生物的生存。

(2)航道疏浚。自 20 世纪 90 年代以来，航道疏浚、河道挖砂等人类活动不断加剧，大规模的航道整治和采挖泥沙，使得珠江三角洲及河口地区的河道河床普遍下切，主要潮汐通道的深槽加深。根据对 20 世纪 80 年代初与 90 年代末的河道及河口地形资料分析表明：虎门黄埔以下河段下切 0.3m，与伶仃洋相连通的莲花山西航道、穿鼻水道、伶仃洋西槽分别加深了 1～3m、1～15m、1～4m；蕉门凫洲水道、蕉门水道延伸段及口外分别下切 0.51m、0.16m、0.2～0.6m；洪奇门水道下段下切 1.05m；上、下横沥水道和横门水道分别下切 0.55m、0.32m、1.05m；横门北汊、南汊下切 2.2m、0.53m，横门汇合延伸段下切 1.06m；鸡鸦水道下切 1.23m，小榄水道下切 0.39m，沙湾水道下切 1.39m，顺德水道下段下切 3.39m；西江主干磨刀门水道下切 1.0～1.9m，磨刀门口外深槽被拓宽加深，加深 0.5～2.0m；鸡啼门口外浅海区深槽加深了 0.2～0.6m；黄茅海深槽加深了 0.2～1.8m 等。珠江三角洲网河河道下切、河口与口外浅海区深槽加深，使得珠江河口及三角洲地区的潮汐通道更加畅通，有利于盐水楔向上游推进，加重了咸潮影响。

(3)河道分流比的变化。随着河道河势的自然演化，加上河道采砂、航道整治等人类活动的影响，珠江三角洲地区河道分流比也发生变化。根据近年来的研究，在枯水季节，珠江三角洲地区主要河道分流比呈现这样的趋势：1990年以前枯水期思贤窖的北江三水分流比约为14.4%，以北江过西江为主；1990年以来，北江三水分流比约为22.1%，以西江过北江为主，西江干流水道马口站的枯季平均流量减少750m^3/s左右。八大入海口门中，东四口门分流比增加，而西四口门则减少。而且，随着上游径流的减少，虎门、磨刀门分流比变化趋势更突出，西四口门分流比下降趋势更明显。这也是近年来枯水期珠海、澳门咸潮影响特别严重的原因之一。

(4)河口地区供水规模扩大。珠江三角洲总人口规模由1980年1259万人增加到将近9000万(含暂住人口和香港、澳门人口)，城镇化率达70%，从1980年到2000年城镇供水量增长了10倍以上，达到120亿m^3/a。由于人口规模不断扩大、城市化率提高、经济快速发展，城镇与工业需水量不断扩大，而利用当地水资源的调剂、保障咸潮影响期间供水的调节能力相对不足；加上部分城市河段水污染严重，取水点分散，布局不合理等，使近几年来，珠江河口地区的咸潮对城镇供水影响就显得更加突出。

9.2.3 海平面上升

由于人类过度排放温室气体，导致全球变暖，加速冰川融化，最终导致海平面上升。海平面上升是近十余年来全球科学界关注的重要环境问题之一。它影响和制约着其他环境和灾害问题，咸害是其中之一。

据珠江口外的三灶站资料分析，20世纪80年代以来，珠江口的海平面以每年约0.14cm/a的速度上升，近20年来本区域海平面约上升了0.02m。有关研究表明，近年来海平面上升有加速的趋势，作为背景因素，海平面上升会增加河口潮汐动力；而在上游径流一定的情况下，三角洲河道水体含氯度对河口外潮位比较敏感。因此，海平面上升会增加咸潮发生的机会，扩大咸潮影响的范围。

周文浩(1997)从河口延伸、原断面径流动力增加以及浅海淤积、咸潮上溯阻力加大两个因素来论证未来几年咸潮入侵对珠江三角洲的影响是逐步减弱的。他根据珠江口是个淤积型海湾以及对河口主要代表站含盐度实测资料的统计分析，以及对珠江三角洲各海区口门的淤积分析，指出50年将平均淤高1.00m，远远高于专家预测海平面在此期间约上升0.2～0.3m的标准，得出浅海淤积、河口延伸、水流动力等条件因素的变化发展速度对咸潮入侵的阻碍影响应大于海平面上升所造成的影响，因而可以认为，咸潮入侵对珠江三角洲的影响是逐步减弱的。

9.3 珠江河口咸潮活动特性

9.3.1 咸潮活动的基本规律

咸潮上溯有其基本属性，一般而言，在咸潮影响区域内，含氯度的日变化过程与潮位变化过程基本相应，最大、最小含氯度出现在涨、落憩流附近。在一个太阴日亦有两次高峰、两次低谷。由于珠江三角洲地区属不规则半日潮，日潮不等现象比较显著，一日内两次高潮所对应的两次最大含氯度及两次低潮所对应的两次最小含氯度各不相同。在半月变化周期内，朔、望大潮含氯度大，上、下弦时含氯度小。其中，朔(望)至上、下弦期间为半月不等周期的退波段，日月的引潮力不断减弱，但由于前期河道水体中的含氯度大，网河区含氯度最大值往往出现在这个时段。从实测资料看，上游断面的最大含氯度往往出现在口门站出现最大含氯度的后一个或几个潮期，咸潮上溯能力最强也出现在这个时段。

根据对1990年以前虎门、磨刀门、鸡啼门、崖门月均涨憩盐度和年均盐度实测资料的分析，总体上珠江三角洲口门代表站含氯度无论年均值还是月均值，都呈下降趋势。

因受潮流和径流影响，珠江河口区盐度变化过程具有明显的日、半月、季节周期性。网河区咸潮上溯一般是从9月份开始，翌年3—4月份退出三角洲，具体影响时间的长短主要取决于上游汛期的迟早。12月至翌年2月咸潮活动最为活跃。近十几年来，珠江三角洲地区咸潮活动出现如下特点：咸潮活动越来越频繁、持续时间增加、上溯影响范围越来越大、强度趋于严重。1992—1993年、1998—1999年、2001—2002年、2003—2004年间均发生较严重的咸潮上溯。

9.3.2 含盐度的变化

在河口区，河道水流受海洋潮汐的涨落影响，产生周期性的往复循环运动，因而，含盐度的大小亦随潮汐的涨落规律而变。实测资料表明，不管是咸区边界还是口门地带，其日变化过程与潮水位变化过程都基本相应。在一个太阴日中，亦有两次高峰，两个低谷，唯因密度坡降的存在，含盐度峰谷出现时间要滞后于潮峰谷1～2.5h，并且，这个相位差愈向上游愈大。当潮位涨、退至高、低潮时，含盐度的变化会有一段持平现象，持平时间的长短则视具体河段和当时河段的实际水流及咸度情况而定。含盐度与潮位变化过程的相似性则愈近口门愈好。

一般地，含盐度的最大值出现在涨憩附近，最小值出现在落憩附近。由于本区内显著的日潮不等现象等因素的影响，一日内两次高潮所对应的两次最大含盐度及两次低潮所对应的两次最小含盐度各不相同，表9-1列出了1991年部分站点含盐度日变化统计表。

表9-1　部分站点含盐度日变化统计表(1991年)　单位:‰

日期	潮流态	站名								$Q_{三水,日}+Q_{马口,日}$ (m^3/s)
		三江口		黄冲		南沙		三沙口		
		含盐度	日变幅	含盐度	日变幅	含盐度	日变幅	含盐度	日变幅	
1月4日	落憩	0.04	1.28	1.45	3.64	1.08	6.39	1.78	5.34	1680
	最小	0.06		1.92		1.82		3.72		
	涨憩	0.21		2.45		3.46		5.05		
	最大	1.32		5.09		7.47		7.12		
3月12日	落憩	0.01	0.03	0.16	2.70	0.21	1.21	0.27	3.26	2800
	最小	0.01		0.10		0.09		0.58		
	涨憩	0.01		0.12		0.25		1.13		
	最大	0.04		2.80		1.30		3.53		
8月24日	落憩		0.0	0.01	0.0	0.01	0.23	0.01	0.48	10900
	最小	0		0.01		0.03		0.01		
	涨憩	0		0.01		0.24		0.49		
	最大			0.01		0.03		0.02		

注：三江口在黄冲之上约15km。

含盐度的日变化与上游集水大小关系极为密切。在汛期，上游来量大，日变化较小，反之在枯期，潮汐影响占主导地位，日变幅则较大。含盐度的峰谷之差越向上游越小，越接近口门，其值越大。

含盐度的月、季变化主要取决于雨汛的迟早、上游来水量的大小及台风增减水等因素。一般朔望大潮氯度较大，上、下弦氯度较小。汛期4—9月雨量多，上游来量大，咸界被压下移，大部分地区咸潮消失。口门地区在秋季7—9月，时有台风侵扰，致使暴潮涌入网河地区，增大氯度。冬季10—12月，因河水流量逐渐减退，出现咸潮，到春季1—3月，咸潮最为活跃。

9.3.3 伶仃洋水域盐度分布特征

伶仃洋附近水域的盐度分布和变化有如下特征：

(1)盐度自东南向西北递减。由于伶仃洋西北部为蕉门、洪奇门和横门的口门，其径流量大，强劲的径流自西北向东南下泄扩散，而南海潮流的潮波则由东向西传递，潮流挟带的高盐海水进入伶仃洋后，由于受西部浅滩的阻滞，传递速度变慢，潮流势弱，东部深槽传递速度较快，潮流流势强劲，致使上溯海水自东南向西北递减。在南沙港区附近水域涨憩垂线年平均氯度为1.0‰左右，赤湾则为13.25‰。

(2)盐度随季节变化明显。在洪季6—8月，因径流量最大，故盐度最低，南沙港区附近水域涨憩垂线平均含盐度为0.09‰，赤湾则为9.62‰；在枯季1—2月，因径流量最小，故盐度最高，南沙港区附近水域为1.91‰，赤湾为16.89‰。

(3)盐度具有半日周期和半月周期变化。由于盐度随潮位的涨高而增大，又随潮位的退落而减小，其变化趋势和周期与潮位基本一致，因而盐度的变化与伶仃洋的潮位变化相应，亦具有半日周期和半月周期的变化特征。

(4)盐度的竖向变化深槽区大于浅滩区。由于伶仃洋深槽区潮流作用较大，盐度的竖向密度坡降大于水平密度坡降，其垂直变化显著；在西部浅滩区，其径流作用占优势，一般盐度的水平差异大于垂直差异，故竖向变化小。

9.3.4 珠江八大口门的盐水入侵

珠江注入伶仃洋的年平均流量约为5663m^3/s，年径流量1792.6亿m^3。由于珠江属季风影响的河川，流量有明显的季节变化。洪季(4—9月)，径流量大(占年径流总量的79.18%)，潮流界下移，盐水一般仅入侵本区的中北部；枯季(10月至次年3月)径流量小(占年径流总量的20.82%)，潮流界上溯，盐水可侵入伶仃洋上游各口门以内。由于上游四个口门径流大小和潮流强弱不同(表9-2)，各口门的盐水入侵存在很大的差异。

表9-2　伶仃洋上边界各口门的径流、流潮分配

项目＼口门	虎门	蕉门	洪奇沥	横门	合计
径流量(净泄量)	23.6%	35.60%	12.80%	28.00%	100%
年平均潮差	1.69m	1.34m	1.08m	1.08m	
涨潮量	81.10%	12.70%	3.20%	3.20%	100%

(1)虎门。位于伶仃洋之北部，为东江、流溪河、珠江正干及北江沙湾水道之出海口门。由于与伶仃洋喇叭湾的深槽区直线相通，潮差较大，潮流强劲，涨潮量占上边界四个口门总量的81.1%，而径流量(净泄量)仅占23.6%，尤其枯季径流量小，潮流量大，盐水沿虎门上溯可达东江和北江三角洲下游各汊道。常年8—9月，虎门可出现盐水，并沿狮子洋上溯，进入东江南支流汊的泗盛围和北江沙湾水道的三沙口，11月以后进入东江三角洲下游的厚街、朱平沙、大盛及沙湾水道的塘田，12月以后到达广州的黄埔港。若以常年可出现盐水月份(月平均最大氯度≥1‰)为咸季，则虎门咸季长达10个月(8月至次年5月)，最大的月平均氯度5.52‰，历年最大氯度达13.6‰。越往上游咸季越短，至黄埔港附近，咸季仍有3～4个月(12至次年2、3月)，最大的月平均氯度在1‰左右，历年最大氯度5‰以上，黄埔以上的广州前后航道，最大的月平均氯度1‰左右，常年不出现盐水。

(2)蕉门。位于伶仃洋西北端，为北江径流注入伶仃洋的主要通道，径流量大，蕉门口南沙断面径流水量占上边界四个口门总量的35.6%、约为虎门的1.5倍。河道与伶仃洋深槽斜交，潮流作用远较虎门为弱。南沙站年平均潮差1.34m，平均涨潮量仅占上边界四口门的12.7%。常年10月南沙即出现盐水，咸季长达7个月(10月至次年4月)，全年最大的月平均氯度为3‰。往上游由于径流冲淡，盐度迅速降低，至距河口18km的灵山，月平均氯度不及1‰，灵山以上常年不出现盐水，只是大旱年有一定的盐水影响。

(3)洪奇沥。位于蕉门口以南，口门沥心沙、蓑衣沙等沙洲鱼贯，河床淤浅，由西、北江流入洪奇沥的大部分径流经上、下横沥注入蕉门，河口段径流量大减。另方面口门沙堤、浅滩发育，槽沟两侧水深不足1m，低潮滩脊出露水面，上溯潮流，其势大减。口门附近万顷沙西站年平均潮差仅有1.2m，平均潮量仅占四个口门的3%。因此，常年咸季只有四个月(12至次年3月)，最大的月平均氯度1.25‰，1955年大旱年盐水可达中山黄圃区的横档乡，对沿河地区春播有很大影响。

(4)横门。位于伶仃洋西部，为西江东海水道的主要出口，径流量仅次于蕉门而大于虎门和洪奇沥，加以出口河道呈东西走向，与伶仃洋深槽垂直相交，口外沙坝密布，潮流漫滩上溯，力量微弱。横门站年平均潮差仅1.08m，平均涨潮量占四口门3.2%。咸季虽有四个月(12月至次年3月)，但最大的月平均氯度只有0.64‰，盐水入侵影响不大。横门上游的张家边和港口一带，已无盐水入侵之患。

(5)磨刀门。是西江干流，其径流为八大口门之冠。无论枯、汛期咸淡水高度分层，盐水楔活动明显。枯期、高潮时，30‰的等含盐度线在横洲口(大横琴右侧)附近；2‰的等含盐度线几乎越过灯笼山断面。大旱年，该断面最大含盐度为17‰(1965年2月25日)。汛期、涨潮时，除右侧龙屎窟口门(三灶岛左)含盐度接近5‰外，其余的内海区基本上被淡水径流控制。

(6)鸡啼门。鸡啼门水道口门由于临海最近，因而口门处含盐度较高。黄金站多年涨潮平均含盐度为3‰左右，最大年平均含盐度为12‰，大旱年最大含盐度超过30‰(1966年3月7日)。

黄茅海是西面口门，由南水岛、大杧岛、大襟岛诸岛屿扼守的河口湾，其潮势仅次于虎门，咸淡水混合属缓混合型。枯期涨潮时，海区被咸潮控制，等含盐度线沿深槽呈舌状伸向口门，20‰的等含盐度线上溯至湾腰以上；冬季大潮，黄冲断面含盐度大于8‰。汛期、高潮时，湾口以上的内海区，含盐度一般小于20‰，湾口外的荷包岛—广海湾含盐为20‰～25‰；低潮时，2‰的等含盐度线位于湾腰下方。口门西炮台和黄冲站，多年涨潮平均含盐度为2‰左右，最大旱年最大含盐度约16‰（1967年1月24日）。

9.4 珠江河口区含盐度输移模型

9.4.1 网河区一维含盐度输移模型

(1)基本方程。如第4章所述，网河区水流连续方程为

$$B\frac{\partial Z}{\partial t}+\frac{\partial Q}{\partial x}=q \tag{9-1}$$

水流运动方程为

$$\frac{\partial Q}{\partial t}+\frac{\partial}{\partial x}\left(\beta\frac{Q^2}{A}\right)+gA\left(\frac{\partial Z}{\partial x}+S_f\right)=0 \tag{9-2}$$

网河区含盐度模拟采用一维非恒定流对流—扩散输送模型：

$$\frac{\partial\ (AC)}{\partial t}+\frac{\partial\ (QC)}{\partial x}-\frac{\partial}{\partial x}\left(AD_K\frac{\partial C}{\partial x}\right)+AKC=S_m \tag{9-3}$$

式中：C为含盐度；A为河道断面面积；Q为河道断面流量；D_k为河段纵向离散系数；为氯的降解速率常数；S_m为源、汇项；x、t分别为距离、时间。

方程(9-3)和一维水流运动控制方程(9-1)、(9-2)组成了网河区一维含盐度输移数学模型。

(2)连接条件。网河区内汊口点是相关支流汇入或流出点，汊口点水流、含盐度要满足下列连接条件：

流量连接条件：
$$\sum_{i=1}^{m}Q_i=0 \tag{9-4}$$

水位连接条件：
$$Z_{i,j}=Z_{m,n}=\cdots=Z_{l,k} \tag{9-5}$$

含盐度连接条件：
$$\sum_{i=1}^{m}Q_iC_i=C\sum_{j=1}^{n}Q_j \tag{9-6}$$

式中：Q_i为汊口节点第i条支流流量，流入为正，流出为负；$Z_{i,j}$等表示汊口节点第i条支流第j号断面的平均水位；C_i为汊口节点第i条入注支流含盐度；C为汊口节点流出的所有支流平均含盐度。

9.4.2 一维含盐度基本方程的离散和求解过程

网河区一维模型基本控制方程采用四点隐式差分格式进行离散，一维含盐度基本对流—扩散方程(9-3)的离散格式推导如下：

$$\frac{\partial(QC)}{\partial X}=\frac{1}{2\Delta X}((1-\mathrm{ing}(Q_I))(QC)_{I+1}^{N+1}+(2\mathrm{ing}(Q_I))(QC)_I^{N+1}-(1+\mathrm{ing}(Q_I))(QC)_{I-1}^{N+1}$$

$$\frac{\partial}{\partial X}\left(AD_K\frac{\partial C}{\partial X}\right)=\frac{2}{\Delta X_{IS}+\Delta X_{IE}}\left(\frac{(AD_K)_{IS}C_{I+1}^{N+1}}{\Delta X_{IS}}-\frac{((AD_K)_{IS}\Delta X_{IE}+(AD_K)_{IE}\Delta X_{IS})C_I^{N+1}}{\Delta X_{IE}\Delta X_{IS}}+\right.$$

$$\frac{(AD_K)_{IE}C_{I-1}^{N+1}}{\Delta X_{IE}}\Bigg)$$

$$\frac{\partial(AC)}{\partial T}=\frac{1}{2}\left[\frac{(AC)_I^{N+1}-(AC)_I^N}{\Delta T}+\frac{1-\mathrm{ing}(q)}{2}\frac{(AC)_{I+1}^{N+1}-(AC)_{I+1}^N}{\Delta T}+\frac{1+\mathrm{ing}(q)}{2}\frac{(AC)_{I-1}^{N+1}-(AC)_{I-1}^N}{\Delta T}\right]$$

$$KC=\frac{(KC)_I^{N+1}+(KC)_I^N}{4}+\frac{1-\mathrm{ing}(Q_I)}{2}\frac{(KC)_{I+1}^{N+1}+(KC)_{I+1}^N}{4}+\frac{1+\mathrm{ing}(Q_I)}{2}\frac{(KC)_{I-1}^{N+1}+(KC)_{I-1}^N}{4}$$

式中：$\Delta X_{IS}=X_{I+1}-X_I$；$\Delta X_{IE}=X_I-X_{I-1}$；$A_{IS}=\dfrac{A_{I+1}+A_I}{2}$；$A_{IE}=\dfrac{A_I+A_{I-1}}{2}$

经整理，方程(9-3)离散格式简单表达式如下：

$$\alpha C_{I-1}+\beta C_I+\gamma C_{I+1}=\varphi \tag{9-7}$$

式中：α、β、γ、φ 等为推导系数，其值分别为：

$$\alpha=\Delta T\left(\frac{(1+\mathrm{ing}(Q_I))Q_{I-1}}{2\Delta X_{IE}}-\frac{2}{\Delta X_{IS}+\Delta X_{IE}}\frac{(AD_K)_{IE}}{\Delta X_{IE}}\right)+\frac{1+\mathrm{ing}(Q_I)}{2}\left(\frac{A_{I-1}^N}{2}+\frac{\Delta TK}{4}\right)$$

$$\beta=\frac{A_1}{2}+\frac{\Delta TK}{4}+\Delta T\left(\frac{\mathrm{ing}(Q_I)Q_I}{(1+\mathrm{ing}(Q_I))\Delta X_{IE}+(1-\mathrm{ing}(Q_I))\Delta X_{IS}}+\frac{2}{\Delta X_{IS}+\Delta X_{IE}}\frac{((AD_K)_{IS}\Delta X_{IE}+(AD_K)_{IE}\Delta X_{IS})}{\Delta X_{IE}\Delta X_{IS}}\right)$$

$$\gamma=\Delta T\left(\frac{(1-\mathrm{ing}\ (Q_I))Q_{I+1}}{2\Delta X_{IS}}-\frac{2}{\Delta X_{IS}+\Delta X_{IE}}\frac{(AD_K)_{IS}}{\Delta X_{IS}}\right)+\frac{1-\mathrm{ing}(Q_I)}{2}\left(\frac{A_{I+1}^{N+1}}{3}+\frac{\Delta TK}{4}\right)$$

$$\varphi=\left(\frac{A_I^N}{2}-\frac{\Delta TK}{4}\right)S_I^N+\frac{1+\mathrm{ing}(Q_I)}{2}\left(\frac{A_{I-1}^N}{2}-\frac{\Delta TK}{4}\right)S_{I-1}^N+\frac{1-\mathrm{ing}\ (Q_I)}{2}\left(\frac{A_{I+1}^N}{2}-\frac{\Delta TK}{4}\right)S_{I+1}^N$$

上边界条件：$Q\geqslant 0$ 时，$C_{I0}=C(t)$，代入(9-7)得：

$$\beta C_{I1}+\gamma C_{I1+1}=\varphi-\alpha C_{I1-1}$$

$$Q<0\ \text{时有：}\frac{\partial C}{\partial\tau}=0,\ C_{I0-1}=2C_{I0}-C_{I0+1},$$

$$(\beta+2\alpha)C_{I0}+(\gamma-\alpha)C_{I0+1}=\varphi$$

下边界条件：

$Q\leqslant 0$ 时有：$C_{In}=C(t)$代入(9-7)得：

$$\alpha C_{In-1}+\beta C_{In}=\varphi-\gamma C_{In+1}$$

$Q>0$ 时有：

$$(\alpha-\gamma)C_{In-1}+(\beta+2\gamma)C_{In}=\varphi$$

依次类推，可以写出下列方程组：

$$\begin{cases}\alpha_1 C_{I1-1}+\beta_1 C_{I1}+\gamma_1 C_{I1+1}=\varphi_1\\ \alpha_2 C_{I1}+\beta_2 C_{I1+1}+\gamma_2 C_{I1+2}=\varphi_2\\ \vdots\\ \alpha_n C_{In-1}+\beta_n C_{In}+\gamma_n C_{In+1}=\varphi_n\end{cases} \tag{9-8}$$

河段方程为：

(1)当 $Q_{In}\geqslant 0$ 时

$$\alpha_{In}C_{In-1}+\beta_{In}C_{In}=\varphi_{In} \tag{9-9}$$

式中：$C_{In-1}=\frac{\varphi_{In}}{\alpha_{In}}-\frac{\beta_{In}}{\alpha_{In}}S_{In}$；$\Phi_{In-1}+\Gamma_{In-1}C_{I1}+P_{In-1}C_{In}=\frac{\varphi_{In}}{\alpha_{In}}-\frac{\beta_{In}}{\alpha_{In}}C_{In}$；$C_1=\Psi+KC_{In}$

$$S_{I1}=\frac{\left(\frac{\varphi_{In}}{\alpha_{In}}-\Phi_{In-1}\right)}{\Gamma_{In-1}}-\frac{\left(\frac{\beta_{In}}{\alpha_{In}}+P_{In-1}\right)}{\Gamma_{In-1}}S_{In}；\quad \Psi=\frac{\left(\frac{\varphi_{In}}{\alpha_{In}}-\Phi_{In-1}\right)}{\Gamma_{In-1}}\quad K=-\frac{\left(\frac{\beta_{In}}{\alpha_{In}}+P_{In-1}\right)}{\Gamma_{In-1}}$$

(2)当 $Q_{I0}<0$ 时

$$\beta C_{I0}+\gamma C_{I0+1}=\varphi \tag{9-10}$$

式中：$C_{I0+1}=\frac{\varphi}{\gamma}-\frac{\beta}{\gamma}S_{I0}$；$C_{I0+1}=\Phi_{I0+1}+\Gamma_{I0+1}C_{I0}+P_{IN+1}C_{In+1}$

$$\left(\frac{\varphi}{\gamma}-\Phi_{I0+1}\right)-\left(\Gamma_{I0+1}+\frac{\beta_{I0}}{\gamma_{I0}}\right)C_{I0}-P_{I0}C_{In+1}=0$$

$$C_{IN+1}=\frac{\left(\frac{\varphi}{\gamma}-\Phi_{I0+1}\right)}{P_{I0}}-\frac{\left(\Gamma_{I0+1}+\frac{\beta_{I0}}{\gamma_{I0}}\right)}{P_{I0}}C_{I0}$$

$$C_{I0}=-\frac{\left(\frac{\varphi}{\gamma}-\Phi_{I0+1}\right)}{\left(\Gamma_{I0+1}+\frac{\beta_{I0}}{\gamma_{I0}}\right)}+\frac{P_{I0}}{\left(\Gamma_{I0+1}+\frac{\beta_{I0}}{\gamma_{I0}}\right)}C_{In+1}=\Psi+KC_{In+1}$$

$$C_{I0}-\Psi-KC_{In+1}=0$$

节点方程为：

$$\sum[(I/2\times 2+1-I)\times 2+I]Q_IC_I=0$$

$$C_1-\frac{A_I}{Q_I}\frac{D}{C}-\frac{B_I}{Q_I}\Psi-\frac{B_I}{Q_I}KC_{In+1}=0$$

式中：

$$A_I=\frac{ABS([(I/2\times 2-I)\times 2+1]Q_I)-[(I/2\times 2-I)\times 2+1]Q}{2}$$

$$B_I=\frac{ABS([(I/2\times 2-I)\times 2+1]Q_I)+[(I/2\times 2-I)\times 2+1]Q}{2}$$

$$C=\sum A_I;D=\sum B_IS_I;C=\frac{A_I}{Q_I}\frac{D}{C}$$

一维模型沿河道网格布置有交错法(即水位、流量点交叉布置)和水位、流量同一网格布置法。本模型采用水位、流量同一网格布置法。

9.4.3 河口区二维含盐度输移模型

(1)二维含盐度输移基本方程。口门外海区含盐度模拟采用二维非恒定流对流一扩散输送模型：

$$\frac{\partial(HC)}{\partial t}+\frac{\partial}{\partial x}(HUC)+\frac{\partial}{\partial y}(HVC)=\frac{\partial}{\partial x}(D_xH\frac{\partial C}{\partial x})+\frac{\partial}{\partial y}(D_yH\frac{\partial C}{\partial y})-KCH+SH \tag{9-11}$$

式中：C 为含盐度；H 为总水深，$H=h+\xi$；K 为氯的降解速率常数；U、V 分别是 x、y 方向的垂向平均流速分量。

D_x 为纵向离散系数，D_y 为横向离散系数。可根据 Elder 经验公式计算：

$D_x=5.93Hg^{1/2}u/c_1$，　$D_y=5.93Hg^{1/2}v/c_1$

式中：c_1 为谢才系数。

S 为单位时间、单位体积的源或汇项。初始条件为 $C(x,y,0)=0$；闭边界条件为 $\partial C/\partial n=0$；开边界条件，流出时 $\partial C/\partial t+V_n\partial C/\partial t=0$，流入时 $C(x,y,0)=0$。

采用贴体正交曲线坐标系，含盐度基本方程化为：

$$\frac{\partial(HC)}{\partial t}+\frac{1}{C_\zeta C_\eta}[\frac{\partial}{\partial\zeta}(C_\eta HuC)+\frac{\partial}{\partial\eta}(C_\zeta HuC)]$$

$$=\frac{1}{C_\zeta C_\eta}\left[\frac{\partial}{\partial\zeta}H\left(\frac{D_\zeta}{\sigma_S}\frac{C_\eta\partial C}{C_\zeta\partial\zeta}\right)+\frac{\partial}{\partial\eta}H\left(\frac{D_\eta}{\sigma_S}\frac{C_\zeta\partial C}{C_\eta\partial\eta}\right)\right]-KCH+SH \tag{9-12}$$

式中，D_ζ、D_η 为 ζ、η 方向的混合系数，可根据 Elder 经验公式计算。

方程(9-12)和二维水流运动控制方程(见第四章)就组成了河口区含盐度输移数学模型。

河口区二维模型基本控制方程采用 ADI 差分法进行离散。基本方程组的求解采用追赶法求解。

(2) 方程的离散和求解。在(N+1/2)△T 沿 I 方向采用 ADI 法离散水流运动方程和(9-12)可得：

$$A_IU_{I-\frac{1}{2},J}^{N+\frac{1}{2}}+B_IZ_{I,J}^{N+\frac{1}{2}}+D_IU_{I+\frac{1}{2},J}^{N+\frac{1}{2}}=E_I$$

$$A_I'Z_{I,J}^{N+\frac{1}{2}}+B'_IU_{I+\frac{1}{2},J}^{N+\frac{1}{2}}+D'_IZ_{I+1,J}^{N+\frac{1}{2}}=E_I \tag{9-13}$$

$$\alpha_IC_{I-1,J}^{N+\frac{1}{2}}+\beta_IC_{I,J}^{N+\frac{1}{2}}+\gamma_IC_{I+1,J}^{N+\frac{1}{2}}=\Psi_I$$

根据其边界条件并借助追赶法求解出沿 I 方向水位、流速及含盐度输移物质浓度。

同理在 $(N+1)\Delta T$ 沿 J 方向采用 ADI 法离散方程水流运动方程和含盐度方程，根据其边界条件并借助追赶法可求解出沿 J 方向水位、流速及含盐度输移物质浓度。

(3)动边界处理。珠江河口区水域内有大大小小众多岛屿和浅滩，这些岛屿和浅滩随潮起潮落，时隐时现。计算时采用动边界技术，将落潮期间出露的区域转化为滩地，同时形成新边界；反之，将涨潮期间淹没的滩地转化成计算水域。

9.4.4　一、二维含盐度模型的连接

(1)连接条件。整体模型在一、二维模型连接点上的水位、流量和含盐度满足以下连接条件。

水位连接条件：　$Z_1=Z_2$　(9-14)

流量连接条件：　$Q_1=\int U_\zeta H_\zeta \mathrm{d}\zeta$　(9-15)

含盐度连接条件：
$$Q_1C_1=\int U_\zeta H_\zeta C_\zeta \mathrm{d}\zeta \tag{9-16}$$

式中：Z_1 为一维模型在内边界断面上的水位；Z_2 为二维模型在内边界上各节点的平均水位；Q_1 为一维模型在一、二维模型连接断面上的流量；U_ζ 为二维模型在一、二维模型连接断面法向上的流速；H 为水深；ζ 为一、二维模型连接断面坐标；C_1 为一维模型在一、二维模型连接断面上含盐度；C_ζ 为二维模型在一、二维模型连接断面上各节点的含盐度。

（2）一、二维物含盐度输移对流扩散模型的联解。一、二维含盐度输移对流扩散模型联解思想与水动力模型联解思想类似，先解出一、二维模型连接断面上的物理量后，分别回代给一、二维模型计算所有各计算点上的物理量。二维模型含盐度输移向一维模型传递主要是在水流从二维模型向一维模型流动及水流处于静止状况的工况条件下才能产生，在水流从一维模型向二维模型流动的工况条件下，二维模型输移物质无法向一维模型传递，在这种工况下一维模型可直接解出一、二维模型连接断面上的物理量，作为二维模型的边界条件。同理，在水流从二维模型向一维模型流动的工况条件下，可用二维模型直接解出一、二维模型连接断面上的物理量，作为一维模型的边界条件。

9.5 咸潮模拟计算分析

（1）模型模拟条件。地形资料与第4、5章潮流数学模型相同。

模型模拟的水文条件采用最新的枯水大潮水义组合“2001.2”，选取计算时段为2001年2月7日17：00至2001年2月10日18：00；由于河口区“2001.2”组合含盐度资料较少，又加补“91.12”枯水资料模型主要对河口区进行验证，选取计算时段为1991年12月19日00：00至1991年12月22日1：00。

(2)模型模拟成果。含盐度模拟结果与实测值的误差统计见表9-3，验证过程线见图9-1和图9-2。

表9-3　含盐度模拟误差统计

“91.12”枯水组合		“2001.2”枯水组合	
模拟站点	误差平均值	模拟站点	误差平均值
虎门1	−0.7%	大虎	−10.3%
虎门2	2.5%	南沙	12.1%
虎门3	4.8%	冯马庙	20.8%
焦门	11.2%	横门	15.7%
万顷沙	16.7%	灯笼山	−2.6%
洪奇沥	12.4%	黄金	−10.2%
横门	−6.0%	西炮台	11.0%
舢板洲	0.0%	官冲	−17.7%
交椅沙	−7.7%	老鸦岗	6.2%
伶1	−2.5%	石咀	18.3%
伶2	0.4%	竹洲	−32.5%

续表

“91.12” 枯水组合		“2001.2” 枯水组合	
模拟站点	误差平均值	模拟站点	误差平均值
伶 3	1.4%	沙洛围	6.1%
矾 1	−7.4%	大石	19.6%
矾 2	−2.0%	三沙口	3.0%
深圳湾	−8.8%	上横	16.6%
矾 3	0.4%	下横	10.5%
矾 4	0.9%	大盛	−8.8%
塔石角 1	−3.9%	麻涌	−15.5%
塔石角 2	−2.0%	漳澎	−18.5%
大濠岛	0.4%	泗盛围	−15.9%
珠海	8.6%		
抛泥地	11.6%		
黄冲 V5	15.7%		
黄冲 V1	9.6%		

注：表中误差是指误差平均值，即整个验证过程各个时刻含盐度相对误差的平均值。

由表 9-3 及图 9-1 和图 9-2 可见，除少数站外，含盐度模拟误差平均值基本上都小于 20%，含盐度验证过程线与实测过程线基本趋势一致。

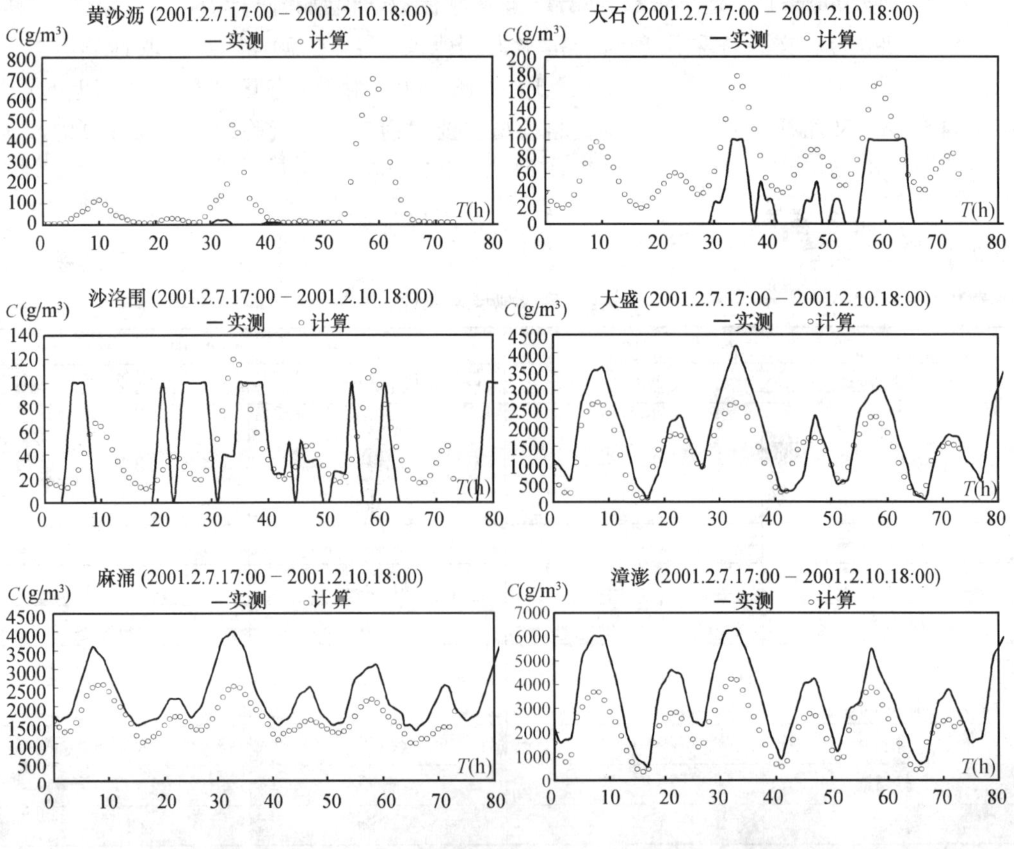

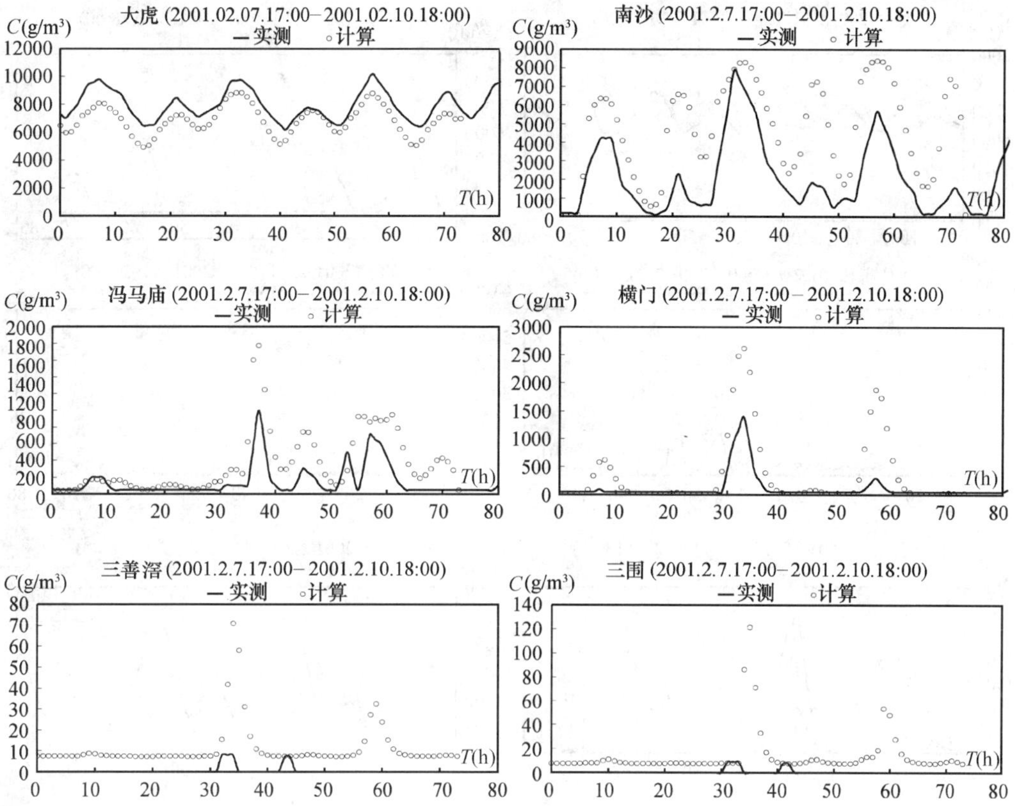

图 9-1(a) “2001.2”网河区含氯度验证过程图

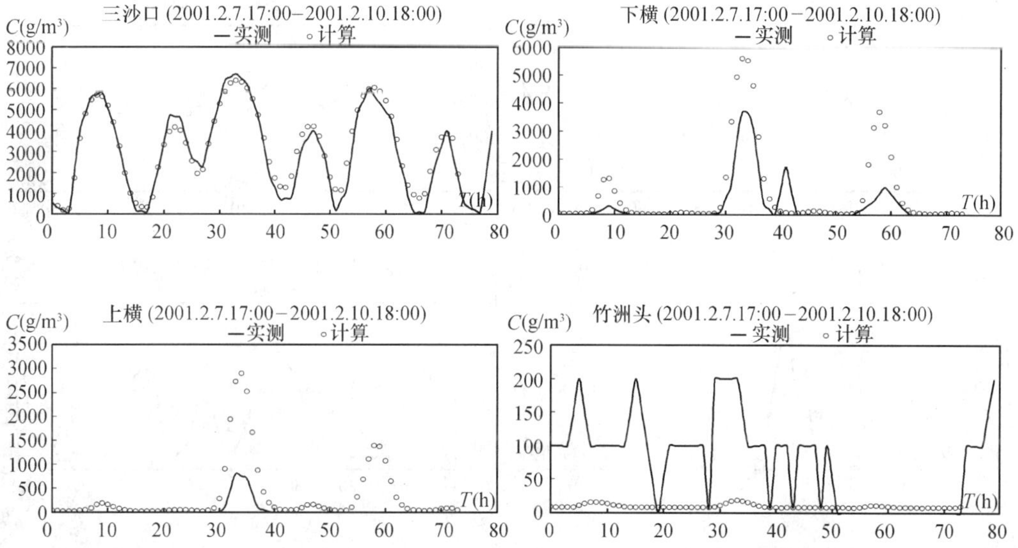

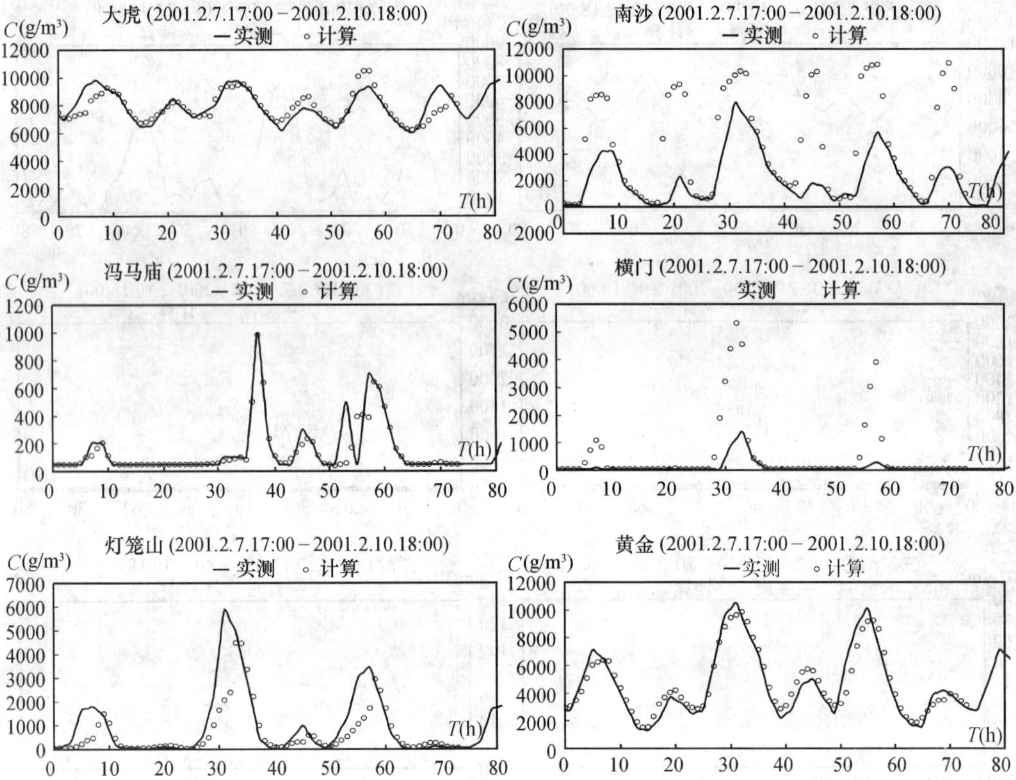

图 9-1(b)　“2001. 2”网河区含氯度验证过程图

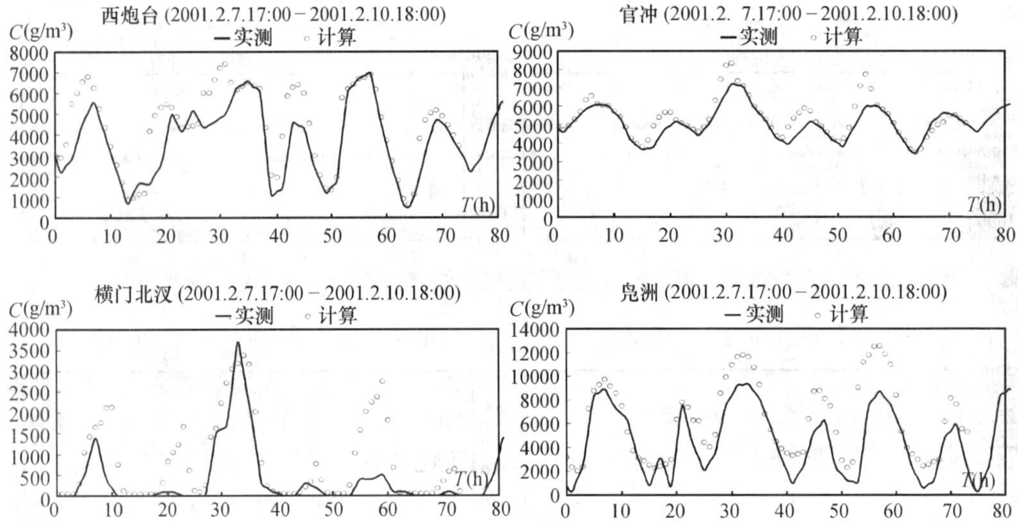

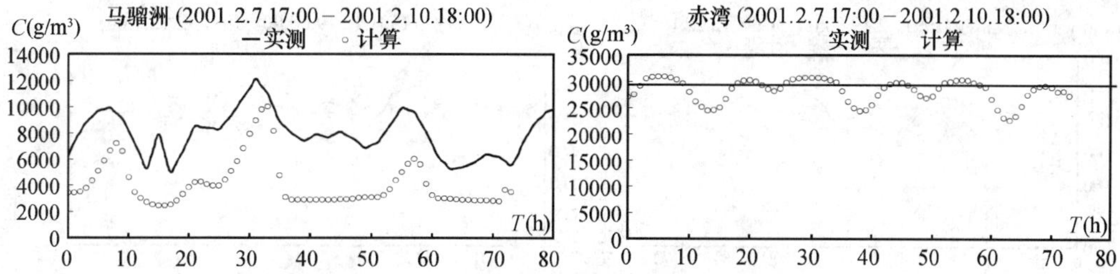

图 9-1(c) “2001.2”网河区含氯度验证过程图

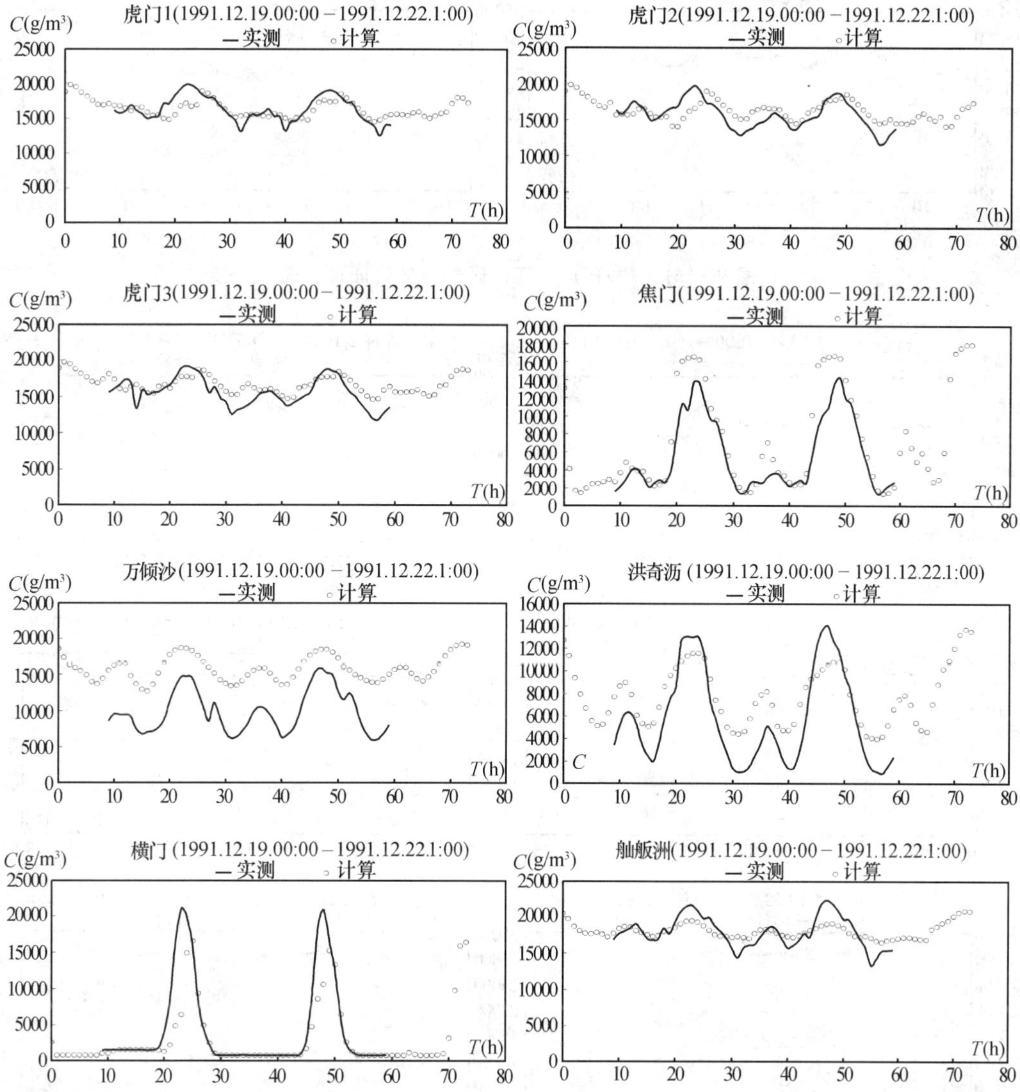

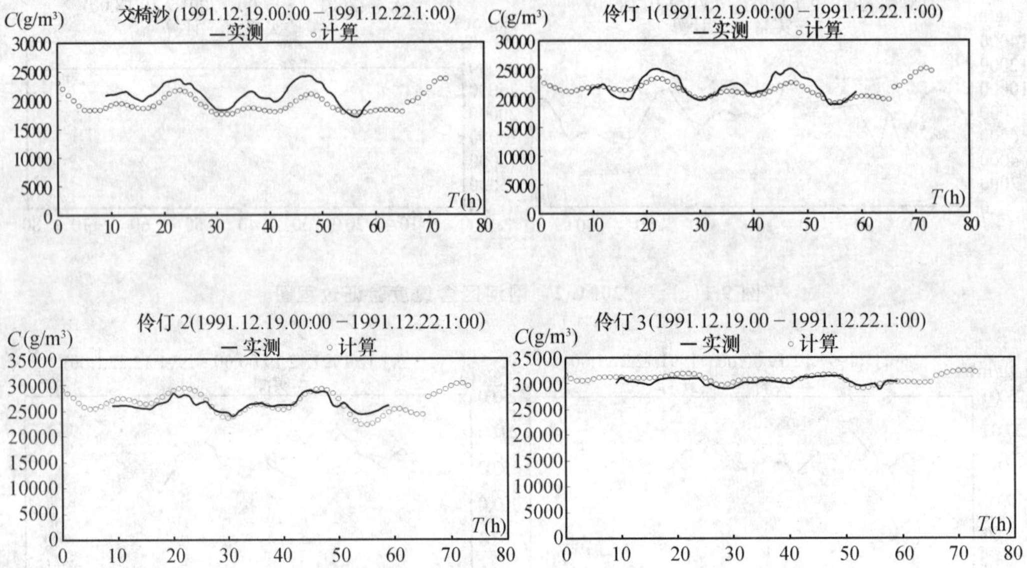

图 9-2(a) “91. 12”河口区含氯度验证过程图

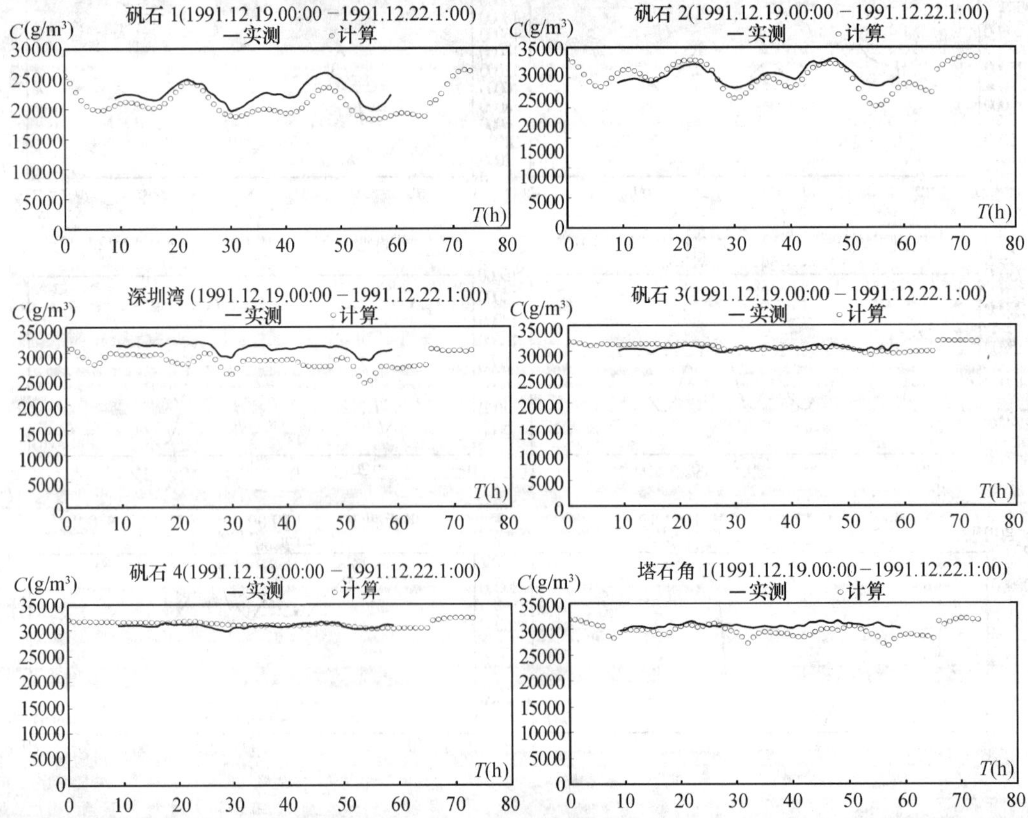

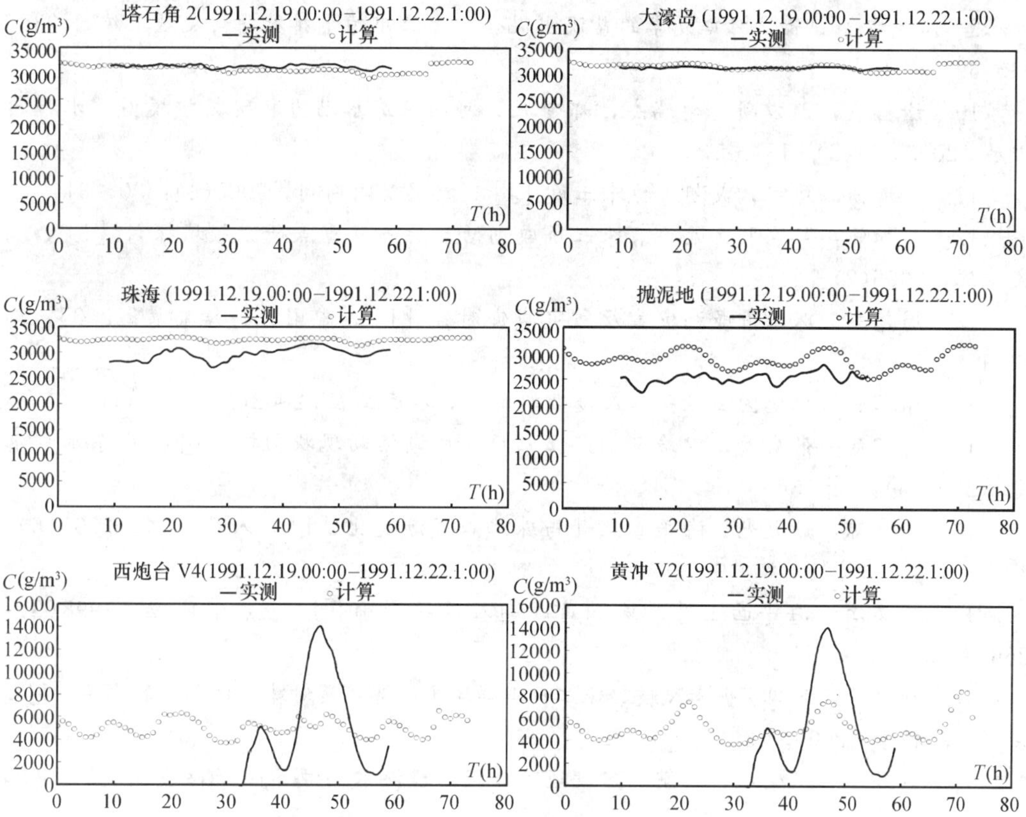

图 9-2(b)　“91.12”河口区含氯度验证过程图

参考文献

1　曾凡棠，黄水样．珠江三角洲潮汐河网水环境数学模型评述．海洋环境科学，2000(11) 47～50

2　Chaudhry, M. H. and Schulte, A.. Computation of steady-state gradradually varied flows in parallel channels. Can. J. Civ. Engineering, 1986, 13(1)

3　Naidu, B. J., Murty Bhallamudi, S., Narasinilian, S.. GVF computation in tree type channel networks. J. Hydraulic Engineering, 1997, 123(8)

4　Ping, F., Xiaofang, R.. Method of flood routing for multibranch rivers. J. Hydraulic Engineering, 1999, 125(3)

5　Dibike, Y. B.. Olomatine, D., Abbott. M. B.. On the encapsulation of numerical-hydraulic models in artificial neural network, Journal of Hydraulic Research, 1999, 37(2): 141～167

6　韩乃斌．长江口咸水入侵分析．长江口航道治理研究，1981，1

7　徐君亮等．伶仃洋的盐水入侵及盐水楔的活动规律．热带地理，1981，3：36～44

8 应秩甫等．珠江口伶仃洋咸淡水混合特征．海洋学报，1983，5：1～10

9 潘定安等．长江河口夏季的盐淡水混合．上海市污水排放背景文献汇编，1985，54～69

10 诸裕良，严以新，李瑞杰，郑金海．河网海湾水动力联网数学模型．水科学进展，2003，14(2)：131～135

11 徐清扬，夏宇．咸潮威胁珠三角［J］．瞭望新闻周刊，2005(4)：30～31

12 胥加仕，罗承平．近年来珠三角咸潮活动特点及重点研究领域探讨［J］．人民珠江，2005(2)：21～23

13 周慧杰．珠三角咸潮灾害及防灾减灾对策［J］．中国可持续发展，2005，29(4)1

14 谢军．河口地区三维盐水入侵数学模型．水运工程．2002(10)

15 吴宏旭，张庆通，曾维汉．东江三角洲咸潮活动现状初探［J］．广东水利水电，2001(5)：34～36

16 李素琼，敖大光．海平面上升与珠江口咸潮变化［J］．人民珠江，2000(6)：42～44

17 周文浩．海平面上升对珠三角咸潮入侵的影响［J］．热带地理，1998(3)：266～270

18 何桂芳，袁国明，李凤岐．珠江口沿岸城市经济发展对珠江口水质的影响［J］．海洋环境科学，2004，23(4)：50～52

19 殷政章，王荣纯，王刚．建设地下库坝治理海水倒灌［J］．防灾减灾，1999，19(4)：23～24

20 王津，陈南等．珠江三角洲咸潮影响因子及综合防治综述［J］．广东水利水电，2006(4)：4～6

21 徐君亮．伶仃洋的盐水入侵及盐水楔的活动规律．热带地理，1981(3)

22 李蓓，唐士芳．河口海区开挖航道后三维潮流盐度泥沙数值模拟．水道港口，2000(4)

第 10 章 数值模拟成果可视化

10.1 数值模拟成果可视化

数值模拟成果可视化的基本含义是运用计算机图形学或者一般图形学的原理和方法，将科学与工程计算等产生的大规模数据转换为图形、图像，以直观的形式表示出来。它涉及计算机图形学、图像处理、计算机视觉、计算机辅助设计及图形用户界面等多个研究领域，已成为当前计算机图形学研究的重要方向。

数值模拟成果向可视化方向发展是近年来科学与工程计算领域研究的热点，这主要是由科学与工程计算自身的特点决定的：一是具有高强度的科学计算要求，可称之为数值计算密集型的计算机应用领域。二是计算产生大量的数字信息。研究人员为了理解数值模拟的研究结果，必须对计算输出的数据进行分析和处理，以便得出科学结论。这是一个十分费时而又繁琐的过程，这对研究人员来说是一种不堪承受的重负。要使研究人员摆脱或减轻分析和处理计算中所产生的大量数据的繁琐任务，出路只有借助于科学计算可视化，即用直观的图形输出代替数值输出，以便洞察计算过程中所发生的情况和问题，从而获得被研究对象的更深刻认识和理解。三是由于计算机技术的高速发展，使得计算成本不断下降，计算精度和速度不断提高。这使得对复杂问题的数值模拟成为一种更快捷、直观和更有效的方法。而三维大规模数值模拟可产生上百兆、上千兆的大量数据，我们已无法用传统的方法来理解大量科学数据所包含的复杂现象和规律。

因此，科学计算可视化技术已经成为科学研究中的必不可少的手段。它是科学工作者以及工程技术人员洞察数据内含信息，确定内在关系与规律的有效方法，使科学家和工程师以直观形象的方式揭示理解抽象科学数据中包含的客观规律，从而摆脱直接面对大量无法理解的抽象数据的被动局面。本章在对科学计算可视化进行简要介绍的基础上，专门就水沙数值模拟可视化的研究进行了较为全面的评述，最后以可视化软件 Tecplot 例对珠江河口水沙数值模拟进行可视化应用。

10.2 科学计算可视化

10.2.1 科学计算可视化发展概况

科学计算可视化是发达国家 20 世纪 80 年代后期提出并发展起来的一个新的研究领域。1987 年 2 月，美国国家科学基金会在华盛顿召开了有关科学计算可视化的首次会议，与会者有来自计算机图形学、图像处理以及从事各不同领域科学计算的专家。会议认为“将图形和图像计算应用于科学计算是一个全新的领域”，并指出“科学家们不仅需要分析由计算机得出的计算数据，而且需要了解在计算过程中数据的变化，而这些都需要借助于计算机图形学及图像处理技术”。会议将这一涉及多个学科的领域定名为“Visualization in Scientific Computing”，简称“Scientific Visualization”。

科学计算可视化指的是运用计算机图形学和图像处理技术，将科学计算过程中及计算结果的数据转换为图形及图像在屏幕上显示出来，并进行交互处理的理论、方法和技术。实际上，随着技术的发展，科学计算可视化的含义已经大大扩展。它不仅包括科学计算数据的可视化，而且包括工程计算数据的可视化，如有限元分析结果等；也包括测量数据的可视化，如用于医疗领域的计算机断层扫描(CT)数据及核磁共振(MRI)数据的可视化。

科学计算可视化将图形生成技术、图像处理技术和人机交互技术结合在一起，其主要功能是从复杂的多维数据中产生图形，也可以分析和理解送入计算机的图像数据。它涉及计算机图形学、图像处理、计算机辅助设计、计算机视觉及人机交互技术等几个领域。图 10-1 说明了科学计算可视化中各相关技术的关系。

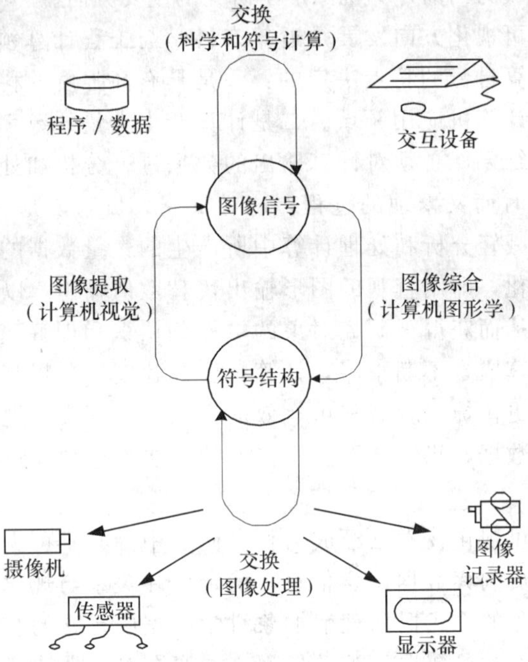

图 10-1　科学计算可视化学科分类图

图 10-1 中上部圆圈表示符号和结构信息，它可以用交互手段输入，也可从存储介质中取出。当然，也可以从其他的符号、结构信息变换而来，这就是科学计算本身。图中下部圆圈表示图像和信号，它可以用摄像机录入，也可以由其他的传感器输入，并以多种硬、软拷贝的形式输出。当然，也可以由其他的图像和信号变换而来，这就是图像处理本身。符号和结构信息通过图像生成技术(也就是计算机图形学)转换为图像；另一方面，图像和信号也可以通过计算机视觉转换为符号和结构。从图 10-1 可以看出科学计算可视化是一门与多个技术领域有关的交叉学科。

科学计算可视化可以大大加快计算数据的处理速度，使得目前每时每刻都在产生的庞大数据得到有效的利用；它可以在人与数据、人与人之间实现图像通讯，而不仅是局限于数字通讯，从而使人们可以观察到科学计算中所发生的现象，以便更好地解决问题；它还使人们可以实时地跟踪计算结果，从而对计算过程进行控制和引导，并可以通过交互手段改进计算条件，实现计算方案的最优控制。总之，科学计算可视化可以将计算结果用图形和图像的方式形象、直观地显示出来，因而许多抽象的、难以理解的规律和理论变得易于理解了(例如，非恒定流场可以用迹线直观地表示出来)，许多繁冗枯燥的数据变得生动有趣了。因此，科学计算可视化引发了科学计算风格的一场革命。

10.2.2 实现科学计算可视化的重要意义

众所周知，计算机用于科学计算已有50年的历史。但是，长期以来，由于计算机硬软件技术水平的限制，科学计算只能以批处理方式进行，而不能进行交互处理。在向计算机输入程序和数据以后，使用者不能对计算过程进行干预和引导，只能被动地等待计算结果的输出。而大量的输出数据又只能用人工方式处理，或者用绘图仪输出二维图形。人工处理数据十分冗繁，所花费的时间往往是计算时间的十几倍甚至几十倍，不仅不能及时地得到有关计算结果的直观、形象的整体概念，而且有可能丢失大量信息。因而，科学计算结果的后处理已经成为提高科学计算质量和效率的主要问题之一。近年来，随着科学技术的迅猛发展，待处理的数据量越来越大，来自超级计算机、地球卫星、宇宙飞船、CT扫描仪、核磁共振仪及地震勘探的数据与日俱增，使科学计算数据的可视化和计算过程的交互干预和引导日益成为迫切需要解决的问题。

另一方面，由于近年来计算机的计算能力迅速提高，所配置的内存容量、磁盘空间不断扩大，网络功能增强，许多重要的图形生成及图像处理算法发起人可用硬件实现，速度大大加快。因而，运用计算机图形学及图像处理技术形象、直观地显示科学计算的中间结果及最终结果并进行交互处理已经成为可能。

实现科学计算的可视化具有多方面的重要意义。它可以大大加快数据的处理速度，使目前每日每时都在产生的庞大的数据得到有效的利用；它可以在人与数据、人与人之间实现图像通信，而不仅是目前的文字通信或数字通信，从而可使人们观察到传统的科学计算中发生了什么现象，成为发现和理解科学计算过程中各种现象的有力工具；它还可以使人们对计算过程实现引导和控制，通过交互手段改变计算所依据的条件并观察其影响。总之，科学计算的可视化将极大地提高科学计算的速度和质量，实现科学计算工具和环境的进一步现代化，从而使科学研究工作的面貌发生根本性的变化。

由于科学计算可视化可以将计算结果用图形或图像形象、直观地显示出来，因而许多抽象的、难于理解的原理和规律变得容易理解了(例如，不稳定流场可以用迹线直观地表示出来)，许多冗繁而枯燥的数据变得生动形象有趣了。因而科学计算可视化的实现将极大地促进教育手段的现代化，有利于教育质量的提高。

实现科学计算可视化的意义当然也在于它的应用领域十分广泛，几乎涉及自然科学及工程技术的一切领域。主要应用领域为医学、地质勘探、气象学、分子模型构造、计算流体力学和有限元分析等，本书就是研究其在计算流体力学方面的水沙数值模拟可视化应用。

10.2.3 科学计算可视化的研究现状

尽管可视化技术由1986产生到现在才20年的时间，但软件工作者和工程技术人员针对不同研究领域的不同用途开发出了许多可视化软件，以解决某些数据场的可视化问题。可视化软件平台实现了可视化理论与应用的沟通，为科学计算可视化的具体应用提供了有力的支持。国外在20世纪90年代初已陆续推出了一些较为成功的可视化软件系统。如后处理型的 Ohio 州立大学开发的 ApE，Wavefront，GAS 和 RIP，跟踪型的如美国 Stardent 计算机公司研制的 AVS，驾驭型的如 JZ 等，还有 SGI 公司开发的商品化软件 IRIS Explorer，德国达姆斯达特 FHG－AGD 研究中心开发的 VIS－A－VIS 系统，荷兰 Delft Hydraulics Institute 研制的 Delft－3D 等。另外一些常见的有限元软件的可视化后处理功能也非常强，像 Adina Super SAP，ldeas 等。不过，大多数的软件都是运行在大型工作站上，除了一些分析绘图软件包，如科学计算工具箱，RAFTOOL，CORELDRAW 等之外，微机版的可视化软件还不多见，而且这些软件各有自己的用途，一般来说，系统价格比较昂贵，软件扩充及二次开发相当困难。国内可视化软件的开发工作起步较晚，不过也取得了一些可喜的成绩，如华中理工大学 CAD 中心开发的有限元可视化系统 FEVS(Finite Element Visualization System)，西北工业大学 CAD/ CAM 研究中心开发的 VIFEMRE (Visualization of Finite element Method Results)，浙江大学 CAD& CG 国家重点实验室开发的 GIVE (General Interactive Visualization Environment)等，这些软件通用性及交互能力不强，而且大都是基于传统可视技术开发成功的，如何尽快地开发出比较通用的能够运行在高性能微机以及工作站上的并且能够真正反映可视技术发展水平的可视化软件，是当前软件工作者和工程人员的一项重要课题。

此外，国内许多学者针对各自的研究领域做了大量的科学计算可视化尝试，如清华大学计算机系计算机图形学及可视化技术研究组的唐泽圣等人开发了基于三维体绘制技术下的人体断面解剖图像三维重构系统和三维气象动态图像系统；上海交通大学周华兴围绕柴油机 MPC 模件进行流场计算，设计和建立了流场图像测量系统，编制了流场轨迹计算的软件；长春科技大学地球物理系于万瑞等人以 Windows95 为平台进行开发的用于地球物理数据处理的可视化应用系统，为地球物理数据处理提供了一种新的手段；解放军理工大学李妍等利用二维气象要素矢量场的可视化方法成功地得出了气象要素矢量场的空间分布结构。

10.3 水沙模拟可视化研究概述

10.3.1 水沙模拟可视化的主要研究内容及其类型

水沙数值模拟可视化是科学计算可视化研究的一个重要方向，具有科学计算可视化的一般特征，当然也具有其本身的特点，它主要是通过求解流场中的基本方程，如 N-S 方程、Euler 方程，来了解并描绘流场的运动规律。由于近年计算机技术的空前进步，水沙数值模拟技术的改进和网格划分技术的提高，为计算复杂流场提供了可能，从而数值模拟产生的解也越来越庞大，计算结果的不断增加，使得整理、分析、加工计算数据越来越繁琐；而另一方面，由于物理问题及几何边界的复杂性，以及水沙数值模拟发展水平的限制，使得复杂流场的计算不可能一次完成，而需要大量的调试和试算过程。而可视化技术可对数据和计算过程进行同步或事后的快速分析，因而对其进行深入研究是非常必要的。

水沙数值模拟的可视化总体上要完成两方面工作：建立流场场景和提供交互工具；建立流场场景指绘制流场中各物理量的分布图，交互工具则是指提供与场景的交互手段，如交互视点变换、局部放大移动等。概括起来，水沙数值模拟可视化的主要内容有以下几点：

(1) 计算区域与计算网格的显示。

(2)计算过程及流体结构的显示。

(3) 计算结果的显示与分析，包括速度、压力、水位、温度等。

(4) 数据比较，可进行不同模拟结果之间或模拟结果与实测结果之间的快速比较。

水沙数值模拟可视化可分为三种处理类型：即事后处理(Post Processing)、跟踪处理(Tracking) 及驾驭处理(Steering)。事后处理是把计算与计算结果的分析分成两个阶段进行，两者之间不能进行交互处理；跟踪处理是针对实时显示的计算结果，判断计算过程的正确与否，从而确定是否继续进行计算；驾驭处理则可以对计算过程加以实时监控，修改或增减某些变量和参数，如在计算过程中增加或组合网格等，以保证计算过程的正确进行。目前水沙数值模拟可视化多为事后处理，但同时也有一些对跟踪处理及驾驭处理的研究。

国外在 20 世纪 90 年代初已经推出一些较为成功的可视化软件系统，如事后处理型，如美国 NASA Ames 宇航研究中心的 PLOT3D，GAS 和 RIP；跟踪型，如美国 Stardant 计算机公司研制的 AVS；驾驭型，如 JZ 等。而 FLUENT、PHOENICS 、CFX 和 STAR2CD 等著名的数值模拟可视化软件也集成了功能强大的可视化的后处理软件。

10.3.2 水沙模拟可视化技术分类

一般来讲，水沙数值模拟所产生的结果可分为标量和矢量两大类，下面就这部分内容分别进行讨论。

(1)标量场(Scalar Field) 可视化技术。对于流场计算产生的压力、温度、水位等标量，典型的可视化方法有等值线、等值面方法和标量场的体绘制方法。

1) 等值线(Contour)。等值线多用于二维标量场的表示，其研究已相当成熟。而对于水沙数值模拟的计算结果，数据一般都定义在网格面上，根据网格类型的不同及等值线抽取时的网格单元处理次序，等值线抽取方法具体可分为网格序列法和网格无关法。由于前者遍及所有网格单元，处理方法效率不高，应用并不广泛，实际应用中以后者为主。网格无关法主要有三类：步进法(Marching)、适应法(Adaptive) 和递归法(Recursive)。将等值线抽取出后可以用分段三次样条、双三次 Hermite 插值、分段 B 样条或双三次 Bezier 插值等方法对其进行光滑处理。

等值线的表示除采用曲线直接表示外，还可采用区域填充的表示方法。也就是在计算网格单元中寻找不同等值线之间的封闭多边形，对不同的封闭多边形填以不同的等值层颜色。

而对水沙数值模拟计算结果，亦有采取连续变化的色调图像形式对其进行流场数据可视化显示，这种方法能够给计算工作者带来最佳的计算结果分析效果，例如采用色调连续变化的图像映射方法，可实现流函数和旋涡强度二维标量场的静态和动态可视化显示。

2) 等值面(Isosurfaces)。在三维情况下，常采用等值面对标量可视化。等值面图是在三维空间中，把一种空间分布的物理量中具有相同量值和相同单位的点用曲面拟合成一组曲面图形，以描述那些具有连续分布特征物理量的分布规律。

构造等值面的方法包括等值线连接法和体素(Vowel，即组成数据体的立体元素)相交法，其中体素相交法又有 Marching Cubes 和 Dividing Cubes 等方法，其中 Marching Cubes 法使用更为广泛。

3) 体绘制(Volume Rendering)。水沙数值模拟解决三维问题时所生成的数据一般属于不规则数据场，传统图形学的可视化技术对其数据场建模形成三维形体后，将三维形体投影到二维平面上，通过形体的深度信息，产生立体感，但这种图形只表示了三维形体空间表面的效果，没有揭示三维数据场内部的变化规律。体绘制技术恰恰克服了这种局限性，该法不必生成中介几何图元，而直接对数据场进行成像，以反映数据场中各种信息的综合分布情况。其特点就是对三维数据的总体显示，对它的不同层次、材料、特性的各个组成部分在一幅图像中整体表现出来，得到三维体数据的全局图像。体绘制算法多见的有：光线追踪法(Ray Tracking)和体元投射法，或将二者结合使用。

(2)矢量场(Vector Field)可视化技术。与标量场相比，矢量场的最大不同点在于每一物理量不仅具有大小，而且具有方向，这种方向性的可视化要求决定了它与标量场完全不同的可视化映射方法。矢量场可视化现有的各种表示方法，大致可以分为点、线、面、粒子及粒子动画，矢量场拓扑、矢量体绘制和基于纹理的方法等几大类。

1) 点图标。常见的有箭头、锥体、有向线段等(统称刺状体 hedgehog)，在二维矢量场中，箭头可以很好地反映出矢量的方向和大小信息，所以这种映射方法在水沙数值模拟等领域有着广泛的应用。在潮流流场显示时，较多地用到了流箭头(Stream Arrow)来显示流场中的质点，并用箭头长短来表示速度大小。

但点图标的表示方法主要用于显示流场某时刻的静止状态，无法表示矢量场的连续变化，对于数据量大的矢量场显示结果不理想，只能显示较小较简单的数据集。

2) 矢量线。由于点图标映射矢量有时会导致显示图像的杂乱无章，且其缺乏连续性，无法表示出矢量场中点数据之间的连续分布情况，如流场中涡流点附近流速变化较大，在这些区域内很难用箭头表示出涡流的具体特征。而矢量线图标在一定程度上可以克服这个缺点。

矢量线有流线(Streamlines)、迹线(Pathlines)、纹线(Streaklines)等。以场线显示为代表的线表示方法，能很好地揭示流场的走向，是实现流带、流管、流面等表示方法以及粒子动画的基础，并且由于与常用流体实验技术的相似性，易被数值模拟工作者接受认同，流线技术在水沙数值模拟可视化中也被普遍采用。

速度矢量场的场线，称为流线。流线是指流场空间各点在同一瞬时的流动概念。流场上每一点的切线在同一瞬时表示了该点流体质点的流速方向，且流场速度大小可由流线疏密度给出，流线密的地方流速大，流线稀的地方流速小。目前，流线构造方法主要有：数值积分法(生长法)和双流函数法(Dual Stream Functions)。流线方程为(对一个三维定常流场，空间坐标维 x 、y 和 z，相应速度分量为 U、V 、W)：

$$\frac{D_x}{U}=\frac{D_y}{V}=\frac{D_z}{W}$$

速度场中一点位置矢量为 $\boldsymbol{r}$，对式 $\frac{\mathrm{d}r}{\mathrm{d}t}=\boldsymbol{v}(\boldsymbol{r}(t))$ 积分，在积分式的基础上，流线可从

一个初始的起点通过一系列小的时间步长“生长”而成，其中积分的方法可选择 Euler 修正法、四阶 Runge-Kutta 法等。而双流函数法则是由两个流面(Stream Surface) 相交而成的交线即流线而实现。与流线生长算法相比，双流函数法更有优势，首先速度加快，免去生长模型中的解微分方程的 Runge-Kutta 数值方法，其次精度提高，再者流函数本身是一个很好的流面构造工具，可用等值面方法生成，更重要的是提供了一种将矢量转化为标量场处理的思路。

利用流线表现向量场全局信息的主要问题在于初始点(种子点) 的选择，即由于要反映整个流场的全局特征，需要多条流线，这就存在一个流线在流场中合理布局的问题，解决该问题的两类典型方法是：

①Image-guided 法。Turk 和 Banks 首先提出该法，用“能量函数(Enegy Function) ”指导初始点的位置，而 Mao Xiaoyang 等人则将其推广到三维矢量场；该法使得生成的流线足够多，不会遗漏细节，同时也保证了流线在图像中基本能够均匀分布，不致引起视觉误差。

②Flow-guided 法。由 Verma 等人提出的一种基于数据集中流场特征的流线种子点布局方法。该法主要优点在于不会丢失临界点附近的流动特征，与 Image-guided 法相比，该法独立于观察的方向。因此当从不同的视点对流场，特别是对三维流场进行可视化显示时，可以节省重复计算的时间。

3) 矢量面。在三维情况下，矢量线来表示矢量场就不如在二维那么有效了，由此提出了矢量面构造技术，包括流面(Stream surface) 、流带(Stream ribbon) 等。在流场中取一条开放或闭合的曲线，对曲线上每一点都计算流线，就得到了一个流面，如果曲线闭合，则称之为流管。但若不是在每一点都计算流线，而使用多边形连接相邻的流线，就得到了流带；流面和流线对揭示矢量场的刚体平移特性很有效，而流管和流带则还能揭示出流场沿流线的旋转特性，流多边形是沿流线放置的一些规则多边形，法向同速度矢量方向相同，根据沿流线的多边形的形状变化，流多边形能完整揭示沿流线的各种刚体平移、刚体旋转和各种应力应变特性。流球则是一种能很好揭示流场收敛、发散特性的技术。

矢量面的构造主要有基于矢量线连接的生成方法和基于流函数的隐式流面构造法两类。

4) 粒子及粒子动画。该技术源于流场的物理实验，即利用光强、颜色信息反映流场变化。在流场中，就是将速度矢量映射为粒子运动的动态性质，而将其他物理量映射为粒子的其他性质。实际中可将流体的拉格朗日(Lagrange) 流场可视化，由于现有的水沙数值模拟一般的都是计算流体的欧拉(Euler) 流场，即 Euler 场给出了不同时刻流场中各点上的物理量(如速度)，若要动态连续的演示流场中的质点运动过程，必须将其转换为 Lagrange 场，求出质点随时间的运动过程。或者通过粒子密度来反映流场流动形态的主要特征。

该方法中的粒子可以选择点粒子或面粒子(Surface particle) 。选择适合的质点释放时间和生命周期可构造连续的动画显示，面粒子的动画显示能提供更强的三维空间感，显示出流场的内部结构。此外，还可以在同一流场中采用不同形状的质点表示不同结构。

为了尽可能多的质点同时进行跟踪，可采用矢量化跟踪方法。将流体质点积分为Active 和 Non-Active 两个集合，对 Active 集合中的质点每一时间片同时跟踪，跟踪后检测质点，把到达边界的质点放入 Non-Active 集合中，直至 Active 集合中质点为零，则停止跟踪。

5）矢量场拓扑。矢量线和矢量面的构造都存在一个问题，即初始点位置的选择，但准确的选择具有很大难度，尤其在不知道矢量场内部结构的前提下。矢量场拓扑(Vector Field Topology）的方法为矢量场的可视化提供了一种从全局了解矢量场结构的新技术，它是一种全局图标的构造和映射方法，求出临界点并分类，然后通过积分曲线(面）将临界点连接起来，构造矢量场的拓扑结构。矢量场拓扑显示整个流场的拓扑结构，冗余信息少，并且可以从流场扩展到其他矢量场中，如涡流场、压强梯度场等。

6）动态体绘制。利用体绘制技术进行矢量场的映射，并采用动态的方法表达出方向信息，即通过半透明物质的运动效果来表达。SAKAS G 成功地动态模拟了湍流气体的运动，MA KL，SMITH P J 则使用虚拟烟(Virtual Smoke）技术显示流场。而 MAX N，CRAWFIS R 则通过对三维体纹理的体绘制，较好地显示出速度的方向。使用动态体绘制，更加逼真地表示出流体的三维运动状态。

7）基于纹理的矢量场映射方法。纹理是颜色按一定方式排列组成的图案，兼具形状和颜色两种属性，因而在矢量场可视化中具有独特的优势。目前多用的有点噪声(Spot noise)方法和线积分卷积法(Line Integral Convolution —LIC)，龚雪晶和谢剑薇针对 LIC 方法中存在的问题，提出了可变形参数线卷积法。还有一种二维矢量场的可视化方法——流线纹理合成方法，即通过将一维纹理映射到流线上，再利用流线纹理来合成可视化图像(因为移动一维纹理很容易形成矢量场动画）。

8）特征可视化。由于水沙数值模拟产生的数据量十分庞大，很难找到一种好的可视化手段将数据中所蕴含的全部信息表现在二维屏幕上，人们很自然地想到从庞大的数据量中抽取特征，进而减少需要可视化的数据量，由此产生了矢量场可视化研究领域的一个研究热点—特征可视化，其显示抽象度高，冗余信息少，有助于降低复杂度而容易获得高交互性。“特征”是指：

①矢量场中有意义的形状、结构、变化和现象，如涡流、激波等。

②从数据场中分离出来的用户感兴趣的区域。而前面所述的流场拓扑结构分析就可以看做是早期矢量场特征可视化的例子，所以流场特征可视化技术主要有：直接映射法，特征数据、区域识别法，拓扑结构分析法和非定常流场的跟踪技术。

③张量场(Tensor Field）可视化。在流体力学研究中，张量场有着广泛的基础，其重要性在于能准确清晰地表示流体力学现象，张量的分量刻画了流体微团的微观变化。目前，张量可视化的工作主要是对二阶实对称张量进行的，张量场的显示技术分两类：一类为针对某具体位置的图符显示，即点图标，如采用椭球张量图标或圆柱＋ 椭圆图标。另一类是沿特征线显示张量数据，即线图标方法(如超流线法)，它是更一般化的流线，沿着轨迹表示出经过点的张量信息，可揭示张量场的整体结构。

10.3.3　水沙数值模拟可视化研究方向

水沙数值模拟可视化研究除了具有科学计算可视化研究的发展方向以外，还有其自身的发展趋势，主要表现在以下三个方面：

(1)矢量场可视化。矢量场可视化对于理解复杂的流体机制有着十分重要的作用，已经成为水沙数值模拟研究中不可缺少的手段，但目前对矢量场的可视化仍缺乏有效的手段，已有的方法还远不能满足实际的需要。主要表现在缺乏有效的三维流场表示方法、实时动态显示技术和三维交互技术，这方面技术仍是将来进一步研究的努力方向。

(2)计算流动显示。近几年，在水沙数值模拟、科学计算可视化、试验流体力学等领域的结合下，出现的计算流动显示(Computational Flow Imaging —CFI) 成为流动显示技术的一个新分支，并越来越多地用于水沙数值模拟。计算流动显示是将光学流动显示的原理在计算机上模拟实现，得到相应的数学图像，它模拟的是真实的光学过程，得到的结果与实验结果严格对应，具有可比性，并已被用于数值计算程序的校验等方面。

将三维空间数据的体绘制技术应用到计算流动显示中，得到较满意的效果。将并行计算技术与计算流动显示结合，有效解决了计算流动显示计算开销大的问题，更好地实现了流体力学的可视化。

(3)可视化模型软件化。可视化软件可分为三大类：可视化子程序、专用可视化工具和通用可视化系统；CFD 中常用的 FIELDVIEW、Tecplot 、Surfer 、FAST 等均为专用可视化工具。一些著名 CFD 软件，如 FLUENT、PHOENICS、CFX、Delft23D 等，也都集成了可视化模块。国内也从较早就开始有了很多相关研究，但是仍缺乏一个通用而高效的软件，这就需要水环境领域专业人员和计算机软件专业人员紧密结合、深入研究，开发出与国外著名可视化软件相媲美的国产化软件产品，不断推动水沙数值模拟研究的发展。

事实上，Tecplot、Surfer 等软件已经在水沙数值模拟结果可视化方面得到了广泛应用，本书下一节就主要讲述 Tecplot 软件在珠江河口水沙数值模拟可视化的应用。

10.4 珠江河口潮流、泥沙动态显示

(1) Tecplot 可视化软件。Tecplot 是 Amtec 公司推出的一个功能强大的科学汇图软件。它提供了丰富的绘图格式，包括 x-y 曲线图，多种格式的 2D 和 3D 面绘图和 3D 体绘图格式，而且软件易学易用，界面友好，使用 Tecplot 来驾驭您的资料会更显轻松无比，从简单的 xy 图到复杂的 3d 动态模拟，Tecplot 可快捷地将大量的资料转成容易了解的图表及影像，表现方式有等高线、3d 流线、网格、向量、剖面、切片、阴影、上色等，而且针对一些数值模拟软件如 Fluent 软件等有专门的数据接口，可以直接读入 *.cas 和 *.dat 文件，也可以在 Fluent 软件中选择输出的面和变量，然后直接输出 tecplot 格式文档。现在 tecplot 软件的最新版本为 10.0 版。

Tecplot 作为视觉化软件，可以进行科学计算，将电脑计算后的资料进行视觉化处理，便于更形象化地分析一些科学数据，是一种传达分析结果功能最强大的工具。Tecplot 还可以用来建立一个图形，二维数据的等高线和矢量图块。使用 Tecplot 可以很容易地在一页上建立图形和图块或者对它们进行定位。每一个图形都是在一个文本框中，而这些框架可以被复制再修改，很容易对一个数据集显示其不同的视图。

Tecplot 是绘图和数据分析的通用软件，对于进行数值模拟、数据分析和测试是理想的工具。它主要有以下功能：

①可直接读入常见的网格、CAD 图形及 CFD 软件(PHOENICS、FLUENT、STAR-CD)生成的文件。

②能直接导入 CGNS、DXF、EXCEL、GRIDGEN、PLOT3D 格式的文件。

③能导出的文件格式包括了 BMP、AVI、FLASH、JPEG、WINDOWS 等常用格式。

④能直接将结果在互联网上发布，利用 FTP 或 HTTP 对文件进行修改、编辑等操作。也可以直接打印图形，并在 MICROSOFT OFFICE 上复制和粘贴。

⑤可在 WINDOWS 9x \ Me \ NT \ 2000 \ XP 和 UNIX 操作系统上运行，文件能在不同的操作平台上相互交换。

⑥利用鼠标直接点击即可知道流场中任一点的数值，能随意增加和删除指定的等值线(面)。

⑦ADK 功能使用户可以利用 FORTRAN、C、C++ 等语言开发特殊功能。

随着功能的扩展和完善，在工程和科学研究中 Tecplot 的应用日益广泛，用户遍及航空航天、国防、汽车、石油等工业以及流体力学、传热学、地球科学等科研机构。

(2)利用 Tecplot 可视化软件实现珠江河口潮流、泥沙动态显示。利用已建立的珠江河口潮流、泥沙数学模型计算结果，利用 Tecplot 视觉化软件可实现潮流、泥沙运动的动态显示。附图 34 为 Tecplo 显示的伶仃洋水下地形等值线图，附图 35 为珠江河口水动力流态矢量图，附图 36 为大风时某机场水域含沙量分布图。

参考文献

1 周振红．数值模拟交互视算系统研究［D］．武汉：武汉水利电力大学博士学位论文，1999

2 MCCORMICKB H，DEFANTI T A，BROWN M D. Visualization in scientific computing［J］. Computer Graphics，1987，21(6)

3 PATRIKALAKIS N M (ed.). Scientific Visualization of Physical Phenomena［M］. Tokyo：Spring-Verlag，1991. 136～141

4 唐泽圣．三维数据场可视化［M］．北京：清华大学出版社．1999

5 王先信．计算空气动力学的流场和图形显示技术［J］．空气动力学学报，1990，8(1)：84～88

6 李德元，金其杰．计算流体力学的可视化问题［A］．第六届全国计算流体力学学术会议论文集［C］，1992. 24～29

7 艾德才，吴奇，车明．港口建设工程数学模型的动态可视化［J］．天津大学学报，1997，30(6)：778～783

8 卢笙，邓小刚．计算空气动力学的三维流场可视化［J］．空气动力学学报，1993，11(1)：113～116

9 刘慎之．三维流体力学计算后处理软件的生成与显示［A］．第六届全国计算流

体力学学术会议论文集[C]，1992. 143～146

10 朱松林，印霞隽．复杂区域流场计算的驾驭式可视化软件开发[J]. 计算机辅助工程，1999 ，2 ：34～39

11 王长海．运用微机绘制河道地形图及冲淤平面分布图[J]. 交通与计算机，1992 ，2 ：21～25

12 成建梅，陈崇希，孙红林．三角网格等值线自动生成方法及程序实现[J]. 水利学报，1998 ，10 ：23～26

13 石教英，蔡立文．科学计算可视化算法与系统[M]. 北京：科学出版社，1996

14 PRE SSER A. Computing area filling contours for surface defined by piecewise polynomials ，CAGD，1987 ，3(4) ：267～279

15 范彦斌，孟光，沈自林等．CFD 计算结果的静态及动态可视化显示方法[J]. 航空学报，2002 ，21 (2) ：179～182

16 刘晓波，华祖林．计算流体力学的科学计算可视化研究进展[J]. 水动力学研究与进展，2004，(19)：120～125

17 LORENSEN W E ，CLINE H E. Marching cubes ：a high resolution 32D surface construction algorithm[J]. ComputerGraphics ，1987 ，21(4) ：163～169

18 CLINE H E ，LORENSEN W E. Two algorithms for three2di2mensional reconstruction of tomograms[J]. Medical Physics ，1988 ，15(3) ：320～327

19 GALLAGHER R S ，NAGTEGALL J C ，KARLSSON H ，etal. An efficient 32D visualization technique for finite element

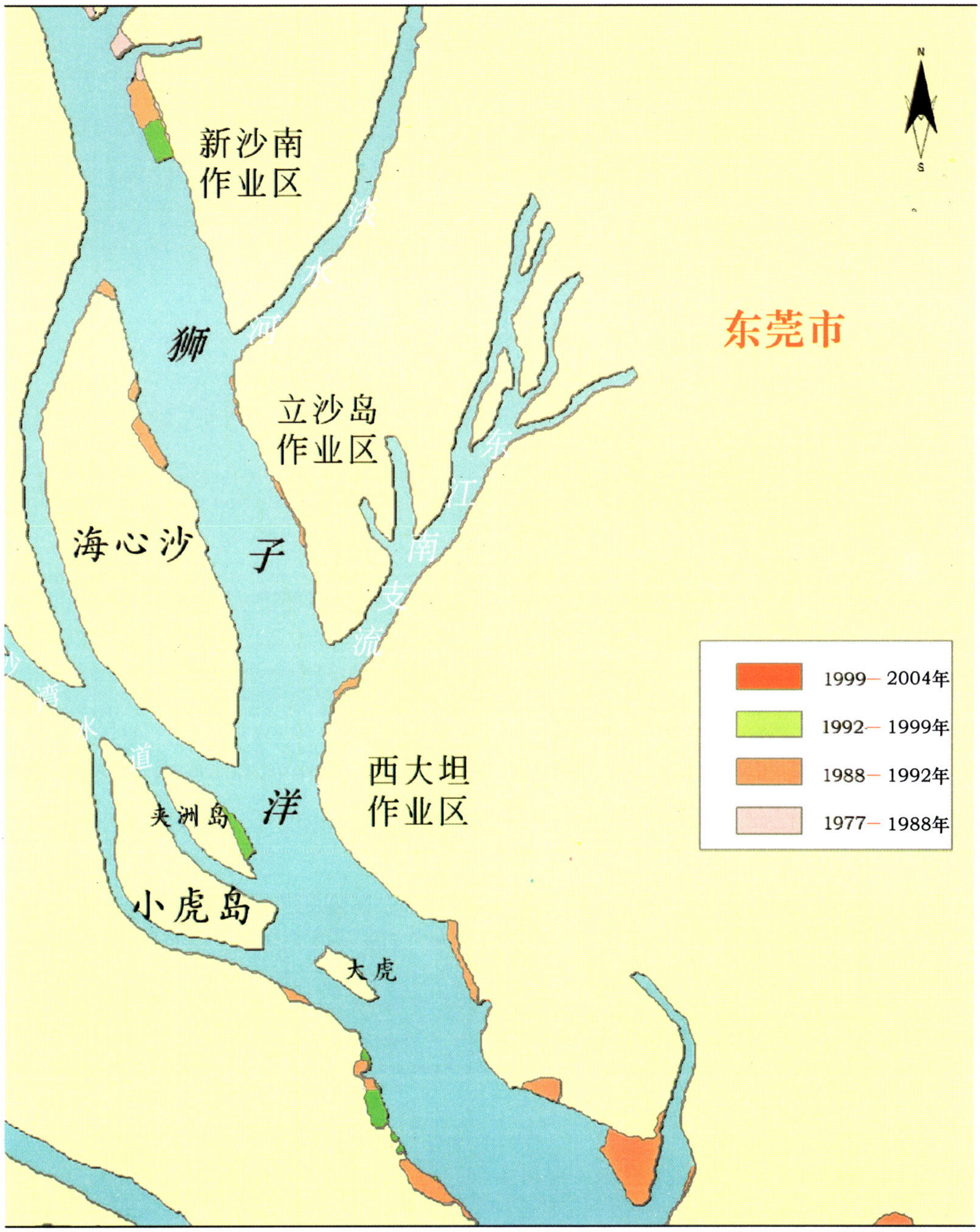

附图1 狮子洋历年岸线变化图

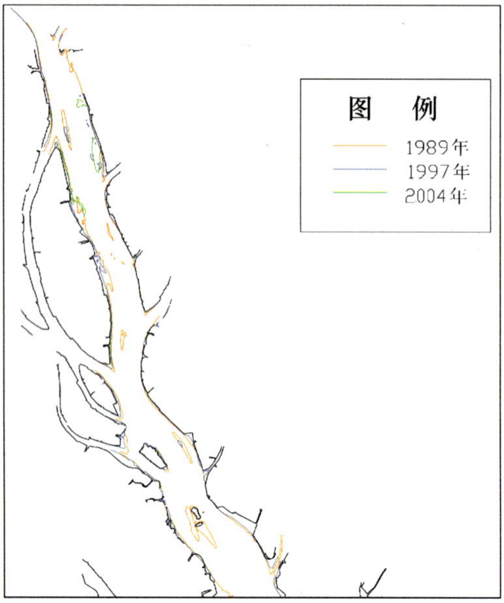

附图2 狮子洋河道冲淤分析断面位置图

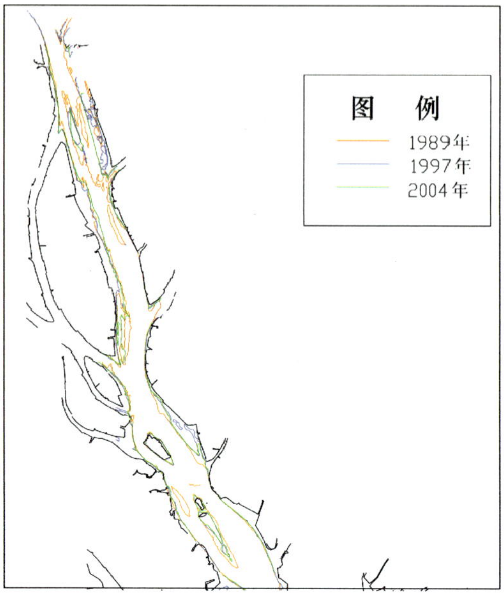

附图3 狮子洋-2m等深线变化图

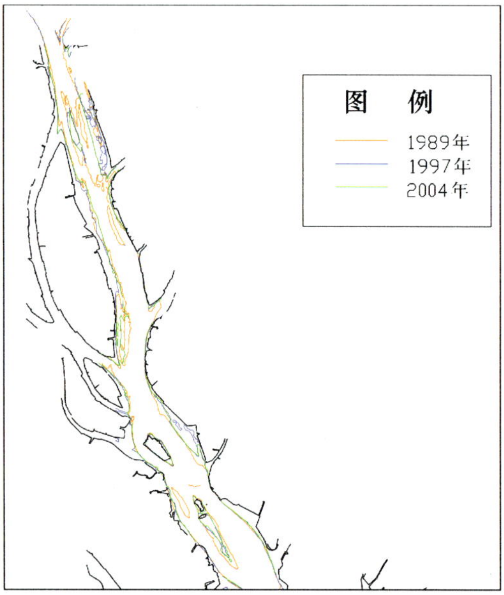

附图4 狮子洋-5m等深线变化图

附图5 狮子洋-10m等深线变化图

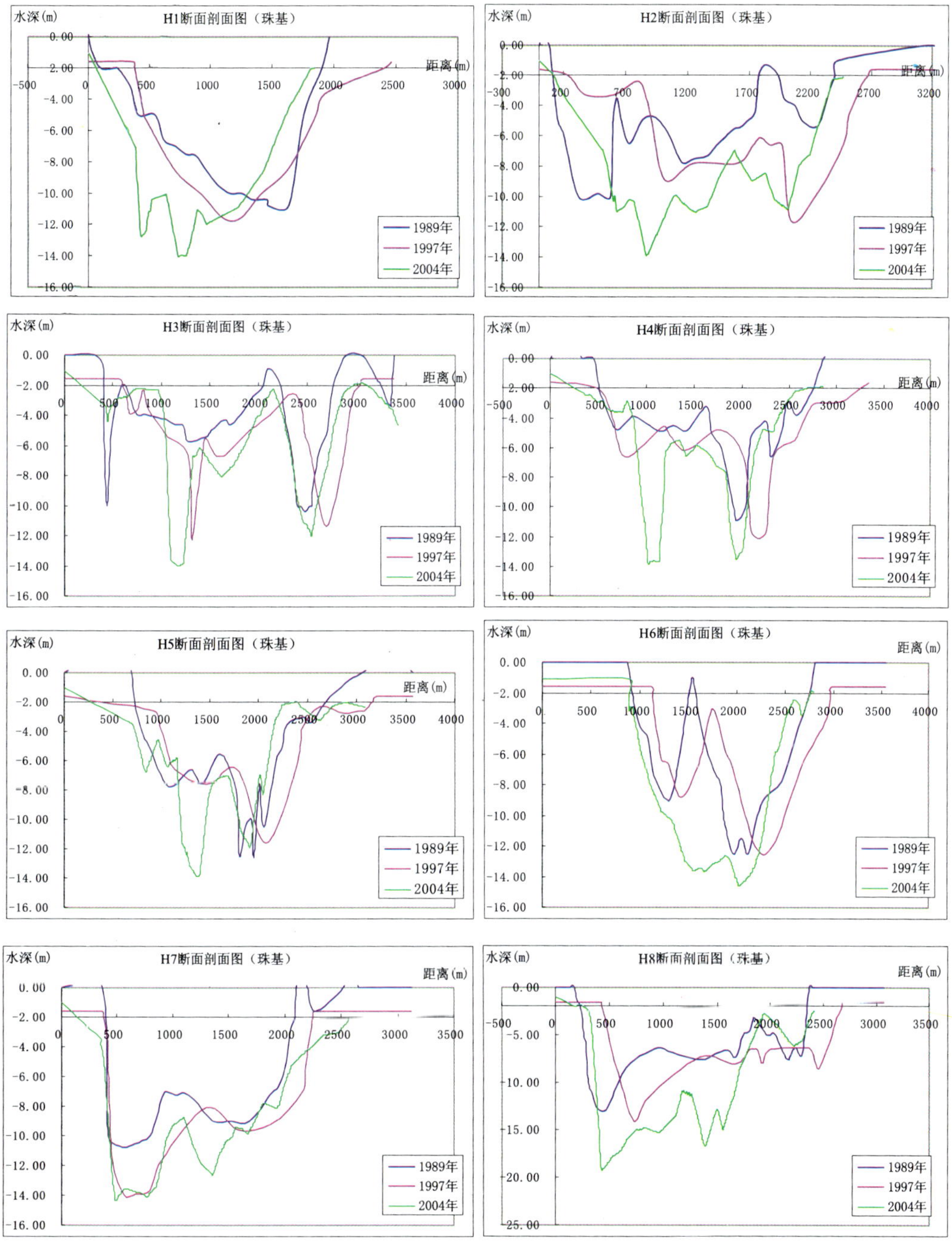

附图6(a) 狮子洋河段断面对比图

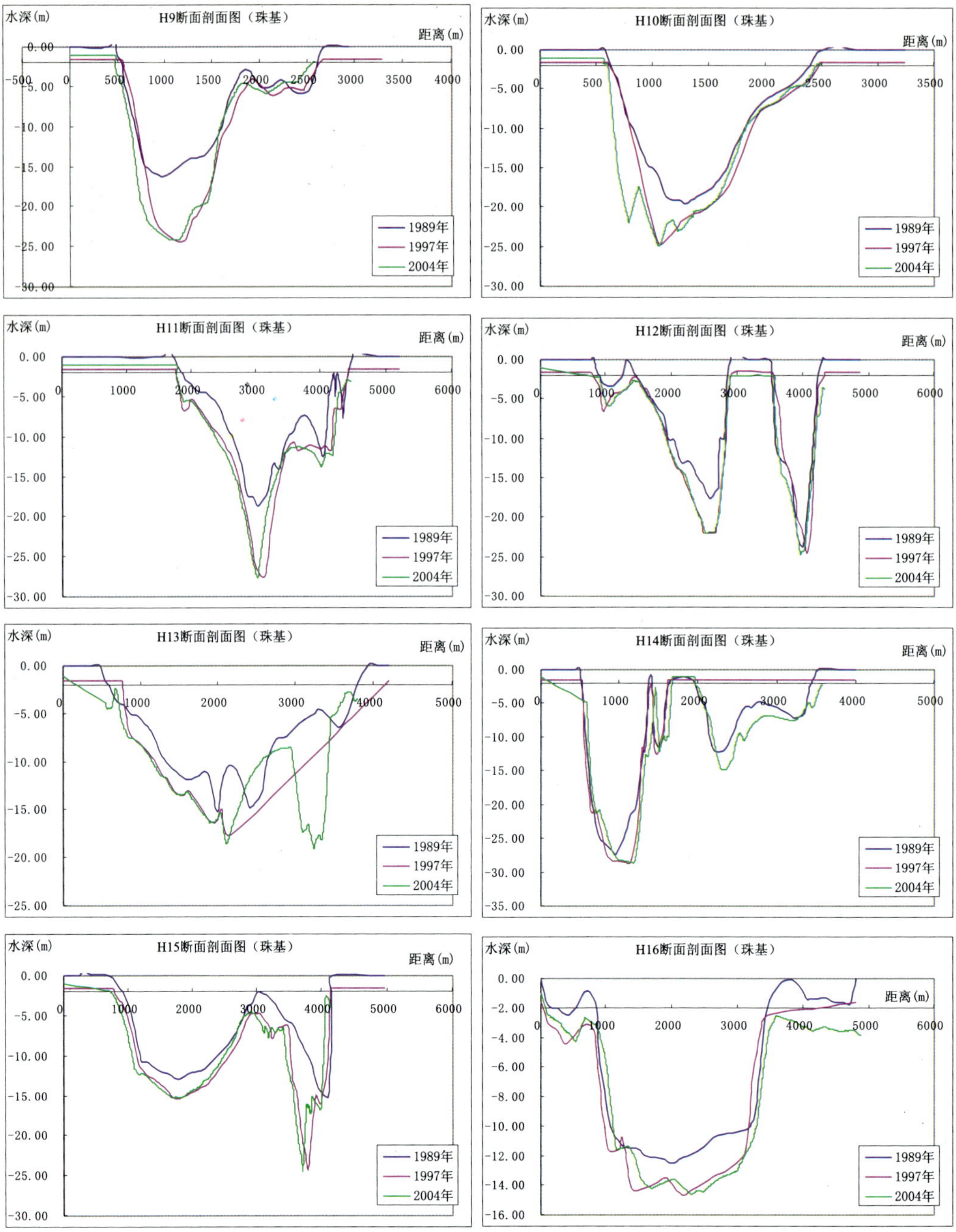

附图6(b)　狮子洋河段断面对比图

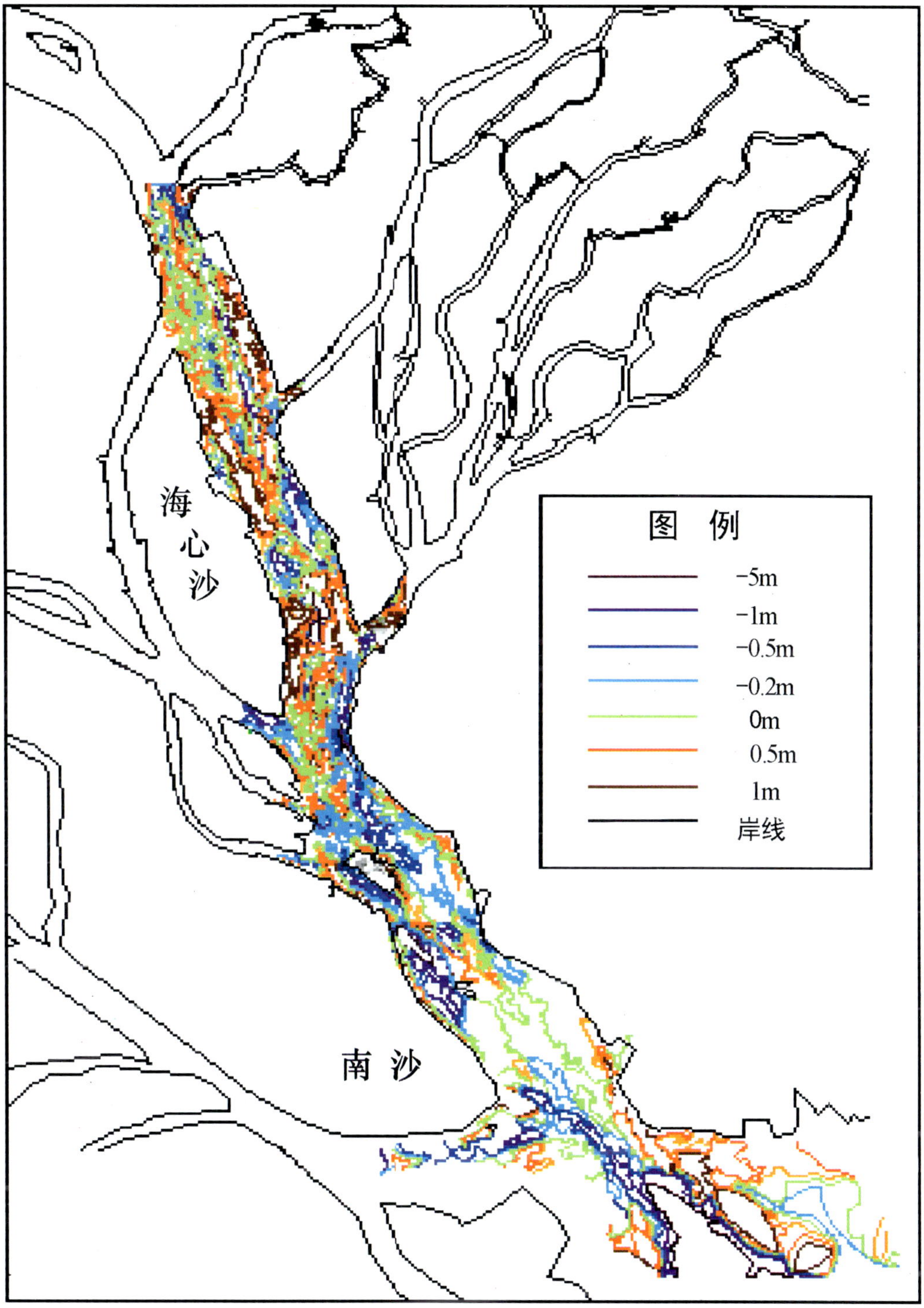

附图6(c)　狮子洋河段1997—2004年冲淤厚度变化图

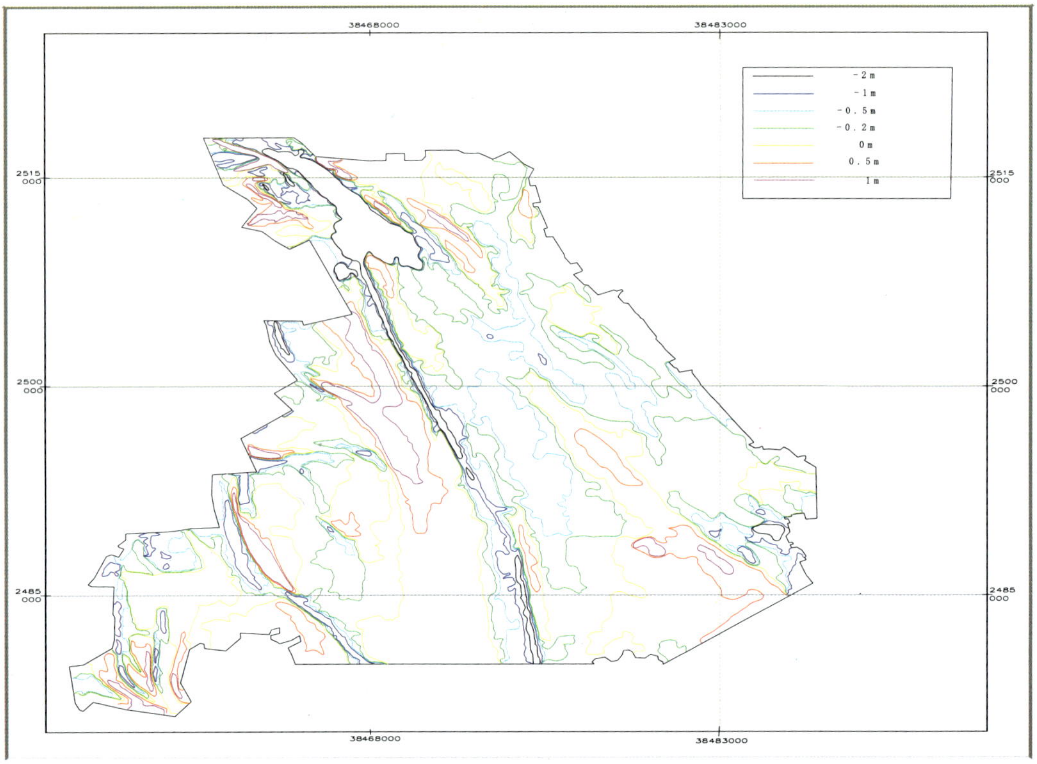

附图7　伶仃洋1984—1999年冲淤厚度变化图

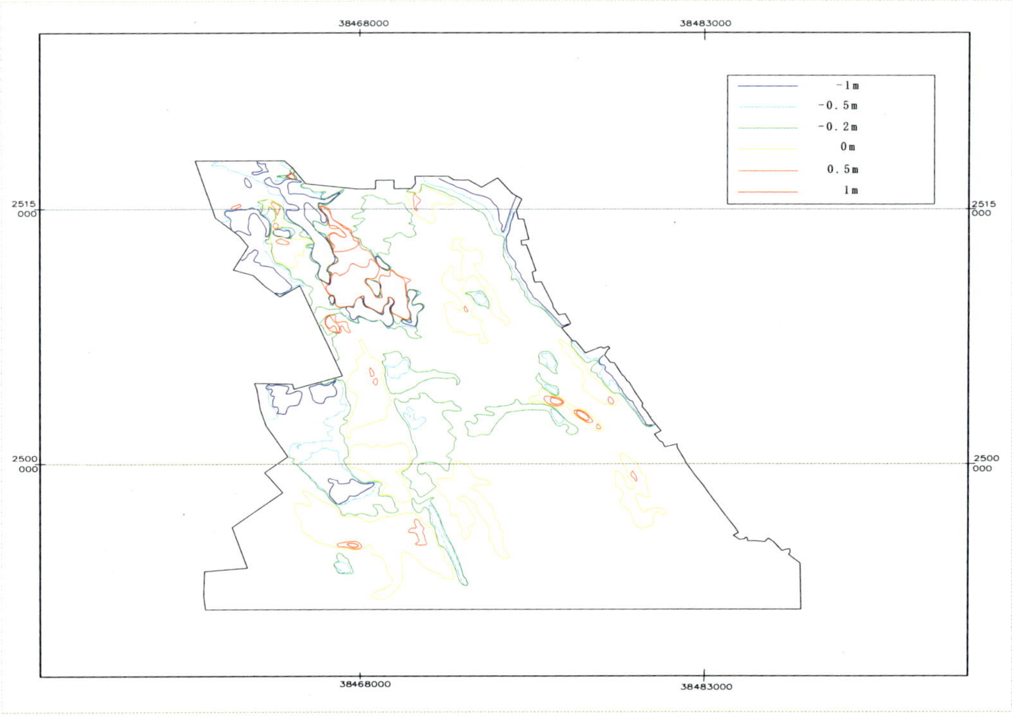

附图8　伶仃洋1999—2001年冲淤厚度变化图

附图9 伶仃洋等深线平面变化图（珠基，1984—1999）

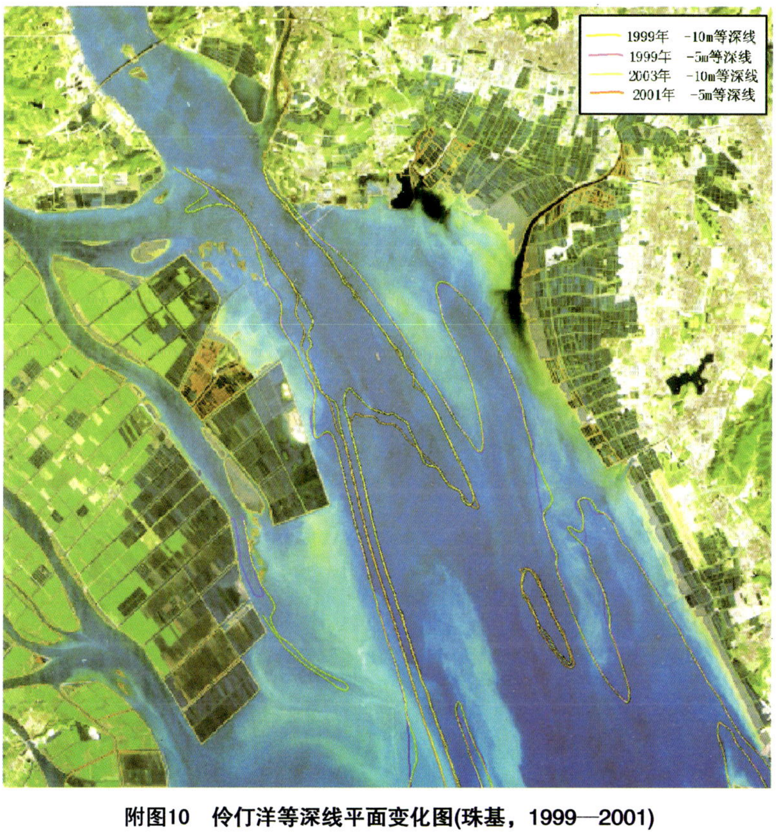

附图10 伶仃洋等深线平面变化图(珠基，1999—2001)

附图11　磨刀门岸线变化对比图

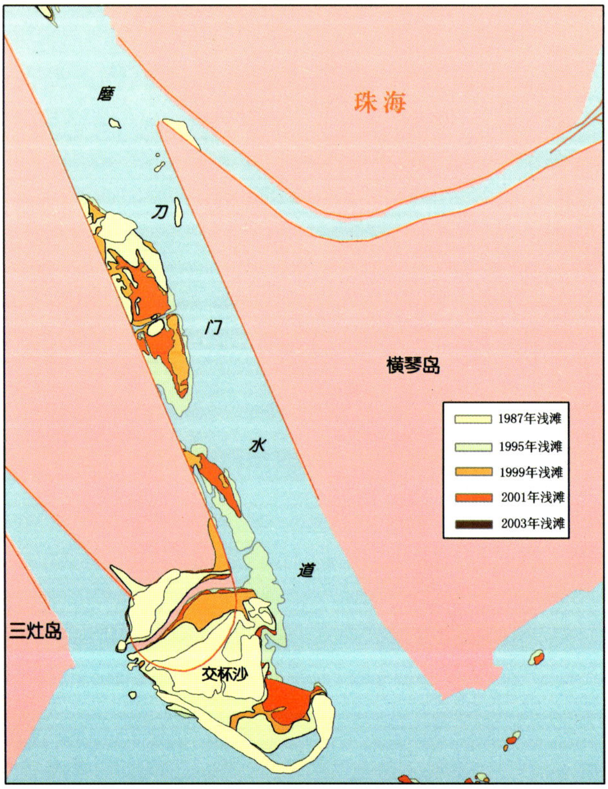

附图12　磨刀门水道边滩变化遥感图

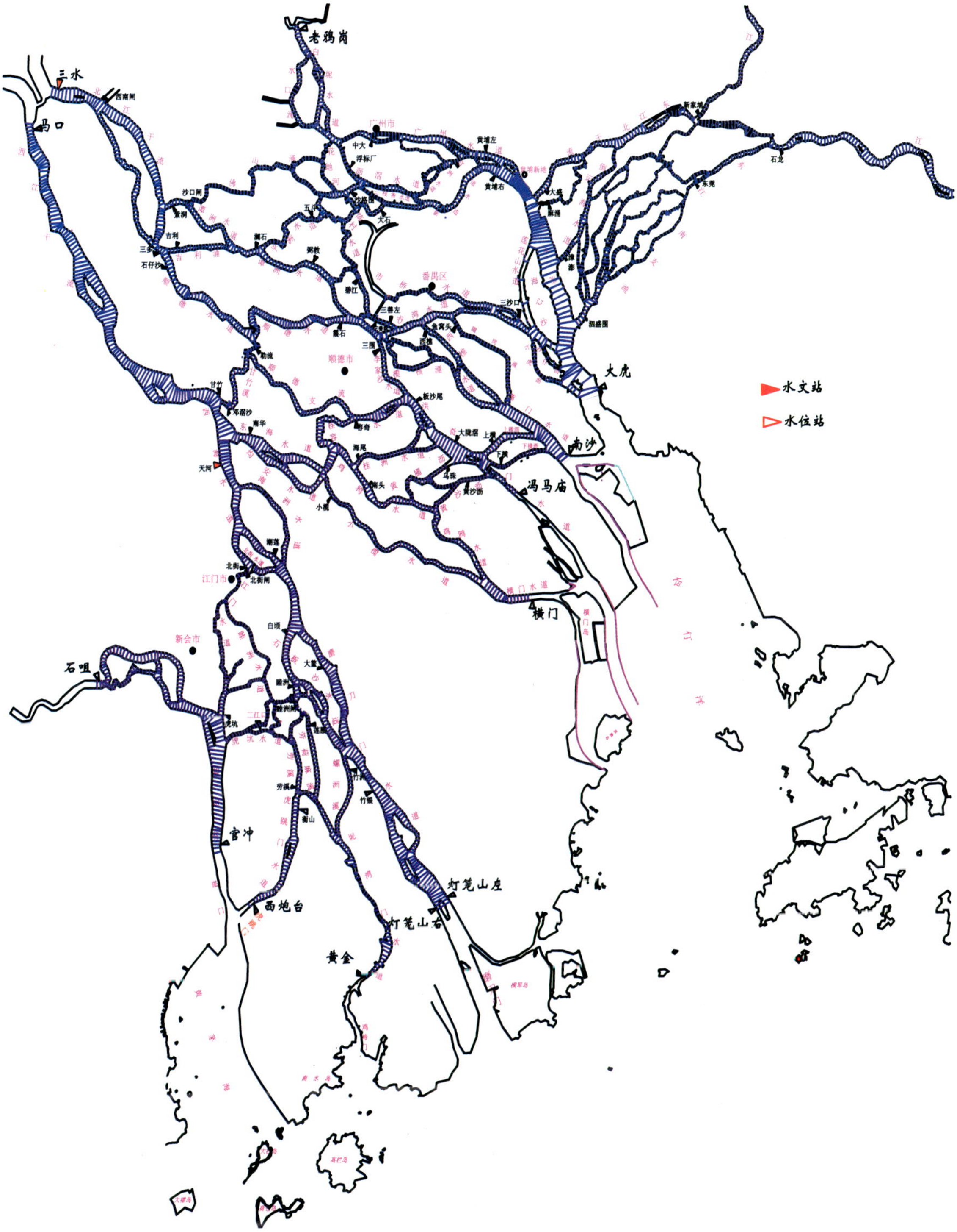

附图13　一维模型断面布置及水文站点分布图

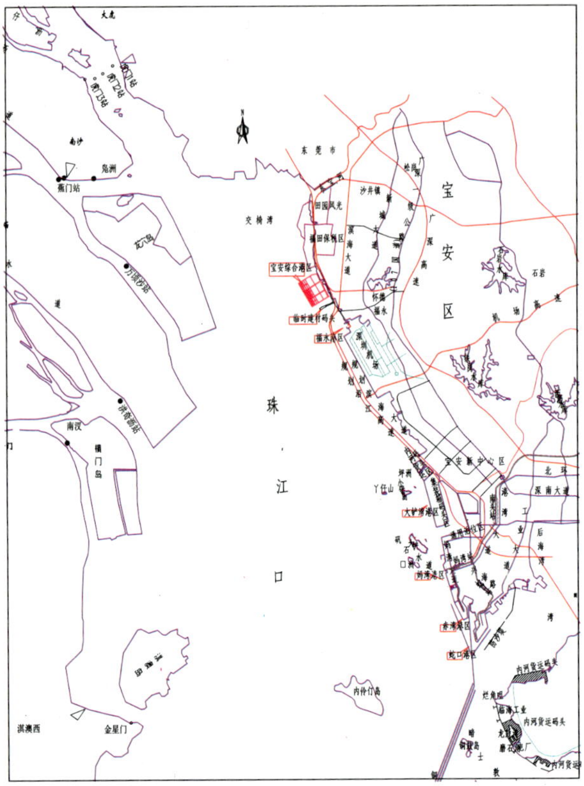

附图14　深圳宝安综合港区工程位置示意图

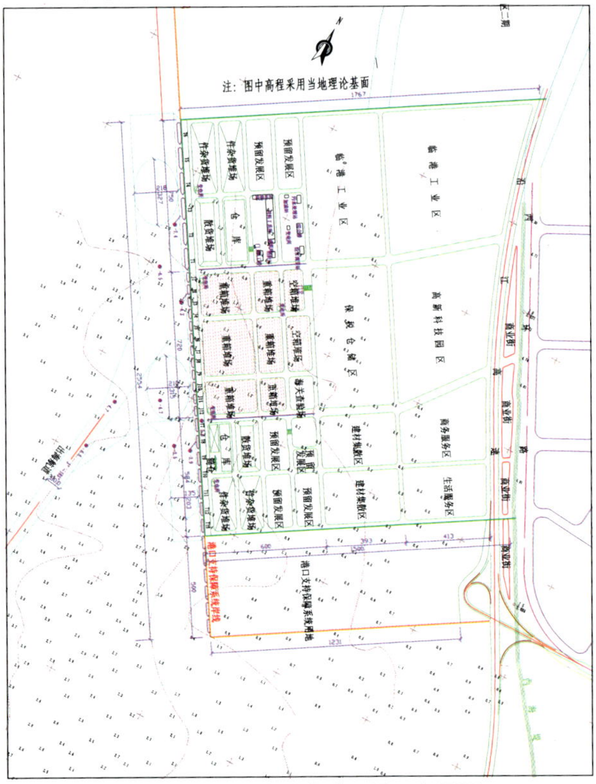

附图15　深圳宝安综合港区平面布置图

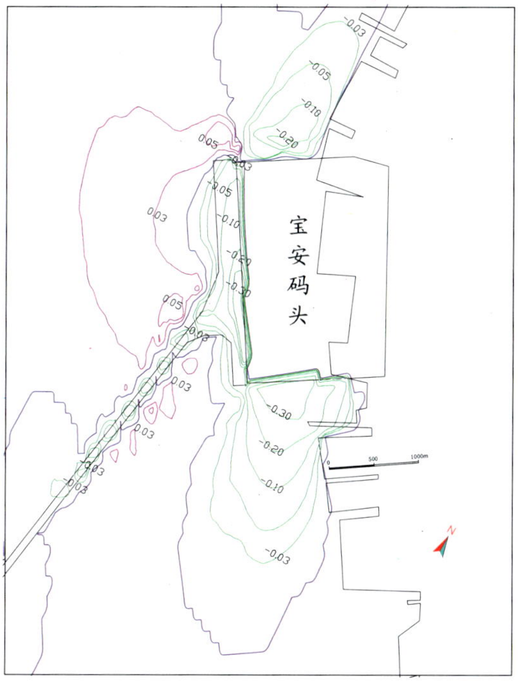

附图16(a) “98.6”洪水大潮落急
工程前后流速变化等值线分布图

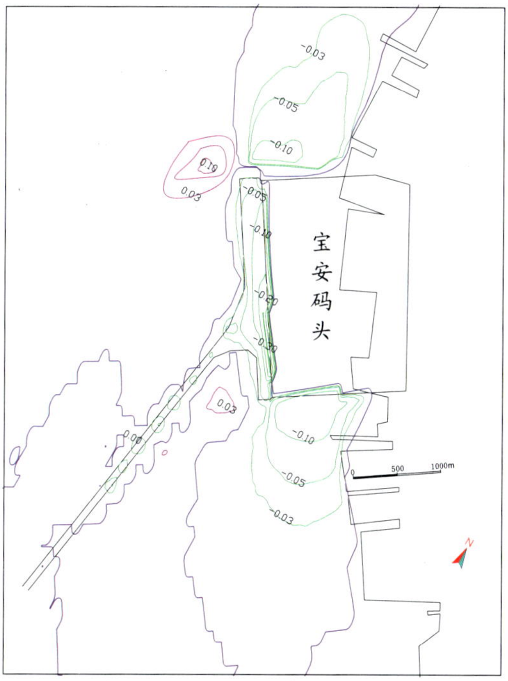

附图16(b) “2002.6”中水大潮涨
急工程前后流速变化等值线分布图

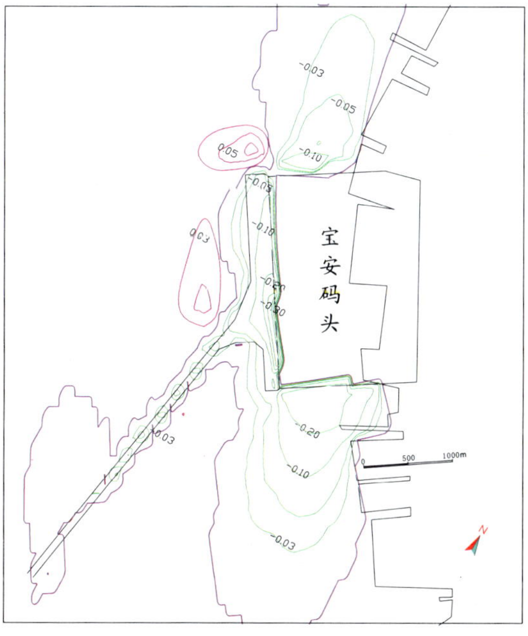

附图16(c) “2002.6”中水大潮落
急工程前后流速变化等值线分布图

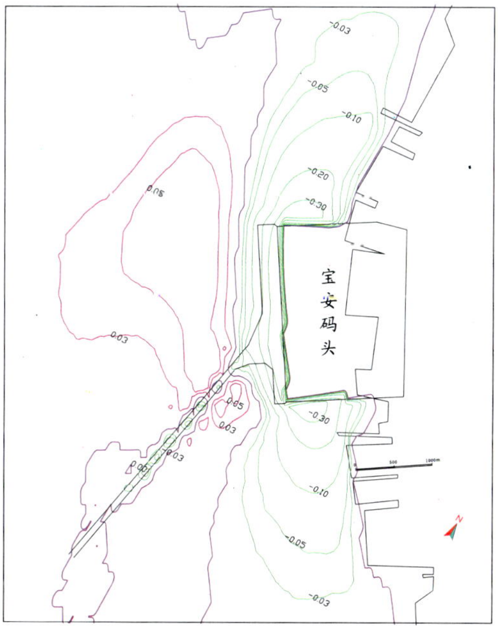

附图16(d) “2001.2”枯水大潮涨
急工程前后流速变化等值线分布图

（绿线表示流速减小，红线表示流速增大，蓝线表示零线；单位：m/s）

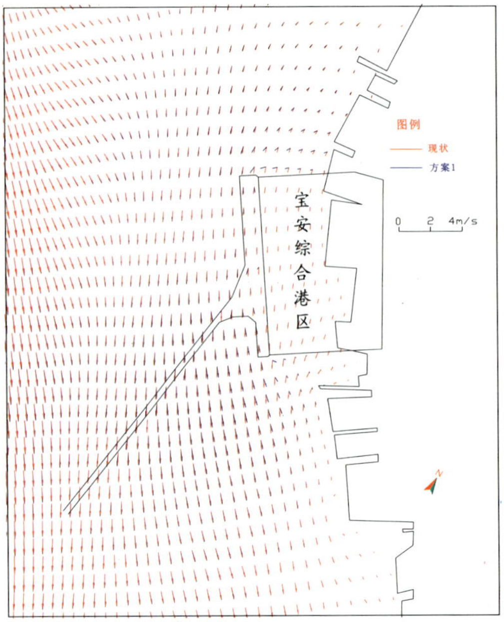

附图17(a) “98.6”洪水大
潮工程前后落潮流态对比图

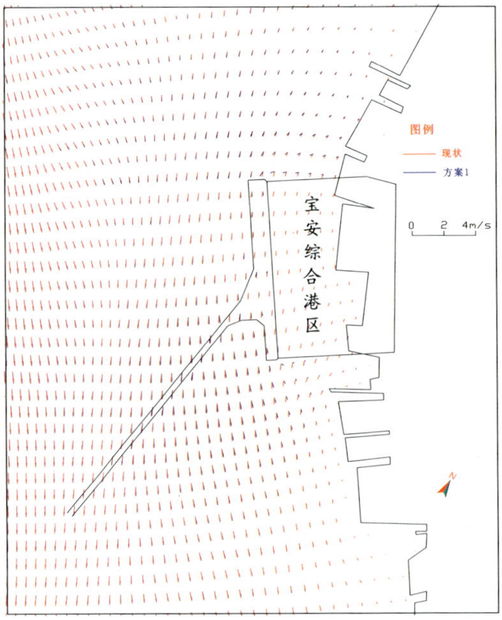

附图17(b) “2002.6”中水大
潮工程前后落潮流态对比图

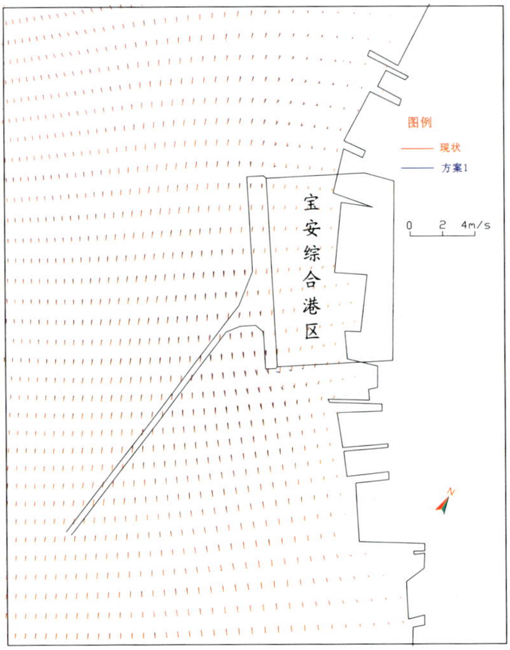

附图17(c) “2002.6”中水大
潮工程前后涨潮流态对比图

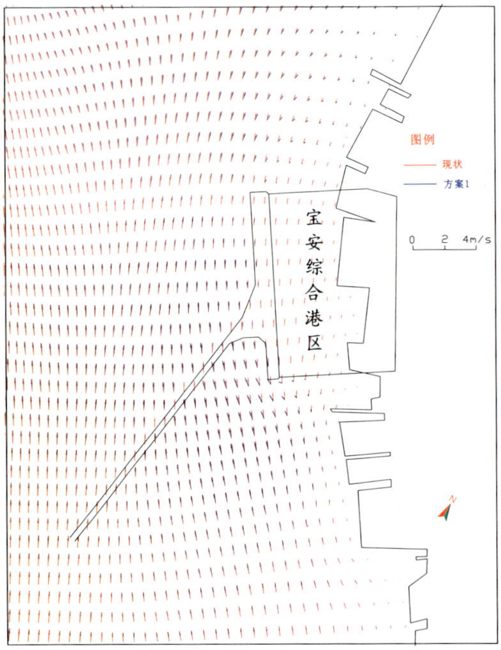

附图17(d) “2001.2”枯水大
潮工程前后涨潮流态对比图

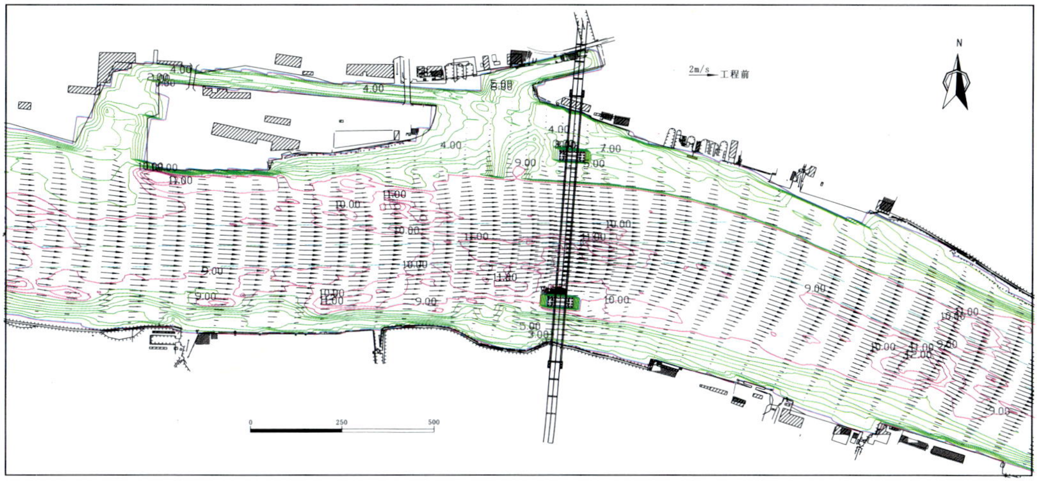

附图18 “98.6”大水落急时工程后流速、流态分布
（红线：航道拓宽后的等高线；绿线：未开挖的等高线，以下同）

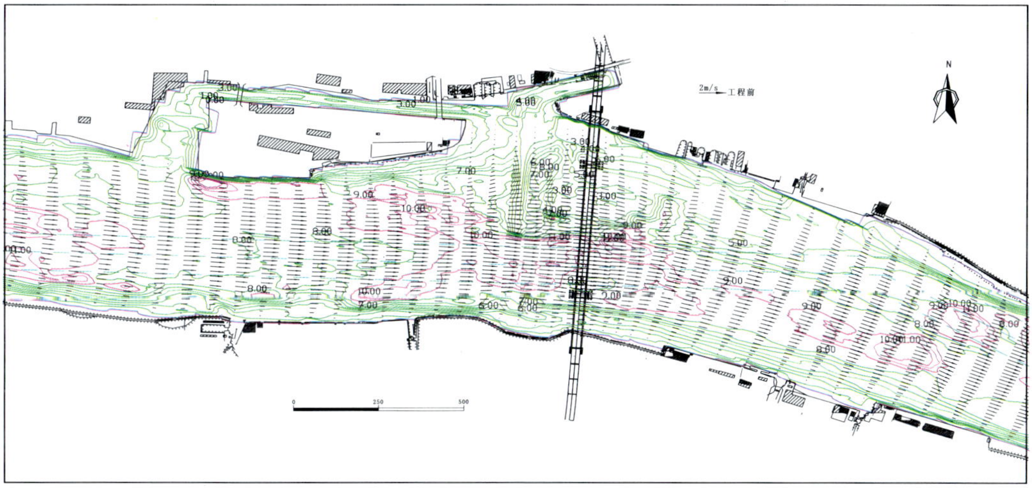

附图19 “99.7”中水洛急时工程后流速、流态分布

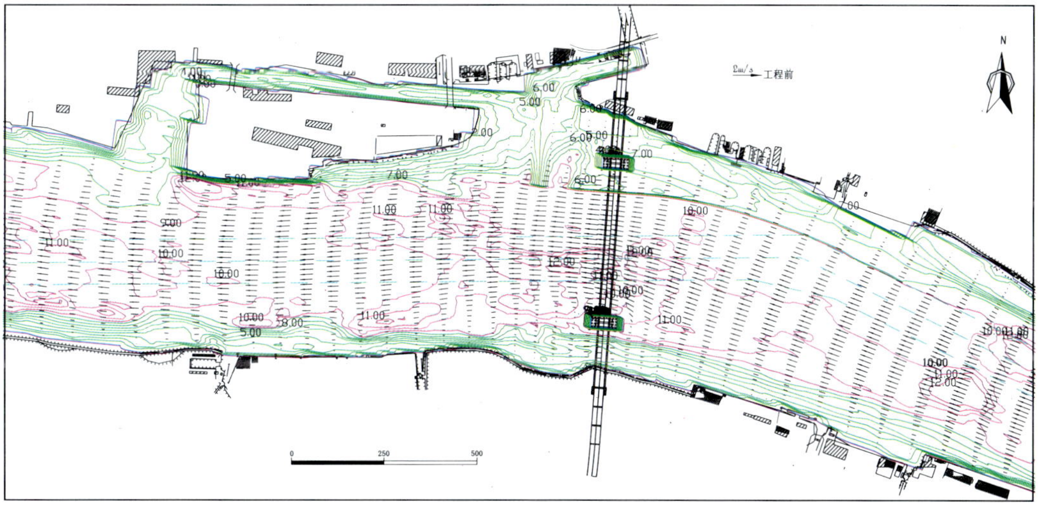

附图20 “2001.2”枯水涨急时工程后流速、流态分布

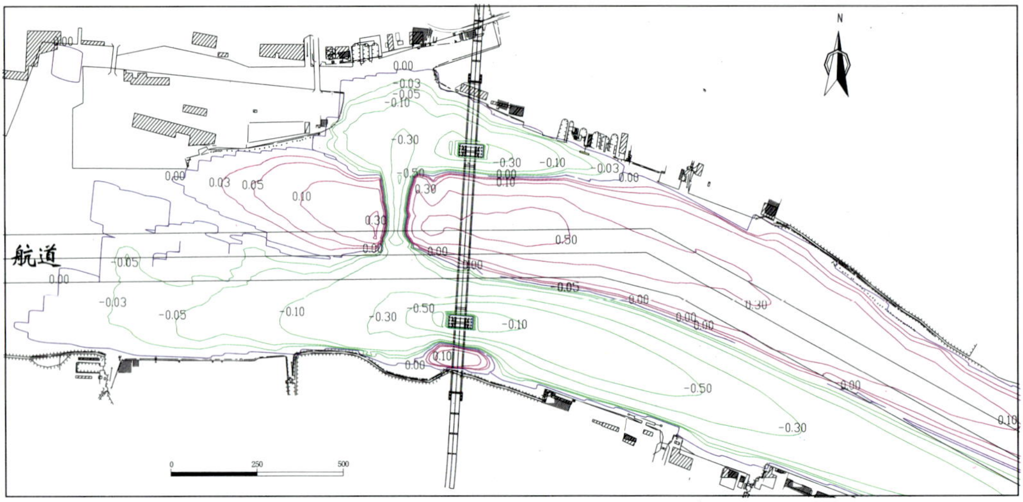

附图21 “98.6”大水落急时工程前后流速变化等值线示意图

（红线：工程后流速增加；绿线：工程后流速减小，以下同）

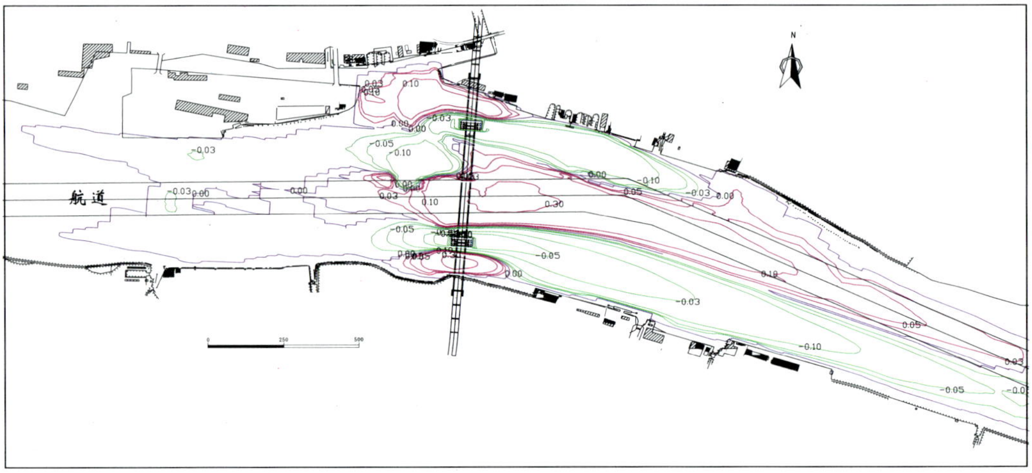

附图22 “99.7”中水落急时工程前后流速变化等值线示意图

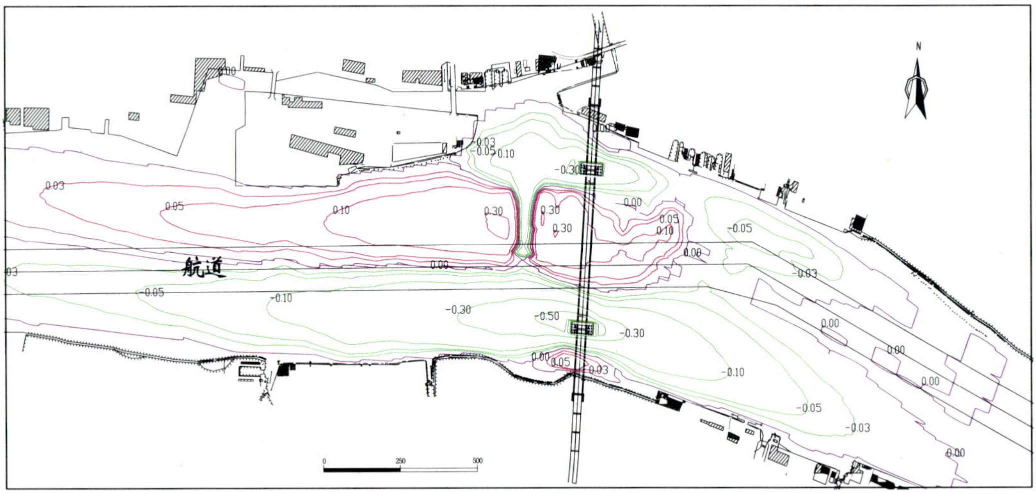

附图23 “2001.2”枯水涨急时工程前后流速变化等值线示意图

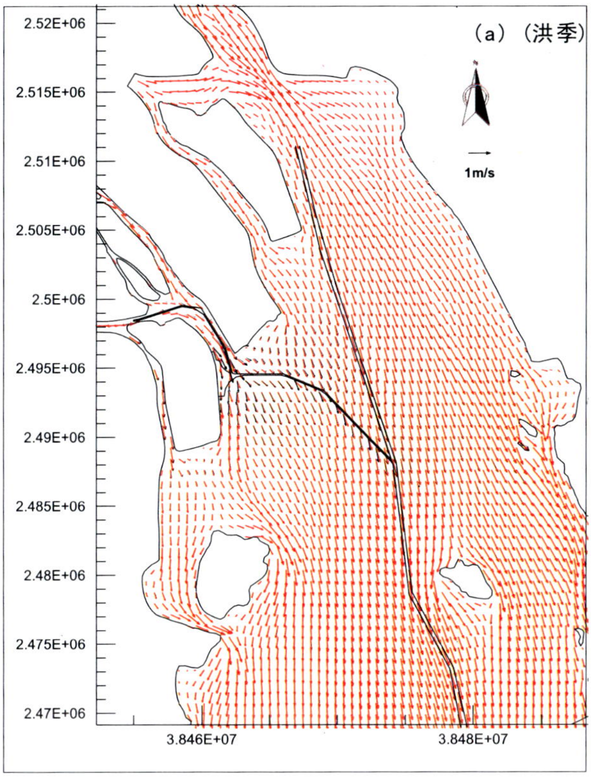

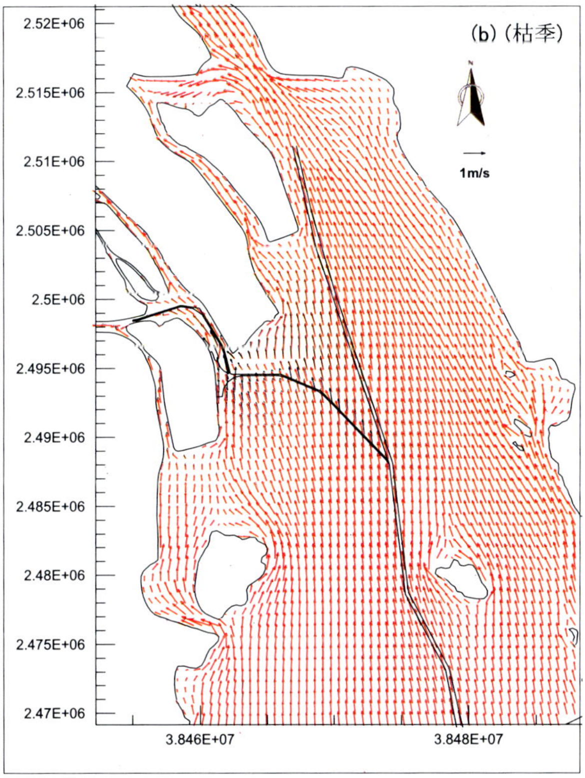

附图24　方案1工程前后涨急流态对比图

（正值表示工程前，负值表示工程后）

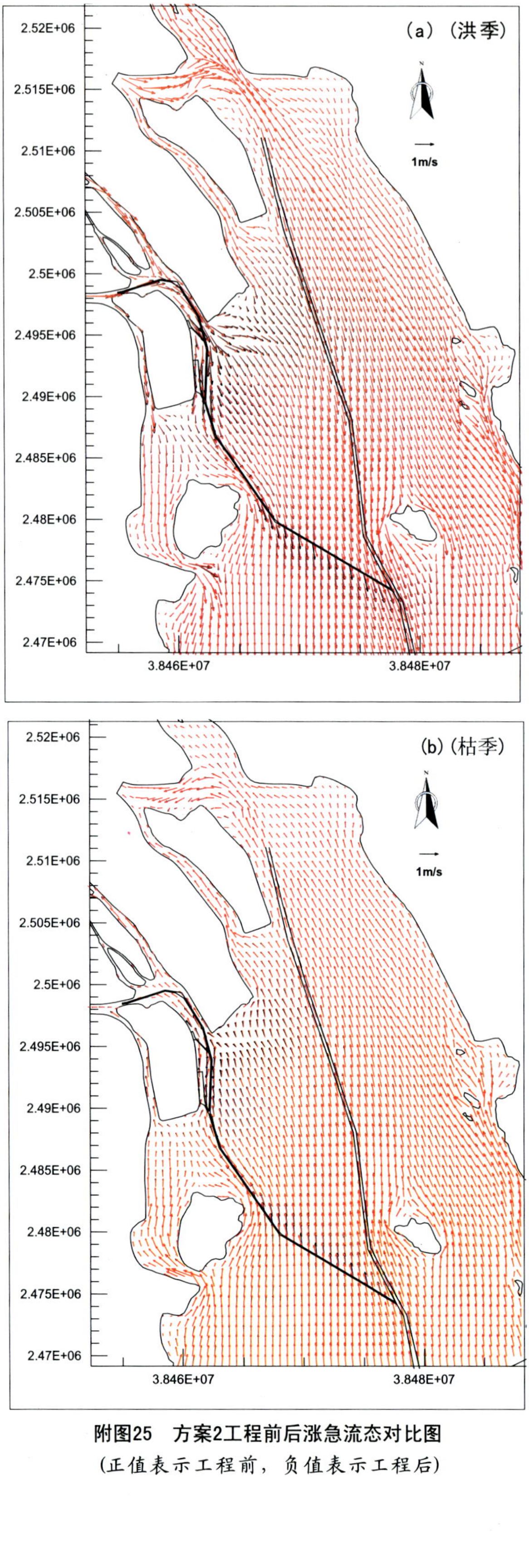

附图25　方案2工程前后涨急流态对比图

（正值表示工程前，负值表示工程后）

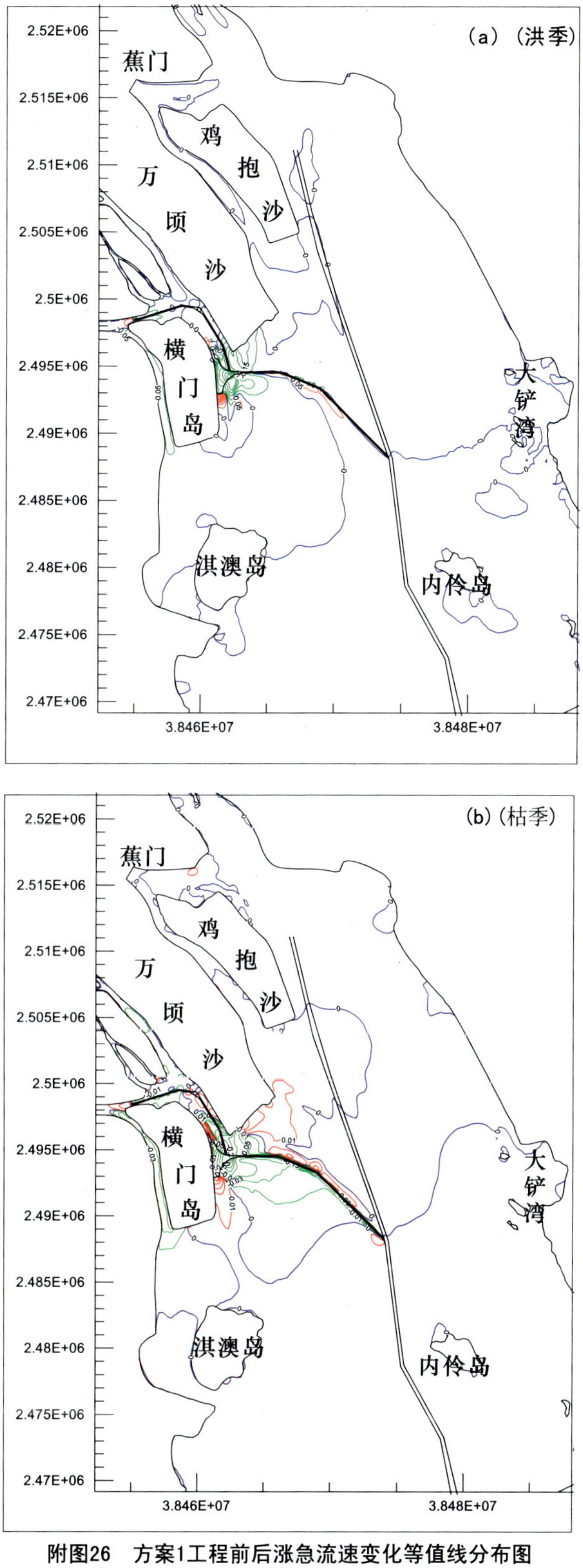

附图26　方案1工程前后涨急流速变化等值线分布图

（红线表示流速增加，绿线表示流速减少，蓝线表示零线；单位：m/s）

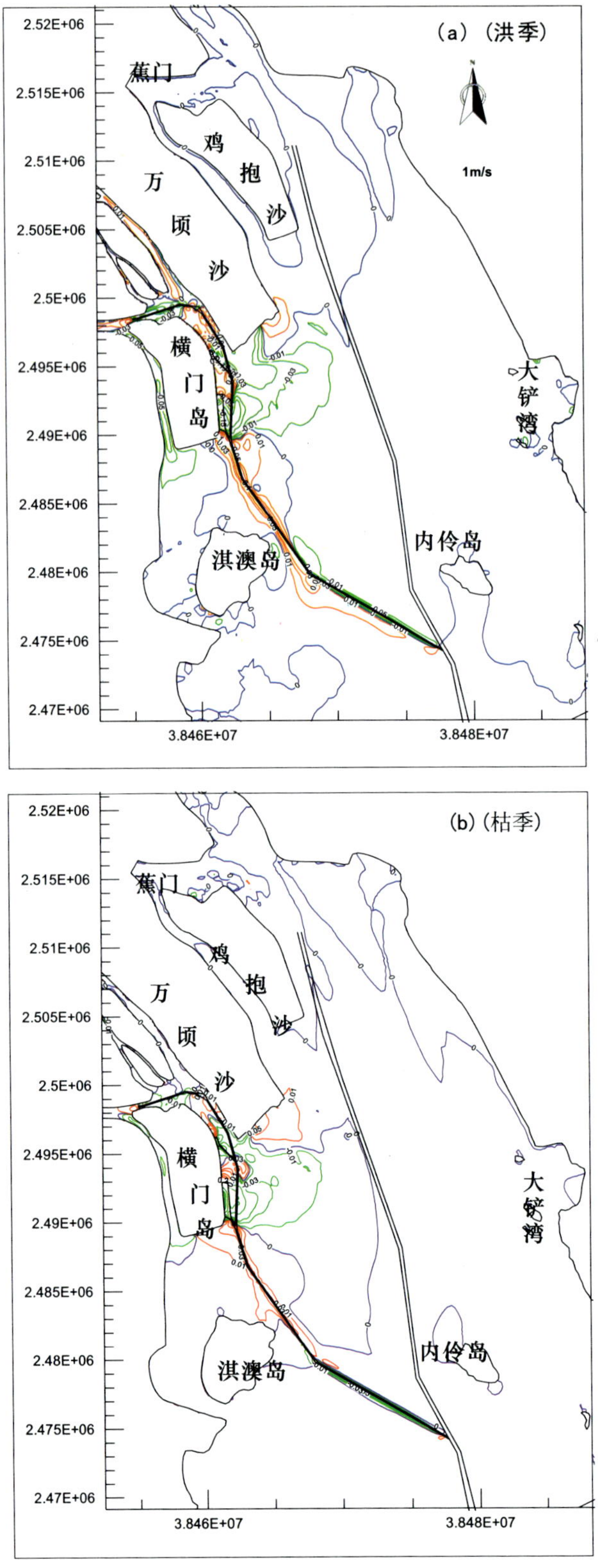

附图27 方案2工程前后涨急流速变化等值线分布图（枯季）

（红线表示流速增加，绿线表示流速减少，蓝线表示零线；单位：m/s）

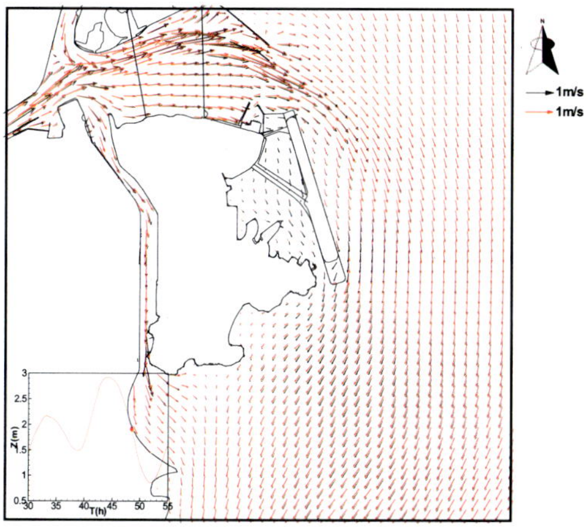

（a）“94.7”洪水大潮落急时刻流态图

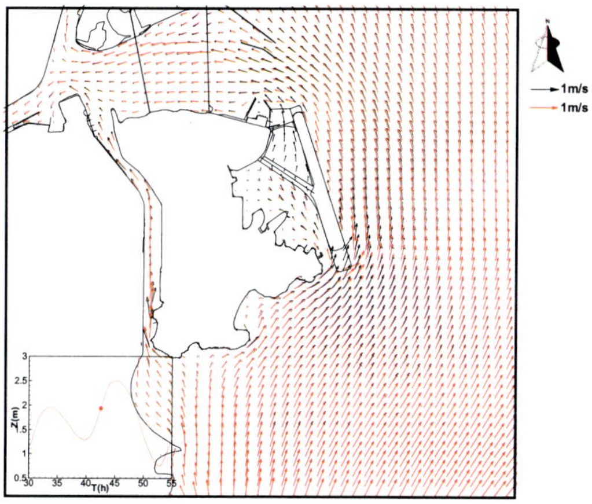

（b）“97.9”中水大潮涨急时刻流态图

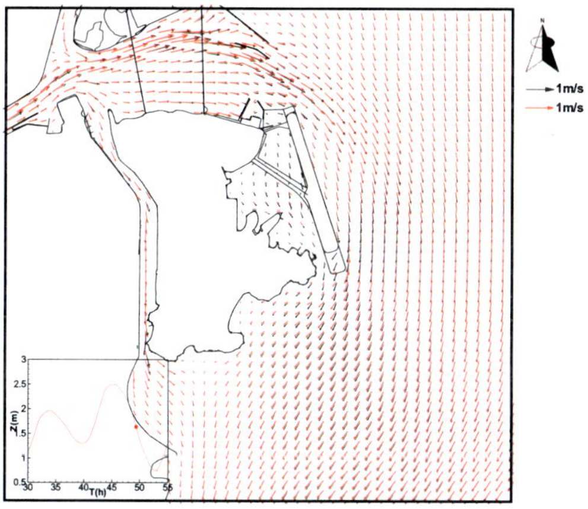

（c）“97.9”中水大潮落急时刻流态图

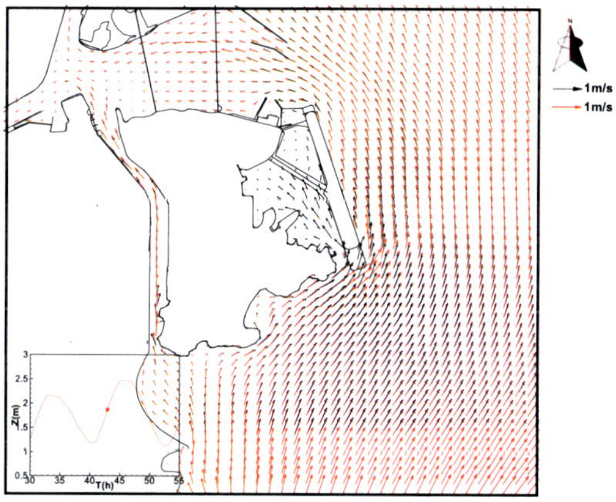

（d）“97.3”枯水大潮涨急时刻流态图

附图28 数学模型计算工程前后流场对比图

（黑色箭头为工程前，红色箭头为工程后）

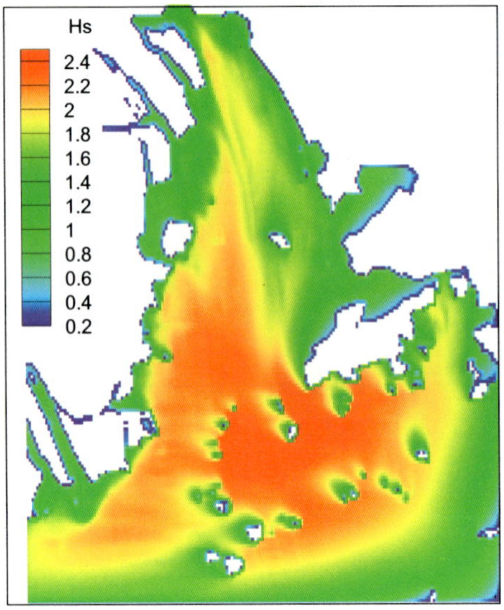

(a)大模型

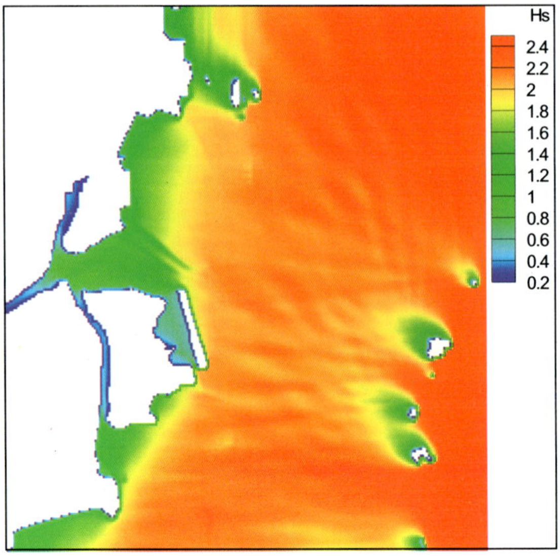

(b)中模型方案前

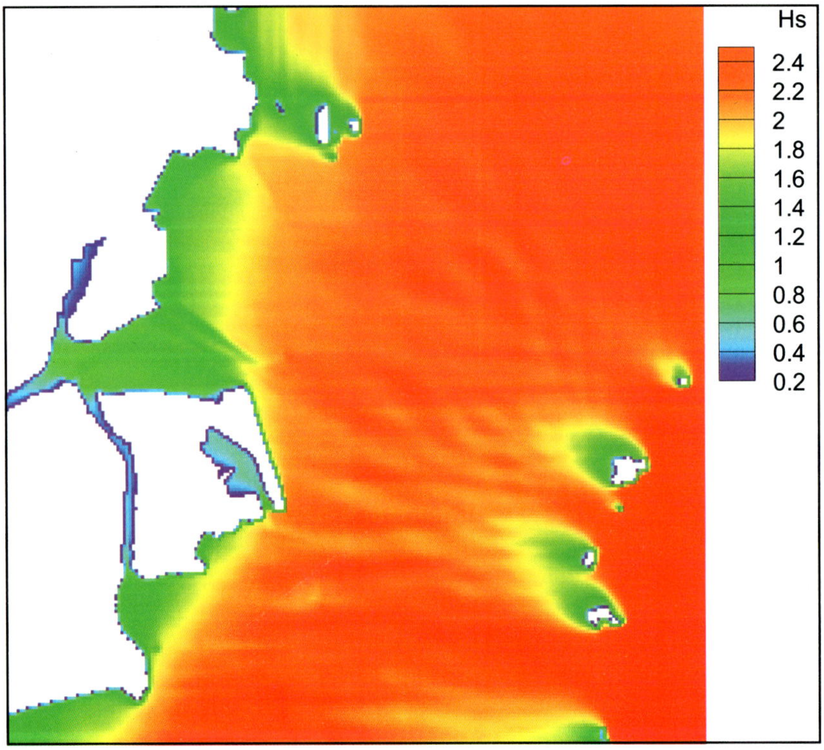

(c)中模型方案后

附图29　珠江河口波浪场计算结果（SE向，8级风；单位：m）

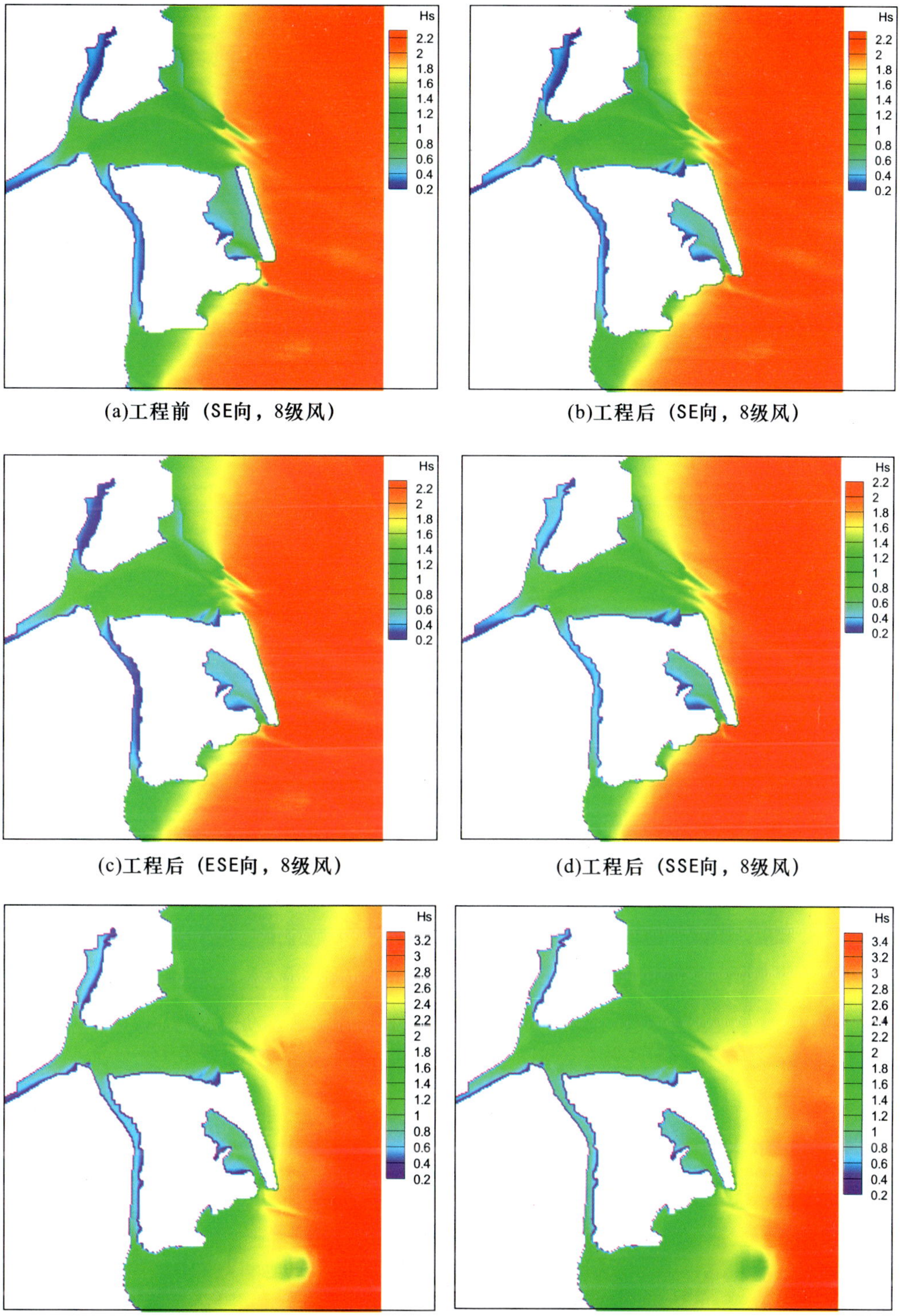

(a)工程前（SE向，8级风）　(b)工程后（SE向，8级风）

(c)工程后（ESE向，8级风）　(d)工程后（SSE向，8级风）

(e)工程后（SE向，11级风）　(f)工程后（SE向，12级风）

附图30　机场附近水域波浪场计算结果（单位：m）

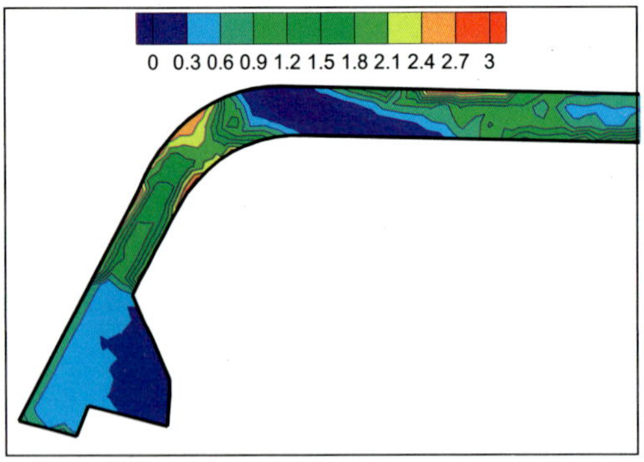

(a)常年回淤分布

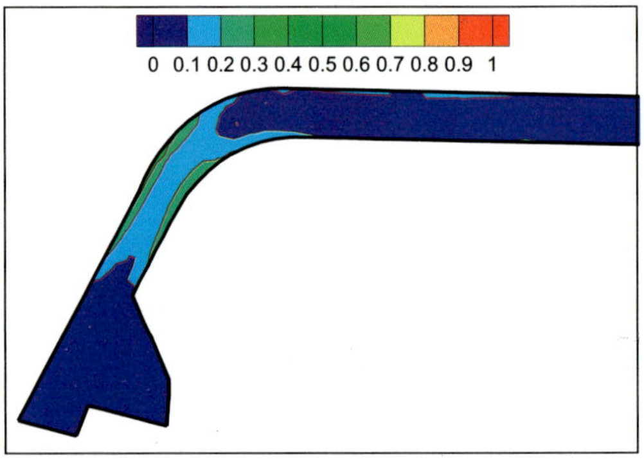

(b)8级风骤淤分布

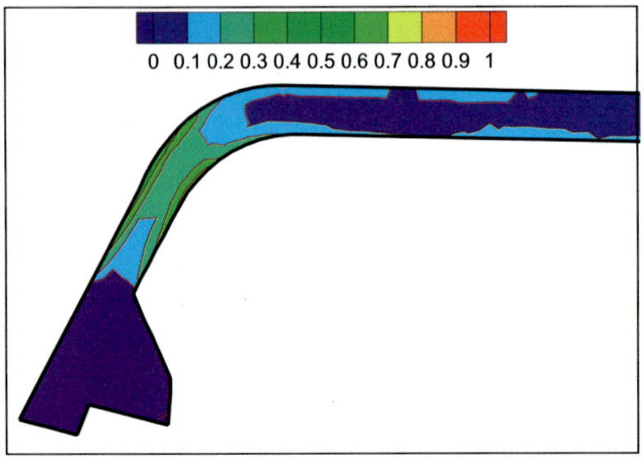

(c)“二碰头”时骤淤分布

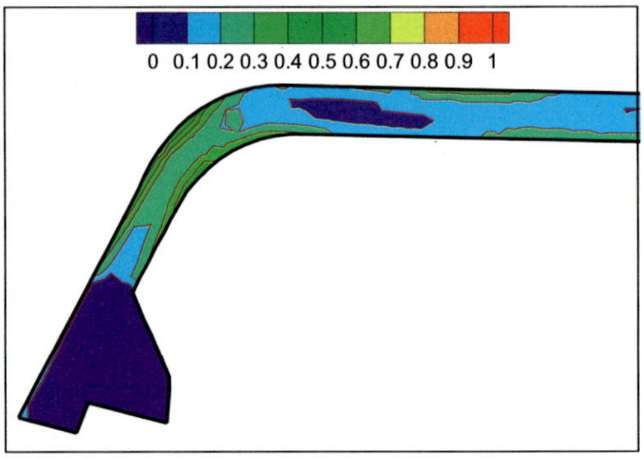

(d)“三碰头”时骤淤分布

附图31 飞仔航道淤积分布（单位：m）

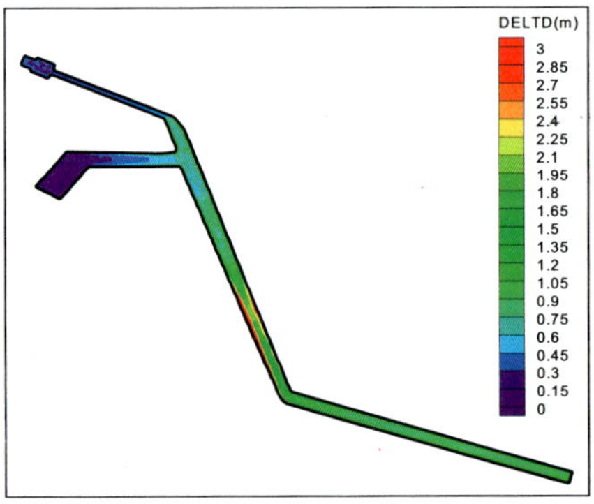

(a) 常年回淤分布

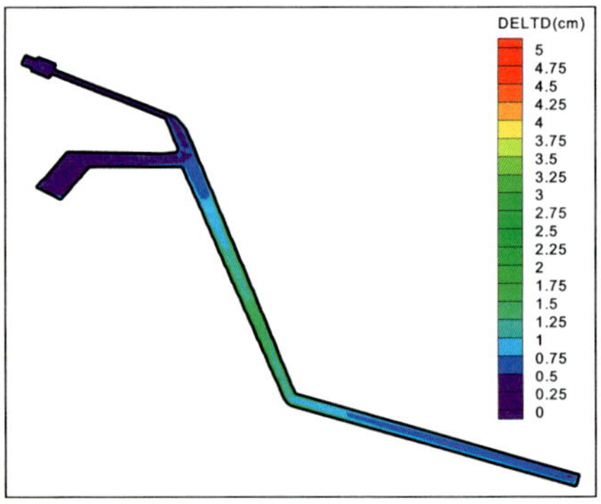

(b) 8级风骤淤分布

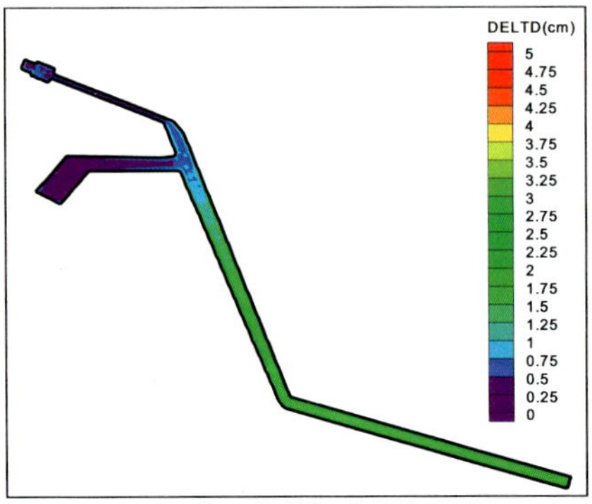

(c) “二碰头”时骤淤分布

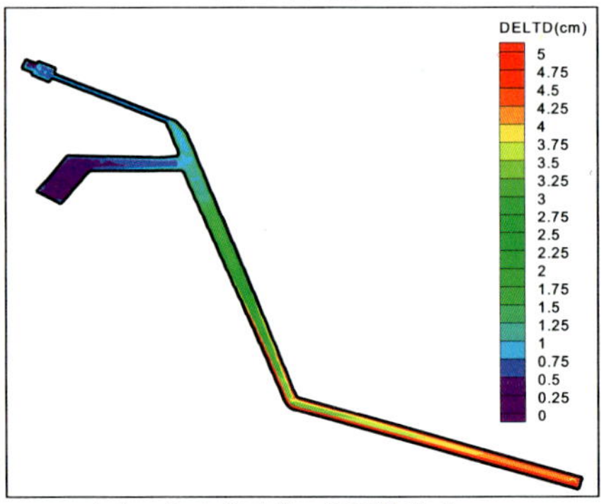

(d) “三碰头”时骤淤分布

附图32 九澳航道回淤分布

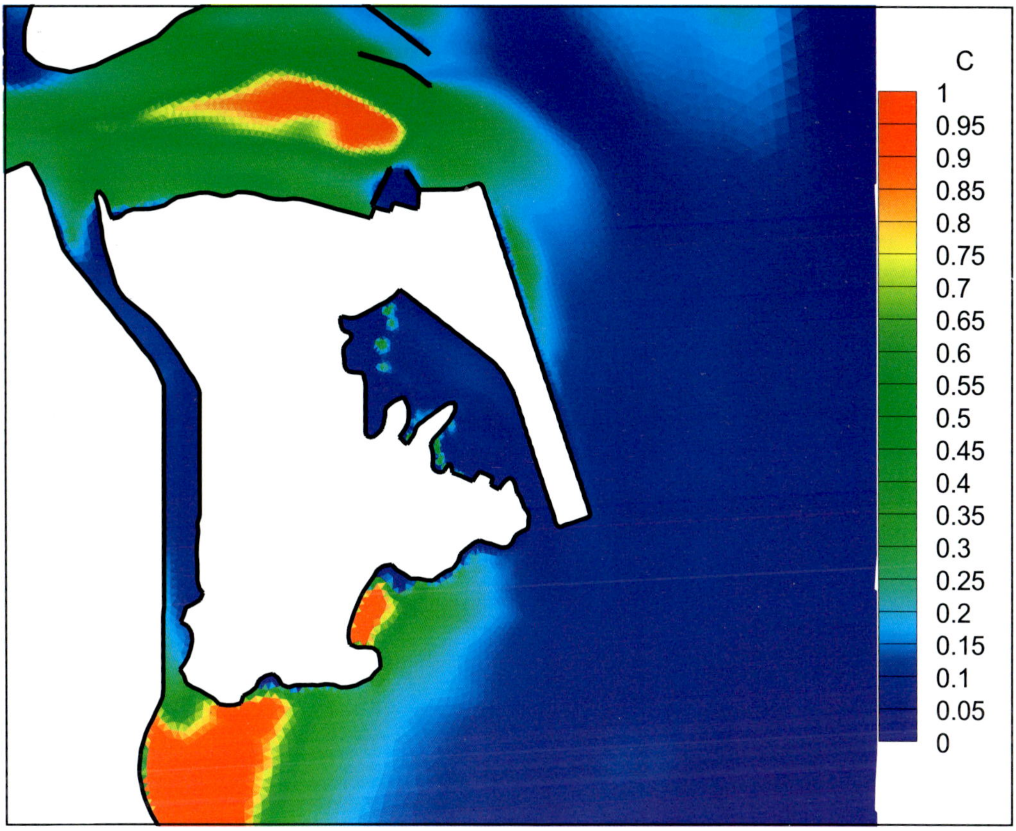

附图33 大风条件下落急含沙量场

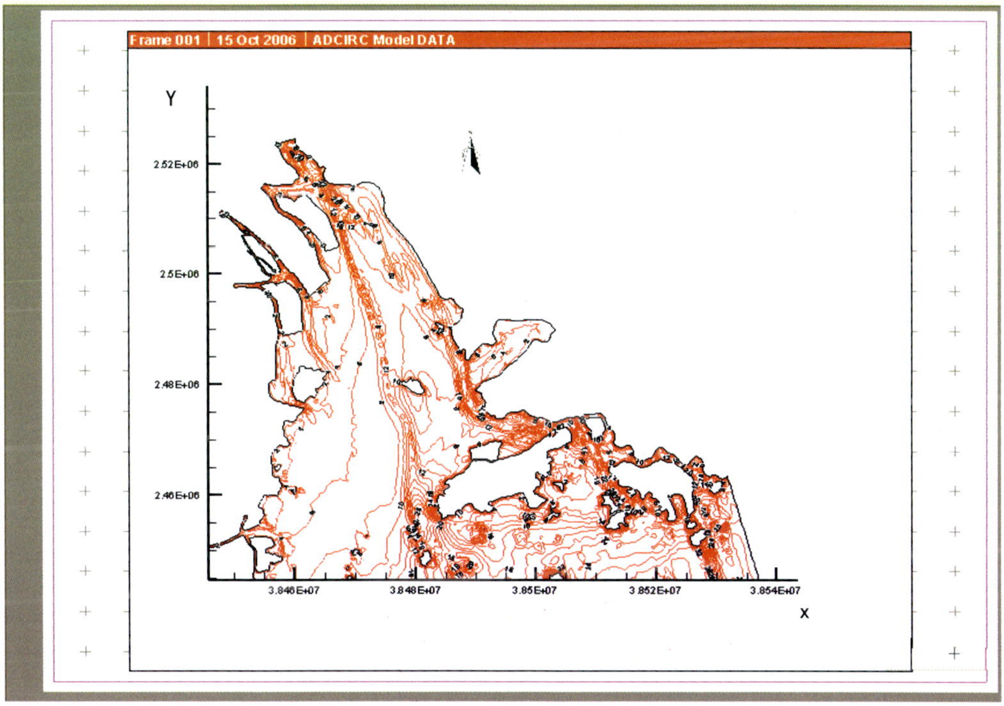

附图34 伶仃洋水下地形图

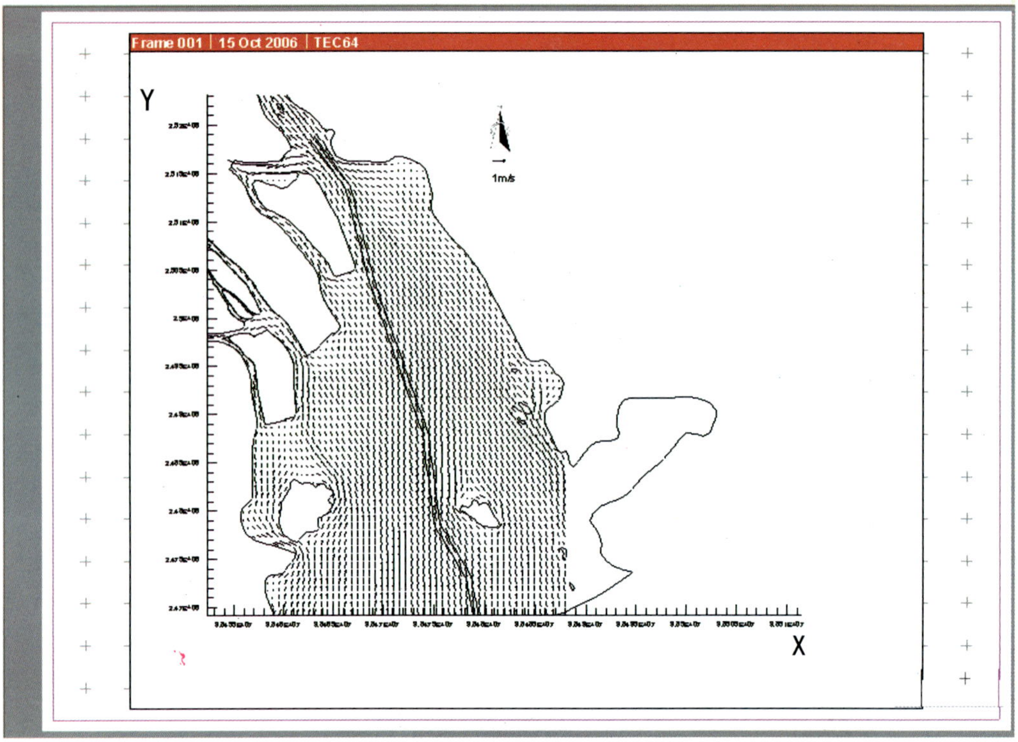

附图35　珠江河口水动力流态矢量图

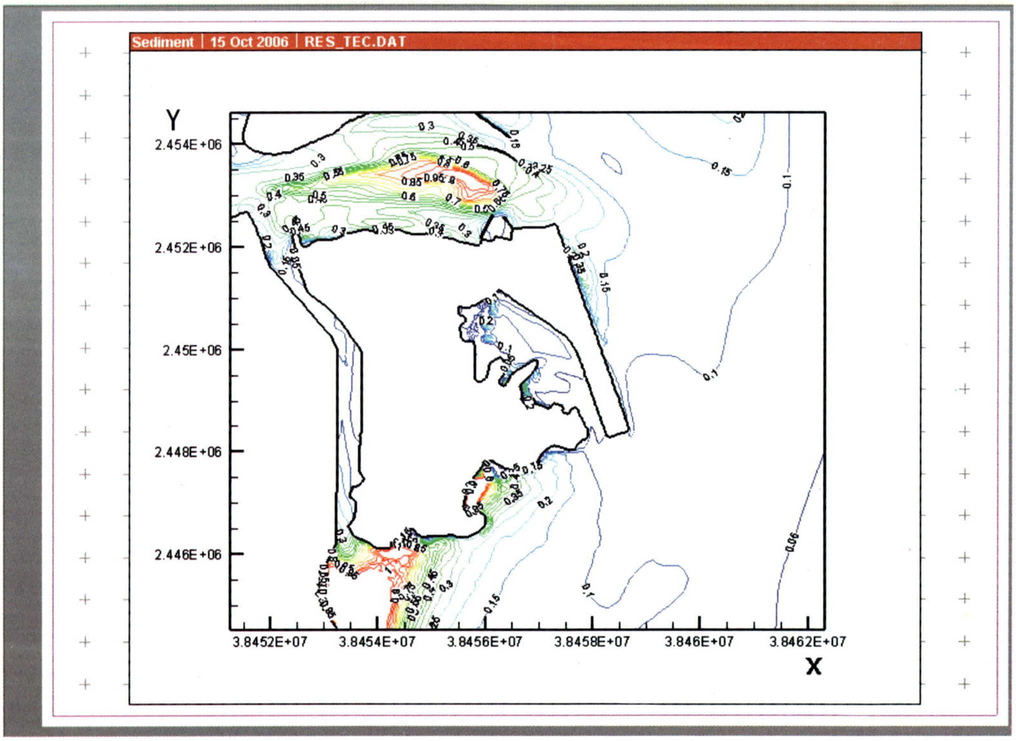

附图36　大风时某机场水域含沙量分布图